住房和城乡建设部"十四五"规划教材
全国住房和城乡建设职业教育教学指导委员会土建施工专业指导委员会规划推荐教材
高等职业教育本科土建施工类专业系列教材

建筑结构

（上册）

胡兴福 主 编

张 琨 副主编

中国建筑工业出版社

图书在版编目（CIP）数据

建筑结构. 上册 / 胡兴福主编；张琨副主编. —
北京：中国建筑工业出版社，2024.7

住房和城乡建设部"十四五"规划教材　全国住房和
城乡建设职业教育教学指导委员会土建施工专业指导委员
会规划推荐教材　高等职业教育本科土建施工类专业系列
教材

ISBN 978-7-112-29800-6

Ⅰ. ①建…　Ⅱ. ①胡…②张…　Ⅲ. ①建筑结构-高
等职业教育-教材　Ⅳ. ①TU3

中国国家版本馆 CIP 数据核字（2024）第 084182 号

本书是住房和城乡建设部"十四五"规划教材。全书分为上、下两册。上册为
建筑结构设计原理，分为 9 个教学单元，即：绪论，建筑结构材料，建筑结构设计
基本原则，钢筋混凝土受弯构件，钢筋混凝土拉、压构件，钢筋混凝土受扭构件，
预应力混凝土构件，钢结构的连接，钢结构基本构件和砌体结构基本构件。下册为
建筑结构设计，分为 6 个项目，即：建筑结构设计入门、钢筋混凝土楼盖设计、混
凝土结构设计、砌体结构设计、钢结构设计和建筑结构计算机辅助设计。本书为
上册。

本书主要用作高等职业教育本科建筑工程专业建筑结构课程的教材，也可用作
其他专业相关课程教材、有关培训教材和有关工程技术人员的参考资料。

为方便教师授课，本教材作者自制免费课件，请扫描右侧二维码下载。

配套课件

建筑结构（上册）

责任编辑：李天虹　李　阳
责任校对：李美娜

住房和城乡建设部"十四五"规划教材
全国住房和城乡建设职业教育教学指导委员会土建施工专业指导委员会规划推荐教材
高等职业教育本科土建施工类专业系列教材

建筑结构

（上册）

胡兴福　主　编
张　琨　副主编

*

中国建筑工业出版社出版、发行（北京海淀三里河路 9 号）
各地新华书店、建筑书店经销
北京鸿文瀚海文化传媒有限公司制版
北京市密东印刷有限公司印刷

*

开本：787 毫米×1092 毫米　1/16　印张：23¼　字数：608 千字
2024 年 7 月第一版　　2024 年 7 月第一次印刷
定价：**69.00** 元（赠教师课件、附答题册）

ISBN 978-7-112-29800-6
（42893）

出版说明

党和国家高度重视教材建设。2016 年，中办国办印发了《关于加强和改进新形势下大中小学教材建设的意见》，提出要健全国家教材制度。2019 年 12 月，教育部牵头制定了《普通高等学校教材管理办法》和《职业院校教材管理办法》，旨在全面加强党的领导，切实提高教材建设的科学化水平，打造精品教材。住房和城乡建设部历来重视土建类学科专业教材建设，从"九五"开始组织部级规划教材立项工作，经过近 30 年的不断建设，规划教材提升了住房和城乡建设行业教材质量和认可度，出版了一系列精品教材，有效促进了行业部门引导专业教育，推动了行业高质量发展。

为进一步加强高等教育、职业教育住房和城乡建设领域学科专业教材建设工作，提高住房和城乡建设行业人才培养质量，2020 年 12 月，住房和城乡建设部办公厅印发《关于申报高等教育职业教育住房和城乡建设领域学科专业"十四五"规划教材的通知》（建办人函〔2020〕656 号），开展了住房和城乡建设部"十四五"规划教材选题的申报工作。经过专家评审和部人事司审核，512 项选题列入住房和城乡建设领域学科专业"十四五"规划教材（简称规划教材）。2021 年 9 月，住房和城乡建设部印发了《高等教育职业教育住房和城乡建设领域学科专业"十四五"规划教材选题的通知》（建人函〔2021〕36 号）。为做好"十四五"规划教材的编写、审核、出版等工作，《通知》要求：（1）规划教材的编著者应依据《住房和城乡建设领域学科专业"十四五"规划教材申请书》（简称《申请书》）中的立项目标、申报依据、工作安排及进度，按时编写出高质量的教材；（2）规划教材编著者所在单位应履行《申请书》中的学校保证计划实施的主要条件，支持编著者按计划完成书稿编写工作；（3）高等学校土建类专业课程教材与教学资源专家委员会、全国住房和城乡建设职业教育教学指导委员会、住房和城乡建设部中等职业教育专业指导委员会应做好规划教材的指导、协调和审稿等工作，保证编写质量；（4）规划教材出版单位应积极配合，做好编辑、出版、发行等工作；（5）规划教材封面和书脊应标注"住房和城乡建设部'十四五'规划教材"字样和统一标识；（6）规划教材应在"十四五"期间完成出版，逾期不能完成的，不再作为《住房和城乡建设领域学科专业"十四五"规划教材》。

住房和城乡建设领域学科专业"十四五"规划教材的特点，一是重点以修订教育部、住房和城乡建设部"十二五""十三五"规划教材为主；二是严格按照专业标准规范要求编写，体现新发展理念；三是系列教材具有明显特点，满足不同层次和类型的学校专业教学要求；四是配备了数字资源，适应现代化教学的要求。规划教材的出版凝聚了作者、主审及编辑的心血，得到了有关院校、出版单位的大力支持，教材建设管理过程有严格保障。希望广大院校及各专业师生在选用、使用过程中，对规划教材的编写、出版质量进行反馈，以促进规划教材建设质量不断提高。

住房和城乡建设部"十四五"规划教材办公室
2021 年 11 月

前言

本书是住房和城乡建设部"十四五"规划教材，依据《高等职业教育本科建筑工程专业教学标准》编写。

全书分为上、下两册。上册为建筑结构设计原理，分为9个教学单元，即：绪论，建筑结构材料，建筑结构设计基本原则，钢筋混凝土受弯构件，钢筋混凝土拉、压构件，钢筋混凝土受扭构件，预应力混凝土构件，钢结构的连接，钢结构基本构件和砌体结构基本构件。下册为建筑结构设计，分为6个项目，即：建筑结构设计入门、钢筋混凝土楼盖设计、混凝土结构设计、砌体结构设计、钢结构设计和建筑结构计算机辅助设计。

本书具有以下特色：（1）体现行业发展的前沿技术。全书按最新规范编写，同时通过"小知识"等形式介绍了行业最新科技成果。（2）注重激发学生的学习兴趣。每部分通过问题或案例引入新知识，引导学生思考将学内容，同时通过增加"小问题"的方式，引导学生针对性思考某些问题。根据内容特点，下册按项目组织教学内容，实现学中做、做中学。（3）努力扩展学生视野。通过"经典书籍推介""专业网站链接"的方式，指导学生课外学习，并通过"典型案例"，介绍国内外知名的、典型的、有影响力的工程案例。（4）注重实际应用。结合职教本科特点，适当压缩纯理论和公式推导，强调知识在结构设计、建筑施工中的应用，在相关章节介绍"结构知识在建筑施工中的应用"。（5）增强育人功能。潜移默化地进行职业素养和规范意识、质量意识、绿色意识的培养。编写了工程案例，从正反两方面对学生进行质量安全教育。对涉及的通用规范相关条文采用黑体字标示，并设计了"规范链接"内容，强化学生规范意识。（6）方便师生使用。通过二维码提供学习中需要的资料，如规范相关条文、教学课件、思维导图、单元/项目学习指引、知识点精讲、单元/任务小结、习题解答、典型案例、施工图、注册结构师考试等等。

本书由四川建筑职业技术学院胡兴福、黄陆海、李珂、樊素，黑龙江建筑职业技术学院张琨，山西工程科技职业大学孙伟苹，成都农业科技职业学院陈小林，中铁二院建筑工程设计研究院宋林波，中国建筑第八工程局有限公司华南分公司胡铮编写，胡兴福任主编，张琨任副主编。具体编写分工为：上册绪论和教学单元1、2、5由胡兴福、陈小林编写，教学单元3、4由胡兴福、陈小林、胡铮编写，教学单元6、7由张琨编写，教学单元8由樊素编写，教学单元9由李珂编写；下册项目1由黄陆海编写，项目2由黄陆海、宋林波编写，项目3、6由孙伟苹编写，项目4由李珂、胡铮编写，项目5由樊素、宋林波编写。山西工程科技职业大学宋岩丽教授担任本书主审。宋教授以其渊博的知识和严谨的态度，对书稿进行了仔细审阅，提出了建设性意见，编者谨此表示衷心感谢！

限于编者水平，书中错漏难免，恳请读者批评指正。

编者

2024 年 1 月

目录

教学单元 4

教学单元 5

教学单元 6

绪 论

思维导图

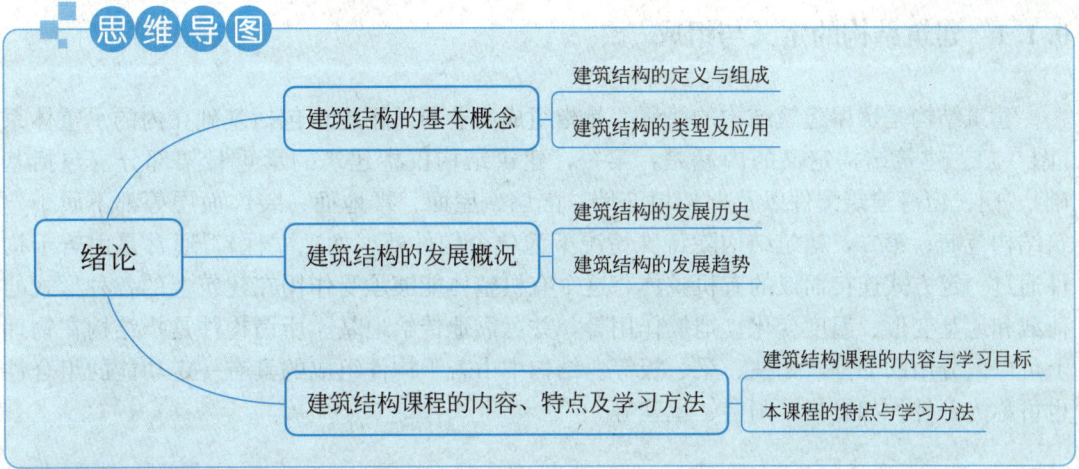

绪论

- 建筑结构的基本概念
  - 建筑结构的定义与组成
  - 建筑结构的类型及应用
- 建筑结构的发展概况
  - 建筑结构的发展历史
  - 建筑结构的发展趋势
- 建筑结构课程的内容、特点及学习方法
  - 建筑结构课程的内容与学习目标
  - 本课程的特点与学习方法

引入问题

建筑结构课程是建筑工程专业的专业核心课程，其对于我们职业生涯的重要性不言而喻。问题：

1. 建筑结构是什么？它有哪些类型？
2. 建筑结构课程包含哪些内容？我们应该怎样学习这门课程？

学习目标

知识目标：

1. 掌握建筑结构的概念和各种结构类型的特点。
2. 理解本课程的内容和学习方法。

育人目标：

1. 建筑结构的设计和施工事关建筑质量安全，来不得半点马虎，应注意理论联系实际，培养科学严谨的职业品格。
2. 通过对我国建筑结构发展成就的了解，增强作为中国人和建筑人的自豪感，坚定"四个自信"。

0.1　建筑结构的基本概念

0.1.1　建筑结构的定义与组成

建筑结构是房屋建筑结构的简称，是指组成工业与民用建筑包括基础在内的承重体系（图 0-1）。建筑结构定义的内涵是：第一，建筑结构仅指建筑的承重骨架部分（包括基础），门、窗等建筑配件以及框架填充墙、隔墙、屋面、楼地面、装饰面层等都不属于建筑结构范畴；第二，建筑结构除特殊情况下为单个构件外（如独立柱），通常是由若干构件通过一定方式连接而成的有机整体，这个有机整体能够承受作用在建筑上的各种形式的荷载和地基变形、温度变化、地震作用等，并可靠地传给地基。所谓构件是指结构在物理上可以区分出的部分，如柱、梁、板等。结构中由若干构件组成的具有一定功能的组合件也可称为部件，如楼梯、阳台、屋盖等。

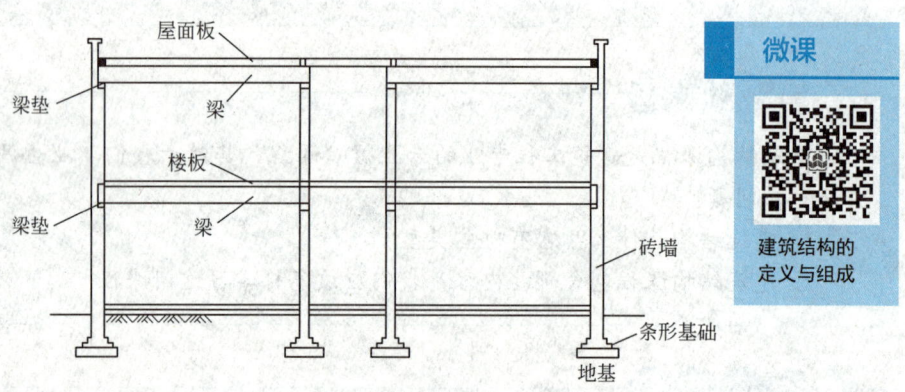

微课

建筑结构的
定义与组成

图 0-1　建筑结构的组成

建筑结构是由若干构件通过一定方式连接而成的。由于建筑功能要求的不同，建筑结构的组成形式也多种多样。相应地，组成建筑结构的构件的类型和形式也不一样，但它们基本上都可以分为以下三类：

（1）水平构件。包括板、梁、桁架、网架等，其主要作用是承受竖向荷载。

（2）竖向构件。包括柱、墙、框架等，主要用以支承水平构件或承受水平荷载。

（3）基础。基础是上部建筑物与地基相联系的部分，用以将建筑物承受的荷载传至地基。

按照受力特点的不同，可以将构件归结为几类不同的受力构件，称为建筑结构基本构件，简称基本构件。建筑结构基本构件主要有以下几类：

（1）受弯构件。截面受有弯矩作用的构件称为受弯构件。梁、板是工程结构中典型的受弯构件。

（2）受压构件。截面上受有压力作用的构件称为受压构件，如柱、承重墙、屋架中的压杆等。

（3）受拉构件。截面上受有拉力作用的构件称为受拉构件，如屋架中的拉杆。

（4）受扭构件。凡是在构件截面中有扭矩作用的构件统称为受扭构件，如雨篷梁、框架结构中的边梁等。

（5）受剪构件。以剪力作用为主的构件称为受剪构件，如无拉杆的拱支座截面处。实际工程中，受剪构件的应用较少。

必须注意，基本构件只是为了学习和计算方便而进行的划分。实际工程中，几乎不存在单一承受某种内力的构件，如受弯构件的截面上一般情况下还有剪力作用，受压构件、受拉构件有时也伴有剪力作用，受扭构件一般同时作用有弯矩和剪力。

0.1.2　建筑结构的类型及应用

微课

混凝土结构的
特点与应用

建筑结构可按不同方法分类。按照所用的材料不同，建筑结构主要有混凝土结构、砌体结构、钢结构、木结构四种类型。

1. 混凝土结构

以混凝土为主要材料制成的结构称为混凝土结构，包括素混凝土结构、钢筋混凝土结构和预应力混凝土结构。

素混凝土结构是指无筋或不配置受力钢筋的混凝土结构。也就是说，素混凝土结构要么完全不配置钢筋，要么虽然配置钢筋，但所配钢筋是不经计算而按规定配置的非受力钢筋。建筑工程中，素混凝土一般只用作基础垫层或室外地坪。

钢筋混凝土结构是指配置受力普通钢筋的混凝土结构（图0-2）。即：钢筋混凝土结构配置的受力钢筋是普通钢筋，不施加预应力。配置受力钢筋的作用是什么呢？因为混凝土的抗压强度较高，而抗拉强度很低，不宜用来受拉和受弯。钢筋的抗拉和抗压强度都很高，但单独用来受压时容易失稳，且钢材易腐蚀。二者结合在一起工作，混凝土主要承受压力，钢筋主要承受拉力，这样就可以有效地利用各自材料性能的长处，更合理地满足工程结构的要求。在混凝土内配置受力钢筋，能明显提高结构或构件的承载能力和变形性能。

图0-2　钢筋混凝土结构（施工中）

钢筋混凝土结构的主要特点是：

（1）就地取材。钢筋混凝土的主要材料砂、石一般可由建筑工地附近提供，水泥和钢材的产地在我国分布也较广。

（2）耐久性好。钢筋混凝土结构中，钢筋被混凝土紧紧包裹而不致锈蚀，即使在侵蚀性介质条件下，也可采用特殊工艺制成耐腐蚀的混凝土，从而保证了结构的耐久性。

（3）整体性好。钢筋混凝土结构特别是现浇结构有很好的整体性，这对于有抗震设防要求的建筑具有重要意义，另外对抵抗暴风及爆炸和冲击荷载也有较强的能力。

（4）可模性好。新拌合的混凝土是可塑的，可根据工程需要制成各种形状的构件，这给合理选择结构形式及构件断面提供了方便。

（5）耐火性好。混凝土是不良传热体，钢筋又有足够的保护层，火灾发生时钢筋不致很快达到软化温度而造成结构瞬间破坏。

（6）刚度大，承载力较高。

（7）自重大。一般混凝土自重为 22～24kN/m³，重混凝土达 25kN/m³ 以上，钢筋混凝土为 25kN/m³。结构自重大对抗震不利，也使钢筋混凝土在大跨度结构和高层结构中的应用受到限制。

（8）抗裂性能、隔声隔热性能差。

（9）现浇混凝土结构工期长、模板用量大，不利于节能环保。因此，我国目前大力发展装配式混凝土结构。

钢筋混凝土结构是混凝土结构中应用最多的一种，也是应用最广泛的建筑结构类型之一。它不仅被广泛用作楼盖和屋盖，在工业厂房也大量采用钢筋混凝土结构，高度 200m 以内的绝大部分房屋都可采用钢筋混凝土结构。装配式混凝土结构是我国建筑工业化的发展方向之一。

装配式建筑的节能减排效益

我国碳排放主要源于电力、建筑、工业生产、交通运输、农业五大行业。其中建筑用电和用热产生的间接碳排放是主要碳排放源，目前约占中国总碳排放量的 17%，建筑领域的另一个主要碳排放源是施工作业期间的直接碳排放。通过对典型案例进行数据调研，装配式建造方式相比传统现浇方式，建造阶段，每平方米水资源消耗量减少 23.33%，电力消耗量减少 18.22%，固体废弃物的排放量降低 69.09%，碳排放减少 27.26kg。

由于钢筋混凝土结构在正常使用荷载下一般是带裂缝工作的。为了避免钢筋混凝土结构的裂缝过早出现，设法在混凝土结构或构件承受使用荷载前，在使用荷载作用下可能开裂的部位，预先人为地施加压应力，以抵消或减少外荷载产生的拉应力，从而达到使构件在正常的使用荷载下不开裂，或者延迟开裂、减小裂缝宽度的目的。这种配置受力的预应力筋，通过张拉或其他方法建立预加应力的混凝土结构称为预应力混凝土结构。

同钢筋混凝土结构比较，预应力混凝土结构可延缓开裂，提高构件的抗裂性能和刚度，并可节约钢筋，减轻自重，但其构造、计算和施工均较复杂，且延性差。所谓延性，是指从钢筋屈服开始直至达到最大承载能力（或达到最大承载能力以后但承载能力没有显著下降）期间的变形能力。延性差的结构、构件或截面，其后期变形能力小，在达到最大承载能力后会突然脆性破坏。

预应力混凝土结构目前应用非常广泛，特别是在大跨度或承受动力荷载结构，以及不允许开裂的结构中得到广泛应用。在房屋建筑工程中，预应力混凝土不仅用于屋架、屋面板、楼板、檩条、吊车梁、柱、墙板、基础等构配件，而且在大跨度、高层房屋的现浇结构中也得到应用。此外，预应力混凝土结构还广泛应用于桥梁、塔桅结构、飞机跑道、蓄液池、压力管道、预应力混凝土船体结构，以及原子能反应堆容器和海洋工程结构等方面。

2. 砌体结构

由块体（砖、砌块、石材）和砂浆砌筑的墙、柱作为建筑物主要受力构件的结构称为砌体结构，它是砖砌体结构、石砌体结构和砌块砌体结构的统称。

砌体的抗压强度较高，而抗弯、抗拉强度很低，因此砌体结构很少单独用来作为整体承重结构。实际工程中，砌体结构主要用于房屋结构中以受压为主的竖向承重构件，如墙、柱等，而水平承重构件（如梁、板等）则采用钢筋混凝土结构、钢结构或木结构等（图 0-3）。这种由不同材料的构件或部件混合组成的结构称为混合结构。

图 0-3　砌体结构（施工中）

砌体结构具有以下主要特点：

（1）取材方便，造价低廉。砌体结构所需用的原材料如黏土、砂子、天然石材等几乎到处都有，因而比钢筋混凝土结构更为经济，并能节约水泥、钢材和木材。砌块砌体还可节约土地，使建筑向绿色建筑、环保建筑方向发展。

（2）具有良好的耐火性及耐久性。一般情况下，砌体能耐受 400℃ 的高温。砌体的耐腐蚀性能良好，完全能满足预期的耐久年限要求。

（3）具有良好的保温、隔热、隔声性能，节能效果好。

（4）施工简单，技术容易掌握和普及，也不需要特殊的设备。

（5）自重大，整体性差。在一幢砌体结构住宅建筑中，砖墙自重约占建筑物总重的 1/2。

（6）普通黏土砖砌体的黏土用量大，要占用土地资源，国家已对黏土砖的使用做出明确限制。

（7）砌筑工作繁重，现场作业环境差，不利于节能环保。

砌体结构在多层建筑特别是在多层民用建筑中应用非常广泛。目前国内在非地震区的砖混房屋已建到 9 层以上，国外已建成 20 层以上的砖墙承重房屋。随着建筑工业化的推进和节能环保要求的提高，砌体结构的应用将逐步减少。

3. 钢结构

钢结构系指以钢材为主要材料制成的结构（图 0-4）。

钢结构具有以下主要特点：

（1）材料强度高，塑性与韧性好。钢材和其他建筑材料相比，强度要高得多，而且塑性、韧性也好。强度高，可以减小构件截面，减轻结构自重（当屋架的跨度和承受荷载相同时，钢屋架的重量仅为钢筋混凝土屋架的 1/4～1/3），也有利于运输吊装和抗震；塑性好，结构在一般条件下不会因超载而突然断裂；韧性好，结构则对动荷载的适应性强。

图 0-4　钢结构（施工中）

（2）材质均匀，各向同性。钢材的内部组织比较接近于匀质和各向同性体，当应力小于比例极限时，几乎是完全弹性的，和力学计算的假定比较符合。这对计算准确和保证质量提供了可靠的条件。

（3）利于推进建筑工业化，建造周期短、产品质量高。钢结构更容易实现设计的标准化与系列化、构件配件生产的工厂化、现场施工的装配化、完整建筑产品供应的社会化。所有部件均可采用工业化生产方式，在工地拼装，精确度较高，可以缩短工期。

（4）具有优越的抗震性能。

（5）绿色、环保、节能与可持续发展。钢结构在生产、建造过程中不会产生大量的废料污染环境，在降低能耗的同时，减少了现场工作量与施工噪声。此外，装配式钢结构改建和拆迁容易，材料的回收和再生利用率高，可实现建筑异地再生，是真正意义上的绿色建筑。

（6）易腐蚀，因而维护费用较高。

（7）耐火性差。钢材长期经受 100℃辐射热时，强度不会发生大的变化。但当温度达到 250℃时，钢结构的材质将会发生较大变化；当温度达到 500℃时，结构会瞬间崩溃，完全丧失承载能力。

随着建筑工业化的推进和节能环保要求的提高，以及钢铁行业化解过剩产能的要求，钢结构的在工业与民用建筑中的应用正日益增多，尤其是在高层建筑及大跨度结构（如屋架、网架、悬索等结构）中。工业建筑主要包括大跨度工业厂房、单层和多层厂房、仓储库房等。民用建筑包括学校、医院、体育馆、机场等公共建筑和住宅等居住类建筑。

4. 木结构

木结构是指以木材为主要材料制成的结构（图 0-5）。

图 0-5　木结构（施工中）

　　木结构易于就地取材，制作简单，对环境污染小，同时木材具有材质轻，强度较高，可再生，可回收等优点，所以很早就已经被广泛地用来建造房屋和桥梁。但由于木材资源短缺，木材使用受到国家严格限制，加之木材易燃、易腐蚀、变形大，因此木结构的应用曾经受到严格限制，但随着建筑工业化的推进，放宽了对装配式木结构的限制。

0.2　建筑结构的发展概况

0.2.1　建筑结构的发展历史

　　砌体结构应用历史悠久。约在 8000 年以前，人类已开始用晒干的砖坯建造房屋。我国在 3000 多年前的西周时期已开始生产和使用烧结砖，在秦、汉时期，砖瓦已广泛应用于房屋结构。

　　木结构也具有悠久的历史。新石器时代，我国黄河中游的民族部落，在利用黄土层为壁体的土穴上，用人字木架和草泥建造简单的浅穴居，首创了木结构房屋。位于山西省应县的佛宫寺释迦塔（俗称应县木塔），建于辽清宁 2 年（公元 1056 年），是我国现存最高最古的一座木构塔式建筑（图 0-6）。木塔建造在 4m 高的台基上，塔高 67.31m，底层直径 30.27m。整个木塔共用红松木料 3000m³，2600 多吨重。

图 0-6　应县木塔

钢结构用于建造桥梁已有约 2000 年历史。我国汉代年建造的兰津铁悬索桥（今"霁虹桥"）是世界上最古老的铁桥。钢结构大量用于房屋建筑则始于 19 世纪末，20 世纪初。钢结构应用于高层建筑，始于美国芝加哥家庭保险大楼，铸铁框架，高 11 层，1885 年建成。中国国家体育场——鸟巢（图 0-7）不仅为 2008 年奥运会树立一座独特的历史性的标志性建筑，而且在世界建筑发展史上也将具有开创性意义。鸟巢建筑顶面呈鞍形，长轴为 332.3m，短轴为 296.4m，最高点高度为 68.5m，最低点高度为 42.8m。外形结构主要由巨大的门式刚架组成，共有 24 根桁架柱。建筑面积 25.8 万 m^2，坐席数 91000 个。

图 0-7   鸟巢

钢筋混凝土结构是 19 世纪后期，随着水泥和钢铁工业的发展而发展起来的。1824 年，英国泥瓦工约瑟夫·阿斯普丁（Joseph Aspadin）发明了波兰特水泥并获得专利，随后混凝土问世。1850 年，法国人郎波特（L. Lambot）制成了铁丝网水泥砂浆的小船。1861 年，法国人莫尼埃（Joseph Monier）获得了制造钢筋混凝土构件的专利。20 世纪 30 年代预应力混凝土结构的出现，是混凝土结构发展的一次飞跃。它使混凝土结构的性能得以改善，应用范围大大扩展。

0.2.2   建筑结构的发展趋势

1. 设计方法

新中国成立以来，我国建筑结构设计方法不断发展：新中国成立初期采用容许应力法；20 世纪五六十年代采用三系数极限状态设计法，三系数指工作条件系数、荷载系数、材料匀质系数；20 世纪 70 年代采用单系数极限状态设计法，单系数即安全系数，因此这种方法又称为安全系数法；20 世纪 80 年代以来采用概率极限状态法，即以可靠度理论为基础，用多个分项系数（即结构构件重要性系数、荷载分项系数、材料分项系数等）表达的设计方法。概率极限状态法属近似概率法，随着研究的不断深入、统计资料的不断积累，结构设计方法将会发展至全概率极限状态设计方法。另外，目前有学者提出全过程可靠度理论，将可靠度理论应用到工程结构设计、施工与使用的全过程中，以保证结构的安全可靠。随着模糊数学的发展，模糊可靠度的概念正在建立。随着计算机的发展，工程结构计算正向精确化方向发展，结构的非线性分析是发展趋势。

2. 建筑材料

混凝土结构的材料将向轻质、高强、新型、复合方向发展。混凝土方面，目前美国已制成 C200 混凝土，我国已制成 C100 混凝土。不久的将来，混凝土强度将普遍达到 $100N/mm^2$，特殊工程可达 $400N/mm^2$。轻质混凝土、加气混凝土、陶粒混凝土以及利用工业废渣的"绿色混凝土"，不但改善了混凝土的性能，对节能和保护环境也有重要意义。轻质混凝土的强度目前一般只能达到 $5\sim20N/mm^2$，开发高强度的轻质混凝土是今后的方向。除此之外，防射线、耐磨、耐腐蚀、防渗透、保温等满足特殊需要的混凝土以及智能型混凝土及其结构也在研究中。钢筋方面，目前，400MPa、500MPa 级钢筋在我国已广泛应用，600MPa 级热轧带肋高强钢筋将逐渐应用在房屋和一般构筑物的钢筋混凝土结构中。今后将会出现强度超过 $1000N/mm^2$ 的钢筋。

砌体结构材料向轻质高强的方向发展。

钢结构材料向高效能方向发展。

3. 建造方式

装配式结构是发展方向。装配式结构是指在工厂生产各种部品部件，在施工现场通过组装和连接而成的结构，包括装配式混凝土结构、装配式钢结构、装配式木结构。发展装配式结构是建造方式的重大变革，有利于节约资源能源、减少施工污染、提升劳动生产效率和质量安全水平。我国正积极推动装配式混凝土结构、钢结构和现代木结构等装配式结构发展，引导新建公共建筑优先采用钢结构，鼓励景区、农村建筑推广采用现代木结构。

0.3　建筑结构课程的内容、特点及学习方法

0.3.1　建筑结构课程的内容与学习目标

建筑结构课程是建筑工程专业的专业核心课程。课程内容包括结构设计原理和建筑结构设计两部分。结构设计原理部分主要包括结构材料的力学性能、结构设计方法、结构基本构件设计计算方法和构造要求。建筑结构设计部分主要包括钢筋混凝土楼盖和混凝土结构、砌体结构、钢结构房屋的设计计算方法，以及建筑结构计算机辅助设计方法，是结构设计原理的实际应用。结构设计原理部分以概率理论极限状态设计法和混凝土、钢、砌体基本构件设计计算为重点。建筑结构设计部分以多层混凝土结构、多层钢结构和砌体结构房屋设计为重点。

本教材分为上、下两册。上册为结构设计原理，下册为建筑结构设计。根据教材内容的特点，上、下册采用了不同的内容组织模式。上册按"单元＋案例"模式编写，而下册则按项目化模式编写，按照结构设计的真实工作过程，通过实际的工程实例，以训练学生结构设计的能力。

通过学习本课程，应使学生掌握建筑结构构件设计计算的基本理论、设计方法和构造

知识，具备多层混凝土结构、多层钢结构和砌体结构房屋设计和解决建筑施工中的结构问题的能力，为今后能承担结构设计、施工指导等方面的工作打下理论基础并得到初步训练。

0.3.2　本课程的特点与学习方法

相较于前修的高等数学、建筑力学等课程，建筑结构课程有着较明显的不同。要学好这门课程，除应像学习其他课程那样，做到勤看、勤思、勤记、勤练、勤问之外，还应掌握其特点和学习方法。

1. 要理论联系实际。本课程的理论本身就来源于生产实践，它是前人大量工程实践的经验总结，属于半理论半经验范畴。因此，学习本课程时，应通过实习、参观等各种渠道向工程实践学习，加强练习，真正做到理论联系实际。

2. 要注意同力学课的联系和区别。本课程所研究的对象，除钢结构外都不符合匀质弹性材料的条件，因此力学公式多数不能直接应用，但从通过几何、物理和平衡关系来建立基本方程来说，二者是相同的。所以，在应用力学原理和方法时，必须考虑材料性能上的特点，切不可照搬照抄。

3. 要注意培养自己综合分析问题的能力。结构问题的答案往往不是唯一的，即使是同一构件在给定荷载作用下，其截面形式、截面尺寸、配筋方式和数量都可以有多种答案。这时往往需要综合考虑适用、材料、造价、施工等多方面因素，才能做出合理选择。

4. 要重视各种构造要求。在建筑结构设计中，为保证结构安全或正常使用，在构造上考虑各种难以分析计算因素，一般不通过计算而必须采取的各种细部措施称为构造要求。现行结构实用计算方法一般只考虑了荷载作用，其他影响，如混凝土收缩、温度影响以及地基不均匀沉降等，难以用计算公式表达。规范根据长期工程实践经验，总结出了一些细部措施即构造要求来考虑这些因素的影响，它与结构计算是结构设计中相辅相成的两个方面。因此，学习时不但要重视各种计算，还要重视构造要求，设计时必须满足各项构造要求。但除常识性构造规定外，不能死记硬背，而应该着眼于理解。

5. 要注意学习有关工程建设标准。工程建设标准是指建设工程设计、施工方法和安全保护的统一的技术要求及有关工程建设的技术术语、符号、代号、制图方法的一般原则。本书主要涉及的是工程建设标准的结构设计标准（含标准、规范、规程），它们是国家颁布的关于结构设计计算和构造要求的技术规定和标准，设计、施工等工程技术人员都应遵循。学习中应自觉结合课程内容查阅有关标准，以达到逐步熟悉并正确应用之目的。

我国标准条文有以下四种不同情况：

（1）强制性条文。强制性条文必须严格执行，一旦违反，不论是否引起事故，都将被严厉惩罚。项目规范和通用规范中的条文均为强制性条文，必须严格执行。

（2）要严格遵守的条文。规范中正面词用"必须"，反面词用"严禁"，表示非这样做不可，但不具有强制性。

（3）应该遵守的条文。规范中正面词用"应"，反面词用"不应"或"不得"，表示在正常情况下均应这样做。

（4）允许稍有选择或允许有选择的条文。表示允许稍有选择，在条件许可时首先应这样做，正面词用"宜"，反面词用"不宜"；表示有选择，在一定条件可以这样做的，采用"可"表示。

本书涉及的标准、规范、规程主要有：

《建筑结构可靠性设计统一标准》GB 50068—2018，本书简称《统一标准》；

《建筑结构荷载规范》GB 50009—2012，本书简称《荷载规范》；

《工程结构通用规范》GB 55001—2021，本书简称《结构通规》；

《钢结构通用规范》GB 55006—2021，本书简称《钢结构通规》；

《砌体结构通用规范》GB 55007—2021，本书简称《砌体通规》；

《混凝土结构通用规范》GB 55008—2021，本书简称《混凝土通规》；

《混凝土结构设计标准》GB/T 50010—2010（2024 年版），本书简称《混凝土标准》；

《高层建筑混凝土结构技术规程》JGJ 3—2010，本书简称《高层混凝土规程》；

《砌体结构设计规范》GB 50003—2011，本书简称《砌体规范》；

《钢结构设计标准》GB 50017—2017，本书简称《钢结构标准》；

《建筑抗震设计标准》GB/T 50011—2010（2024 年版），本书简称《抗震标准》；

《装配式混凝土结构技术规程》JGJ 1—2014，本书简称《装配式混凝土规程》；

《门式刚架轻型房屋钢结构技术规范》GB 51022—2015，本书简称《门式刚架规范》。

工程建设标准

标准的种类很多，按其约束性划分，有强制性标准、推荐性标准；按其内容划分，有设计标准、施工及验收标准、建设定额；按其按属性划分，有技术标准、管理标准、工作标准；按其级别划分，有国家标准、行业标准、地方标准、企业标准、团体标准。标准的具体表现形式包括标准、规范、规程。

为适应国际技术法规与技术标准通行规则，2016 年以来住房和城乡建设部陆续印发《深化工程建设标准化工作改革的意见》等文件，提出逐步用全文强制性工程建设规范取代现行标准中分散的强制性条文，形成由法律、行业法规部门规章的技术性规定和全文强制性规范构成的"技术法规"体系。强制性工程建设规范体系分为工程项目类规范（简称项目规范）和通用技术类规范（简称通用规范）两种类型。

强制性工程建设规范具有强制约束力，是保障人民生命财产安全、人身健康、工程安全、生态环境安全、公众权益和公众利益，以及促进能源资源节约利用、满足经济社会管理等方面的控制性底线要求，工程建设项目的勘察、设计、施工、验收、维修、养护、拆除等建设活动全过程中必须严格执行。与强制性工程建设规范配套的推荐性工程建设标准是经过实践检验的、保障达到强制性规范要求的成熟技术措施，一般情况下也应当执行。在满足强制性工程建设规范规定的项目功能性能要求和关键技术措施的前提下，可合理选用相关团体标准企业标准，使项目功能、性能更加优化或达到更高水平。

当前，我国正处于工程建设标准改革过渡期，可能存在强制性工程建设规范和现行相关国家标准、行业标准不一致的情况。强制性工程建设规范实施后，现行相关工程建设国家标准、行业标准中的强制性条文同时废止；现行工程建设标准（包括强制性标准和推荐性标准）中有关规定与强制性工程建设规范的规定不一致的，以强制性工程建设规范的规定为准。

工程建设标准化信息网 CCSN（Construction Codes Standards National）是工程建设标准信息发布、技术管理、面向国际的工程建设标准化信息平台。

单元小结

1. 建筑结构是指组成工业与民用建筑包括基础在内的承重体系。组成建筑结构的构件可分为水平构件、竖向构件和基础。

2. 建筑结构可按不同方法分类。按照所用的材料不同，建筑结构主要有混凝土结构、砌体结构、钢结构、木结构四种类型。

思考题

1. 什么是建筑结构？组成建筑结构的构件可分为哪几类？

2. 建筑结构按照所用材料的不同可以分为哪几类？各种类型的特点和应用范围是什么？

3. 在互联网搜索了解世界十大高楼的情况及国别分布，增强作为中国人和建筑人的自豪感。

4. 浏览工程建设标准化信息网，熟悉工程建设标准的查阅方式。

微课

绪论单元小结

拓展资料

专业网站链接

教学单元1　建筑结构材料

思维导图

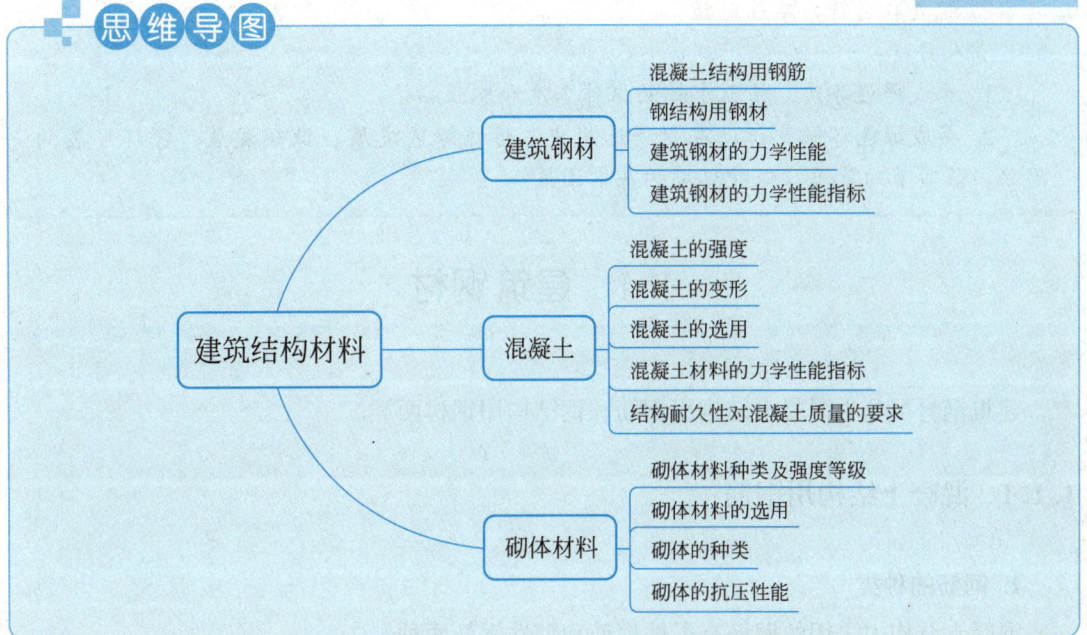

建筑结构材料

- 建筑钢材
  - 混凝土结构用钢筋
  - 钢结构用钢材
  - 建筑钢材的力学性能
  - 建筑钢材的力学性能指标
- 混凝土
  - 混凝土的强度
  - 混凝土的变形
  - 混凝土的选用
  - 混凝土材料的力学性能指标
  - 结构耐久性对混凝土质量的要求
- 砌体材料
  - 砌体材料种类及强度等级
  - 砌体材料的选用
  - 砌体的种类
  - 砌体的抗压性能

引入问题

　　某县一机关修建职工住宅楼，主体完工后进行墙面抹灰。抹灰后在两个月内相继发现多处墙面抹灰出现开裂，并迅速发展。先是形成不规则的放射状裂缝，后多点裂缝相继贯通，成为龟状裂缝，并且空鼓，说明抹灰与墙体已产生剥离。

　　经查明，上述问题的原因是，该工程所用水泥中氧化镁含量严重超标，致使水泥安定性不合格，施工单位未对水泥进行进场检验就使用。安定性不合格的水泥为废品，不能用于工程中。

　　这是原材料技术性质不合格引起工程质量问题的典型案例。原材料质量是影响工程质量的重要因素，同时也是影响工程成本的主要因素，在一般建筑工程中，材料费约占工程总造价的$50\%\sim70\%$。问题：除原材料的技术性质外，结构材料还应满足哪些力学性能要求？

学习目标

　　知识目标：

　　1. 掌握建筑钢材、混凝土及砌体材料的种类及选用原则。

2. 掌握建筑钢材、混凝土及砌体材料的力学性能及力学性能指标取值原则。

3. 掌握混凝土的耐久性规定。

能力目标：

1. 能按规范要求选用结构材料。

2. 能查取材料力学性能指标。

育人目标：

1. 养成严谨务实、精益求精的工作态度和职业品格。

2. 养成绿色环保意识，在材料选用中，遵循绿色发展、低碳发展、循环发展的思路，落实节约资源、保护环境的基本国策。

1.1　建筑钢材

建筑钢材可分为混凝土结构用钢筋和钢结构用钢材两类。

1.1.1　混凝土结构用钢筋

1. 钢筋的种类

混凝土结构中采用的钢筋有柔性钢筋和劲性钢筋两种。

（1）柔性钢筋

线形的普通钢筋统称为柔性钢筋，其外形有光圆和带肋两类。带肋钢筋又分为螺纹钢筋、人字纹钢筋和月牙纹钢筋三种（图 1-1），统称变形钢筋。我国目前生产的变形钢筋大多为月牙纹钢筋。

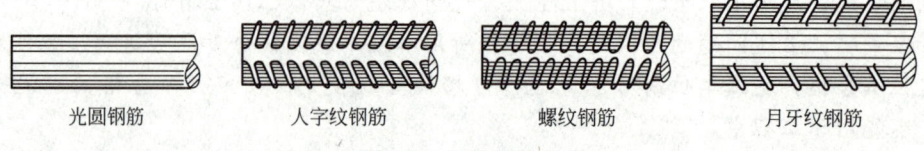

光圆钢筋　　　　人字纹钢筋　　　　螺纹钢筋　　　　月牙纹钢筋

图 1-1　钢筋的外形

通常把直径小于 5mm 的钢筋称为钢丝，钢丝的外形常为光圆的，也有在表面刻痕的。钢丝的外形如图 1-2 所示。

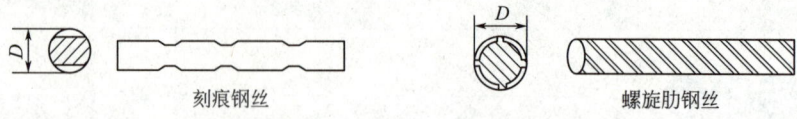

刻痕钢丝　　　　　　　　　螺旋肋钢丝

图 1-2　钢丝的外形

柔性钢筋可绑扎或焊接成钢筋骨架或钢筋网，分别用于梁、柱或板、壳结构中。通常所称的钢筋，即指柔性钢筋。

（2）劲性钢筋

劲性钢筋是指配置在混凝土中的各种型钢或者用钢板焊成的钢骨和钢架。劲性钢筋本身刚度很大，施工时模板及混凝土的重力可以由劲性钢筋本身来承担，因此能加速并简化支模工作。配置了劲性钢筋的混凝土结构具有较大的承载能力和变形能力，常用于高层建筑的框架梁、柱以及剪力墙和筒体结构中。

2. 钢筋的强度等级和牌号

（1）普通钢筋

普通钢筋指用于钢筋混凝土结构中的钢筋和预应力混凝土结构中的非预应力钢筋。

按照屈服强度标准值的高低，建筑结构中使用的国产普通钢筋分为 3 个强度等级：300MPa、400MPa、500MPa。

国产普通钢筋现有 6 个牌号：HPB300、HRB400、HRBF400、HRB500、HRBF500 和 RRB400[①]。HPB300 钢筋为光圆钢筋，其余钢筋的外形均为月牙纹。

普通钢筋的符号和公称直径如表 1-1。

普通钢筋的符号和公称直径　　　　　　　　表 1-1

序号	钢筋牌号	钢筋符号	公称直径 d（mm）	推荐直径（mm）
1	HPB300	ϕ	6～14	6、8、10、12、14
2	HRB400	$\underline{\phi}$	6～50	6、8、10、12、16、20、25、32、40、50
3	HRBF400	ϕ^F		
4	HRB500	$\underline{\phi}$		
5	HRBF500	ϕ^F		
6	RRB400	ϕ^R	6～50	8、10、12、16、20、25、32、40

（2）预应力钢筋

预应力钢筋一般采用钢绞线和钢丝，也可采用热处理钢筋。

钢绞线是由多根高强钢丝绞织在一起而形成的，有 3 股和 7 股两种（图 1-3），多用于后张法大型构件。

预应力钢丝主要是消除应力钢丝，其外形有光面、螺旋肋、三面刻痕三种。

热处理钢筋包括 40Si2Mn、48Si2Mn 及 45Si2Cr 几种牌号，它们都以盘条形式供应，无需焊接、冷拉，施工方便，因此应用广泛。

各种直径钢筋的公称面积、计算截面面积及理论重量见附录1。

3. 混凝土结构对钢筋性能的要求

混凝土结构提倡应用高强、高性能钢筋。其中，高性能包括延性好、可焊性好、机械

---

① HPB、HRB、RRB 分别是其英文名称 Hot Rolled Plain Steel Bars、Hot Rolled Ribbed Steel Bars、Remained Heat Treatment Ribbed Steel Bars 的缩写，300、400、500 是屈服强度标准值的标志。HRBF400、HRBF500 是细晶粒热轧带肋钢筋，F 为英文单词 Fine 的缩写。细晶粒热轧带肋钢筋是通过控冷控轧的方法，使钢筋组织晶粒细化，在提高强度的同时，还能提高韧性或保持韧性和塑性基本不下降。RRB400 是余热处理钢筋。余热处理钢筋（RRB）是在钢筋经过热轧之后立即穿水，进行表面控制冷却，利用芯部余热自身完成回火处理所得的成品钢筋。

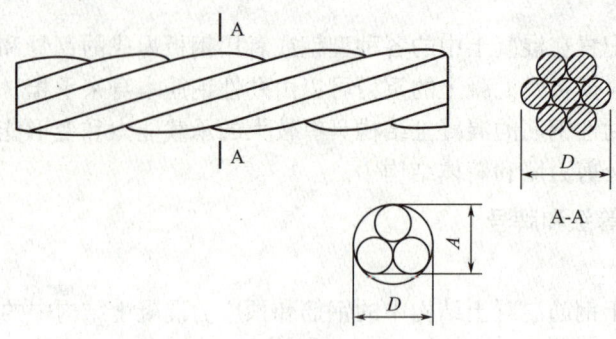

图 1-3　钢绞线的外形

连接性能好、施工适应性强以及与混凝土的粘结力强等性能。

（1）钢筋的强度

钢筋强度指钢筋的屈服强度和极限强度。钢筋的屈服强度是设计计算时的主要依据（对无明显流幅的钢筋采用条件屈服点）。采用高强度钢筋可以节约钢材，取得较好的经济效果。

高强度钢筋的应用与建筑节能减排

高强钢筋通常是指屈服强度不小于 400MPa 的普通热轧、细晶粒和余热处理钢筋。

钢筋作为建筑用重要材料之一，其强度等级和质量水平对节约资源、降低能耗有着直接影响。高强钢筋的推广应用，是建设资源节约型、环境友好型社会的重要举措。据测算，在建设工程中，使用 400MPa 级钢筋取代 335MPa 级钢筋可节约钢筋用量 12%～14%；使用 500MPa 级钢筋替代 400MPa 级钢筋可再节约钢筋用量 5%～7%。在高层或大跨度建筑中应用高强钢筋，节约效能会更加明显。如果将高强钢筋应用比例从 35%（2011 年数据）提高到 65%（2015 年年底数据），每年大约可节省钢筋 1000 万 t，相应减少 1600 万 t 铁矿石、600 万 t 标准煤、4100 万 t 新水，同时减排二氧化碳和污水各 2000 万 t、粉尘 1500 万 kg。

为了更快地推广高强钢筋的应用，我国相关标准不断推进。目前，400MPa 级钢筋已经成为建筑工程中用量最大的钢筋品种，500MPa 级钢筋也已经得到广泛应用。2021 年 11 月《钢筋混凝土用 600MPa 级抗震热轧带肋钢筋》T/CECS 10160—2021 标准发布，600MPa 级热轧带肋高强钢筋将逐渐应用在房屋和一般构筑物的钢筋混凝土结构中。

（2）钢筋的延性

要求钢筋有一定的延性是为了使钢筋在断裂前有足够的变形，在钢筋混凝土结构中能给出构件将要破坏的预告信号，同时要保证钢筋冷弯的要求，通过试验检验钢筋承受弯曲变形的能力以间接反映钢筋的塑性性能。钢筋的伸长率和冷弯性能是施工单位验收钢筋是否合格的主要指标。

（3）钢筋的可焊性

可焊性是评定钢筋焊接后的接头性能的指标。可焊性好，即要求在一定的工艺条件下钢筋焊接后不产生裂纹及过大的变形。

（4）机械连接性能

钢筋间宜采用机械接头，这就要求钢筋具有较好的机械连接性能，能方便地在工地上对钢筋端头轧制螺纹。

（5）施工适应性

施工适应性是指在工地上能比较方便地对钢筋进行加工和安装。

（6）钢筋与混凝土的粘结力

混凝土与钢筋的粘结是钢筋和混凝土形成整体、共同工作的基础。为了保证钢筋与混凝土共同工作，要求钢筋与混凝土之间必须有足够的粘结力。钢筋表面的形状是影响粘结力的重要因素，变形钢筋的粘接力大于光面钢筋。

此外，在寒冷地区，对钢筋的低温性能也有一定的要求。

4. 钢筋的选用

《混凝土标准》规定，纵向受力普通钢筋可采用 HRB400、HRB500、HRBF400、HRBF500、RRB400、HPB300 钢筋；梁、柱和斜撑构件的纵向受力钢筋宜采用 HRB400、HRB500、HRBF400、HRBF500 钢筋；箍筋宜采用 HRB400、HRBF400、HPB300、HRB500、HRBF500 钢筋；预应力钢筋宜采用预应力钢丝、钢绞线和预应力螺纹钢筋。

1.1.2　钢结构用钢材

1. 钢种和钢号

建筑工程中所用的建筑钢材基本上都是碳素结构钢和低合金高强度结构钢。

碳素结构钢的牌号由字母 Q、屈服点数值、质量等级代号、脱氧方法代号四个部分组成。其中 Q 是"屈"字汉语拼音的首位字母；屈服点数值（以 N/mm² 为单位）分为 195、215、235、275；质量等级代号有 A、B、C、D，表示质量由低到高；脱氧方法代号有 F、Z、TZ，分别表示沸腾钢、镇静钢、特殊镇静钢，其中代号 Z、TZ 可以省略不写。对 A 级钢，冲击韧性不作为要求条件，对冷弯试验也只在需方有要求时才进行，而 B、C、D 级对冲击韧性则有不同程度的要求，且都要求冷弯试验合格。在浇铸过程中由于脱氧程度的不同，钢材有镇静钢与沸腾钢之分，镇静钢脱氧最充分。钢结构一般采用 Q235 钢，分为 A、B、C、D 四级，A、B 两级有沸腾钢、半镇静钢和镇静钢，C 级全部为镇静钢，D 级全部为特殊镇静钢。如 Q235A 代表屈服强度为 235N/mm²，A 级，镇静钢。

低合金高强度结构钢是在钢的冶炼过程中添加少量合金元素（合金元素的总量低于5%），以提高钢材的强度、耐腐蚀性及低温冲击韧性等。低合金高强度结构钢均为镇静钢或特殊镇静钢，所以它的牌号只有 Q、屈服点数值、质量等级三部分。其中屈服点数值（以 N/mm² 为单位）分为 295、345、390、420、460，质量等级有 A 到 E 五个级别。A 级无冲击功要求，B、C、D、E 级均有冲击功要求。A、B 级属于镇静钢，C、D、E 级属于特殊镇静钢。不同质量等级对碳、硫、磷、铝等含量的要求也有区别。例如 Q345-E 代

表屈服点为 $345N/mm^2$ 的 E 级低合金高强度结构钢。

2. 品种及规格

钢结构采用的型材有热轧成型的钢板、型钢以及冷弯（或冷压）成型的薄壁型材。

（1）热轧钢板

热轧钢板分厚板、薄板和扁钢。厚板的厚度为 4.5～60mm，宽 0.7～3m，长 4～12m。薄板厚度为 0.35～4mm，宽 0.5～1.5m，长 0.5～4m。扁钢厚度为 4～60mm，宽度为 30～200mm，长 3～9m。厚钢板广泛用来组成焊接构件和连接钢板，薄钢板是冷弯薄壁型钢的原料。钢板用符号"-"后加"厚×宽×长（单位为 mm）"的方法表示，如 -12×800×2100。

（2）热轧型钢

热轧型钢有角钢、槽钢、工字钢、H 型钢、剖分 T 型钢、钢管（图 1-4）。

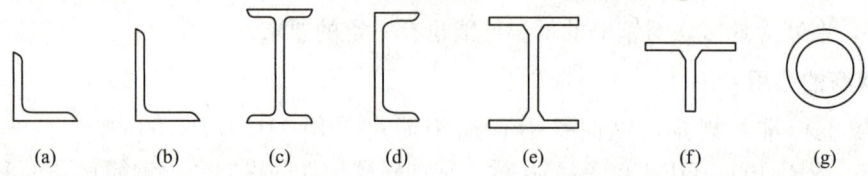

(a)　　(b)　　(c)　　(d)　　(e)　　(f)　　(g)

图 1-4　热轧型钢截面

角钢有等边和不等边两种。等边角钢也称等肢角钢，以符号"L"后加"边宽×厚度"（单位为 mm）表示，如 L 100×10 表示肢宽 100mm、厚 10mm 的等边角钢。不等边角钢（也叫不等肢角钢）则以符号"L"后加"长边宽×短边宽×厚度"表示，如 L 100×80×8 等。我国目前生产的等边角钢，其肢宽为 20～200mm，不等边角钢的肢宽为 25mm×16mm～200mm×125mm。

槽钢有热轧普通槽钢与热轧轻型槽钢。普通槽钢以符号"["后加截面高度（单位为 cm）表示，并以 a、b、c 区分同一截面高度中的不同腹板厚度，如 [30a 指槽钢截面高度为 30cm 且腹板厚度为最薄的一种。轻型槽钢以符号"Q["后加截面高度（单位为 cm）表示，如 Q [25，其中 Q 是汉语拼音"轻"的拼音字首。同样型号的槽钢，轻型槽钢由于腹板薄及翼缘宽而薄，因而截面小但回转半径大，能节约钢材、减少自重。

工字钢分普通工字钢和轻型工字钢。普通工字钢以符号"I"后加截面高度（单位为 cm）表示，如 I16。20 号以上的工字钢，同一截面高度有 3 种腹板厚度，以 a、b、c 区分（其中 a 类腹板最薄），如 I30b。轻型工字钢以符号"QI"后加截面高度（单位为 cm）表示，如 Q I 25。我国生产的普通工字钢规格有 10～63 号，轻型工字钢规格有 10～70 号。工程中不宜使用轻型工字钢。

H 型钢是一种经工字钢发展而来的经济断面型材，其翼缘内外表面平行，内表面无斜度，翼缘端部为直角，便于与其他构件连结方便。H 型钢分为热轧 H 型钢、普通焊接 H 型钢和轻型焊接 H 型钢。热轧 H 型钢分为宽翼缘 H 型钢、中翼缘 H 型钢和窄翼缘 H 型钢三类，此外还有 H 型钢柱，其代号分别为 HW、HM、HN、HP。其中 H 代表 H 型钢，W、M、N、P 分别为英文单词 Wide、Middle、Narrow、Pile 的字头。H 型钢的规格以代号后加"高度×宽度×腹板厚度×翼缘厚度"（单位为 mm）表示，如 HW340×250×

9×14。H 型钢的腹板与翼缘厚度相同，常用作柱子构件。

剖分 T 型钢系由对应的 H 型钢沿腹板中部对等剖分而成。其代号与 H 型钢相对应，采用 TW、TM、TN 分别表示宽翼缘 T 型钢、中翼缘 T 型钢和窄翼缘 T 型钢，其规格和表示方法亦与 H 型钢相同，如 TN225×200×12 表示截面高度为 225mm、翼缘宽度为 200mm、腹板厚度为 12mm 的窄翼缘剖分 T 型钢。用剖分 T 型钢代替由双角钢组成的 T 形截面，其截面力学性能更为优越，且制作方便。

钢管分为无缝钢管和焊接钢管。以符号"ϕ"后加"外径×厚度"（单位为 mm）表示，如 ϕ400×6。

常用型钢规格见附录 2。

（3）冷弯薄壁型材

冷弯薄壁型钢是由 2~6mm 的薄钢板经冷弯或模压而成型的（图 1-5a~i）。因其壁薄，截面几何形状开展，因而与面积相同的热轧型钢相比，其截面惯性矩大，是一种高效经济的截面。缺点是因为壁薄，对锈蚀影响较为敏感，故多用于跨度小、荷载轻的轻型钢结构中。

压型钢板（图 1-5j）所用钢板厚度为 0.4~2mm。其优缺点同冷弯薄壁型钢，主要用于围护结构、屋面、楼板等。

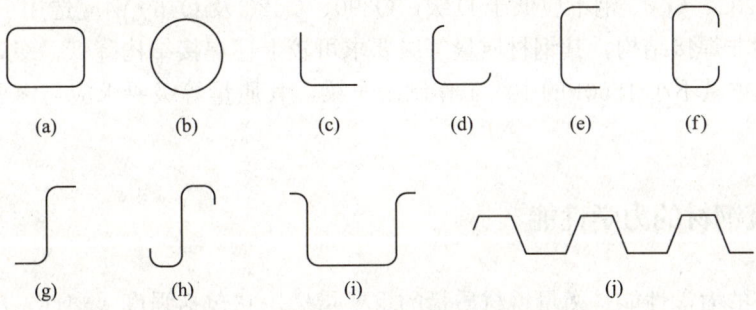

图 1-5 冷弯薄壁型材的截面形式

（a）~（i）冷弯薄壁型钢；（j）压型钢板

3. 钢材的选用

结构钢材的选用应遵循技术可靠、经济合理的原则，综合考虑结构的重要性、荷载特征、结构形式、应力状态、连接方法、工作环境、钢材厚度和价格等因素，选用合理的钢材牌号和材性保证项目。

（1）结构的重要性。结构安全等级不同，所选钢材的质量也应不同，钢材的保证项目也应有所区别。

（2）荷载特征。结构所受荷载可分为静荷载、直接动荷载和地震作用，承受直接动荷载的构件，如吊车梁，还有重、中、轻级工作制的区别，因此，应针对荷载特征选用不同的钢材和不同的保证项目。

（3）应力状态。应力状态要考虑是否为疲劳应力、残余应力。

（4）连接方法。要考虑焊接还是螺栓连接。对焊接结构，应选用可爆性较好的钢材。

（5）工作环境。包括温度、湿度及环境腐蚀性能。结构工作环境的温度当处于低温时钢材易产生低温冷脆，当处于腐蚀性介质环境时易引起钢材锈蚀，故在选材时应采用相应质量的钢材。

（6）钢材的厚度。厚度对其强度、韧性、抗层状撕裂性能均有较大影响。

《钢结构通规》规定，**钢结构承重构件所用的钢材应具有屈服强度、断后伸长率、抗拉强度和硫、磷含量的合格保证，在低温使用环境下尚应具有冲击韧性的合格保证；对焊接结构尚应具有碳或碳当量的合格保证。铸钢件和要求抗层状撕裂（Z向）性能的钢材尚应具有断面收缩率的合格保证。焊接承重结构以及重要的非焊接承重结构所用的钢材，应具有弯曲试验的合格保证；对直接承受动力荷载或需进行疲劳验算的构件，其所用钢材尚应具有冲击韧性的合格保证。**

《钢结构标准》规定，钢材宜采用 Q235、Q345、Q390、Q420、Q460 和 Q345GJ（GJ 表示建筑结构用钢板）钢；对于外露环境，且对耐腐蚀有特殊要求或处于侵蚀性介质环境中的承重结构，可采用 Q235NH、Q355NH 和 Q415NH（NH 表示耐候钢）。钢材质量等级的选用应符合下列规定：（1）A 级钢仅可用于结构工作温度高于 0℃的不需要验算疲劳的结构，且 Q235 钢不宜用于焊接结构。（2）需验算疲劳的焊接结构用钢材，当工作温度高于 0℃时，其质量等级不应低于 B 级；工作温度不高于 0℃但高于－20℃时，对 Q235、Q345 钢不应低于 C 级，对 Q390、Q420 及 Q460 钢不应低于 D 级；工作温度不高于－20℃时，Q235、Q345 钢不应低于 D 级，Q390、Q420 及 Q460 钢应选用 E 级。（3）需要验算疲劳的非焊接结构，其钢材质量等级要求可较上述焊接结构降低一级，但不应低于 B 级。吊车起重量不小于 50t 的中级工作制吊车梁，其质量等级要求应与需要验算疲劳的构件相同。

1.1.3　建筑钢材的力学性能

建筑钢材的力学性能是衡量钢材质量的重要指标，它包括强度、塑性、冷弯性能、冲击韧性。

1. 强度

（1）有明显屈服点的钢材

低碳钢和低合金钢（含碳量和低碳钢相同）一次拉伸时的应力-应变曲线如图 1-6 所示。

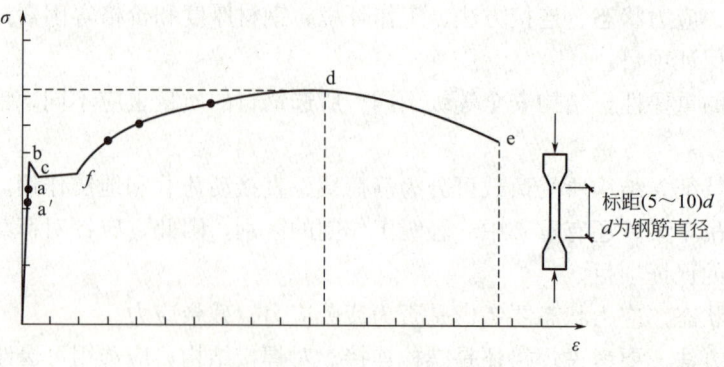

图 1-6　有明显屈服点钢材的应力-应变曲线

屈服点 f_y 是建筑钢材的一个重要力学特性。实际上，由于加载速度及试件状况等试验条件的不同，屈服开始时总是形成曲线的上下波动，波动最高点 b 称为上屈服点，最低点 c 称为下屈服点（用 f_y 表示）。应力达到 f_y 后在一个较大的应变范围内（约从 $\varepsilon=0.15\%$ 到 $\varepsilon=2.5\%$）应力不会继续增长，表示结构已丧失继续承担更大荷载的能力。曲线最高点 d 应力为抗拉强度 f_u。到达 f_u 后试件出现局部横向收缩变形，即"颈缩"，随后断裂。

由于到达 f_y 后构件产生较大变形，故将其取为计算构件的强度标准；到达 f_u 时构件开始断裂破坏，故以 f_u 作为材料的强度储备。

（2）无明显屈服点的钢材

高强钢材（如热处理钢材）没有明显的屈服点和屈服台阶，应力-应变曲线为一条连续曲线。对于没有明显屈服点的钢材，以残余变形为 $\varepsilon=0.2\%$ 时的应力作为名义屈服点，用 $f_{0.2}$ 表示，其值约等于极限强度的 85%（图1-7）。

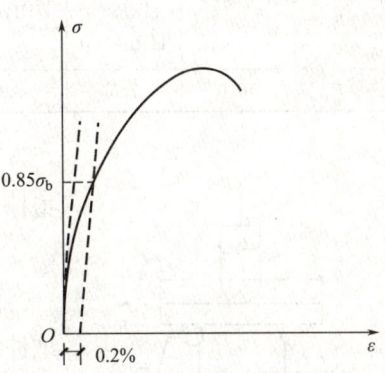

图1-7 无明显屈服点钢材的应力-应变曲线

钢材在一次压缩或剪切所表现出来的应力-应变变化规律基本上与一次拉伸试验时相似，压缩时的各强度指标也取用拉伸时的数据，只是剪切时的强度指标数值比拉伸时的小。

2. 塑性

断裂前试件的永久变形与原标定长度的百分比称为伸长率，它是衡量钢材塑性的重要指标。伸长率代表材料断裂前具有的塑性变形的能力。结构制造时，这种能力使材料经受剪切、冲压、弯曲及锤击所产生的局部屈服而无明显损坏。

伸长率是钢筋试件上标距为 $10d$ 或 $5d$（d 为钢筋直径）范围内的极限伸长率。伸长率的计算公式为：

$$\delta = \frac{l_2 - l_1}{l_1} \times 100\% \tag{1-1}$$

式中　δ——伸长率（%）；

　　　l_1——试件受力前的标距长度（一般取 $10d$ 或 $5d$，d 为试件直径）；

　　　l_2——试件拉断后的标距长度。

由于伸长率中包含了颈缩断口区域的残余变形，一方面使得不同量测标距长度得到的结果不一致，另一方面也不能全面地反映钢筋的变形能力。近年来，工程中采用最大力作用下的总伸长率——最大力总延伸率来反映钢筋的变形能力。最大力总延伸率由下式确定：

$$\delta_{gt} = \left(\frac{l - l_0}{l} + \frac{\sigma_b}{E_s} \right) \times 100\% \tag{1-2}$$

式中　δ_{gt}——最大力总延伸率（%）；

　　　l_0——不含颈缩区拉伸前的量测标距长度；

　　　l——拉伸断裂后不包含颈缩区的量测标距长度；

　　　σ_b——最大拉伸应力；

　　　E_s——钢筋的弹性模量。

《混凝土通规》规定，**钢筋的最大力总延伸率限值如表 1-2 所示。**

表 1-2

钢筋最大力总延伸率限值 δ_{gt}

牌号或种类	热轧钢筋				冷轧带肋钢筋		预应力筋	
	HPB300	HRB400 HRBF400 HRB500 HRBF500	HRB400E HRB500E	RRB400	CRB550	CRB600H	中强度预应力钢丝、预应力冷轧带肋钢筋	消除应力钢丝、钢绞线、预应力螺纹钢筋
δ_{gt}	10.0	7.5	9.0	5.0	2.5	5.0	4.0	4.5

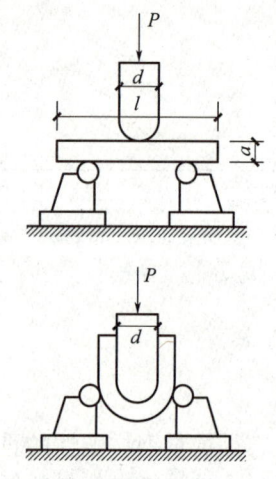

图 1-8　钢材冷弯试验示意图

屈服点、抗拉强度和伸长率是钢材的三个重要力学性能指标。

3. 冷弯性能

冷弯性能由冷弯试验来确定。试验时将直径为 d 的钢筋试件绕直径为 d 的钢辊进行弯曲（图 1-8），可以弯曲成 90°或 180°，然后观察钢筋是否断裂，钢筋的外表面是否有裂痕和起层现象，如果没有，说明钢筋冷弯性能良好；反之，冷弯性能较差。钢辊的直径 d 越小，弯转角度越大，说明钢筋的塑性越好。冷弯试验不仅能直接检验钢材的弯曲变形能力或塑性性能，还能暴露钢材内部的冶金缺陷，如硫、磷偏析和硫化物与氧化物的掺杂情况，这些都将降低钢材的冷弯性能。因此，冷弯性能合格是鉴定钢材在弯曲状态下的塑性应变能力和钢材质量的综合指标。

4. 冲击韧性

韧性是钢材抵抗冲击荷载的能力，它是钢材强度和塑性的综合指标。

材料冲击韧性的测量采用国际上通用的夏比（Charpy）试验法（图 1-9）。夏比缺口韧性用 A_{KV} 或 C_V 表示，其值为试件折断所需的功，单位为 J（焦耳）。

冲击韧性随温度的降低而下降。其规律是开始下降缓慢，当达到一定温度范围时，突然下降很多而呈脆性，这种性质称为钢材的冷脆性，这时的温度称为脆性临界温度。钢材的脆性临界温度越低，低温冲击韧性越好。

对于直接承受动荷载而且可能在负温下工作的重要结构，应有冲击韧性保证。

1.1.4　建筑钢材的力学性能指标

1. 钢筋的强度标准值和强度设计值

钢材的强度具有变异性。按同一标准生产的钢材，不同时生产的各批钢材之间的强度不会完全相同；即使同一炉钢轧制的钢材，其强度也会有差异。因此，在结构设计中采用其强度标准值作为基本代表值。所谓强度标准值，是指正常情况下可能出现的最小材料强度值。强度标准值除以材料分项系数即为材料强度设计值。

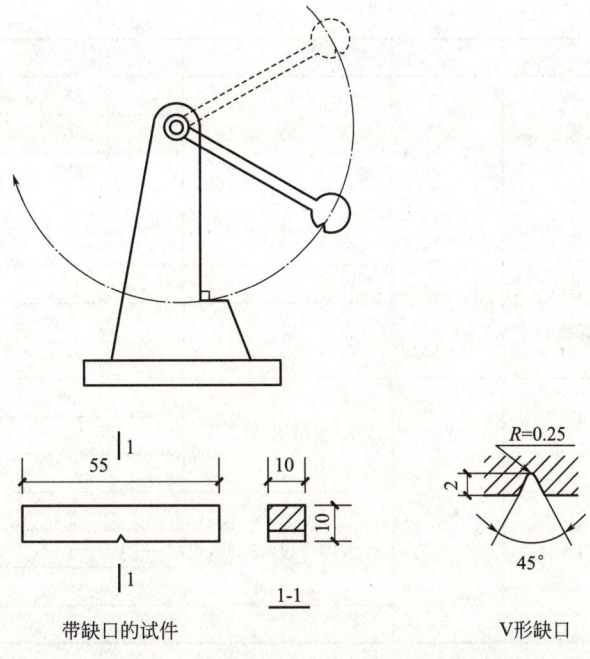

图 1-9　冲击试验

《混凝土通规》规定，混凝土结构用普通钢筋、预应力钢筋的强度标准值应具有不小于 **95%** 的保证率。热轧钢筋的强度标准值系根据屈服强度确定；预应力钢绞线、钢丝和热处理钢筋的强度标准值系根据极限抗拉强度确定。普通钢筋材料分项系数取值不应小于 **1.1**，预应力钢筋材料分项系数取值不应小于 **1.2**。

普通钢筋的强度标准值、强度设计值按表 1-3 采用；预应力钢筋的强度标准值、强度设计值分别按表 1-4、表 1-5 采用。

普通钢筋强度标准值、强度设计值（N/mm²）　　　　　　　表 1-3

钢筋牌号	强度标准值		强度设计值	
	屈服强度标准值 f_{yk}	极限强度标准值 f_{stk}	抗拉强度设计值 f_y	抗压强度设计值 f_y'
HPB300	300	420	270	270
HRB400、HRBF400、RRB400	400	540	360	360
HRB500、HRBF500	500	630	435	435

注：1. 对轴心受压构件，当采用 HRB500、HRBF500 钢筋时，f_y' 应取 400N/mm²。

　　2. 横向钢筋的抗拉强度设计值 f_{yv} 应按表中 f_y 的数值采用；但用作受剪、受扭、受冲切承载力计算时，其数值大于 360N/mm² 时仍应取 360N/mm²。

预应力钢筋强度标准值（N/mm²）　　　　　　　表 1-4

种类		符号	公称直径 d（mm）	屈服强度标准值 f_{pyk}	极限强度标准值 f_{ptk}
中强度预应力钢丝	光面	ϕ^{PM}	5、7、9	620	800
	螺旋肋	ϕ^{HM}		780	970
				980	1270

种类		符号	公称直径 d(mm)	屈服强度标准值 f_{pyk}	极限强度标准值 f_{ptk}
预应力螺纹钢筋	螺纹	ϕ^T	18、25、32、40、50	785	980
				930	1080
				1080	1230
消除应力钢丝	光面	ϕ^P	5	—	1570
				—	1860
			7	—	1570
	螺旋肋	ϕ^H	9	—	1470
				—	1570
钢绞线	1×3（三股）	ϕ^S	8.6、10.8、12.9	—	1570
				—	1860
				—	1960
	1×7（七股）		9.5、12.7、15.2、17.8	—	1720
				—	1860
				—	1960
			21.6	—	1860

注：极限强度标准值为 $1960N/mm^2$ 的钢绞线用作后张预应力配筋时，应有可靠的工程经验。

预应力钢筋强度设计值（N/mm²）   表 1-5

种类	极限强度标准值 f_{ptk}	抗拉强度设计值 f_{py}	抗压强度设计值 f'_{py}
中强度预应力钢丝	800	510	
	970	650	410
	1270	810	
消除应力钢丝	1470	1040	
	1570	1110	410
	1860	1320	
钢绞线	1570	1110	
	1720	1220	
	1860	1320	390
	1960	1390	
预应力螺纹钢筋	980	650	
	1080	770	400
	1230	900	

注：当预应力筋的强度标准值不符合表 1-5 的规定时，其强度设计值应进行相应的比例换算。

钢筋和混凝土材料强度标准值

　　混凝土结构在按极限状态方法设计时，钢筋和混凝土的强度概率分布可用正态分布描述。材料强度的标准值是一种特征值，可取其概率分布的 0.05 分位数（具有不小于 95% 的保证率）确定，其表达式为：

$$f_k = \mu_f(1 - 1.645\delta_f)$$

(1-3)

式中　f_k——材料强度的标准值；

　　　μ_f——材料强度的平均值；

　　　δ_f——材料强度的变异系数。

　　我国各级热轧钢筋的屈服强度平均值减去两倍标准差所得的数值，约等于冶金部门颁布的各相应钢种屈服强度的废品限值，其保证率为97.73%。为使钢筋屈服强度的标准值与其检验标准协调一致，规范将热轧钢筋的强度标准值取为冶金部门颁布的屈服强度废品限值。混凝土的强度分布与钢筋强度的变化规律相似，不过离散程度比钢材要大得多，因此《混凝土标准》中混凝土的强度标准值取为混凝土强度平均值减去1.645倍均方差，即按（1-3）式进行计算。

2. 钢筋的弹性模量

　　钢筋的弹性模量 E_s 是图1-6中钢筋应力-应变曲线的a点之前直线的斜率。它主要用于构件变形和预应力混凝土结构截面应力的分析和验算。钢筋的弹性模量列于表1-6。

钢筋弹性模量 E_s（N/mm²）　　　　　　　　　　　　　表1-6

序号	钢筋牌号	E_s
1	HPB300	2.1×10^5
2	HRB400、HRBF400、HRB500、HRBF500、RRB400、预应力螺纹钢筋	2.0×10^5
3	消除应力钢丝、中强度预应力钢丝	2.05×10^5
4	钢绞线	1.95×10^5

3. 钢材的强度设计值

　　钢材的强度设计值等于钢材的屈服点除以钢材的抗力分项系数 γ_R。钢材的抗力分项系数 γ_R 取值，Q235钢为1.090；Q345、Q390钢为1.125；Q420、Q460钢厚度分组6～40mm时为1.125，厚度分组大于40mm但小于等于100mm时为1.180。

　　钢材强度设计值根据钢材厚度或直径按表1-7采用。

钢材的设计用强度指标（N/mm²）　　　　　　　　　　　表1-7

钢材牌号		钢材厚度或直径（mm）	强度设计值			屈服强度 f_y	抗拉强度 f_u
			抗拉、抗压、抗弯 f	抗剪 f_v	端面承压（刨平顶紧）f_{ce}		
碳素结构钢	Q235	≤16	215	125		235	
		>16,≤40	205	120	320	225	370
		>40,≤100	200	115		215	
低合金高强度结构钢	Q345	≤16	305	175		345	
		>16,≤40	295	170		335	
		>40,≤63	290	165	400	325	470
		>63,≤80	280	160		315	
		>80,≤100	270	155		305	

续表

钢材牌号		钢材厚度或直径（mm）	强度设计值			屈服强度 f_y	抗拉强度 f_u
			抗拉、抗压、抗弯 f	抗剪 f_v	端面承压（刨平顶紧） f_{cc}		
低合金高强度结构钢	Q390	≤16	345	200	415	390	490
		>16，≤40	330	190		370	
		>40，≤63	310	180		350	
		>63，≤100	295	170		330	
	Q420	≤16	375	215	440	420	520
		>16，≤40	355	205		400	
		>40，≤63	320	185		380	
		>63，≤100	305	175		360	
	Q460	≤16	410	235	470	460	550
		>16，≤40	390	225		440	
		>40，≤63	355	205		420	
		>63，≤100	340	195		400	

注：1. 表中直径指实心棒材直径，厚度系指计算点的钢材和或钢管壁厚度，对轴心受拉或受压构件系指截面中较厚板件的厚度。

2. Q345GJ 钢的强度设计值可取为：当厚度或直径>16mm、≤50mm 时，抗拉、抗压、抗弯强度设计值 $f=325N/mm^2$，抗剪强度设计值 $f_v=190N/mm^2$，端面承压强度设计值（刨平顶紧）$f_{cc}=415N/mm^2$；当厚度或直径>50mm、≤100mm 时，抗拉、抗压、抗弯强度设计值 $f=300N/mm^2$，抗剪强度设计值 $f_v=175N/mm^2$，端面承压强度设计值（刨平顶紧）$f_{cc}=415N/mm^2$。

1.2　混凝土

1.2.1　混凝土的强度

混凝土强度是混凝土受力性能的一个基本标志。在工程中常用的混凝土强度有立方体抗压强度、轴心抗压强度、轴心抗拉强度等。

1. 混凝土的立方体抗压强度 f_{cu} 及强度等级

立方体抗压强度，是衡量混凝土强度大小的基本指标，是评价混凝土等级的标准。

《混凝土标准》规定，用边长为 150mm 的标准立方体试件，在标准养护条件下（温度 20℃±3℃，相对湿度不小于 90%）养护 28 天后，按照标准试验方法（试件的承压面不涂润滑剂，加荷速度约每秒 0.15～0.3N/mm²）测得的具有 95% 保证率的抗压强度，作为混凝土的立方体抗压强度标准值，用符号 $f_{cu,k}$ 表示。

根据立方体抗压强度标准值 $f_{cu,k}$ 的大小，可将混凝土划分为若干强度等级。《混凝土标准》中采用的混凝土强度等级分 C20、C25、C30、C35、C40、C45、C50、C55、C60、C65、C70、C75、C80 共 13 级。其中，C60～C80 属高强混凝土。

2. 混凝土的轴心抗压强度 f_c

实际工程中，受压构件并非立方体而是棱柱体，工作条件与立方体试块的工作条件也有很大差别，采用棱柱体试件更能反映混凝土的实际抗压能力。所以我国采用 150mm×150mm×300mm 棱柱体试件测得的强度作为混凝土的轴心抗压强度。混凝土的轴心抗压强度标准值按下式计算：

$$f_{c,k}=0.88\alpha_1\alpha_2 f_{cu,k} \tag{1-3}$$

式中　α_1——棱柱强度与立方强度之比，对 C50 及以下取 $\alpha_1=0.76$，对 C80 取 $\alpha_1=0.82$，中间按线形规律变化；

α_2——考虑 C40 以上混凝土脆性的折减系数，对 C40 取 $\alpha_2=1.0$，对 C80 取 $\alpha_2=0.87$，中间按线形规律变化。

3. 混凝土的轴心抗拉强度 f_t

混凝土的抗拉强度可采用尺寸为 100mm×100mm×500mm 的柱体试件进行直接轴心受拉试验，但其准确性较差。故国内为多采用圆柱体或立方体的劈裂试验来间接测定。混凝土轴心抗拉强度标准值按下式计算：

$$f_{t,k}=0.88\times0.395 f_{cu,k}^{0.55}(1-1.645\delta)^{0.45}\alpha_2 \tag{1-4}$$

式中　δ——混凝土立方强度变异系数，当 $f_{cu,k}>60N/mm^2$ 时，取 $\delta=0.1$。

1.2.2　混凝土的变形

混凝土的变形有两类。一类是受力变形，混凝土在一次短期荷载、多次重复荷载和长期荷载作用下都将产生变形。另一类是体积变形，包括收缩、膨胀和温度变形。这里只介绍混凝土的徐变和收缩。

1. 混凝土在长期荷载作用下的变形——徐变

混凝土在长期不变荷载作用下，应变随时间继续增长的现象，叫作混凝土的徐变。

产生徐变的原因目前研究得尚不够充分。徐变特性主要与时间有关。徐变开始时增长较快，以后逐渐减慢，经过较长时间趋于稳定。

混凝土的徐变将对结构构件产生的不利影响，主要是：增大混凝土构件的变形；在预应力混凝土构件中引起预应力损失等。

混凝土的徐变与构件截面的应力大小和时间长短有关。此外，还与混凝土所处环境条件和混凝土的组成有关。养护条件越好，周围环境的湿度越大，构件加载前混凝土的强度愈高，水泥用量愈少，混凝土越密实，骨料含量越大，骨料刚度越大，则徐变越小。

2. 混凝土的收缩

混凝土在空气中结硬过程中体积减小的现象称为收缩。

混凝土的收缩变形可延续 2 年以上，但主要发生在初期：2 周可完成全部收缩量的 25%，1 个月约完成 50%。

由于混凝土的收缩，当构件受到约束时，混凝土的收缩就会使构件中产生收缩应力，收缩应力过大，就会使构件产生裂缝，以致影响结构的正常使用；在预应力混凝土构件中混凝土收缩将引起钢筋预应力值损失等。

混凝土的收缩主要与下列因素有关：水泥用量愈多，水灰比愈大，收缩愈大；强度等级越高的水泥制成的混凝土收缩越大；骨料的弹性模量大，收缩小；在结硬过程中，周围温度、湿度大，收缩小；混凝土越密实，收缩越小；使用环境温度、湿度大，收缩小。

1.2.3　混凝土的选用

《混凝土通规》规定，对设计工作年限为 **50** 年的混凝土结构，结构混凝土的强度等级应符合下列规定：素混凝土结构构件的混凝土强度等级不应低于 **C20**；钢筋混凝土结构构件的混凝土强度等级不应低于 **C25**；预应力混凝土楼板结构的混凝土强度等级不应低于 **C30**，其他预应力混凝土结构构件的混凝土强度等级不应低于 **C40**；采用 **500MPa** 及以上等级钢筋的钢筋混凝土结构构件，混凝土强度等级不应低于 **C30**。对设计工作年限大于 50 年的混凝土结构，结构混凝的最低强度等级应比上述规定提高。

1.2.4　混凝土的力学性能指标

1. 混凝土的强度

混凝土的强度也具变异性，而且较钢筋强度的变异性大。按同一标准生产的混凝土各批强度会不同，即便用一次搅拌的混凝土其强度也有差异。因此，设计中也应采取混凝土强度标准值来进行计算。

《混凝土通规》规定，**混凝土结构用混凝土的强度标准值应具有不小于 95％的保证率，材料分项系数取值不应小于 1.4。**

《混凝土标准》给出的各种强度等级的混凝土强度标准值、强度设计值列于表 1-8。

混凝土强度标准值、强度设计值（N/mm²）　　　　表 1-8

强度值		混凝土强度等级												
		C20	C25	C30	C35	C40	C45	C50	C55	C60	C65	C70	C75	C80
标准值	$f_{c,k}$	13.4	16.7	20.1	23.4	26.8	29.6	32.4	35.5	38.5	41.5	44.5	47.4	50.2
	$f_{t,k}$	1.54	1.78	2.01	2.20	2.39	2.51	2.64	2.74	2.85	2.93	2.99	3.05	3.11
设计值	f_c	9.6	11.9	14.3	16.7	19.1	21.1	23.1	25.3	27.5	29.7	31.8	33.8	35.9
	f_t	1.1	1.27	1.43	1.57	1.71	1.80	1.89	1.96	2.04	2.09	2.14	2.18	2.22

2. 混凝土的弹性模量

混凝土的弹性模量指混凝土的原点切线模量。但是，混凝土不是弹性材料，其应力和应变不呈线性关系，在不同应力阶段的变形模量（应力与应变之比）不同，原点切线很难准确地作出。实用中，采用应力上限为（0.4～0.5）f_c 循环 5～10 次后的应力-应变曲线，应力为（0.4～0.5）f_c 时的割线模量作为混凝土的弹性模量的近似值。

按照上述方法，《混凝土标准》经统计分析得到混凝土的受拉或受压弹性模量 E_c

（N/mm²）的经验计算公式：

$$E_c = \frac{10^5}{2.2 + \dfrac{34.7}{f_{cu,k}}}$$ (1-5)

式中 $f_{cu,k}$——混凝土的立方体抗压强度标准值（N/mm²）。

按式（1-5）计算的不同强度等级混凝土的弹性模量见表1-9。

混凝土弹性模量 E_c（N/mm²） 表1-9

混凝土强度等级	C20	C25	C30	C35	C40	C45	C50	C55	C60	C65	C70	C75	C80
E_c	2.55×10^4	2.80×10^4	3.00×10^4	3.15×10^4	3.25×10^4	3.35×10^4	3.45×10^4	3.55×10^4	3.60×10^4	3.65×10^4	3.70×10^4	3.75×10^4	3.80×10^4

1.2.5 结构耐久性对混凝土质量的要求

耐久性是指结构或构件在设计工作年限内，在正常维护条件下，不需要进行大修就可以满足正常使用和安全功能要求的能力。混凝土结构的耐久性极限状态表现为：钢筋混凝土构件表面出现锈胀裂缝；预应力筋开始锈蚀；结构表面混凝土出现可见的耐久性损伤，如酥裂、粉化等。材料劣化进一步发展还可能引起构件承载力问题，甚至发生破坏。

结构的使用环境是影响混凝土结构耐久性的最重要的因素，包括温度、湿度、CO_2 含量、侵蚀性介质等，属于外因。使用环境类别是指混凝土暴露表面所处的环境条件，按表1-10划分。

混凝土结构的使用环境类别 表1-10

环境类别		说明
一		室内干燥环境；无侵蚀性静水浸没环境
二	a	室内潮湿环境；非严寒和非寒冷地区的露天环境；非严寒和非寒冷地区与无侵蚀性的水或土壤直接接触的环境；严寒和寒冷地区的冰冻线以下与无侵蚀性的水或土壤直接接触的环境
	b	干湿交替的环境；水位频繁变动区的露天环境；严寒和寒冷地区的露天环境；严寒和寒冷地区冰冻线以上与无侵蚀性的水或土壤直接接触的环境
三	a	严寒和寒冷地区冬季水位变动区环境；受除冰盐影响环境；海风环境
	b	盐渍土环境；受除冰盐作用环境；海岸环境
四		海水环境
五		受人为或自然的侵蚀性物质影响的环境

注：1. 室内潮湿环境是指构件表面经常处于结露或湿润状态的环境；

2. 严寒地区指最冷月平均温度≤−10℃，日平均温度不高于5℃的天数≥145d的地区；寒冷地区指最冷月平均温度−10～0℃，日平均温度不高于5℃的天数为90～145d的地区；

3. 海岸环境和海风环境宜根据当地情况，考虑主导风向及结构所处迎风、背风部位等因素的影响，由调查研究和工程经验确定；

4. 受除冰盐影响环境是指受到除冰盐盐雾影响的环境；受除冰盐作用环境是指被除冰盐溶液溅射的环境以及使用除冰盐地区的洗车房、停车楼等建筑；

5. 暴露的环境是指混凝土结构表面所处的环境。

影响混凝土结构耐久性的另一重要因素是混凝土材料的质量，属于内因。它主要包括混凝土的水胶比（即水与胶凝材料总量的比值）、强度等级、密实性、水泥用量、氯离子和碱含量、外加剂用量、保护层厚度等因素。

耐久性对混凝土质量的主要要求如下：

1. 设计工作年限为 50 年的一般结构混凝土

对于设计工作年限为 50 年的混凝土结构，其混凝土材料宜符合表 1-11 的规定。

结构混凝土材料的耐久性基本要求　　　　　表 1-11

环境类别		最大水胶比	混凝土强度等级 不小于	水溶性氯离子含量 不大于（%）	碱含量不大于 （kg/m³）
一		0.60	C25	0.3	不限制
二	a	0.55	C25	0.2	3.0
	b	0.50(0.55)	C30(C25)	0.15	3.0
三	a	0.45(0.50)	C35(C30)	0.15	3.0
	b	0.40	C40	0.10	3.0

注：1. 氯离子含量系指其占胶凝材料用量的质量百分比，计算时辅助胶凝材料的量不应大于硅酸盐水泥的量。
　　2. 预应力混凝土构件中的水溶性氯离子含量不得超过 0.06%，最低混凝土强度等级宜按表中规定提高不少于两个等级。
　　3. 素混凝土结构的混凝土最大水胶比及最低混凝土强度等级的要求可适当放松，但混凝土最低强度等级应符合本标准的有关规定。
　　4. 处于严寒和寒冷地区二 b、三 a 环境中的混凝土应使用引气剂，并可采用括号中的相关参数。
　　5. 当有可靠工程经验时，二类环境中的最低混凝土强度等级可为 C25。
　　6. 当使用非碱活性骨料时，对混凝土中的碱性含量可不作限制。

2. 设计工作年限为 100 年的结构混凝土

一类环境中，设计工作年限为 100 年的结构混凝土应符合下列规定：

（1）钢筋混凝土结构强度等级不应低于 C30；预应力混凝土结构的最低强度等级为 C40。

（2）混凝土中氯离子含量不得超过 0.06%。

（3）宜使用非碱活性骨料；当使用碱活性骨料时，混凝土中的碱含量不得超过 3.0kg/m³。

（4）当采取有效的表面防护措施时，混凝土保护层厚度可适当减少。

对于设计工作年限为 100 年且处于二类和三类环境中的混凝土结构应采取专门有效的措施。

3. 临时性结构混凝土

对临时性混凝土结构，可不考虑混凝土的耐久性要求。

4. 其他要求

四类和五类环境中的混凝土结构，其耐久性要求应符合有关标准的规定。

1.3　砌体材料

1.3.1　砌体材料种类及强度等级

砌体的材料主要包括块体材料和砂浆。

1. 块体材料

我国目前的块体材料主要有以下几类：

（1）砖

砖分为烧结砖和非烧结砖两大类。烧结砖包括烧结普通砖、烧结多孔砖。常用的非烧结砖有蒸压灰砂砖、蒸压粉煤灰砖、混凝土砖等。

烧结普通砖简称普通砖，分烧结黏土砖、烧结页岩砖、烧结煤矸石砖、烧结粉煤灰砖等。烧结普通砖的强度等级分为 MU30、MU25、MU20、MU15 和 MU10。

烧结多孔砖简称多孔砖。与烧结普通黏土砖相比，其突出的优点是减轻墙体自重 1/4～1/3，节约原料和能源，提高砌筑效率约 40%，降低成本 20% 左右，显著改善保温隔热性能。烧结多孔砖的强度等级分为 MU30、MU25、MU20、MU15 和 MU10。

蒸压灰砂砖简称灰砂砖，其强度等级分为 MU25、MU20 和 MU15。

蒸压粉煤灰砖简称粉煤灰砖，其强度等级与灰砂砖相同。

混凝土砖包括混凝土普通砖和混凝土多孔砖。混凝土普通砖的强度等级分为 MU30、MU25、MU20、和 MU15。混凝土多孔砖的强度等级分为 MU30、MU25、MU20、MU15。

（2）砌块

指除普通砖和黏土空心砖及石材以外的块材。砌块根据尺寸大小，可分为小型、中型、大型三类。高度在 180～350mm 的一般称为小型砌块，高度在 350～900mm 的一般称为中型砌块，高度大于 900mm 的一般称为大型砌块。砌块的强度等级分为 MU20、MU15、MU10、MU7.5、MU5 五级。

（3）石材

石材按加工后的外形规则程度分为料石和毛石两种。料石又可分为细料石和粗料石。石材的强度等级共分七级：MU100、MU80、MU60、MU50、MU40、MU30、MU20。

2. 砂浆

砌体中砂浆的作用是将块材连成整体，从而改善块材在砌体中的受力状态，使其应力均匀分布，同时因砂浆填满了块材间的缝隙，也降低了砌体的透气性，提高了砌体的防水、隔热、抗冻等性能。按配料成分不同，砂浆分为以下几种：

（1）水泥砂浆

水泥砂浆的主要特点是强度高、耐久性和耐火性好，但其流动性和保水性差，相对而言施工较困难。在强度等级相同的条件下，采用水泥砂浆砌筑的砌体强度要比用其他砂浆时低。水泥砂浆常用于地下结构或经常受水侵蚀的砌体部位。

（2）水泥混合砂浆

水泥混合砂浆包括水泥石灰砂浆、水泥黏土砂浆，其强度较高，且耐久性、流动性和保水性均较好，便于施工，容易保证施工质量，常用于地上砌体，是最常用的砂浆。

（3）非水泥砂浆

非水泥砂浆有石灰砂浆、黏土砂浆、石膏砂浆。石灰砂浆强度较低，耐久性也差，流动性和保水性较好，通常用于地上砌体。黏土砂浆强度低，可用于临时建筑或简易建筑。石膏砂浆硬化快，可用于不受潮湿的地上砌体。

（4）混凝土砌块砌筑砂浆

它是由水泥、砂、水以及根据需要掺入的掺和料和外加剂等组成，按一定比例，采用机械拌和制成，专门用于砌筑混凝土砌块的砌筑砂浆。简称砌块专用砂浆，其强度等级用Mb表示。

砂浆的强度等级由通过标准试验方法测得的边长为70.7mm立方体的28d龄期抗压强度平均值确定。砂浆的强度等级分为M15、M10、M7.5、M5、M2.5五级。

1.3.2 砌体材料的选用

《砌体通规》规定，砌体结构材料应依据其承载性能、节能环保性能、使用环境条件合理选用。

砌体结构所处的环境类别应依据气候条件及结构的使用环境条件按表1-12分类。

使用环境分类表　　　　　　　　　　　　　　　　　　　　表1-12

环境类别	环境名称	环境条件
1	干燥环境	干燥室内、外环境;室外有防水防护环境
2	潮湿环境	潮湿室内或室外环境,包括与无侵蚀性土和水接触的环境
3	冻融环境	寒冷地区潮湿环境
4	氯侵蚀环境	与海水直接接触的环境,或处于滨海地区的盐饱和的气体环境
5	化学侵蚀环境	有化学侵蚀的气体、液体或固态形式的环境,包括有侵蚀性土壤的环境

1. 块体材料

《砌体通规》规定：

（1）砌体结构不应采用非蒸压硅酸盐砖、非蒸压硅酸盐砌块及非蒸压加气混凝土制品。长期处于200℃以上或急热急冷的部位，以及有酸性介质的部位，不得采用非烧结墙体材料。

（2）对处于环境类别1类和2类的承重砌体，所用块体材料的最低强度等级应符合表1-13的规定；对配筋砌块砌体抗震墙，表1-13中1类和2类环境的普通、轻骨料混凝土砌块强度等级为MU10；安全等级为一级或设计工作年限大于50年的结构，表1-13中材料强度等级应至少提高一个等级。

1类、2类环境类下块体材料最低强度等级　　　　　　　　　　表1-13

环境类别	烧结砖	混凝土砖	普通、轻骨料混凝土砌块	蒸压普通砖	蒸压加气混凝土砌块	石材
1	MU10	MU15	MU7.5	MU15	A5.0	MU20
2	MU15	MU20	MU7.5	MU20	—	MU30

（3）对处于环境类别3类的承重砌体，所用块体材料的抗冻性能和最低强度等级应符合表1-14的规定。设计工作年限大于50年时，表1-14中的抗冻指标应提高一个等级，对严寒地区抗冻指标提高为F75。

3 类环境下块体材料抗冻性能与最低强度等级　　　　表 1-14

环境类别	冻融环境	抗冻性能			块材最低强度等级		
		抗冻指标	质量损失（%）	强度损失（%）	烧结砖	混凝土砖	混凝土砌块
3	微冻地区	F25			MU15	MU20	MU10
	寒冷地区	F35	≤5	≤20	MU20	MU25	MU15
	严寒地区	F50			MU20	MU25	MU15

（4）处于环境类别 4 类、5 类的承重砌体，应根据环境条件选择块体材料的强度等级、抗渗、耐酸、耐碱性能指标。

（5）夹心墙的外叶墙的砖及混凝土砌块的强度等级不应低于 MU10。

填充墙的块材最低强度等级，应符合下列规定：内墙空心砖、轻骨料混凝土砌块、混凝土空心砌块应为 MU3.5，外墙应为 MU5；内墙蒸压加气混凝土砌块应为 A2.5，外墙应为 A3.5。

（6）下列部位或环境中的填充墙不应使用轻骨料混凝小型空心砌块或蒸压加气混凝土砌块砌体：建（构）筑物防潮层以下墙体；长期浸水或化学侵蚀环境；砌体表面温度高于 80℃的部位；长期处于有振动源环境的墙体。

2. 砂浆和灌孔混凝土

《砌体通规》规定：

（1）砌筑砂浆的最低强度等级应符合下列规定：设计工作年限大于和等于 25 年的烧结普通砖和烧结多孔砖砌体应为 M5，设计工作年限小于 25 年的烧结普通砖和烧结多孔砖砌体应为 M2.5；蒸压加气混凝土砌块砌体应为 Ma5，蒸压灰砂普通砖和蒸压粉煤灰普通砖砌体应为 Ms5；混凝土普通砖、混凝土多孔砖砌体应为 Mb5；混凝土砌块、煤矸石混凝土砌块砌体应为 Mb7.5；配筋砌块砌体应为 Mb10；毛料石、毛石砌体应为 M5。

（2）混凝土砌块砌体的灌孔混凝土强度等级不应低于 Cb20，且不应低于 1.5 倍的块体强度等级。

（3）配置钢筋的砌体不得使用掺加氯盐和硫酸类外加剂的砂浆。

（4）对于有抗冻要求的砌体，砂浆的抗冻性能不应低于墙体块材。

（5）对安全等级为一级或设计工作年限大于 50 年的配筋砌块砌体房屋，砂浆和灌孔混凝土的最低强度等级应按相关规定至少提高一级。

3. 钢筋

《砌体通规》规定：

（1）砌体结构中的钢筋应采用热轧钢筋或余热处理钢筋。

（2）环境类别为 2 类～5 类条件下砌体结构的钢筋应采取防腐处理或其他保护措施。

1.3.3　砌体的种类

砌体分为无筋砌体和配筋砌体两类。

1. 无筋砌体

无筋砌体由块体和砂浆组成，包括砖砌体、砌块砌体和石砌体。

（1）砖砌体

实砌砖砌体可以砌成厚度为 120mm（半砖）、240mm（一砖）、370mm（一砖半）、490mm（两砖）及 620mm（两砖半）的墙体，也可砌成厚度为 180mm、300mm 和 420mm 的墙体，但此时部分砖必须侧砌，于抗震不利。

（2）砌块砌体

砌块砌体由砌块和砂浆砌筑而成。它具有自重轻，保温隔热性能好，施工进度快，经济效果好，具有优良的环保概念等优点，因此砌块砌体，特别是小型砌块砌体有很广阔的发展前景。

（3）石砌体

石砌体由石材和砂浆（或混凝土）砌筑而成。按石材加工后的外形规则程度，可分为料石砌体、毛石砌体、毛石混凝土砌体等。其主要优点是价格低廉，可就地取材，但自重大，隔热性能差，作外墙时厚度一般较大，在产石的山区应用较为广泛。料石砌体可用作房屋墙、柱，毛石砌体一般用作挡土墙、基础。

2. 配筋砌体

配筋砌体是指在灰缝中配置钢筋或钢筋混凝土的砌体，包括网状配筋砌体、组合砖砌体、配筋混凝土砌块砌体。

网状配筋砌体又称横向配筋砌体，是在砖柱或砖墙中每隔几皮砖在其水平灰缝中设置直径为 3～4mm 的方格网式钢筋网片（图 1-10）。在砌体受压时，网状配筋可约束砌体的横向变形，从而提高砌体的抗压强度。

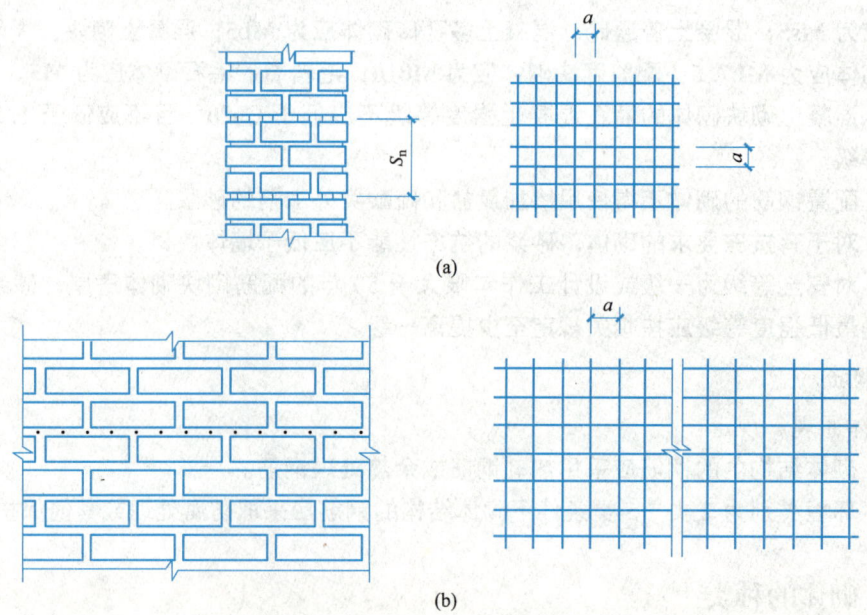

(a)

(b)

图 1-10　网状配筋砌体

（a）砖柱；（b）砖墙

组合砖砌体有两种。一种是在砌体外侧预留的竖向凹槽内配置纵向钢筋，在浇筑混凝土面层或钢筋砂浆面层构成的（图1-11a、b、c），可认为是外包式组合砖砌体。另一种是砖砌体和钢筋混凝土构造柱组合墙，是在砖砌体中每隔一定距离设置钢筋混凝土构造柱，并在各层楼盖处设置钢筋混凝土圈梁（约束梁），使砖砌体墙与钢筋混凝土构造柱和圈梁组成一个构件（弱框架）共同受力，属内嵌式组合砖砌体（图1-11d）。

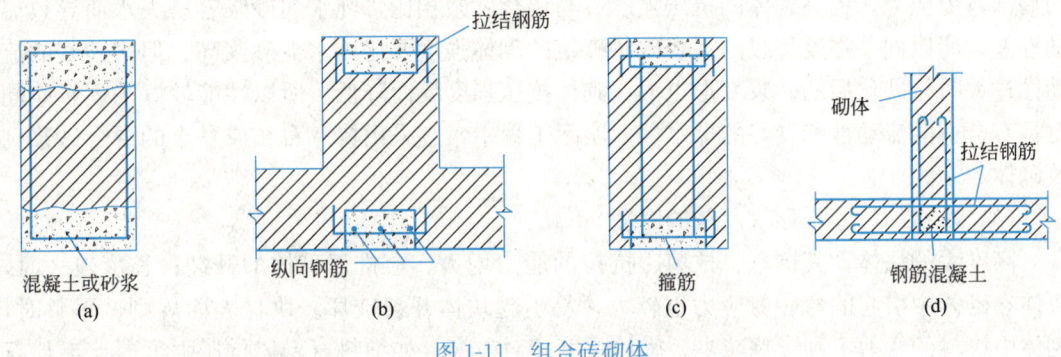

图1-11　组合砖砌体

（a）、（b）、（c）组合砖砌体；（d）砖砌体和钢筋混凝土构造柱组合墙

配筋混凝土砌块砌体是在砌块墙体上下贯通的竖向孔洞中插入竖向钢筋，并用灌孔混凝土灌实，使竖向和水平钢筋与砌体形成一个共同工作的整体（图1-12）。由于这种墙体主要用于中高层或高层房屋中起剪力墙作用，故又称配筋砌块剪力墙。

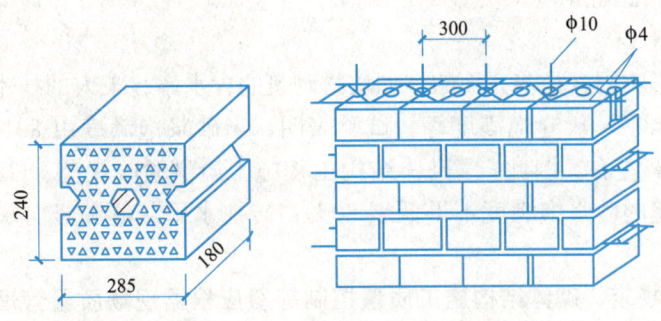

图1-12　配筋砌块砌体

1.3.4　砌体的抗压性能

1. 影响砌体抗压强度的因素

（1）块材和砂浆的强度

块材和砂浆的强度是决定砌体抗压强度的首要因素，其中尤其是块材的强度又是最主要的因素。块材的抗压强度较高时，其相应的抗拉、抗弯、抗剪等强度也相应提高。一般来说，砌体抗压强度随块体和砂浆的强度等级的提高而提高，但采用提高砂浆强度等级来提高砌体强度的做法，不如用提高块材的强度等级更有效。试验表明，当砖的强度等级不变，砂浆强度等级提高一级，砌体抗压强度只提高约15%，而当砂浆强度等级不变，砖强

度等级提高一级，砌体抗压强度可提高约 20％。但在毛石砌体中，提高砂浆强度等级对提高砌体抗压强度的影响较大。

（2）砂浆的性能

砂浆的流动性、保水性等性能对砌体抗压强度都有重要影响。用具有合适的流动性以及良好的保水性的砂浆铺成的水平灰缝厚度较均匀且密实性较好，可以有效地降低砌体内的局部弯剪应力，提高砌体的抗压强度。与混合砂浆相比，纯水泥砂浆容易失水而导致流动性差，所以同一强度等级的混合砂浆砌筑的砌体强度要比纯水泥砂浆高。但当砂浆的流动性过大时，硬化后的砂浆变形也大，砌体抗压强度反而降低。所以性能较好的砂浆应同时具有合适的流动性和良好的保水性。实际工程中，宜采用掺有石灰或黏土的混合砂浆砌筑砌体。

（3）块材的尺寸、形状及灰缝厚度

高度大的块体，其抗弯、抗剪、抗拉的能力增大，会推迟砌体的开裂；长度较大时，块体在砌体中引起的弯、剪应力也较大，易引起块体开裂破坏。块材表面规则、平整时，砌体中块材的弯剪不利影响减少，砌体强度相对较高。如细料石砌体抗压强度要比毛料石高 50％左右。

灰缝愈厚，愈容易铺砌均匀，但砂浆的横向变形愈大，块体内横向拉应力亦愈大，砌体内的复杂应力状态亦随之加剧，砌体抗压强度亦降低。灰缝太薄又难以铺设均匀。因而一般灰缝厚度应控制在 8～12mm；对石砌体中的细料石砌体不宜大于 5mm，毛料石和粗料石砌体不宜大于 20mm。

（4）砌筑质量

砌筑质量的影响因素是多方面的，如块材砌筑的含水率、工人的技术水平、砂浆搅拌方式、现场管理水平，灰缝饱满度等。试验表明，当砂浆饱满度由 80％降低为 65％时，砌体强度降低 20％左右。因此，《砌体结构工程施工质量验收规范》GB 50203—2011 规定，砖墙水平灰缝的砂浆饱满度不得低于 80％；砖柱水平灰缝和竖向灰缝饱满度不得低于 90％。

《砌体通规》规定，砌体结构施工质量控制等级应根据现场质量管理水平、砂浆与混凝土质量控制、砂浆拌合工艺、砌筑工人技术等级四个要素从高到低分为 A、B、C 三级，设计工作年限为 50 年及以上的砌体结构工程，应为 A 级或 B 级。《砌体结构工程施工质量验收规范》GB 50203—2011 规定，砌体施工质量控制等级应按表 1-15 划分。

砌体施工质量控制等级　　　　　　　　　　　表 1-15

项目	施工质量控制等级		
	A	B	C
现场质量管理	监督检查制度健全，并严格执行；施工方有在岗专业技术管理人员，人员齐全，并持证上岗	监督检查制度基本健全，并能执行；施工方有在岗专业技术管理人员，人员齐全，并持证上岗	有监督检查制度；施工方有在岗专业技术管理人员
砂浆、混凝土强度	试块按规定制作，强度满足验收规定，离散性小	试块按规定制作，强度满足验收规定，离散性较小	试块按规定制作，强度满足验收规定，离散性大

项目	施工质量控制等级		
	A	B	C
砂浆拌合	机械拌合；配合比计量控制严格	机械拌合；配合比计量控制一般	机械或人工拌合；配合比计量控制较差
砌筑工人	中级工以上，其中高级工不少于20%	高、中级工不少于70%	初级工以上

2. 砌体的抗压强度设计值

《砌体通规》规定，砌体强度设计值应通过砌体强度标准值除以砌体结构的材料性能分项系数计算确定，并应按施工质量控制等级确定砌体结构的材料性能分项系数。施工质量控制等级为 A 级、B 级和 C 级时，材料性能分项系数应分别取 1.5、1.6 和 1.8。

龄期为 28d 的以毛截面计算的各类砌体抗压强度设计值，当施工质量控制等级为 B 级时，根据块材和砂浆的强度等级可分别按表 1-16～表 1-21 采用。施工阶段砂浆尚未硬化的新砌砌体的强度和稳定性，可按砂浆强度为 0 进行验算。

烧结普通砖和烧结多孔砖砌体的抗压强度设计值 f（MPa）　　　　表 1-16

砖强度等级	砂浆强度等级					砂浆强度
	M15	M10	M7.5	M5	M2.5	0
MU30	3.94	3.27	2.93	2.59	1.26	1.15
MU25	3.60	2.98	2.68	2.37	2.06	1.05
MU20	3.22	2.67	2.39	2.12	1.84	0.94
MU15	2.79	2.31	2.07	1.83	1.60	0.82
MU10	—	1.89	1.69	1.50	1.30	0.67

蒸压灰砂砖和蒸压粉煤灰砖砌体的抗压强度设计值 f（MPa）　　　　表 1-17

砖强度等级	砂浆强度等级				砂浆强度
	M15	M10	M7.5	M5	0
MU25	3.60	2.98	2.68	2.37	1.05
MU20	3.22	2.67	2.39	2.12	0.94
MU15	2.79	2.31	2.07	1.83	0.82

单排孔混凝土和轻骨料混凝土砌块对孔砌筑砌体的抗压强度设计值 f（MPa）　　表 1-18

砌块强度等级	砂浆强度等级					砂浆强度
	Mb20	Mb15	Mb10	Mb7.5	Mb5	0
MU20	6.3	5.68	4.95	4.44	3.94	2.33
MU15	—	4.61	4.02	3.61	3.20	1.89
MU10	—	—	2.79	2.50	2.22	1.31

续表

砌块强度等级	砂浆强度等级					砂浆强度
	Mb20	Mb15	Mb10	Mb7.5	Mb5	0
MU7.5	—	—	—	1.93	1.71	1.01
MU5	—	—	—		1.19	0.70

注：1. 对独立柱或厚度为双排组砌的砌块砌体，应按表中数值乘以 0.7。

2. 对 T 形截面砌体，应按表中数值乘以 0.85。

双排孔或多排孔轻骨料混凝土砌块砌体的抗压强度设计值 f（MPa）　　表 1-19

砌块强度等级	砂浆强度等级			砂浆强度
	Mb10	Mb7.5	Mb5	0
MU10	3.08	2.76	2.45	1.44
MU7.5	—	2.13	1.88	1.12
MU5	—	—	1.31	0.78
MU3.5	—	—	0.95	0.56

注：1. 表中的砌块为火山渣、浮石和陶粒轻骨料混凝土砌块。

2. 对厚度方向为双排组砌的轻骨料混凝土砌块砌体的抗压强度设计值，应按表中数值乘以 0.8。

毛料石砌体抗压强度设计值 f（MPa）　　表 1-20

石材强度等级	毛料石砌体				毛石砌体			
	砂浆强度等级			砂浆强度	砂浆强度等级			砂浆强度
	M7.5	M5	M2.5	0	M7.5	M5	M2.5	0
MU100	5.42	4.80	4.18	1.13	1.27	1.12	0.98	0.34
MU80	4.85	4.29	3.73	1.91	1.13	1.00	0.87	0.30
MU60	4.20	3.71	3.23	1.65	0.98	0.87	0.76	0.26
MU50	3.83	3.39	2.95	1.51	0.90	0.80	0.69	0.23
MU40	3.43	3.04	2.64	1.35	0.80	0.71	0.62	0.21
MU30	2.97	2.63	1.29	1.17	0.69	0.61	0.53	0.18
MU20	2.42	1.15	1.87	0.95	0.56	0.51	0.44	0.15

注：对下列各类料石砌体，应按表中数值分别乘以系数：细料石砌体1.4，粗料石砌体1.2，干砌勾缝石砌体0.8。

混凝土普通砖和混凝土多孔砖砌体抗压强度设计值 f（MPa）　　表 1-21

砖强度等级	砂浆强度等级					砂浆强度
	Mb20	Mb15	Mb10	Mb7.5	Mb5	0
MU30	4.61	3.94	3.27	2.93	2.59	1.15
MU25	4.21	3.60	2.98	2.68	2.37	1.05
MU20	3.77	3.22	2.67	2.39	2.12	0.94
MU15	—	2.79	2.31	2.07	1.83	0.82

《砌体通规》规定，对于下列情况，表 1-16～表 1-21 所列各种砌体的强度设计值应乘以调整系数 γ_a：

（1）对无筋砌体构件，其截面面积 A 小于 $0.3m^2$ 时，$\gamma_a = 0.7 + A$；对配筋砌体构件，当其中砌体截面面积 A 小于 $0.2m^2$ 时，$\gamma_a = 0.8 + A$。其中 A 以 m^2 为单位。

（2）当砌体用强度等级小于 M5 的水泥砂浆砌筑时，对砌体抗压强度设计值，γ_a 取值为 0.9；对砌体抗拉强度设计值和抗剪强度设计值，γ_a 取值为 0.8。

（3）当验算施工中房屋的构件时，γ_a 为 1.1。

◆ 单元小结

1. 混凝土结构中采用的普通钢筋主要为热轧钢筋，纵向受力普通钢筋可采用 HRB400、HRB500、HRBF400、HRBF500、RRB400、HPB300 钢筋；梁、柱和斜撑构件的纵向受力钢筋宜采用 HRB400、HRB500、HRBF400、HRBF500 钢筋；箍筋宜采用 HRB400、HRBF400、HPB300、HRB500、HRBF500 钢筋；预应力钢筋宜采用预应力钢丝、钢绞线和预应力螺纹钢筋。

2. 钢材宜采用 Q235、Q345、Q390、Q420、Q460 和 Q345GJ（GJ 表示建筑结构用钢板）钢；对于外露环境，且对耐腐蚀有特殊要求或处于侵蚀性介质环境中的承重结构，可采用 Q235NH、Q355NH 和 Q415NH（NH 表示耐候钢）。

3. 建筑钢材的力学性能是衡量钢材质量的重要指标，它包括强度、塑性、冷弯性能、冲击韧性。有明显屈服点的钢材以屈服点 f_y 为计算构件的强度标准，没有明显屈服点的钢材以残余变形为 $\varepsilon = 0.2\%$ 时的应力作为名义屈服点。

4. 混凝土结构用普通钢筋、预应力钢筋的强度标准值应具有不小于 95% 的保证率。热轧钢筋的强度标准值系根据屈服强度确定；预应力钢绞线、钢丝和热处理钢筋的强度标准值系根据极限抗拉强度确定。材料强度设计值等于强度标准值除以材料分项系数。

5. 根据立方体抗压强度标准值 $f_{cu,k}$ 的大小，可将混凝土划分为若干强度等级。《混凝土标准》中采用的混凝土强度等级分 C20、C25、C30、C35、C40、C45、C50、C55、C60、C65、C70、C75、C80 共 13 级。其中，C60～C80 属高强混凝土。

6. 设计工作年限为 50 年的混凝土结构，其混凝土强度等级，素混凝土结构构件不应低于 C20，钢筋混凝土结构构件不应低于 C25，预应力混凝土楼板不应低于 C30，其他预应力混凝土结构构件不应低于 C40；采用 500MPa 及以上等级钢筋的钢筋混凝土结构构件不应低于 C30。设计工作年限大于 50 年的混凝土结构，结构混凝的最低强度等级应比上述规定提高。

7. 砌体的材料主要包括块体材料和砂浆。块体材料包括砖、砌块和石材。砂浆分为水泥砂浆、水泥混合砂浆、非水泥砂浆、混凝土砌块砌筑砂浆。

8. 砌体结构材料应依据其承载性能、节能环保性能、使用环境条件合理选用。砌体结构不应采用非蒸压硅酸砖、非蒸压硅酸盐砌块及非蒸压加气混凝土制品。长期处于 200℃ 以上或急热急冷的部位，以及有酸性介质的部位，不得采用非烧结墙体材料。

9. 影响砌体抗压强度的因素有：块材和砂浆的强度，砂浆的性能，块材的尺寸、形状及灰缝厚度，砌筑质量。

10. 钢材、混凝土、砌体的力学性能指标由规范查取。

思考题

1. 钢结构中常用的钢材有哪几种？选用原则是什么？

2. 混凝土结构用热轧钢筋主要有哪几种牌号？其特点及主要用途是什么？

微课

教学单元1小结

3. 混凝土的立方体抗压强度是如何确定的？

4. 混凝土结构对钢筋和混凝土有哪些要求？选用原则是什么？

5. 混凝土结构的使用环境分为几类？对一类环境中结构混凝土的耐久性要求有哪些？

6. 砌体可分为哪几类？常用的砌体材料有哪些，各自的适用范围是什么？

7. 影响砌体抗压强度的因素有哪些？

8. 阅览工程建设标准化信息网，熟悉钢材、混凝土、砌体的力学性能指标查取方法。

9. 查阅资料，归纳总结在材料选用中，如何体现绿色低碳的要求。

教学单元 2　建筑结构设计基本原则

思维导图

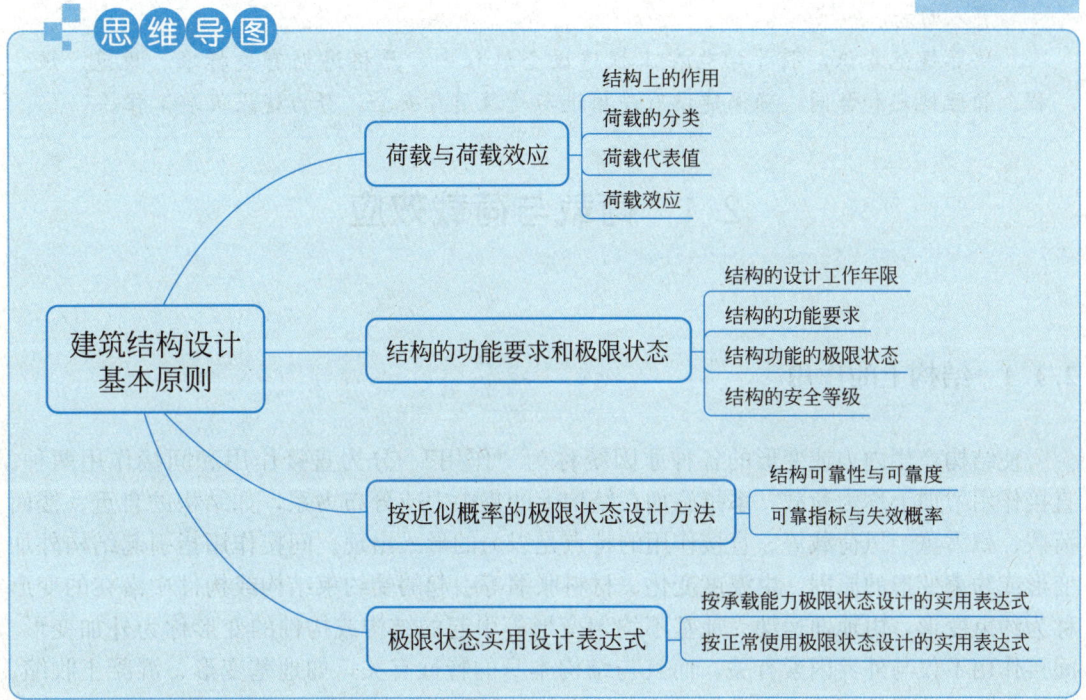

建筑结构设计基本原则
- 荷载与荷载效应
  - 结构上的作用
  - 荷载的分类
  - 荷载代表值
  - 荷载效应
- 结构的功能要求和极限状态
  - 结构的设计工作年限
  - 结构的功能要求
  - 结构功能的极限状态
  - 结构的安全等级
- 按近似概率的极限状态设计方法
  - 结构可靠性与可靠度
  - 可靠指标与失效概率
- 极限状态实用设计表达式
  - 按承载能力极限状态设计的实用表达式
  - 按正常使用极限状态设计的实用表达式

引入案例

2023 年 7 月 23 日，黑龙江省某中学体育馆屋顶坍塌。当时，馆内共有 19 人，包括该校女排 2 名教练和 17 名队员在体育馆内集训。这起事故共造成 11 名师生死亡。

经有关专家对事故原因的初步调查，与体育馆毗邻的教学综合楼施工过程中，施工单位违规将珍珠岩堆置体育馆屋顶。受降雨影响，珍珠岩浸水增重，导致屋顶荷载增大，引发坍塌。

这是一起违规违章、野蛮施工的典型案例。那么，在结构设计、施工和使用中需要遵循哪些原则，才能保证结构安全可靠呢？

学习目标

知识目标：
1. 掌握荷载的分类和荷载代表值的概念。
2. 掌握荷载效应与结构抗力的概念。
3. 掌握结构的功能要求及可靠性的概念。

4. 掌握极限状态的概念及其分类。

5. 理解极限状态实用设计表达式。

能力目标：

具有确定永久荷载、可变荷载代表值的能力。

育人目标：

培养规范意识，引导学生在工程建设全过程中，严格遵循有关标准、规范、规程、管理规定和合同，确保建设有序推进与建筑质量安全，努力建设优质工程。

2.1　荷载与荷载效应

2.1.1　结构上的作用

使结构产生内力或变形的各种原因统称为"作用"，分为直接作用和间接作用两种。直接作用习惯上称为荷载，系指施加在结构上的集中力或分布力系，如结构的自重、楼面荷载、积雪重、风荷载等。直接作用的特点是以力的形式出现。间接作用指引起结构外加变形或约束变形的原因。由温度变化、材料胀缩等引起的受约束结构或构件中潜在的变形称为约束变形，由地面运动、地基不均匀变形等引起的结构或构件的变形称为外加变形。间接作用不仅与外界因素有关，而且与结构本身的特性有关，如地基变形、混凝土收缩、温度变化、地震作用等。本书只讨论直接作用，即荷载。

2.1.2　荷载的分类

按随时间的变异，《荷载规范》将结构上的荷载分为以下三类：

1. 永久荷载

永久荷载又称恒荷载，是指在结构使用期间，其值不随时间变化，或者其变化与平均值相比可忽略不计的荷载，包括结构自重、土压力、预应力等。

2. 可变荷载

可变荷载也称为活荷载，是指在结构使用期间，其值随时间变化，且其变化值与平均值相比不可忽略的荷载，包括楼面活荷载、屋面活荷载和积灰荷载、吊车荷载、风荷载、雪荷载、温度作用等。

3. 偶然荷载

在结构使用期间不一定出现，而一旦出现，其量值很大且持续时间很短的荷载称为偶然荷载，包括爆炸力、撞击力等。

微课

结构上的作用
及荷载分类

2.1.3 荷载代表值

荷载是随机变量，任何一种荷载的大小都有一定的变异性。例如，对于结构自重等永久荷载，虽可事先根据结构的设计尺寸和材料单位重量计算出来，但施工时的尺寸偏差、材料单位重量的变异性等原因，致使结构的实际自重并不完全与计算结果相吻合。至于可变荷载的大小，其不定因素则更多。因此，结构设计时，对于不同的荷载和不同的设计状况，应赋予荷载不同的量值，该量值即荷载代表值。

本书仅介绍永久荷载和可变荷载的代表值。

1. 永久荷载的代表值

规范链接

2-1

永久荷载采用标准值为代表值。所谓荷载标准值，是指结构在设计基准期内可能出现的最大荷载值，它是荷载的基本代表值。这里所说的设计基准期，是为确定可变荷载代表值而选定的时间参数，一般取为50年，即取为普通房屋和构筑物的设计工作年限。

永久荷载主要是结构自重及粉刷、装修、固定设备的重量。《结构通规》规定，**结构自重的标准值应按结构构件的设计尺寸与材料密度计算确定。对于自重变异较大的材料和构件，对结构不利时自重标准值取上限值，对结构有利时取下限值。**由于结构或非承重构件的自重的变异性不大，一般以其平均值作为荷载标准值。几种常用材料单位体积的自重列于表2-1，其余详见《荷载规范》。

部分常用材料和构件的自重 　　　　　　　　　　　　　　　　　表2-1

序号	名称	单位	自重	备注
1	混凝土	kN/m³	22～24	振捣或不振捣
2	钢筋混凝土	kN/m³	24～25	
3	水泥砂浆	kN/m³	20	
4	石灰砂浆、混合砂浆	kN/m³	17	
5	浆砌普通砖砌体	kN/m³	18	
6	浆砌机砖砌体	kN/m³	19	
7	钢	kN/m³	72.5	
8	水磨石地面	kN/m²	0.65	10mm面层,20mm水泥砂浆打底
9	硬木地板	kN/m²	0.2	厚25mm,不包括搁栅自重
10	木框玻璃窗	kN/m²	0.2～0.3	
11	钢框玻璃窗、钢铁门	kN/m²	0.4～0.45	
12	木门	kN/m²	0.1～0.2	
13	贴瓷砖墙面	kN/m²	0.5	包括水泥砂浆打底,共厚25mm
14	水泥粉刷墙面	kN/m²	0.36	20mm厚,水泥粗砂
15	石灰粉刷墙面	kN/m²	0.34	20mm厚

工程实际中，已知构件的设计尺寸和材料或结构构件单位自重即可计算出自重标准值。例如，已知某钢筋混凝土矩形截面梁的截面尺寸为 200mm×400mm，若取钢筋混凝土单位体积自重标准值为 25kN/m³，则其自重标准值为 0.2×0.4×25＝2.0kN/m。

2. 可变荷载的代表值

可变荷载的代表值有四种：标准值、组合值、频遇值、准永久值。其中，可变荷载标准值是基本代表值，组合值、频遇值、准永久值都是以标准值乘以相应系数得出。

（1）可变荷载标准值

可变荷载的变异性较永久荷载大，其标准值不能采用永久荷载的方法计算。《统一标准》规定，可变荷载的标准值应根据荷载在设计基准期内可能出现的最大荷载概率分布并满足保证率来确定。但目前对最大荷载的概率分布能做出估计的荷载不多，因此，《结构通规》规定的可变荷载标准值主要是根据历史经验确定的。

1）楼面和屋面活荷载

《结构通规》规定，**一般使用条件下的民用建筑楼面均布活荷载标准值及其组合值系数、频遇值系数和准永久值系数的取值，不应小于表 2-2 的规定；工业建筑楼面均布活荷载的标准值及其组合值系数、频遇值系数和准永久值系数的取值，不应小于表 2-3 的规定；房屋建筑的屋面，其水平投影面上的屋面均布活荷载的标准值及其组合值系数、频遇值系数和准永久值系数的取值，不应小于表 2-4 的规定。**

民用建筑楼面均布活荷载标准值及其组合值系数、频遇值系数和准永久值系数　　表 2-2

项次	类别		标准值（kN/m²）	组合值系数 ψ_c	频遇值系数 ψ_f	准永久值系数 ψ_q
1	（1）住宅、宿舍、旅馆、医院病房、托儿所、幼儿园		2.0	0.7	0.5	0.4
	（2）办公楼、教室、医院门诊室		2.5	0.7	0.6	0.5
2	食堂、餐厅、试验室、阅览室、会议室、一般资料档案室		3.0	0.7	0.6	0.5
3	礼堂、剧场、影院、有固定座位的看台、公共洗衣房		3.5	0.7	0.5	0.3
4	（1）商店、展览厅、车站、港口、机场大厅及其旅客等候室		4.0	0.7	0.6	0.5
	（2）无固定座位的看台		4.0	0.7	0.5	0.3
5	（1）健身房、演出舞台		4.5	0.7	0.6	0.5
	（2）运动场、舞厅		4.5	0.7	0.6	0.3
6	（1）书库、档案库、储藏室（书架高度不超过 2.5m）		6.0	0.9	0.9	0.8
	（2）密集柜书库（书架高度不超过 2.5m）		12.0	0.9	0.9	0.8
7	通风机房、电梯机房		8.0	0.9	0.9	0.8
8	厨房	（1）餐厅	4.0	0.7	0.7	0.7
		（2）其他	2.0	0.7	0.6	0.5
9	浴室、卫生间、盥洗室		2.5	0.7	0.6	0.5
10	走廊、门厅	（1）宿舍、旅馆、医院病房、托儿所、幼儿园、住宅	2.0	0.7	0.5	0.4
		（2）办公楼、餐厅、医院门诊部	3.0	0.7	0.6	0.5
		（3）教学楼及其他可能出现人员密集的情况	3.5	0.7	0.5	0.3

续表

项次	类别		标准值 （kN/m²）	组合值 系数 ψ_c	频遇值 系数 ψ_f	准永久值 系数 ψ_q
11	楼梯	(1)多层住宅	2.0	0.7	0.5	0.4
		(2)其他	3.5	0.7	0.5	0.3
12	阳台	(1)可能出现人员密集的情况	3.5	0.7	0.6	0.5
		(2)其他	2.5	0.7	0.6	0.5

工业建筑楼面均布活荷载的标准值及其组合值系数、频遇值系数和准永久值系数　表 2-3

项次	类别	标准值 （kN/m²）	组合值系数 ψ_c	频遇值系数 ψ_f	准永久值系数 ψ_q
1	电子产品加工	4.0	0.8	0.6	0.5
2	轻型机械加工	8.0	0.8	0.6	0.5
3	重型机械加工	12.0	0.8	0.6	0.5

屋面均布活荷载标准值及其组合值系数、频遇值系数和准永久值系数　表 2-4

项次	类别	标准值 （kN/m²）	组合值系数 ψ_c	频遇值系数 ψ_f	准永久值系数 ψ_q
1	不上人的屋面	0.5	0.7	0.5	0.0
2	上人的屋面	2.0	0.7	0.5	0.4
3	屋顶花园	3.0	0.7	0.6	0.5
4	屋顶运动场地	4.5	0.7	0.6	0.4

注：1. 不上人的屋面，当施工或维修荷载较大时，应按实际情况采用；

　　2. 当上人的屋面兼作其他用途时，应按相应楼面活荷载采用；

　　3. 对于因屋面排水不畅、堵塞等引起等积水荷载，应采取构造措施加以防止；必要时，应按积水的可能深度确定屋面活荷载；

　　4. 屋顶花园活荷载不包括花圃土石等材料自重。

需要说明的是：①上述规定的取值为设计时必须遵守的最低要求。如设计中有特殊需要，荷载标准值及其组合值、频遇值和准永久值系数的取值可以适当提高。②工业建筑楼面在生产使用或安装检修时，由设备、管道运输工具及可能拆移的隔墙产生的局部荷载，应按实际情况考虑。③无论何种形式的屋面，屋面均布活荷载均系水平投影面上的荷载值。

2）栏杆活荷载

《结构通规》规定，楼梯、看台、阳台和上人屋面等的栏杆活荷载标准值，不应小于下列规定值：住宅、宿舍、办公楼、旅馆、医院、托儿所、幼儿园，栏杆顶部的水平荷载应取 1.0kN/m；食堂、剧场、电影院、车站、礼堂、展览馆或体育场，栏杆顶部的水平荷载应取 1.0kN/m，竖向荷载应取 1.2kN/m，水平荷载与竖向荷载应分别考虑；中小学校的上人屋面、外廊、楼梯、平台、阳台等临空部位必须设防护栏杆，栏杆顶部的水平荷载应取 1.5kN/m，竖向荷载应取 1.2kN/m，水平荷载与竖向荷载应分别考虑。

（2）可变荷载准永久值

可变荷载在设计基准期内会随时间而发生变化，并且不同可变荷载在结构上的变化情况不一样。如住宅楼面活荷载，人群荷载的流动性较大，而家具荷载的流动性则相对较小。可变荷载准永久值就是在设计基准期内经常达到或超过的那部分荷载值。它对结构的影响类似于永久荷载。

可变荷载准永久值可表示为 $\psi_q Q_k$，其中 Q_k 为可变荷载标准值，ψ_q 为可变荷载准永久值系数。ψ_q 的值按表 2-2、表 2-3、表 2-4 取用。

（3）可变荷载组合值

两种或两种以上可变荷载同时作用于结构上时，所有可变荷载同时达到其单独出现时可能达到的最大值的概率极小，因此，除主导荷载（产生最大效应的荷载）仍可以其标准值为代表值外，其他伴随荷载均应以小于标准值的荷载值为代表值，此即可变荷载组合值。

可变荷载组合值可表示为 $\psi_c Q_k$。其中 ψ_c 为可变荷载组合值系数，其值按表 2-2、表 2-3、表 2-4 取用。

（4）可变荷载频遇值

对可变荷载，在设计基准期内，其超越的总时间为规定的较小比率或超越频率为规定频率的荷载值称为可变荷载频遇值，即可变荷载频遇值是在设计基准期内被超越的总时间仅为设计基准期一小部分的荷载值。

可变荷载频遇值可表示为 $\psi_f Q_k$。其中 ψ_f 为可变荷载频遇值系数，其值按表 2-2、表 2-3、表 2-4 取用。

例如，由表 2-2 查得住宅的楼面活荷载标准值为 $2kN/m^2$，准永久值系数 $\psi_q = 0.4$，组合值系数 $\psi_c = 0.7$，频遇值系数 $\psi_f = 0.5$，则活荷载准永久值为 $2 \times 0.4 = 0.8kN/m^2$，组合值为 $2 \times 0.7 = 1.4kN/m^2$，频遇值 $2 \times 0.5 = 1.0kN/m^2$。

2.1.4　荷载效应

荷载效应是指结构上的各种荷载对结构产生的效应的总称，包括内力（轴力、弯矩、剪力、扭矩等）和变形（如挠度、转角、裂缝等），用 S 表示。

在材料力学课程里，我们已学习了各种结构内力和挠度的计算方法，实际上这就是荷载效应的计算方法。例如计算跨度为 l_0、净跨度为 l_n 的简支梁，在均布荷载 q 作用下的跨中最大弯矩 $M = \frac{1}{8} q l_0^2$，支座边缘截面的剪力 $V = \frac{1}{2} q l_n$，跨中最大挠度 $f = \frac{5}{384} \frac{q l_0^4}{EI}$。

2.2　结构的功能要求和极限状态

2.2.1　结构的设计工作年限

结构设计的目的是要使所设计的结构在规定的设计工作年限内能完成预期的全部功能

要求。所谓设计工作年限，是指设计规定的结构或结构构件不需进行大修即可按预定目的使用的年限。换言之，设计工作年限就是房屋建筑在正常设计、正常施工、正常使用和维护下所应达到的持久年限。

《结构通规》规定，**结构设计时，应根据工程的使用功能、建造和使用维护成本以及环境影响等因素规定设计工作年限。房屋建筑的结构设计工作年限不应低于表 2-5 的规定。**其中，特别重要的建筑结构是指因具有纪念意义或特殊功能需要长期服役的重要建筑结构。

房屋建筑的结构设计工作年限　　　　　　　　表 2-5

序号	类别	设计工作年限(年)
1	临时性建筑结构	5
2	普通房屋和构筑物	50
3	特别重要的建筑结构	100

2.2.2　结构的功能要求

在规定的设计工作年限内，建筑结构应满足安全性、适用性和耐久性三项功能要求。

安全性指建筑结构承载能力的可靠性，即结构在正常施工和正常使用的条件下，能承受可能出现的各种作用；在设计规定的偶然事件（如强烈地震、爆炸、撞击等）发生时和发生后，仍能保持必需的整体稳定性，即结构仅产生局部的损坏而不致发生连续倒塌。

适用性指结构在正常使用时具有良好的工作性能。例如，不会出现影响正常使用的过大变形或振动；不会产生使使用者感到不安的裂缝宽度等。

耐久性指结构在正常维护条件下具有足够的耐久性能，即在正常维护条件下结构能够正常使用到规定的设计使用年限。例如，结构材料不致出现影响功能的损坏，钢筋混凝土构件的钢筋不致因保护层过薄或裂缝过宽而锈蚀等。

规范链接

2-2

2.2.3　结构功能的极限状态

1. 极限状态的定义及分类

结构能满足功能要求，称结构"可靠"或"有效"，否则称结构"不可靠"或"失效"。区分结构工作状态"可靠"与"失效"的界限是"极限状态"。因此，结构的极限状态可定义为：整个结构或结构的一部分，超过某一特定状态就不能满足设计规定的某一功能（安全性、适用性、耐久性）要求，该特定状态称为该功能的极限状态。

结构极限状态分为承载能力极限状态、正常使用极限状态和耐久性极限状态三类。

承载能力极限状态对应于结构或结构构件达到最大承载力或不适于继续承载的变形

的状态。承载能力极限状态主要考虑关于结构安全性的功能。超过这一状态，便不能满足安全性的功能。《统一标准》规定，当结构或结构构件出现下列状态之一时，应认定为超过了承载能力极限状态：（1）结构构件或连接因超过材料强度而破坏，或因过度变形而不适于继续承载；（2）整个结构或其一部分作为刚体失去平衡（如结构倾覆等）；（3）结构转变为机动体系；（4）结构或结构构件丧失稳定（如柱子被压屈等）；（5）结构因局部破坏而发生连续倒塌；（6）地基丧失承载力而破坏；（7）结构或结构构件的疲劳破坏。

正常使用极限状态对应于结构或结构构件达到正常使用的某项规定限值的状态。超过这一状态，便不能满足适用性的功能。《统一标准》规定，当结构或结构构件出现下列状态之一时，应认定为超过了正常使用极限状态：（1）影响正常使用或外观的变形；（2）影响正常使用的局部损坏；（3）影响正常使用的振动；（4）影响正常使用的其他特定状态。

耐久性极限状态对应于结构或结构构件在环境影响下出现的劣化达到耐久性能的某项规定限值或标志的状态。超过这一状态，便不能满足耐久性的功能。《统一标准》规定，当结构或结构构件出现下列状态之一时，应认定为超过了耐久性极限状态：（1）影响承载能力和正常使用的材料性能劣化；（2）影响耐久性能的裂缝、变形、缺口、外观、材料削弱等；（3）影响耐久性能的其他特定状态。

结构或结构构件一旦超过承载能力极限状态，将造成结构全部或部分破坏或倒塌，导致人员伤亡或重大经济损失，因此，在设计中对所有结构和构件都必须按承载力极限状态进行计算，并保证具有足够的可靠度。结构或结构构件超过正常使用极限状态和耐久性极限状态的后果一般不如超过承载能力极限状态那样严重，但也不可忽视。例如过大的变形会造成房屋内粉刷层剥落，门窗变形，屋面积水等后果；水池和油罐等结构开裂会引起渗漏等等。工程设计时，一般先按承载力极限状态设计结构构件，必要时再按正常使用极限状态、耐久性极限状态验算。

2. 极限状态方程

结构的工作性能取决于荷载效应和结构抗力。结构抗力是指结构或构件承受荷载效应的能力，如构件的承载力、刚度、抗裂度等，用 R 表示。结构抗力是结构内部固有的，其大小主要取决于材料性能、构件几何参数及计算模式的精确性等，与荷载无关。

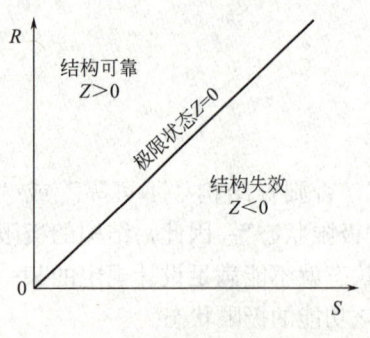

图 2-1 结构所处状态的示意

现引入结构的功能函数：

$$Z = g(R, S) = R - S \qquad (2-1)$$

实际工程中，可能出现以下三种情况（图 2-1）：

（1）$Z > 0$，即 $R > S$，此时结构处于可靠状态；

（2）$Z < 0$，即 $R < S$，此时结构处于失效状态；

（3）$Z = 0$，即 $R = S$，此时结构处于极限状态。

可见，结构可靠工作的条件为 $R \geqslant S$。

关系式 $Z = g(R, S) = R - S = 0$ 称为极限状态方程。

2.2.4　结构的安全等级

建筑物的重要程度是根据其用途决定的。不同用途的建筑物，发生破坏后产生的后果，即危及人的生命、造成经济损失、产生社会或环境产生影响不一样。《结构通规》规定，**结构设计时，应根据结构破坏可能产生后果的严重性，采用不同的安全等级。结构安全等级的划分应符合表 2-6 的规定。结构及其部件的安全等级不得低于三级**。影剧院、体育馆和高层建筑等重要的工业与民用建筑的安全等级为一级，一般工业与民用建筑的安全等级为二级，次要建筑的安全等级为三级。

安全等级的划分　　　　　　　　　　　　　表 2-6

安全等级	一级	二级	三级
破坏后果	很严重	严重	不严重

2.3　按近似概率的极限状态设计方法

2.3.1　结构可靠性与可靠度

结构的安全性、适用性和耐久性是结构可靠的标志，总称为结构的可靠性。结构可靠性的定义是：结构在规定时间内，在规定条件下，完成预定功能的能力。但在各种随机因素的影响下，结构完成的能力不能事先确定，只能用概率来描述。为此，我们引入结构可靠度的概念，其定义是：结构在规定时间内，在规定条件下，完成预定功能的概率。结构的可靠度是结构可靠性的概率度量，即对结构可靠性的定量描述。上述定义中，"规定时间"指设计工作年限；"规定条件"指正常设计、正常施工、正常使用和正常维护，不包括错误设计、错误施工和违反原来规定的使用情况；"预定功能"指结构的安全性、适用性和耐久性。

结构可靠度与结构使用年限长短有关。《统一标准》以结构的设计工作年限为计算结构可靠度的时间基准。应当注意，结构的设计工作年限虽与结构使用寿命有联系，但不等同。当结构的使用年限超过设计工作年限后，并不意味着结构就要报废，但其可靠度将逐渐降低。

2.3.2　可靠指标与失效概率

如前所述，结构抗力 R、荷载效应 S、功能函数 Z 都是随机变量。假定 R、S 相互独立且服从正态分布。由于 $Z=R-S$，则 Z 也服从正态分布（功能函数分布曲线如图 2-2 所示）。纵坐标以左分布曲线围成的面积表示结构的失效概率（即结构不能完成预定功能的概率）P_f，纵坐标以右分布曲线围成的面积表示结构的可靠概率 P_r。显然有：

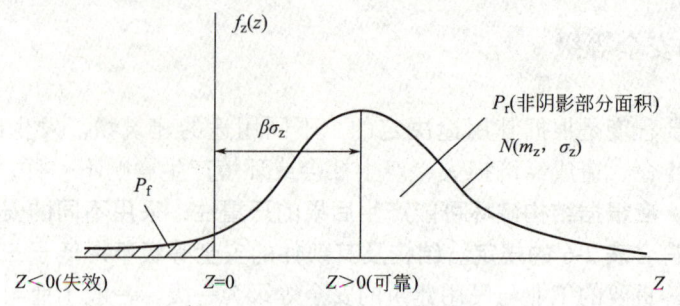

图 2-2 功能函数分布曲线

$$P_f + P_r = 1 \tag{2-2}$$

鉴于失效概率的计算较烦琐，因此引入可靠指标来代替失效概率，用来度量结构的可靠性。将可靠指标定义为结构功能函数的平均值与其标准差之比，即

$$\beta = \frac{\mu_Z}{\sigma_Z} = \frac{\mu_R - \mu_S}{\sqrt{\sigma_R^2 + \sigma_S^2}} \tag{2-3}$$

式中 μ_R、μ_S——抗力和效应的平均值；

σ_R、σ_S——抗力和效应的标准差。

由式（2-3）可以看出，μ_R 与 μ_S 相距越大，β 也越大，即结构安全可靠；另外，当 μ_R、μ_S 不变时，σ_R 与 σ_S 愈小，即结构抗力与效应离散性愈小，β 就愈大，这也表明结构愈安全。可靠指标 β 与失效概率 P_f 之间存在一一对应关系，例如当 $\beta = 1.0$ 时，$P_f = 0.159$。

如果 $\beta \geqslant [\beta]$，则结构处于可靠状态。其中，$[\beta]$ 为结构的目标可靠指标。《统一标准》规定了 $[\beta]$ 值，见表 2-7。

结构构件承载能力极限状态的目标可靠指标 $[\beta]$ 　　　　　　　　　　表 2-7

破坏类型	安全等级		
	一级	二级	三级
延性破坏	3.7	3.2	2.7
脆性破坏	4.2	3.7	3.2

2.4 极限状态实用设计表达式

用可靠指标进行结构设计和可靠度校核，可以较全面地考虑可靠度影响因素的客观变异性，使结构满足预期的可靠度要求。但是，对于一般的建筑结构，直接采用可靠指标进行设计，工作量大，且有时会因为统计资料不足而无法进行。所以，《统一标准》提出了便于实际应用的设计表达式，称为实用设计表达式。实用设计表达式把荷载、材料、截面尺寸、计算方法等视为随机变量，应用数理统计的概率方法进行分析，采用了以荷载设计值、材料强度设计值来表达的方式。而荷载设计值等于荷载标准值乘以荷载分项系数，材料强度设计值等于材料强度标准值除以大于 1 的材料分项系数。因此，荷载分项系数、材料分项系数起着考虑目标可靠指标的作用。也就是说，现行规范采用以概率理论为基础的极限状态设计方法，用分项系数的设计表达式进行计算。这样既考虑了结构设计的传统方式，又避免了设计时直接进行概率方面的计算。

2.4.1　设计状况

结构的设计状况是指表征一定时段内实际情况的一组设计条件，设计时应做到结构在该时段内不超越有关的极限状态。它包括持久设计状况、短暂设计状况、偶然设计状况和地震设计状况。持久设计状况是指在结构使用过程中一定出现，且持续期很长的设计状况，其持续期一般与设计工作年限为同一数量级。短暂设计状况是指在结构施工和使用过程中出现概率较大，而与设计工作年限相比，其持续期很短的设计状况。偶然设计状况是指在结构使用过程中出现概率很小，且持续期很短的设计状况。地震设计状况是指结构遭遇地震时的设计状况。

对四种设计状况均应进行承载能力极限状态设计。对持久设计状况尚应进行正常使用极限状态设计，并宜进行耐久性极限状态设计；对短暂设计状况和地震设计状况可根据需要进行正常使用极限状态设计；对偶然设计状况可不进行正常使用极限状态和耐久性极限状态设计。

本书只介绍持久设计状况。

2.4.2　按承载能力极限状态设计的实用表达式

按承载能力极限状态设计的表达式为

$$S_d \leqslant R_d \tag{2-4}$$

式中　R_d——结构构件的承载力设计值，即抗力设计值；

S_d——荷载组合的效应设计值。

对所考虑的极限状态，在确定其荷载效应时，应对所有可能同时出现的诸荷载作用加以组合，求得组合后在结构中的总效应。考虑荷载出现的变化性质，包括出现与否和不同的方向，这种组合可以多种多样，因此还必须在所有可能组合中，取其中最不利的一组作为该极限状态的设计依据。

《统一标准》规定，对于承载能力极限状态的荷载效应组合，对持久设计状况应采用基本组合。荷载的基本组合，是指承载能力极限状态计算时，永久荷载和可变荷载的组合。当荷载与荷载效应按线性关系考虑时，荷载基本组合的效应设计值 S_d 按下式中最不利值计算：

$$S_d = \gamma_0 \left(\sum_{i \geqslant 1} \gamma_{G_i} S_{G_{ik}} + \gamma_P S_P + \gamma_{Q_1} \gamma_{L_1} S_{Q_{1k}} + \sum_{j>1} \gamma_{Q_j} \gamma_{L_j} \psi_{cj} S_{Q_{jk}} \right) \tag{2-5}$$

式中　γ_0——结构构件的重要性系数，对安全等级为一级或设计工作年限为 100 年及以上的结构构件，不应小于 1.1；对安全等级为二级或设计工作年限为 50 年的结构构件，不应小于 1.0；对安全等级为三级或设计工作年限为 5 年及以下的结构构件，不应小于 0.9；在抗震设计中，不考虑结构构件的重要性系数；

γ_{L_1}、γ_{L_j}——第 1 个、第 j 个可变荷载考虑设计工作年限的调整系数，设计工作年限为 5 年、50 年、100 年时分别为 0.9、1.0、1.1，设计工作年限不为上述值时采用直线内插确定；

γ_{G_i}——第 i 个永久荷载分项系数，按表 2-8 采用；

$S_{G_{ik}}$——按第 i 个永久荷载标准值 G_{ik} 计算的荷载效应值；

γ_P——预应力作用的分项系数，按表 2-8 采用；

S_P——预应力作用有关代表值的效应；

γ_{Q_1}、γ_{Q_j}——第 1 个、第 j 个可变荷载的分项系数，按表 2-8 采用；

$S_{Q_{jk}}$——按可变荷载标准值 Q_{jk} 计算的荷载效应值，其中 $S_{Q_{1k}}$ 为诸可变荷载效应中最大值[①]；

ψ_{cj}——可变荷载 Q_j 的组合值系数，民用建筑楼面均布活荷载、屋面均布活荷载的组合值系数按表 2-2、表 2-3、表 2-4 采用；

m、n——参与组合的永久荷载、可变荷载数。

建筑结构的作用分项系数 表 2-8

适用情况 作用分项系数	当作用效应对承载力不利时	当作用效应对承载力有利时
γ_G	1.3	$\leqslant 1.0$
γ_P	1.3	$\leqslant 1.0$
γ_Q	1.5	0

应用式（2-4）、式（2-5）时应注意以下问题：

① 当考虑以竖向的永久荷载效应控制的组合时，参与组合的可变荷载仅限于竖向荷载。

② 式中 $\gamma_G S_{G_k}$ 为永久荷载效应设计值，$\gamma_{Q_1} S_{Q_{1k}}$ 和 $\gamma_{Q_j} \psi_{cj} S_{Q_{jk}}$ 为可变荷载效应设计值。相应地，$\gamma_G G_k$ 称为永久荷载的设计值，$\gamma_{Q_1} Q_{1k}$ 和 $\gamma_{Q_j} \psi_{cj} Q_{jk}$ 分别为第一可变荷载和第 j 个可变荷载的设计值。可见，荷载设计值是荷载代表值与荷载分项系数的乘积。通常，集中永久荷载、均布永久荷载设计值分别用 G 和 g 表示，集中活荷载、均布活荷载设计值分别用 Q 和 q 表示。

③ 当采用内力形式表达时，S_d 即为内力（轴力、弯矩、剪力、扭矩）设计值，本书中分别用 N、M、V、T 表达。

【例 2-1】 某办公楼钢筋混凝土矩形截面简支梁，安全等级为二级，设计工作年限为 50 年，计算跨度 $l_0 = 5\text{m}$，净跨度 $l_n = 4.86\text{m}$。承受均布线荷载：活荷载标准值 6kN/m，永久荷载标准值 10kN/m（包括自重）。试计算荷载基本组合时的跨中弯矩设计值和支座

---

① 当对 $S_{Q_{1k}}$ 无法明显判断其效应设计值为诸可变荷载效应设计值中最大者，可轮次以各可变荷载效应为 $S_{Q_{1k}}$，选其中最不利的荷载效应组合。

边缘截面剪力设计值。

【**解**】　由表2-2查得办公楼活荷载组合值系数 $\psi_c = 0.7$。安全等级为二级，则 $\gamma_0 = 1.0$。设计工作年限为 50 年，则 $\gamma_L = 1.0$。

永久荷载产生的跨中弯矩标准值和支座边缘截面剪力标准值分别为：

$$M_{gk} = \frac{1}{8} g_k l_0^2 = \frac{1}{8} \times 10 \times 5^2 = 31.25 \text{kN} \cdot \text{m}$$

$$V_{gk} = \frac{1}{2} g_k l_n = \frac{1}{2} \times 10 \times 4.86 = 24.30 \text{kN}$$

活荷载产生的跨中弯矩标准值和支座边缘截面剪力标准值分别为：

$$M_{qk} = \frac{1}{8} q_k l_0^2 = \frac{1}{8} \times 6 \times 5^2 = 18.75 \text{kN} \cdot \text{m}$$

$$V_{qk} = \frac{1}{2} q_k l_n = \frac{1}{2} \times 6 \times 4.86 = 14.58 \text{kN}$$

本例只有一个可变荷载，即为第一可变荷载。梁为简支梁，永久荷载和可变荷载都对承载力不利，则荷载分项系数 $\gamma_G = 1.3$，$\gamma_Q = \gamma_{Q1} = 1.5$。

故跨中弯矩设计值 M 和支座边缘截面剪力设计值 V 分别为：

$$M = \gamma_0 (\gamma_G M_{gk} + \gamma_Q \gamma_L M_{qk}) = 1.0 \times (1.3 \times 31.25 + 1.5 \times 1.0 \times 18.75) = 68.75 \text{kN} \cdot \text{m}$$

$$V = \gamma_0 (\gamma_G V_{gk} + \gamma_Q \gamma_L V_{qk}) = \gamma_{1.0} \times (1.3 \times 24.30 + 1.5 \times 1.0 \times 14.58) = 53.46 \text{kN}$$

2.4.3　按正常使用极限状态设计的实用表达式

1. 实用表达式

对于正常使用极限状态，应根据不同的设计要求采用荷载效应标准值、组合值、频遇值或准永久值，按下列设计表达式进行设计：

$$S_d \leqslant C \tag{2-6}$$

式中　S_d——正常使用极限状态荷载组合的效应设计值，如挠度、裂缝宽度等；

C——结构构件达到正常使用要求所规定的限值，如变形、裂缝宽度、应力和自振频率等的限值。

结构设计计算中，混凝土结构的正常使用极限状态主要是验算构件的变形、抗裂度或裂缝宽度，使其不超过相应的规定限值；钢结构通过构件的变形（刚度）验算保证；而砌体结构一般情况下可不做验算，由相应的构造措施保证。

2. 荷载组合的效应设计值 S_d

结构或结构构件超过正常使用极限状态时虽会影响结构正常使用，但对生命财产的危害程度较超过承载能力极限状态要小得多，因此，可适当降低对可靠度的要求。为了简化计算，正常使用极限状态设计表达式中，荷载取用代表值，不考虑分项系数，也不考虑结构重要性系数 γ_0。

（1）标准组合

当荷载与荷载效应按线性关系考虑时，标准组合的效应设计值按下式计算：

$$S_d = \sum_{i \geqslant 1} S_{G_{ik}} + S_P + S_{Q_{1k}} + \sum_{j > 1} \psi_{cj} S_{Q_{jk}} \tag{2-7}$$

式中　ψ_{cj}——可变荷载 Q_j 的组合值系数；

　　　S_P——预应力作用有关代表值的效应。

上式表明，对标准组合，永久荷载和第一可变荷载采用标准值，其他可变荷载采用组合值。

（2）频遇组合

当荷载与荷载效应按线性关系考虑时，频遇组合的效应设计值按下式计算：

$$S_d = \sum_{i \geqslant 1} S_{G_{ik}} + S_P + \psi_{f1} S_{Q_{1k}} + \sum_{j > 1} \psi_{qj} S_{Q_{jk}} \tag{2-8}$$

式中　ψ_{f1}——可变荷载 Q_1 的频遇值系数；

　　　ψ_{qj}——可变荷载 Q_j 的准永久值系数。

上式表明，对频遇组合，永久荷载采用标准值，第一可变荷载采用频遇值，其他可变荷载采用准永久值。

（3）准永久组合

当荷载与荷载效应按线性关系考虑时，准永久组合的效应设计值按下式计算：

$$S_d = \sum_{i \geqslant 1} S_{G_{ik}} + S_P + \sum_{j \geqslant 1} \psi_{qj} S_{Q_{jk}} \tag{2-9}$$

式中符号含义同前。

上式表明，对准永久组合，永久荷载采用标准值，可变荷载采用准永久值。

■ 单元小结

1. 按随时间的变异，结构上的荷载分为以下三类：永久荷载、可变荷载、偶然荷载。

2. 结构设计时，对荷载赋予的量值称为荷载代表值。永久荷载采用标准值为代表值。可变荷载的代表值有四种：标准值、组合值、频遇值、准永久值。其中，可变荷载标准值是基本代表值，组合值、频遇值、准永久值都是以标准值乘以相应系数得出。

3. 设计工作年限，是指设计规定的结构或结构构件不需进行大修即可按其预定目的使用的年限。在规定的设计工作年限内，建筑结构应满足安全性、适用性和耐久性三项功能要求。

4. 整个结构或结构的一部分，超过某一特定状态就不能满足设计规定的某一功能（安全性、适用性、耐久性）要求，该特定状态称为该功能的极限状态。结构极限状态分为承载能力极限状态、正常使用极限状态和耐久性极限状态三类。

5. 结构的安全性、适用性和耐久性总称为结构的可靠性。结构在规定时间内，在规定条件下，完成预定功能的概率称为结构的可靠度。结构的可靠度是结构可靠性的概率度量，即对结构可靠性的定量描述。

6. 按承载能力极限状态设计的表达式为 $S_d \leqslant R_d$。当荷载与荷载效应按线性关系考虑时，荷载基本组合的效应设计值 S_d 按下式中最不利值计算：

$$S_d = \gamma_0 \left(\sum_{i \geqslant 1} \gamma_{G_i} S_{G_{ik}} + \gamma_P S_P + \gamma_{Q_1} \gamma_{L_1} S_{Q_{1k}} + \sum_{j \geqslant 1} \gamma_{Q_j} \gamma_{L_j} \psi_{cj} S_{Q_{jk}} \right)$$

7. 按正常使用极限状态设计的表达式为 $S_d \leqslant C$。

标准组合

$$S_d = \sum_{i \geqslant 1} S_{G_{ik}} + S_P + S_{Q_{1k}} + \sum_{j > 1} \psi_{cj} S_{Q_{jk}}$$

频遇组合

$$S_d = \sum_{i \geqslant 1} S_{G_{ik}} + S_P + \psi_{f1} S_{Q_{1k}} + \sum_{j > 1} \psi_{qj} S_{Q_{jk}}$$

准永久组合

$$S_d = \sum_{i \geqslant 1} S_{G_{ik}} + S_P + \sum_{j \geqslant 1} \psi_{qj} S_{Q_{jk}}$$

思考题

1. 什么是建筑结构上的作用？作用与荷载有什么区别和联系？
2. 什么是永久荷载、可变荷载和偶然荷载？
3. 什么是荷载代表值？永久荷载、可变荷载的代表值分别是什么？如何确定？
4. 什么是建筑结构的设计工作年限、设计基准期？设计使用年限分为哪几类？
5. 建筑结构应满足哪些功能要求？
6. 结构的可靠性和可靠度的定义分别是什么？二者间有何区别和联系？
7. 什么是结构功能的极限状态？分为哪几类？
8. 永久荷载、可变荷载的荷载分项系数分别为多少？
9. 阅览工程建设标准化信息网，熟悉荷载查阅方法。

微课

教学单元2小结

拓展阅读

经典书籍推介

微课

教学单元3
学习指引

教学单元3　钢筋混凝土受弯构件

思维导图

- 钢筋混凝土受弯构件
  - 梁、板的一般构造要求
    - 梁的截面与配筋
    - 板的截面与配筋
    - 混凝土保护层厚度
    - 混凝土与钢筋的粘结
  - 受弯构件正截面受弯性能
    - 适筋梁的正截面破坏过程
    - 受弯构件正截面破坏形态
  - 单筋矩形截面受弯承载力计算
    - 基本假定
    - 应力图形的简化
    - 界限相对受压区高度与最小配筋率
    - 基本公式及其适用条件
    - 单筋矩形截面受弯构件正截面承载力计算方法
  - 双筋矩形截面受弯承载力计算
    - 基本概念及应用范围
    - 基本计算及其适用条件
    - 正截面承载力计算方法
  - 单筋T形截面承载力计算
    - 有效翼缘计算宽度
    - T形截面的分类
    - 基本公式及其适用条件
    - T形截面受弯构件正截面承载力计算方法
  - 受弯构件斜截面承载力计算
    - 概述
    - 受弯构件斜截面破坏形式
    - 斜截面受剪承载力计算公式及其适用条件
    - 斜截面受剪承载力计算位置
    - 斜截面受剪承载力计算方法
  - 受弯构件的构造要求补充
    - 正截面受弯承载能力图
    - 保证斜截面受弯承载力的构造措施
  - 钢筋混凝土受弯构件变形和裂缝宽度验算
    - 钢筋混凝土受弯构件变形验算
    - 裂缝计算

引入案例

　　某办公楼工程为三层砖混结构，现浇钢筋混凝土楼盖，纵墙承重，结构平面布置如图 3-1（a）所示，楼面梁 L1 配筋图如图 3-1（b）所示。施工后于当年 10 月浇灌二层楼盖混凝土。全部主体结构于第二年 1 月完工。在 4 月进行装修工程时，发现各层大梁均有斜裂缝。裂缝现象：

　　1. 裂缝多为斜向，倾角 50°～60°，且多发生在 300mm 的钢箍间距内。近梁中部为竖向裂缝。

　　2. 斜裂缝两端密集，中部稀少，且纵筋截断处都有斜裂缝；其沿梁高度方向的位置较多地在中和轴以下，个别贯通梁高。

　　3. 裂缝宽度在梁端附近 0.5～1.2mm，近跨中 0.1～0.5mm；裂缝深度一般小于 1/3 梁高，个别的两端贯通；裂缝数量每根梁少则 4 根，多则 22 根，一般为 10～15 根。

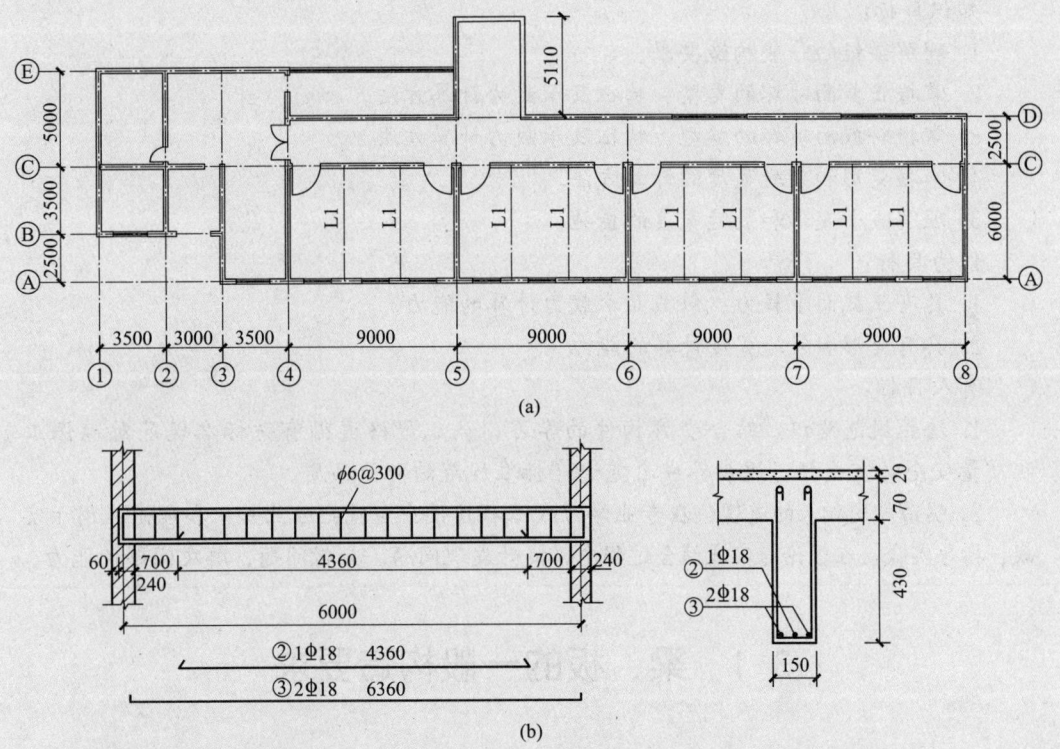

图 3-1　某办公楼工程结构平面布置图和楼面梁配筋图
（a）结构平面布置图；（b）楼面梁配筋图

　　经专家鉴定，事故原因如下：

　　1. 施工原因。浇灌二层梁板时，未采用专门养护措施，浇灌后 2h 就在板面铺脚手板、堆放砖块进行砌墙。浇灌三层现浇板时室内温度为 0～1℃，未采取保温措施。根据试验资料，混凝土在 21d 后的强度只达 28d 理论强度值的 42.5%，一个月后才达到 52%。因此混凝土早期受冻是这起质量事故的重要原因。

2. 设计原因。一是箍筋间距过大。《混凝土标准》规定，当梁高为 500mm 且 $V >$ $0.07f_tbh_0$ 时，梁中箍筋的最大间距为 200mm。本工程箍筋间距为 300mm。这就是斜裂缝多发生在箍筋之间的原因。二是纵筋在梁跨中间截断。《混凝土标准》规定，纵向受拉钢筋不宜在受拉区截断。本工程梁中部分纵向受拉钢筋在跨中截断，截断处都出现斜裂缝。

该案例给我们的启示是，设计和施工都必须严格执行相关规范。

问题：

1. 钢筋混凝土受弯构件应该满足哪些要求？

2. 在材料力学课程中，我们学习了梁的承载力和挠度计算的方法，这些方法可以直接用于钢筋混凝土梁吗？

学习目标

知识目标：

1. 理解梁板的一般构造要求。

2. 掌握正截面破坏的类型、特征及承载力计算方法。

3. 掌握斜截面破坏的类型、特征及承载力计算方法。

4. 掌握变形和裂缝宽度的计算方法。

5. 理解减小变形和裂缝宽度的措施。

能力目标：

1. 具有正截面承载力、斜截面承载力计算的能力。

2. 具有变形和裂缝宽度计算的能力。

育人目标：

1. 培养规范意识。结合受弯构件的学习，认识严格遵循有关标准规范对确保工程质量安全的重要性，逐步养成自觉遵守标准规范的职业品质。

2. 明白学用相长的道理，在专业学习或工程建设中自觉把专业知识和理论应用于实践、指导实践，在理论与实践结合过程中，提升发现问题、分析问题、解决问题的能力。

3.1　梁、板的一般构造要求

受弯构件是建筑工程中应用最广泛的构件之一，而梁和板是建筑工程中最常见的受弯构件。

3.1.1　梁的截面与配筋

1. 梁的截面形式与尺寸

梁的截面形式主要有矩形、T形、倒L形、L形、I形、十字形、花篮形等（图3-2）。

其中，矩形截面由于构造简单，施工方便而被广泛应用。T 形截面虽然构造较矩形截面复杂，但受力较合理，因而应用也较多。

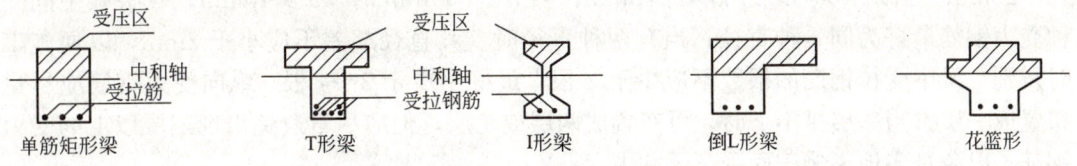

图 3-2　梁的截面形式

梁的截面尺寸必须满足承载力、刚度和裂缝控制要求，同时还应满足模数，以利模板定型化。

按刚度要求，根据经验，梁的截面高度 h 不宜小于表 3-1 所列数值。

按模数要求，梁的截面高度 h（mm）一般可取 250、300、…、800、900、1000 等，$h \leqslant 800$mm 时以 50mm 为模数，$h > 800$mm 时以 100mm 为模数；矩形梁的截面宽度和 T 形截面的肋宽 b（mm）宜采用 100、120、150、180、200、220、250，大于 250mm 时以 50mm 为模数。梁适宜的截面高宽比 h/b，矩形截面为 2～3.5，T 形截面为 2.5～4。

《混凝土通规》规定，**矩形截面框架梁的截面宽度不应小于 200mm。**

规范链接

3-1

梁截面高跨比 h/l_0 参考值　　　　　表 3-1

梁的种类			h/l_0
整体肋形梁	主梁	简支梁	1/12
		连续梁	1/15
		悬臂梁	1/6
	次梁	简支梁	1/20
		连续梁	1/25
		悬臂梁	1/8
矩形截面独立梁		简支梁	1/12
		连续梁	1/15
		悬臂梁	1/6

注：表中 l_0 为梁的计算跨度。当 $l_0 \geqslant 9$m 时，表中数值宜乘以 1.2。

2. 梁的配筋

梁中通常配置纵向受力钢筋、弯起钢筋、箍筋、架立钢筋等，构成钢筋骨架（图 3-3），有时还配置纵向构造钢筋及相应的拉筋等。

（1）纵向受力钢筋

根据纵向受力钢筋配置的不同，受弯构件分为单筋截面和双筋截面两种。前者指只在受拉区配置纵向受力钢筋的受弯构件；后者指同时在梁的受拉区和受压区配置纵向受力钢筋的受弯构件。

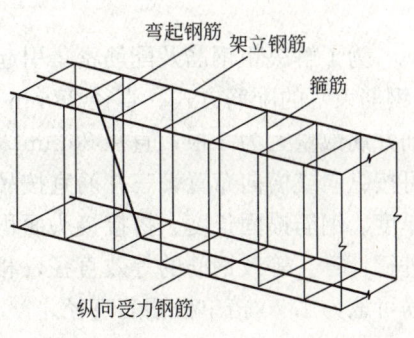

图 3-3　梁的配筋

梁纵向受力钢筋的直径应当适中，太粗不便于加工，与混凝土的粘结力也差；太细则根数增加，在截面内不好布置，甚至降低受弯承载力。梁纵向受力钢筋的常用直径 $d=$ 12～25mm。当 $h<300$mm 时，$d\geq8$mm；当 $h\geq300$mm 时，$d\geq10$mm。一根梁中同一种受力钢筋最好为同一种直径；当有两种直径时，其直径相差不应小于 2mm，以便施工时辨别。梁中受拉钢筋的根数不应少于 2 根，最好不少于 3～4 根。纵向受力钢筋应尽量布置成一层。当一层排不下时，可布置成两层或三层，但应尽量避免出现三层以上的受力钢筋，以免过多地影响截面受弯承载力。

为了保证钢筋周围的混凝土浇筑密实，避免钢筋锈蚀而影响结构的耐久性，梁的纵向受力钢筋间必须留有足够的净间距，如图 3-4 所示。当梁的下部纵向受力钢筋配置多于两层时，两层以上钢筋水平方向的中距应比下面两层的中距增大一倍。

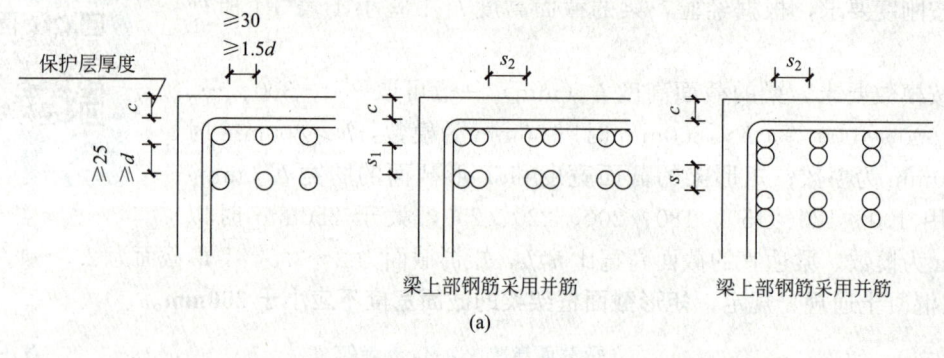

梁上部钢筋采用并筋　　　　梁上部钢筋采用并筋

(a)

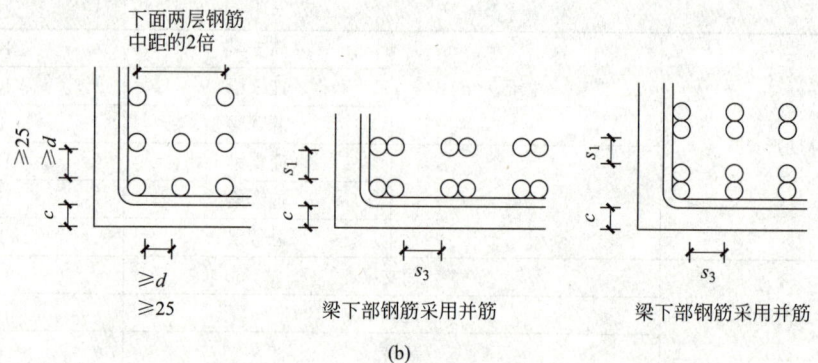

梁下部钢筋采用并筋　　　　梁下部钢筋采用并筋

(b)

图 3-4　梁受力钢筋的排列

(a) 梁上部钢筋排列；(b) 梁下部钢筋排列

为了解决粗钢筋及配筋密集引起设计、施工的困难，在梁的配筋密集区域宜采用并筋（钢筋束）的配筋方式。直径 28mm 及以下钢筋并筋数量不应超过 3 根；直径 32mm 的钢筋并筋数量宜为 2 根；直径 36mm 及以上的钢筋不应采用并筋。并筋的布置方式，二并筋可按纵向或横向布置，三并筋宜按品字形布置。采用并筋布置方式时，钢筋间距、保护层厚度、钢筋锚固长度、搭接接头面百分率及搭接长度等的构造规定均应按单根等效钢筋进行计算。等效钢筋的等效直径，相同直径的二并筋可取为 1.41 倍单根钢筋直径，三并筋可取为 1.73 倍单根钢筋直径。

小问题

1. 梁的纵向受力钢筋间的净间距为什么不能过小？

2. 梁下部纵向受力钢筋配置多于两层时，为什么上层钢筋水平方向的中距应比下面两层的中距大？

（2）架立钢筋

架立钢筋设置在受压区外缘两侧，并平行于纵向受力钢筋。架立钢筋的作用主要有两方面，一是固定箍筋位置以形成梁的钢筋骨架；二是承受因温度变化和混凝土收缩而产生的拉应力，防止发生裂缝。

架立钢筋的直径与梁的跨度有关，其最小直径不宜小于表 3-2 所列数值。

架立钢筋的最小直径　　　　　　　　　　　　　　　　　表 3-2

梁跨（m）	<4	4～6	>6
架立钢筋最小直径（mm）	8	10	12

（3）弯起钢筋

弯起钢筋在跨中是纵向受力钢筋的一部分，在靠近支座的弯起段弯矩较小处则用来承受弯矩和剪力共同产生的主拉应力，即作为受剪钢筋的一部分。

钢筋的弯起角度一般为 $45°$，梁高 $h>800\text{mm}$ 时可采用 $60°$。

（4）箍筋

箍筋主要用来承受由剪力和弯矩在梁内引起的主拉应力，并通过绑扎或焊接把其他钢筋联系在一起，形成空间骨架。

箍筋应根据计算确定。按承载力计算不需要箍筋的梁，当梁的截面高度 $h>300\text{mm}$，应沿梁全长按构造配置箍筋；当 $h=150～300\text{mm}$ 时，可仅在梁的端部各 1/4 跨度范围内设置箍筋，但当梁的中部 1/2 跨度范围内有集中荷载作用时，仍应沿梁的全长设置箍筋；若 $h<150\text{mm}$，可不设箍筋。

箍筋直径，当梁截面高度 $h\leqslant800\text{mm}$ 时，不宜小于 6mm；当 $h>800\text{mm}$ 时，不宜小于 8mm。当梁中配有计算需要的纵向受压钢筋时，箍筋直径还不应小于纵向受压钢筋最大直径的 1/4。为了便于加工，箍筋直径一般不宜大于 12mm。箍筋的常用直径为 6mm、8mm、10mm。

箍筋的最大间距应符合表 3-3 的规定。当梁中配有计算需要的纵向受压钢筋时，箍筋的间距不应大于 $15d$（d 为纵向受压钢筋的最小直径），同时不应大于 400mm；当一层内的纵向受压钢筋多于 5 根且直径大于 18mm 时，箍筋间距不应大于 $10d$。

梁中箍筋和弯起钢筋的最大间距 s_{max}（mm）　　　　　表 3-3

梁高 h（mm）	$V>0.7f_tbh_0$	$V\leqslant0.7f_tbh_0$
$150<h\leqslant300$	150	200
$300<h\leqslant500$	200	300

续表

梁高 h(mm)	$V>0.7f_tbh_0$	$V\leqslant0.7f_tbh_0$
$500<h\leqslant800$	250	350
$h>800$	300	400

箍筋的形式可分为开口式和封闭式两种（图 3-5）。除无振动荷载且计算不需要配置纵向受压钢筋的现浇 T 形梁的跨中部分可用开口箍筋外，均应采用封闭式箍筋。箍筋的肢数，当梁的宽度 $b\leqslant150$mm 时，可采用单肢；当 $b\leqslant400$mm，且一层内的纵向受压钢筋不多于 4 根时，可采用双肢箍筋；当 $b>400$mm，且一层内的纵向受压钢筋多于 3 根，或当梁的宽度不大于 400mm 但一层内的纵向受压钢筋多于 4 根时，应设置复合箍筋。梁中一层内的纵向受拉钢筋多于 5 根时，宜采用复合箍筋。

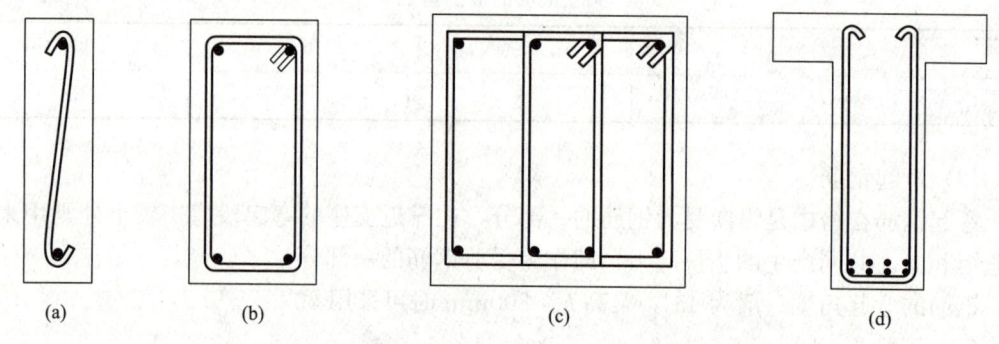

图 3-5 箍筋的形式和肢数

（a）单肢箍筋；（b）封闭式双肢箍筋；（c）复合箍筋（四肢）；（d）开口式双肢箍筋

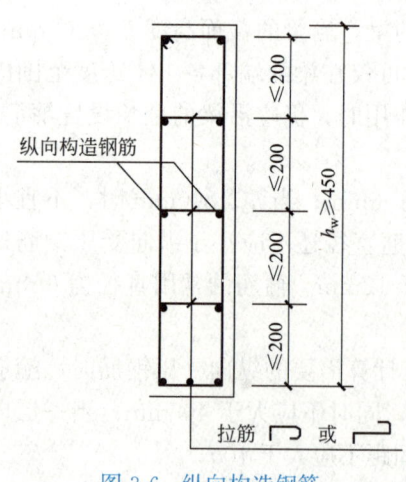

图 3-6 纵向构造钢筋

应当注意，箍筋是受拉钢筋，必须有良好的锚固。其端部应采用 135°弯钩，弯钩端头直段长度不小于 50mm，且不小于 $5d$。

（5）纵向构造钢筋及拉筋

当梁的截面高度较大时，为了防止在梁的侧面产生垂直于梁轴线的收缩裂缝，同时也为了增强钢筋骨架的刚度，增强梁的抗扭作用，当梁的腹板高度 $h_w\geqslant450$mm 时，应在梁的两个侧面沿高度配置纵向构造钢筋（亦称腰筋），并用拉筋固定（图 3-6）。每侧纵向构造钢筋（不包括梁上部、下部的受力钢筋和架立钢筋）的截面面积不应小于腹板截面面积 bh_w 的 0.1%，且其间距不宜大于 200mm。此处，腹板高度 h_w 按下列规定取值：矩形截面取截面有效高度，T 形截面取有效高度减去翼缘高度，I 形截面取腹板净高。纵向构造钢筋一般不必做弯钩。拉筋直径一般与箍筋相同，间距常取为箍筋间距的两倍。

3.1.2　板的截面与配筋

1. 板的截面形式与尺寸

板的截面形式一般为矩形板、空心板、槽形板等（图 3-7）。

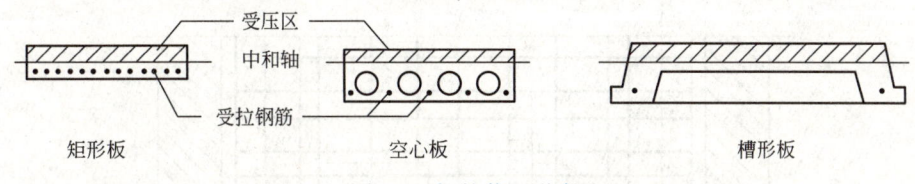

图 3-7　板的截面形式

与梁一样，板的截面尺寸也必须满足承载力、刚度和裂缝控制要求，同时还应满足模数，以利于模板定型化。

按刚度要求，根据经验，现浇板的截面高度 h 不宜小于表 3-4 所列数值。

现浇板截面高跨比 h/l_0 参考值　表 3-4

板的种类		h/l_0
单向板		1/30
双向板		1/40
悬臂板		1/10～1/12
无梁楼板	有柱帽	1/35
	无柱帽	1/30

按构造要求，现浇板的厚度不应小于表 3-5 的数值。现浇板的厚度一般取为 10mm 的倍数，工程中现浇板的常用厚度为 80mm、100mm、120mm。

《混凝土通规》规定，现浇钢筋混凝土实心楼板的厚度不应小于 80mm，现浇空心楼板的顶板、底板厚度均不应小于 50mm；预制钢筋混凝土实心叠合楼板的预制底板及后浇混凝土厚度均不应小于 50mm。

现浇混凝土板的最小厚度（mm）　表 3-5

实心楼板	实心屋面板	密肋楼盖		悬臂板（根部）		无梁楼板	现浇空心楼盖
		面板	肋高	悬臂长度不大于500mm	悬臂长度500～1000mm		
80	100	50	250	80	100	150	200

2. 板的配筋

板通常只配置受力钢筋和分布钢筋（图 3-8）。

（1）受力钢筋

梁式板（即受力情形与梁相同的板）的受力钢筋沿板的短跨方向布置在截面受拉一侧，用来承受弯矩产生的拉力。

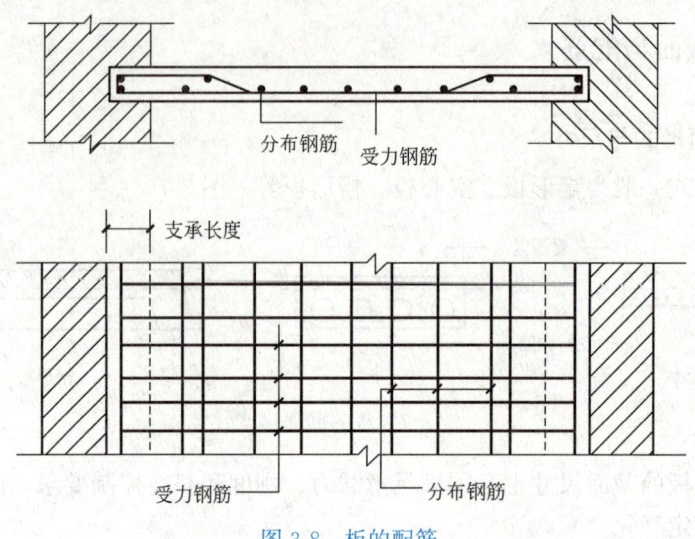

图 3-8　板的配筋

板的纵向受力钢筋的常用直径为 6mm、8mm、10mm、12mm。

为了正常地分担内力，板中受力钢筋的间距不宜过稀，但为了绑扎方便和保证浇捣质量，板的受力钢筋间距也不宜过密。当板厚 $h \leqslant 150mm$ 时，不宜大于 200mm；当板厚 $h > 150mm$ 时，不宜大于 $1.5h$，且不宜大于 250mm。板的受力钢筋间距通常不宜小于 70mm。

（2）分布钢筋

分布钢筋垂直于板的受力钢筋方向，在受力钢筋内侧按构造要求配置。分布钢筋的作用，一是固定受力钢筋的位置，形成钢筋网；二是将板上荷载有效地传到受力钢筋上去；三是防止温度或混凝土收缩等原因沿跨度方向的裂缝。

分布钢筋常用直径为 6mm、8mm。梁式板中单位长度上分布钢筋的截面面积不宜小于单位宽度上受力钢筋截面面积的 15%，且不宜小于该方向板截面面积的 0.15%。分布钢筋的直径不宜小于 6mm，间距不宜大于 250mm；当集中荷载较大时，分布钢筋截面面积应适当增加，间距不宜大于 200mm。分布钢筋应沿受力钢筋直线段均匀布置，并且受力钢筋所有转折处的内侧也应配置。

3.1.3　混凝土保护层厚度

规范链接

3-2

最外层钢筋外边缘至近侧混凝土表面的距离称为钢筋的混凝土保护层厚度。最外层钢筋包括受力钢筋和构造钢筋。混凝土保护层厚度的主要作用有三方面，一是保护钢筋不致锈蚀，保证结构的耐久性；二是保证钢筋与混凝土间的粘结；三是在火灾等情况下，避免钢筋过早软化。因此，混凝土保护层厚度不应太小。

《混凝土通规》规定，**混凝土保护层不应小于普通钢筋的公称直径，且不应小于 15mm。混凝土保护层最小厚度见表 3-6。**

混凝土保护层最小厚度（mm）　　　　　　　　　　表 3-6

环境类别		板、墙壳	梁、柱
一		15	20
二	a	20	25
	b	25	35
三	a	30	40
	b	40	50

注：1. 表中混凝土保护层厚度适用于设计工作年限为 50 年的混凝土结构。

2. 构件中受力钢筋的保护层厚度不应小于钢筋的公称直径。

3. 一类环境中，设计工作年限为 100 年的结构最外层钢筋的保护层厚度不应小于表中数值的 1.4 倍；二、三类环境中，设计工作年限为 100 年的结构应采取专门的有效措施；四类和五类环境类别的混凝土结构，其耐久性要求应符合国家现行有关标准的规定。

4. 混凝土强度等级为 C25 时，表中保护层厚度数值应增加 5mm。

5. 基础底面钢筋的保护层厚度，有混凝土垫层时应从垫层顶面算起，且不应小于 40mm。

3.1.4　混凝土与钢筋的粘结

1. 粘结的作用

在钢筋混凝土结构中，钢筋和混凝土这两种材料之所以能共同工作，除了两者具有相近的温度线膨胀系数外，根本的原因在于二者之间存在粘结力。

钢筋与混凝土通过相互粘结来传递混凝土和钢筋之间的应力，才能使它们共同工作。如果粘结强度不能承受由于钢筋与混凝土接触面上的产生的剪应力，那么钢筋和混凝土将产生相对滑移，导致结构构件发生破坏。

试验表明，钢筋和混凝土之间的粘结力主要由以下三部分组成：

（1）化学胶结力：化学胶结力是由混凝土中水泥凝胶体和钢筋表面产生的吸附作用力，这种作用力很弱，一般只占总粘结力的 10％左右。混凝土强度等级越高，胶结力越大。

（2）摩擦力：摩擦力是混凝土收缩后紧紧地握裹住钢筋而产生的力，占总粘结力的 20％左右。摩擦力的大小与接触面的粗糙程度有关，挤压应力越大、接触表面越粗糙，摩擦力越大。

（3）机械咬合力：机械咬合力是由于钢筋表面凹凸不平与混凝土之间产生的咬合力。这种作用提供的力占全部粘结力的 70％左右。所以，带肋钢筋和混凝土之间的粘结作用要比光面钢筋大得多。试验表明，光圆钢筋的粘结强度较低，而带肋钢筋与混凝土的粘结强度比光圆钢筋高得多。螺纹钢筋的粘结强度为 2.5～6.0MPa，光圆钢筋则为 1.5～3.5MPa。

2. 保证粘结作用的措施

在结构设计中，常要在材料选用和构造方面采取一些措施，以使钢筋和混凝土之间具有足够的粘结力，确保钢筋与混凝土能共同工作。材料措施包括选择适当的混凝土强度等级，采用粘结强度较高的变形钢筋等。构造措施包括保证足够的混凝土保护层厚度和钢筋间距，保证受力钢筋有足够的锚固长度，光面钢筋端部设置弯钩，绑扎钢筋的接头保证足够的搭接长度并且在搭接范围内加密箍筋等。

（1）钢筋的弯钩

为了增加钢筋在混凝土内的抗滑移能力和钢筋端部的锚固作用，绑扎钢筋骨架中的受拉光面钢筋末端应做弯钩。标准弯钩的构造要求如图 3-9 所示。

（2）钢筋的锚固

拔出试验表明，粘结应力沿钢筋长度方向的分布是不均匀的，通常是两头小中间大，最大粘结应力是在离端部的某一距离处，如图 3-10 所示。因此钢筋埋入长度越长，拔出力越大。由此可见，某根钢筋若要发挥其在某个截面的强度，则必须从该截面向前延伸一个长度，以借助该长度上钢筋与混凝土的粘结力把钢筋锚固在混凝土中。受力钢筋依靠其表面与混凝土的粘结作用或端部构造的挤压作用而达到设计承受应力所需的长度称为锚固长度。钢筋的锚固长度取决于钢筋强度及混凝土强度，并与钢筋外形有关。它可根据钢筋应力达到屈服强度时，钢筋才被拔动的条件确定。

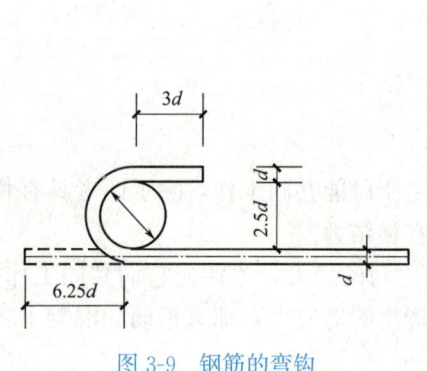

图 3-9　钢筋的弯钩

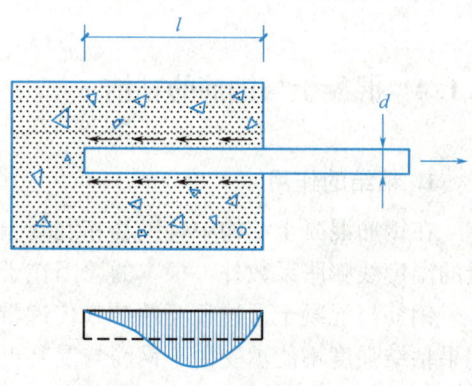

图 3-10　粘结应力的分布

当计算中充分利用钢筋的抗拉强度时，普通受拉钢筋的基本锚固长度 l_{ab} 按下式计算：

$$l_{ab} = \alpha \frac{f_y}{f_t} d \qquad (3-1)$$

式中　l_{ab}——受拉钢筋的基本锚固长度；

　　　f_y——普通钢筋的抗拉强度设计值；

　　　f_t——混凝土轴心抗拉强度设计值，当混凝土强度等级高于 C60 时，按 C60 取值；

　　　d——钢筋的公称直径；

　　　α——锚固钢筋的外形系数，按表 3-7 采用。

式（3-1）计算的锚固长度应按 $l_a = \zeta_a l_{ab}$ 进行修正，l_a 表示受拉钢筋锚固长度，ζ_a 表示锚固长度修正系数。经修正后，纵向受拉钢筋的锚固长度不应小于 200mm。

锚固钢筋的外形系数 α　　　　　　　　　　　　　　　　表 3-7

钢筋类型	光面钢筋	带肋钢筋	刻痕钢丝	螺旋肋钢丝	三股钢绞线	七股钢绞线
α	0.16	0.14	0.19	0.13	0.16	0.17

纵向受拉钢筋锚固长度修正系数 ζ_a 按下列规定取用：

① 对带肋钢筋，当直径大于 25mm 时取 1.1；锚固钢筋的保护层厚度为钢筋直径的 3 倍时修正系数可取 0.8，锚固钢筋的保护层厚度不小于钢筋直径的 5 倍时修正系数可取 0.7，中间按内插取值；

② 对环氧树脂涂层带肋钢筋取 1.25；

③ 当钢筋在混凝土施工中易受扰动（如滑模施工）时取 1.1；

④ 当纵向受力钢筋的实际配筋面积大于其设计计算面积时，修正系数取设计计算面积与实际配筋面积的比值（有抗震设防要求及直接承受动力荷载的构件除外）。

规范链接

3-3

当纵向受拉钢筋末端采用弯钩或机械锚固措施（图 3-11）时，包括弯钩或锚固端头在内的锚固长度可取为按式（3-1）计算的锚固长度的 0.6 倍。

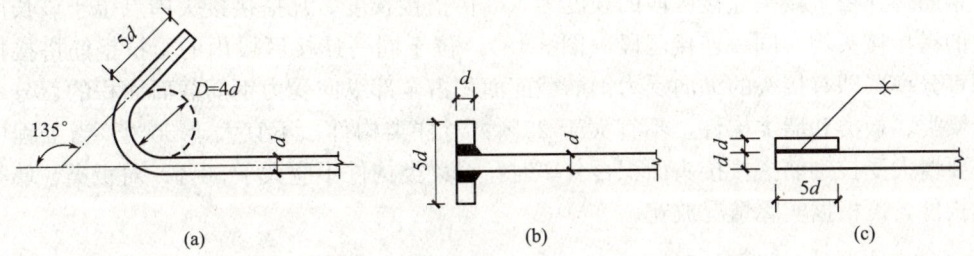

图 3-11　钢筋机械锚固的形式及构造要求
（a）末端带 135°弯钩；（b）末端与钢板穿孔塞焊；（c）末端与短钢筋双面贴焊

当计算中充分利用钢筋的抗压强度时，其锚固长度不应小于相应受拉钢筋锚固长度的 0.7 倍。

（3）钢筋的连接

施工中常常出现钢筋连接的情况。钢厂生产的热轧钢筋，直径较细时采用盘条供货，直径较粗时采用直条供货。盘条钢筋长度较长，连接较少，而直条钢筋长度有限，常需连接。当需要采用施工缝或后浇带等构造措施时，也需要连接。

钢筋的连接形式分为两类：绑扎搭接；机械连接或焊接。钢筋连接的核心问题，是要通过适当的连接接头将一根钢筋的力传给另一根钢筋。由于钢筋通过连接接头传力总不如整体钢筋，所以钢筋连接的原则是：接头应设置在受力较小处，同一根钢筋上应尽量少设接头；机械连接接头能产生较牢固的连接力，所以应优先采用机械连接。《混凝土标准》规定，轴心受拉及小偏心受拉构件的纵向受力钢筋不得采用绑扎搭接接头；直径大于 25mm 的受拉钢筋及直径大于 28mm 的受压钢筋不宜采用绑扎搭接接头。

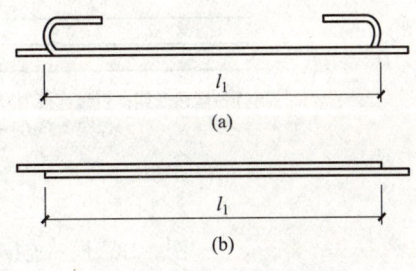

1）绑扎搭接接头

绑扎搭接接头的工作原理，是通过钢筋与混凝土之间的粘结强度来传递钢筋的内力。因此，绑扎接头必须保证足够的搭接长度，而且光圆钢筋的端部还需做弯钩（图 3-12）。

图 3-12　钢筋的绑扎搭接接头
（a）光圆钢筋；（b）变形钢筋

纵向受拉钢筋绑扎搭接接头的搭接长度 l_l 应根据位于同一连接区段内的钢筋搭接接头面积百分率按下式计算，且在任何情况下均不应小于 300mm：

$$l_l = \zeta l_a \geqslant 300\text{mm} \tag{3-2}$$

式中　l_a——受拉钢筋的锚固长度；

　　　ζ——受拉钢筋搭接长度修正系数，按表 3-8 采用。

受拉钢筋搭接长度修正系数　　　　表 3-8

同一连接区段搭接钢筋面积百分率（%）	≤25	50	100
搭接长度修正系数 ζ	1.2	1.4	1.6

纵向受压钢筋采用搭接连接时，其受压搭接长度不应小于按式（3-2）计算的受拉搭接长度的 0.7 倍，且在任何情况下均不应小于 200mm。

钢筋绑扎搭接接头连接区段的长度为 1.3 倍搭接长度，凡搭接接头中点位于该长度范围内的搭接接头均属同一连接区段（图 3-13）。位于同一连接区段内的受拉钢筋搭接接头面积百分率（即有接头的纵向受力钢筋截面面积占全部纵向受力钢筋截面面积的百分率），对于梁类、板类和墙类构件，不宜大于 25%；对柱类构件，不宜大于 50%。当工程中确有必要增大受拉钢筋搭接接头面积百分率时，对梁类构件不应大于 50%；对板类、墙类及柱类构件，可根据实际情况放宽。

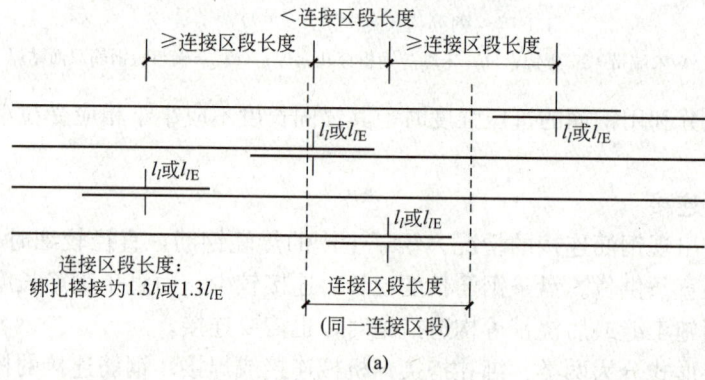

(a)

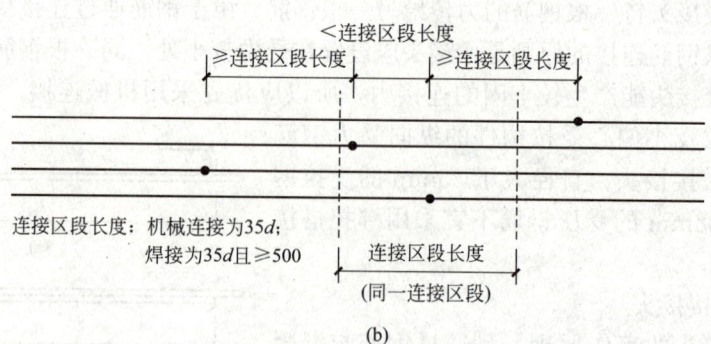

(b)

图 3-13　同一连接区段内的纵向受拉钢筋绑扎搭接接头

（a）绑扎搭接接头；（b）机械连接、焊接接头并筋采用绑扎搭接连接时，应按每根单筋错开搭接的方式连接。接头面积百分率应按同一连接区段内所有的单根钢筋计算。并筋中钢筋的搭接长度应按单筋分别计算。

同一构件中相邻纵向的绑扎搭接接头宜相互错开。在纵向受力钢筋搭接长度范围内应配置箍筋，其直径不应小于搭接钢筋较大直径的 0.25 倍。当钢筋受拉时，箍筋间距 s 不应大于搭接钢筋较小直径的 5 倍，且不应大于 100mm（图 3-14）；当钢筋受压时，箍筋间距 s 不应大于搭接钢筋较小直径的 10 倍，且不应大于 200mm。当受压钢筋直径大于 25mm 时，还应在搭接接头两个端面外 100mm 范围内各设置两个箍筋。

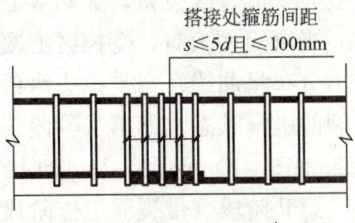

图 3-14 受拉钢筋搭接处箍筋设置
（图中 d 为纵向受拉钢筋较小直径）

需要注意的是，上述搭接长度不适用于架立钢筋与受力钢筋的搭接。架立钢筋与受力钢筋的搭接长度应符合下列规定：架立钢筋直径＜10mm 时，搭接长度为 100mm；架立钢筋直径≥10mm 时，搭接长度为 150mm。

2）机械连接接头

纵向受力钢筋机械连接接头宜相互错开。钢筋机械连接接头连接区段的长度为 $35d$（d 为连接钢筋的较小直径）。在受力较大处设置机械连接接头时，位于同一连接区段内纵向受拉钢筋机械连接接头面积百分率不宜大于 50%，纵向受压钢筋可不受限制；在直接承受动力荷载的结构构件中不应大于 50%。

3）焊接接头

纵向受力钢筋的焊接接头应相互错开。钢筋机械连接接头连接区段的长度为 $35d$（d 为连接钢筋的较小直径）且不小于 500mm。位于同一连接区段内纵向受拉钢筋的焊接接头面积百分率不应大于 50%，纵向受压钢筋可不受限制。

3.2 受弯构件正截面受弯性能

为了表明梁截面配筋的多少，引入纵向受拉钢筋配筋率 ρ。ρ 等于纵向受拉钢筋的截面面积与正截面的有效面积的比值，即

$$\rho = \frac{A_s}{bh_0}$$ (3-3)

式中 A_s——受拉钢筋截面面积；

b——梁的截面宽度；

h_0——梁的截面有效高度。

根据梁纵向钢筋配筋率的不同，钢筋混凝土梁可分为适筋梁、超筋梁和少筋梁三种类型。

3.2.1 适筋梁的正截面破坏过程

配置适量纵向受力钢筋的梁称为适筋梁。

适筋梁从开始加载到完全破坏，其应力变化经历了三个阶段，如图 3-15 所示。

第Ⅰ阶段（弹性工作阶段）：荷载很小时，混凝土的压应力及拉应力都很小，应力和应变几乎成直线关系，如图 3-15（a）所示。

当弯矩增大时，受拉区混凝土表现出明显的塑性特征，应力和应变不再呈直线关系，应力分布呈曲线。当受拉边缘纤维的应变达到混凝土的极限拉应变 ε_{tu} 时，截面处于将裂未裂的极限状态，即第Ⅰ阶段末，用Ⅰa 表示，此时截面所能承担的弯矩称抗裂弯矩 M_{cr}，如图 3-15（b）所示。Ⅰa 阶段的应力状态是抗裂验算的依据。

第Ⅱ阶段（带裂缝工作阶段）：当弯矩继续增加时，受拉区混凝土的拉应变超过其极限拉应变 ε_{tu}，受拉区出现裂缝，截面即进入第Ⅱ阶段。裂缝出现后，在裂缝截面处，受拉区混凝土大部分退出工作，拉力几乎全部由受拉钢筋承担。随着弯矩的不断增加，裂缝逐渐向上扩展，中和轴逐渐上移，受压区混凝土呈现出一定的塑性特征，应力图形呈曲线形，如图 3-15（c）所示。第Ⅱ阶段的应力状态是裂缝宽度和变形验算的依据。

当弯矩继续增加，钢筋应力达到屈服强度 f_y，这时截面所能承担的弯矩称为屈服弯矩 M_y。它标志截面进入第Ⅱ阶段末，以Ⅱa 表示，如图 3-15（d）所示。

第Ⅲ阶段（破坏阶段）：弯矩继续增加，受拉钢筋的应力保持屈服强度不变，钢筋的应变迅速增大，促使受拉区混凝土的裂缝迅速向上扩展，受压区混凝土的塑性特征表现得更加充分，压应力呈显著曲线分布，如图 3-15（e）所示。到本阶段末（即Ⅲa 阶段），受压边缘混凝土压应变达到极限压应变，受压区混凝土产生近乎水平的裂缝，混凝土被压碎，甚至崩脱，截面宣告破坏，此时截面所承担的弯矩即为破坏弯矩 M_u，如图 3-15（f）所示。Ⅲa 阶段的应力状态作为构件承载力计算的依据。

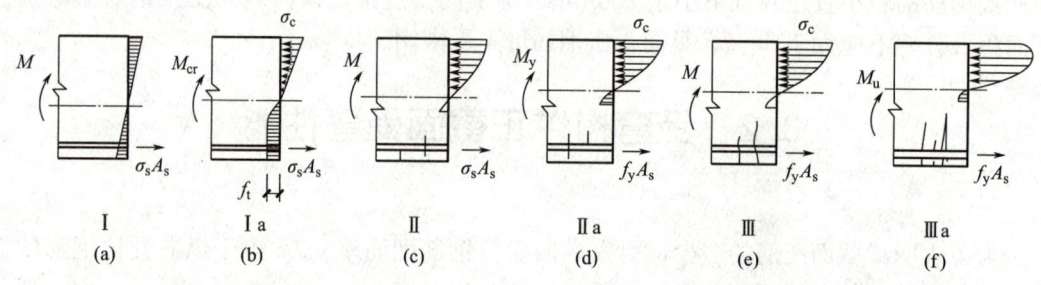

图 3-15　适筋梁工作的三个阶段

3.2.2　受弯构件正截面破坏形态

钢筋混凝土受弯构件正截面的破坏形式与钢筋和混凝土的强度以及 ρ 有关。不同类型的梁具有不同破坏特征。

1. 适筋梁

由前述破坏过程可知，适筋梁的破坏始于受拉钢筋屈服。从受拉钢筋屈服到受压区混凝土被压碎（即弯矩由 M_y 增大到 M_u），需要经历较长过程。由于钢筋屈服后产生很大塑性变形，使裂缝急剧开展和挠度急剧增大，给人以明显的破坏预兆（图 3-16a），这种破坏称为延性破坏。适筋梁的材料强度能得到充分发挥。

2. 超筋梁

纵向受力钢筋配筋率大于最大配筋率的梁称为超筋梁。

这种梁由于纵向钢筋配置过多，受压区混凝土在钢筋屈服前即达到极限压应变被压碎而破坏。破坏时钢筋的应力还未达到屈服强度，因而裂缝宽度均较小，且形不成一条开展宽度较大的主裂缝（图 3-16b），梁的挠度也较小。这种单纯因混凝土被压碎而引起的破坏，发生得非常突然，没有明显的预兆，属于脆性破坏。实际工程中不应采用超筋梁。

3. 少筋梁

配筋率小于最小配筋率的梁称为少筋梁。这种梁破坏时，裂缝往往集中出现一条，不但开展宽度大，而且沿梁高延伸较高。一旦出现裂缝，钢筋的应力就会迅速增大并超过屈服强度而进入强化阶段，甚至被拉断。在此过程中，裂缝迅速开展，构件严重向下挠曲，最后因裂缝过宽，变形过大而丧失承载力，甚至被折断（图 3-16c）。这种破坏也是突然的，没有明显预兆，属于脆性破坏。实际工程中不应采用少筋梁。

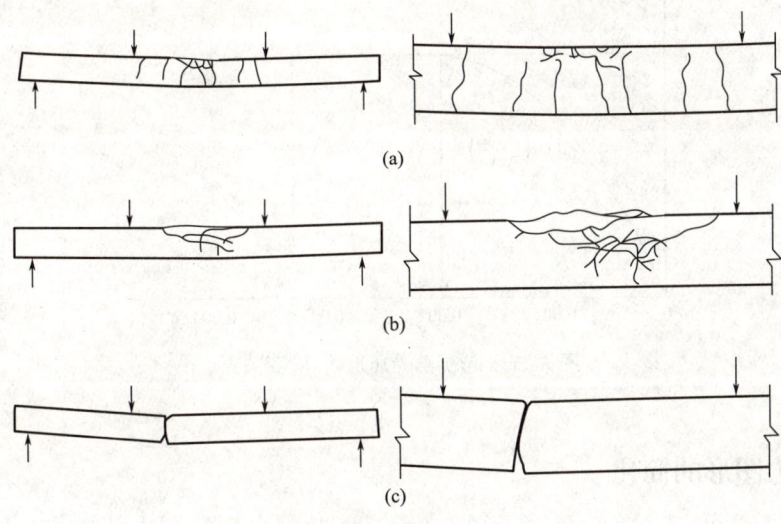

图 3-16 梁的正截面破坏

（a）适筋梁；（b）超筋梁；（c）少筋梁

3.3 单筋矩形截面受弯承载力计算

3.3.1 基本假定

如前所述，钢筋混凝土受弯构件正截面承载力计算以适筋梁Ⅲa阶段的应力状态为依据。为便于建立基本公式，现作如下假定：

（1）构件正截面弯曲变形后仍保持一平面，即在三个阶段中，截面上的应变沿截面高度为线性分布。这一假定称为平截面假定。由实测结果可知，混凝土受压区的应变基本呈线性分布，受拉区的平均应变大体也符合平截面假定。

（2）钢筋的应力 σ_s 取钢筋应变 ε_s 与其弹性模量 E_s 的乘积，且不得大于其强度设计值 f_y，即 $\sigma_s = \varepsilon_s E_s \leqslant f_y$。

（3）不考虑截面受拉区混凝土的抗拉强度，即忽略中和轴以下混凝土的抗拉作用，因为混凝土的抗拉强度很小，且其合力作用点离中和轴较近，抗弯力矩的力臂很小。

（4）受压混凝土采用理想化的应力-应变关系（图 3-17）。当混凝土强度等级 $\leqslant$ C50 时，混凝土极限压应变 $\varepsilon_{cu} = 0.0033$；当混凝土强度等级为 C60 时，$\varepsilon_{cu} = 0.0032$；当混凝土强度等级为 C70 时，$\varepsilon_{cu} = 0.0031$；当混凝土强度等级为 C80 时，$\varepsilon_{cu} = 0.0030$。

规范链接

3-4

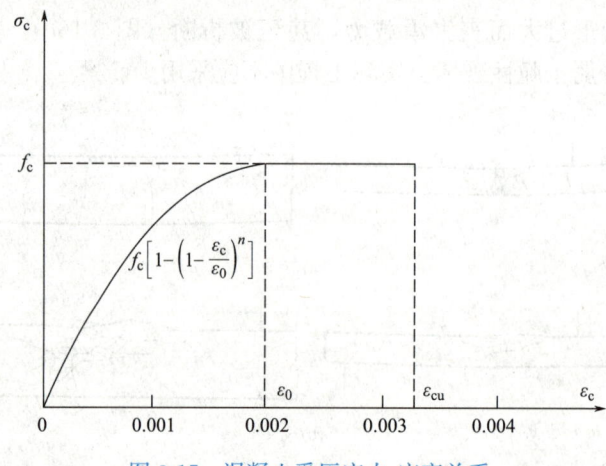

图 3-17　混凝土受压应力-应变关系

3.3.2　应力图形的简化

根据前述假定，适筋梁 Ⅲa 阶段的应力图形可简化为图 3-18（b）的曲线应力图，其中 x_n 为实际混凝土受压区高度。为进一步简化计算，按照受压区混凝土的合力大小不变、受压区混凝土的合力作用点不变的原则，将其简化为图 3-18（c）所示的等效矩形应力图形。等效矩形应力图形的混凝土受压区高度 $x = \beta_1 x_n$，等效矩形应力图形的应力值为 $\alpha_1 f_c$，其中 f_c 为混凝土轴心抗压强度设计值，β_1 为等效矩形应力图受压区高度与中和轴高度的比值，α_1 为受压区混凝土等效矩形应力图的应力值与混凝土轴心抗压强度设计值的比值，β_1、α_1 的值见表 3-9。

β_1、α_1 值　　　　　　　　　　　　　表 3-9

混凝土强度等级	$\leqslant$C50	C55	C60	C65	C70	C75	C80
β_1	0.8	0.79	0.78	0.77	0.76	0.75	0.74
α_1	1.0	0.99	0.98	0.97	0.96	0.95	0.94

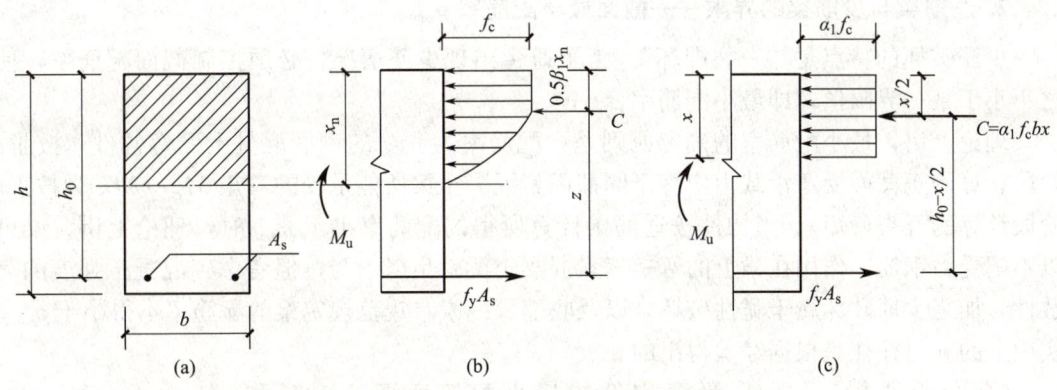

图 3-18　第Ⅲa阶段梁截面应力分布图

（a）截面示意；（b）曲线应力图；（c）等效矩形应力图形

3.3.3　界限相对受压区高度与最小配筋率

1. 适筋梁与超筋梁的界限——界限相对受压区高度 ξ_b

比较适筋梁和超筋梁的破坏，前者始于受拉钢筋屈服，后者始于受压区混凝土被压碎。理论上，二者间存在一种界限状态，即所谓界限破坏。这种状态下，受拉钢筋达到屈服强度和受压区混凝土边缘达到极限压应变是同时发生的。我们将受弯构件等效矩形应力图形的混凝土受压区高度 x 与截面有效高度 h_0 之比称为相对受压区高度，用 ξ 表示。

$$\xi = x/h_0 \tag{3-4}$$

适筋梁界限破坏时等效受压区高度与截面有效高度之比称为界限相对受压区高度，用 ξ_b 表示。推导可得

$$\xi_b = \frac{\beta_1}{1 + \dfrac{f_y}{E_s \varepsilon_{cu}}} \tag{3-5}$$

ξ_b 值是用来衡量构件破坏时钢筋强度能否充分利用的一个特征值。若 $\xi > \xi_b$，构件破坏时受拉钢筋不能屈服，表明构件的破坏为超筋破坏；若 $\xi \leqslant \xi_b$，构件破坏时受拉钢筋已经达到屈服强度，表明发生的破坏为适筋破坏或少筋破坏。

各种钢筋的 ξ_b 值见表 3-10。

界限相对受压区高度 ξ_b 值　　　　　　　　　　　　　　　　表 3-10

钢筋级别	混凝土强度等级						
	$\leqslant$C50	C55	C60	C65	C70	C75	C80
300MPa 级	0.576	—	—	—	—	—	—
400MPa 级	0.518	0.508	0.499	0.490	0.481	0.472	0.463
500MPa 级	0.482	0.473	0.464	0.455	0.447	0.438	0.429

注：表中"—"表示高强度混凝土不宜配置低强度钢筋。

2. 适筋梁与少筋梁的界限——截面最小配筋率 $\rho_{\min}$

少筋破坏的特点是"一裂即坏"。为了避免出现少筋情况，必须控制截面配筋率，使之不小于某一界限值，即最小配筋率 $\rho_{\min}$。

理论上讲，最小配筋率的确定原则是：配筋率为 $\rho_{\min}$ 的钢筋混凝土受弯构件，按Ⅲa 阶段计算的正截面受弯承载力应等于同截面素混凝土梁所能承受的弯矩 M_{cr}（M_{cr} 为按Ⅰa 阶段计算的开裂弯矩）。当构件按适筋梁计算所得的配筋率小于 $\rho_{\min}$ 时，理论上讲，梁可以不配受力钢筋，作用在梁上的弯矩仅素混凝土梁就足以承受，但考虑到混凝土强度的离散性，加之少筋破坏属于脆性破坏，以及收缩等因素，规范规定梁的配筋率不得小于 $\rho_{\min}$。实用上的 $\rho_{\min}$ 往往是根据经验得出的。

《混凝土通规》规定，受弯构件的最小配筋率取 **0.20%** 和 **0.45f_t/f_y** 中的较大值。除悬臂板、柱支承板之外的板类受弯构件，当纵向受拉钢筋采用强度等级 **500MPa** 的钢筋时，其最小配筋率应允许采用 **0.15%** 和 **0.45f_t/f_y** 中的较大值。对于卧置于地基上的钢筋混凝土板，板中受拉普通钢筋的最小配筋率不应小于 **0.15%**。

规范链接

3-5

3.3.4 基本公式及其适用条件

单筋矩形截面受弯构件正截面承载力计算简图如图 3-19 所示。

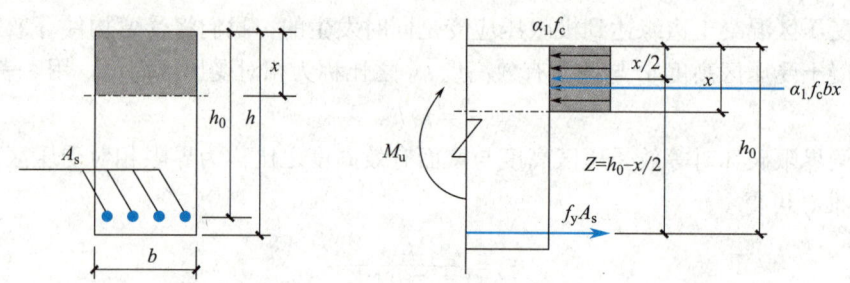

图 3-19 单筋矩形截面受弯构件正截面承载力计算简图

根据水平轴方向合力为零，即 $\sum X = 0$，可得

$$\alpha_1 f_c bx = f_y A_s \tag{3-6}$$

由截面上内、外力对受拉钢筋合力点的力矩之和为零，即 $\sum M = 0$，同时从满足承载力极限状态出发，应满足 $M \leqslant M_u$，可得

$$M \leqslant M_u = \alpha_1 f_c bx \left(h_0 - \frac{x}{2} \right) \tag{3-7}$$

对受压混凝土合力点的力矩之和为零可得：

$$M \leqslant M_u = f_y A_s \left(h_0 - \frac{x}{2} \right) \tag{3-8}$$

式中 α_1——系数，当混凝土强度等级为 C80 时，α_1 取为 0.94，当混凝土强度等级不超过 C50 时，α_1 取为 1.0，其间用线性内插法确定；

x——混凝土受压区高度；

f_c——混凝土轴心抗压强度设计值，按表1-8取值；

f_y——钢筋抗拉强度设计值，按表1-3取值；

M——作用在截面上的弯矩设计值；

M_u——截面破坏时的极限弯矩。

其余符号意义同前。

式（3-6）～式（3-8）即为单筋矩形截面正截面承载力计算基本公式。

上述基本公式应满足下列两个适用条件：

（1）为防止发生超筋破坏，需满足 $\xi \leqslant \xi_b$ 或 $x \leqslant \xi_b h_0$；

（2）为防止发生少筋破坏，应满足 $\rho \geqslant \rho_{min}$ 或 $A_s \geqslant A_{s,min} = \rho_{min} bh$。

在式（3-6）中，取 $x = \xi_b h_0$，即得到单筋矩形截面所能承受的最大弯矩的表达式：

$$M_{u,max} = \alpha_1 f_c bh_0^2 \xi_b (1 - 0.5\xi_b) \tag{3-9}$$

3.3.5 单筋矩形截面受弯构件正截面承载力计算方法

微课

单筋矩形正截面受弯承载力计算-截面设计

单筋矩形截面受弯构件正截面承载力计算，可以分为两类问题：一是截面设计，二是复核已知截面的承载力。

1. 截面设计

已知：弯矩设计值 M，混凝土强度等级，钢筋级别，构件截面尺寸 b、h。

求：所需受拉钢筋截面面积 A_s。

计算步骤如下：

（1）估算截面有效高度 h_0

$$h_0 = h - a_s \tag{3-10}$$

式中 h——梁的截面高度；

a_s——受拉钢筋合力点到截面受拉边缘的距离。

在正截面承载力计算时，钢筋直径、数量和层数等都是未知的，因此 a_s 需要预先估计。对环境类别为一类、混凝土强度等级 $\geqslant$C30 的梁、板，a_s 可近似取为：

对于梁，当纵向受拉钢筋排一层时 $a_s = 40\text{mm}$，两层时 $a_s = 65\text{mm}$；

对于板，$a_s = 20\text{mm}$。

混凝土强度等级 $\leqslant$C25 时，上述 a_s 值增加 5mm。

（2）计算混凝土受压区高度 x，并判断是否属超筋梁

$$x = h_0 - \sqrt{h_0^2 - \frac{2M}{\alpha_1 f_c b}} \tag{3-11}$$

若 $x \leqslant \xi_b h_0$，则不属超筋梁。否则为超筋梁，应加大截面尺寸，或提高混凝土强度等级，或改用双筋截面。

（3）计算钢筋截面面积 A_s，并判断是否属少筋梁

$$A_s = \alpha_1 f_c bx / f_y \tag{3-12}$$

若 $A_s \geqslant \rho_{min} bh$，则不属少筋梁。否则为少筋梁，应取 $A_s = \rho_{min} bh$。

（4）选配钢筋

2. 截面复核

已知：构件截面尺寸 b、h，钢筋截面面积 A_s，混凝土强度等级，钢筋级别，弯矩设计值 M。

求：复核截面是否安全。

计算步骤如下：

（1）确定截面有效高度 h_0

截面复核时，钢筋数量和在截面上的布置情况都是已知的，a_s 可按下式求出：

$$a_s = \frac{\sum A_{si} a_{si}}{\sum A_{si}} \tag{3-13}$$

式中　A_{si}——纵向受拉钢筋 i 的截面面积；

　　　a_{si}——纵向受拉钢筋 i 的中心至构件受拉边缘的距离。

小问题

为什么梁的纵向受力钢筋应尽量布置成一排？

（2）判断梁的类型

$$x = \frac{A_s f_y}{\alpha_1 f_c b} \tag{3-14}$$

若 $A_s \geqslant \rho_{min} bh$，且 $x \leqslant \xi_b h_0$，为适筋梁；

若 $x > \xi_b h_0$，为超筋梁；

若 $A_s < \rho_{min} bh$，为少筋梁。

（3）计算截面受弯承载力 M_u

适筋梁　　　　　$M_u = A_s f_y (h_0 - x/2)$ $\qquad$ (3-15)

超筋梁　　　　　$M_u = M_{u,max} = \alpha_1 f_c bh_0^2 \xi_b (1 - 0.5\xi_b)$ $\qquad$ (3-16)

对少筋梁，应将其受弯承载力降低使用（已建成工程）或修改设计。

（4）判断截面是否安全

若 $M \leqslant M_u$，则截面安全。

【例 3-1】　某钢筋混凝土矩形截面简支梁，跨中截面弯矩设计值 $M = 80 \text{kN} \cdot \text{m}$，梁的截面尺寸 $b \times h = 200\text{mm} \times 450\text{mm}$，混凝土强度等级为 C40，HRB400 钢筋。试确定跨中截面纵向受力钢筋的数量。

【解】　查表得 $f_c = 19.1 \text{N/mm}^2$，$f_t = 1.71 \text{N/mm}^2$，$f_y = 360 \text{N/mm}^2$，$\alpha_1 = 1.0$，$\xi_b = 0.518$

（1）估算截面有效高度 h_0

假设纵向受力钢筋为一层，则 $h_0 = h - 40 = 450 - 40 = 410\text{mm}$

（2）计算 x，并判断是否为超筋梁

$$x = h_0 - \sqrt{h_0^2 - \frac{2M}{\alpha_1 f_c b}} = 410 - \sqrt{410^2 - \frac{2 \times 80 \times 10^6}{1.0 \times 19.1 \times 200}}$$

$$=54.73\text{mm}<\xi_b h_0=0.518\times410=212.38\text{mm}$$

不属超筋梁。

（3）计算 A_s，并判断是否为少筋梁

$$A_s=\alpha_1 f_c bx/f_y=1.0\times19.1\times200\times54.73/360=580.75\text{mm}^2$$

$$0.45 f_t/f_y=0.45\times1.71/360=0.21\%>0.2\%，\text{取}\ \rho_{\min}=0.21\%$$

$$A_{s,\min}=0.21\%\times200\times450=189\text{mm}^2<A_s=580.75\text{mm}^2$$

不属少筋梁。

（4）选配钢筋

选配 $3\,\Phi\,16$（$A_s=603\text{mm}^2$），如图 3-20 所示。

【例 3-2】　某教学楼钢筋混凝土矩形截面简支梁，安全等级为
二级，设计工作年限为 50 年，截面尺寸 $b\times h=250\text{mm}\times550\text{mm}$，
承受永久荷载标准值 10kN/m（不包括梁的自重），可变荷载标准
值 12kN/m，计算跨度 $l_0=6\text{m}$，采用 C40 混凝土，HRB400 钢筋。
试确定纵向受力钢筋的数量。

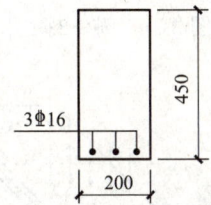

图 3-20　例 3-1 附图

【解】　查表得 $f_c=19.1\text{N/mm}^2$，$f_t=1.71\text{N/mm}^2$，$f_y=$
360N/mm^2，$\xi_b=0.518$，$\alpha_1=1.0$，结构重要性系数 $\gamma_0=1.0$，可变荷载考虑设计工作年
限的调整系数 $\gamma_L=1.0$。因为是简支梁，永久荷载和可变荷载都对承载不利，故荷载分项
系数 $\gamma_G=1.3$，$\gamma_Q=1.5$。

（1）计算弯矩设计值 M

钢筋混凝土重度为 25kN/m^3，故作用在梁上的永久荷载标准值为

$$g_k=10+0.25\times0.55\times25=13.438\text{kN/m}$$

简支梁在永久荷载标准值作用下的跨中弯矩为

$$M_{gk}=\frac{1}{8}g_k l_0^2=\frac{1}{8}\times13.438\times6^2=60.471\text{kN}\cdot\text{m}$$

简支梁在可变荷载标准值作用下的跨中弯矩为

$$M_{qk}=\frac{1}{8}q_k l_0^2=\frac{1}{8}\times12\times6^2=54\text{kN}\cdot\text{m}$$

跨中弯矩设计值为

$$M=\gamma_0(\gamma_G M_{gk}+\gamma_Q\gamma_L M_{qk})=1.0\times(1.3\times60.471+1.5\times1.0\times54)$$
$$=159.612\text{kN}\cdot\text{m}$$

（2）估算 h_0

假定受力钢筋排一层，则 $h_0=h-40=550-40=510\text{mm}$

（3）计算 x，并判断是否属超筋梁

$$x=h_0-\sqrt{h_0^2-\frac{2M}{\alpha_1 f_c b}}=510-\sqrt{510^2-\frac{2\times159.612\times10^6}{1.0\times19.7\times250}}=70.4\text{mm}$$

$$<\xi_b h_0=0.518\times510=264.18\text{mm}$$

不属超筋梁。

（4）计算 A_s，并判断是否少筋

$$A_s=\alpha_1 f_c bx/f_y=1.0\times19.1\times250\times70.4/360=933.8\text{mm}^2$$

$$0.45f_t/f_y = 0.45 \times 1.71/360 = 0.21\% > 0.2\%, \text{取 } \rho_{min} = 0.21\%$$

$$\rho_{min}bh = 0.21\% \times 250 \times 550 = 288.75\text{mm}^2 < A_s = 933.8\text{mm}^2$$

不属少筋梁。

（5）选配钢筋

选配 3Φ20（$A_s = 942\text{mm}^2$），如图 3-21 所示。

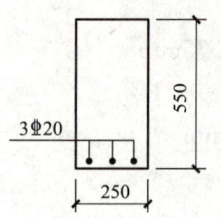

图 3-21　例 3-2 附图

【例 3-3】　如图 3-22 所示，某教学楼现浇钢筋混凝土走道板，厚度 $h = 80\text{mm}$，板面做 20mm 水泥砂浆面层，计算跨度 $l_0 = 2\text{m}$，采用 C35 混凝土、HRB400 钢筋。教学楼安全等级为二级，设计工作年限为 50 年。试确定纵向受力钢筋的数量。

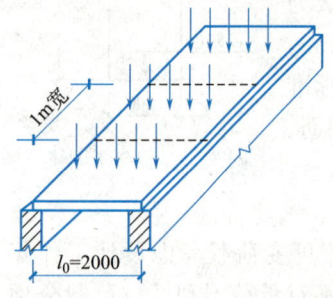 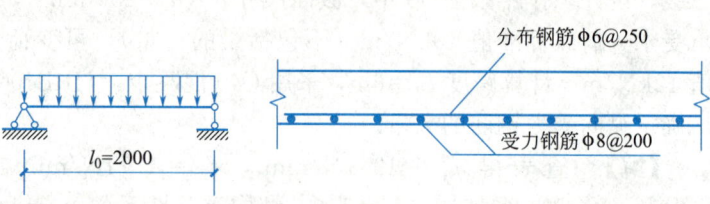

图 3-22　例 3-23 附图

【解】　此例为板的截面设计问题。计算时，取 1m 板宽作为计算单元，按照 $b = 1000\text{mm}$ 的梁计算。

查表得教学楼走廊均布活荷载 $q_k = 3.5\text{kN/m}^2$，$f_c = 16.7\text{N/mm}^2$，$f_t = 1.57\text{N/mm}^2$，$f_y = 360\text{N/mm}^2$，$\xi_b = 0.518$，$\alpha_1 = 1.0$，结构重要性系数 $\gamma_0 = 1.0$，可变荷载考虑设计工作年限的调整系数 $\gamma_L = 1.0$。因为是单跨板，永久荷载和可变荷载都对承载不利，故荷载分项系数 $\gamma_G = 1.3$，$\gamma_Q = 1.5$。

（1）计算跨中弯矩设计值 M

钢筋混凝土和水泥砂浆重度分别为 25kN/m³ 和 20kN/m³，故作用在板上的永久荷载标准值为

80mm 厚钢筋混凝土板	$0.08 \times 25 = 2\text{kN/m}^2$
20mm 水泥砂浆面层	$\underline{0.02 \times 20 = 0.4\text{kN/m}^2}$
	$g_k = 2.4\text{kN/m}^2$

取 1m 板宽作为计算单元，则 $g_k = 2.4\text{kN/m}$，$q_k = 3.5\text{kN/m}$

永久荷载标准值的跨中弯矩为

$$M_{gk} = \frac{1}{8}g_k l_0^2 = \frac{1}{8} \times 2.4 \times 2^2 = 1.2\text{kN} \cdot \text{m}$$

可变荷载标准值的跨中弯矩为

$$M_{qk} = \frac{1}{8}q_k l_0^2 = \frac{1}{8} \times 3.5 \times 2^2 = 1.75\text{kN} \cdot \text{m}$$

板跨中弯矩设计值为

$$M = \gamma_0(\gamma_G M_{gk} + \gamma_Q \gamma_L M_{qk}) = 1.0 \times (1.3 \times 1.2 + 1.5 \times 1.0 \times 1.75) = 4.185\text{kN} \cdot \text{m}$$

小问题 👆

板的跨中弯矩设计值计算时，如果先计算永久荷载、可变荷载设计值之和，再计算弯矩设计值，应该如何计算？结果是否相同？

（2）计算纵向受力钢筋的数量

$$h_0 = h - 20 = 80 - 20 = 60\text{mm}$$

$$x = h_0 - \sqrt{h_0^2 - \frac{2M}{\alpha_1 f_c b}} = 60 - \sqrt{60^2 - \frac{2 \times 3.201 \times 10^6}{1.0 \times 16.7 \times 1000}} = 4.33\text{mm}$$

$$< \xi_b h_0 = 0.518 \times 60 = 31.08\text{mm}$$

不属超筋梁。

$$A_s = \alpha_1 f_c b x / f_y = 1.0 \times 16.7 \times 1000 \times 4.33 / 360 = 200.86\text{mm}^2$$

$$0.45 f_t / f_y = 0.45 \times 1.57 / 360 = 0.20\%，取 \rho_{min} = 0.2\%$$

$$\rho_{min} bh = 0.2\% \times 1000 \times 80 = 160\text{mm}^2 < A_s = 200.86\text{mm}^2$$

受力钢筋选用 $\Phi 8@200$（$A_s = 251\text{mm}^2$），分布钢筋按构造要求选用 $\phi 6@250$，如图 3-22 所示。

【例 3-4】 某教学楼钢筋混凝土进深梁，矩形截面，截面尺寸 $b \times h = 200\text{mm} \times 550\text{mm}$，混凝土强度等级 C40，设计配置纵向受拉钢筋 $3\Phi 22$，箍筋为 $\Phi 8@200$，混凝土保护层厚度 25mm，如图 3-23 所示。但因施工失误，实际配筋为 $2\Phi 22 + 1\Phi 20$（中间钢筋为 $\Phi 20$）。试复核该梁是否能满足受弯承载力要求。

【解】 查表得 $f_c = 19.1\text{N/mm}^2$，$f_t = 1.71\text{N/mm}^2$，$f_y = 360\text{N/mm}^2$，$\xi_b = 0.518$，$\alpha_1 = 1.0$，$\Phi 22$ 钢筋截面面积 $A_{s22} = 380.1\text{mm}^2$，$\Phi 20$ 钢筋截面面积 $A_{s20} = 314.2\text{mm}^2$，设计截面钢筋截面面积 $A_{s设计} = 1140\text{mm}^2$，实际截面钢筋截面面积 $A_{s实际} = 1074.2\text{mm}^2$。

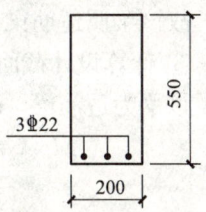

图 3-23 例 3-4 附图

（1）计算设计截面的受弯承载力

① 计算 h_0

$$a_s = \frac{\sum A_{si} a_{si}}{\sum A_{si}} = \frac{3 \times [380.1 \times (25 + 8 + 22/2)]}{3 \times 380.1} = 44\text{mm}$$

$$h_0 = h - a_s = 550 - 44 = 506\text{mm}$$

② 判断梁的类型

$$x = \frac{A_{s设计} f_y}{\alpha_1 f_c b} = \frac{1140 \times 360}{1.0 \times 19.1 \times 200} = 107.46\text{mm} < \xi_b h_0 = 0.518 \times 506 = 262.11\text{mm}$$

说明梁不属于超筋梁。

$$0.45 f_t / f_y = 0.45 \times 1.71 / 360 = 0.21\% > 0.2\%，取 \rho_{min} = 0.21\%$$

$$\rho_{min} bh = 0.21\% \times 200 \times 550 = 231\text{mm}^2 < A_{s设计} = 1140.\text{mm}^2$$

说明该梁不属于少筋梁。

故该梁属适筋梁。

③ 计算设计截面受弯承载力 $M_{u设计}$

该梁为适筋梁，故

$$M_{u设计} = f_y A_{s设计}(h_0 - x/2) = 360 \times 1140 \times (506 - 107.46/2)$$
$$= 1.86 \times 10^8 \text{N} \cdot \text{mm}$$

（2）计算实际截面的受弯承载力

① 计算 h_0

$$a_s = \frac{\sum A_{si} a_{si}}{\sum A_{si}} = \frac{2 \times [380.1 \times (25 + 8 + 22/2)] + 314.2 \times (25 + 8 + 20/2)}{2 \times 380.1 + 314.2} = 43.71 \text{mm}$$

$$h_0 = h - a_s = 550 - 43.71 = 506.29 \text{mm}$$

② 判断梁的类型

$$x = \frac{A_{s实际} f_y}{\alpha_1 f_c b} = \frac{1074.2 \times 360}{1.0 \times 19.1 \times 200} = 101.23 \text{mm} < \xi_b h_0 = 0.518 \times 506 = 262.11 \text{mm}$$

说明梁不属于超筋梁。

$$0.45 f_t / f_y = 0.45 \times 1.71/360 = 0.21\% > 0.2\%，取 \rho_{min} = 0.21\%$$

$$\rho_{min} bh = 0.21\% \times 200 \times 550 = 231 \text{mm}^2 < A_{s实际} = 1074.2 \text{ mm}^2$$

说明该梁不属于少筋梁。

故该梁属适筋梁。

③ 计算设计截面受弯承载力 $M_{u实际}$

该梁为适筋梁，故

$$M_{u实际} = f_y A_{s实际}(h_0 - x/2) = 360 \times 1074.2 \times (506 - 101.23/2)$$
$$= 1.76 \times 10^8 \text{N} \cdot \text{mm}$$

（3）判断是否能满足受弯承载力要求

$$(M_{u设计} - M_{u实际})/M_{u设计} = (1.86 \times 10^8 - 1.76 \times 10^8)/1.86 \times 10^8 = 5.38\% > 5\%$$

该梁不能满足受弯承载力要求。

3.4 双筋矩形截面受弯承载力计算

3.4.1 基本概念及应用范围

在截面受拉区和受压区同时按计算配置受力钢筋的受弯构件，称为双筋截面受弯构件（图 3-24a）。在这种构件中，截面的部分压力由受压钢筋来承受，因而不经济，所以双筋截面受弯构件一般只用于下列特殊情况：

（1）构件所承受的弯矩较大，而截面尺寸受到限制，采用单筋截面无法满足要求。

（2）在不同荷载组合下，构件同一截面可能承受变号弯矩作用。

（3）为了提高截面的延性而要求在受压区配置受力钢筋。在截面受压区配置一定数量的受力钢筋，对截面的延性、抗裂和变形等是有利的。

3.4.2　基本公式及其适用条件

1. 基本公式

试验表明，双筋矩形截面破坏时的受力特点与单筋矩形截面类似，区别仅在于受压区配有纵向受压钢筋，因此只要掌握梁破坏时纵向受压钢筋的受力情况，就可按单筋矩形截面类似的方法建立基本计算公式。图（3-24c）为双筋矩形截面等效应力图形，根据静力平衡条件，可得出其基本公式。

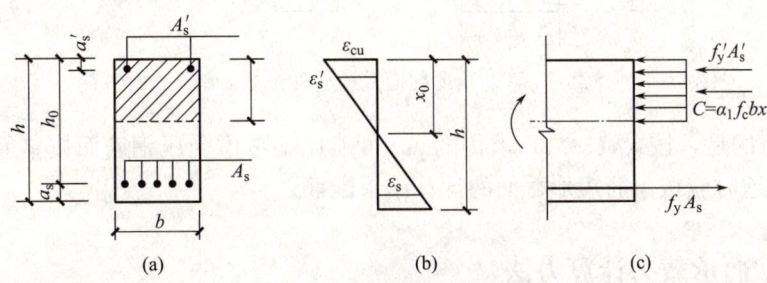

图 3-24　双筋截面受弯构件

（a）截面；（b）应变；（c）等效应力图

由 $\sum x = 0$ 得

$$\alpha_1 f_c b x + f'_y A'_s = f_y A_s \tag{3-17}$$

由截面上内、外力对受拉钢筋合力点的力矩之和为零即 $\sum M_{A_s} = 0$ 得

$$M \leqslant M_u = \alpha_1 f_c b x \left(h_0 - \frac{x}{2} \right) + f'_y A'_s (h_0 - a'_s) \tag{3-18}$$

式中　f'_y——钢筋的抗压强度设计值；

$\quad\quad A'_s$——受压钢筋的截面面积；

$\quad\quad a'_s$——受压钢筋的合力作用点到截面受压边缘的距离；

$\quad\quad A_s$——受拉钢筋的截面面积。

其余符号意义同前。

2. 基本公式适用条件

应用上述计算公式时，必须满足以下条件：

（1）为了防止超筋破坏，保证构件破坏时纵向受拉钢筋首先屈服，应满足：

$$\xi \leqslant \xi_b \tag{3-19a}$$

或

$$x \leqslant \xi_b h_0 \tag{3-19b}$$

或

$$\rho \leqslant \rho_{max} \tag{3-19c}$$

（2）为了保证受压钢筋在构件破坏时达到屈服强度，应满足：

$$x \geqslant 2a'_s \tag{3-20}$$

当式（3-20）不满足时，则意味着受压钢筋应力还未达到 f'_y。此时，可近似地取 $x = 2a'_s$，并对受压钢筋的合力作用点取矩（图3-25），则可得

$$M \leqslant M_u = f_y A_s (h_0 - a'_s) \tag{3-21}$$

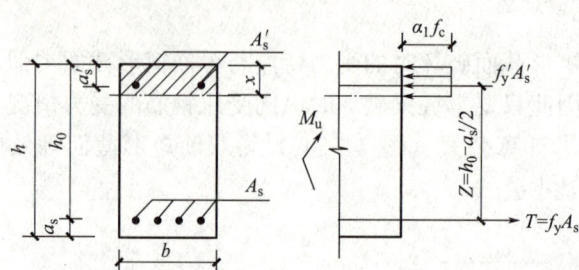

图 3-25　$x < 2a'_s$ 时双筋矩形截面受弯构件正截面承载力计算简图

值得注意的是，按式（3-21）求得的 A_s 可能比不考虑受压钢筋而按单筋矩形截面计算的 A_s 大，这时应按单筋矩形截面的计算结果配筋。

3.4.3　正截面承载力计算方法

双筋矩形截面受弯构件正截面承载力计算包括截面设计和截面复核两类问题。

1. 截面设计

双筋矩形截面受弯构件的正截面设计，一般是受拉钢筋 A_s 和受压钢筋 A'_s 均未知，都需要计算确定。但有时由于构造等原因，受压钢筋截面面积 A'_s 已知，只要求确定受拉钢筋截面面积 A_s。

情形1：已知截面的弯矩设计值 M、构件截面尺寸 $b \times h$、混凝土强度等级和钢筋级别，求 A_s 和 A'_s。

计算步骤：

（1）估算 h_0

（2）判断是否需要采用双筋截面

若 $M > M_{u,max} = \alpha_1 f_c b \xi_b h_0^2 (1 - 0.5\xi_b)$，则当截面尺寸和材料强度不能增大的情况下需要采用双筋截面。其中 $M_{u,max}$ 为单筋矩形截面梁所能承受的最大弯矩，即式（3-9）。

（3）计算 A_s、A'_s

此种情形下，存在 A_s、A'_s 和 x 三个未知量，只有式（3-17）和式（3-18）两个基本计算公式是无法求解的，需补充一个条件。为此，在截面尺寸和材料强度确定的情况下，引入 $(A_s + A'_s)$ 最小为其最优解的条件，取 $\xi = \xi_b$。于是可得

$$A'_s = \frac{M - \alpha_1 f_c b \xi_b h_0^2 (1 - 0.5\xi_b)}{f'_y (h_0 - a'_s)} = \frac{M - M_{u,max}}{f'_y (h_0 - a'_s)} \tag{3-22}$$

$$A_s = A'_s \frac{f'_y}{f_y} + \xi_b \frac{\alpha_1 f_c b h_0}{f_y} \tag{3-23}$$

情形2：已知截面的弯矩设计值 M、截面尺寸 $b \times h$、混凝土强度等级和钢筋级别、受压钢筋截面面积 A'_s，求受拉钢筋截面面积 A_s。

此种情形计算步骤同情形 1。但此种情形下，只有 A_s 和 x 两个未知数，利用基本公式即可直接求解。推导可得

$$A_s = \frac{f'_y}{f_y} A'_s + \frac{\alpha_1 f_c b x}{f_y} \tag{3-24}$$

$$x = h_0 - \sqrt{h_0^2 - \frac{2[M - A'_s f'_y(h_0 - a'_s)]}{\alpha_1 f_c b}} \tag{3-25}$$

应注意验算适用条件是否满足。若 $\xi > \xi_b$ 即 $x > \xi_b h_0$，说明给定的 A'_s 不足，应按情形 1 重新计算 A_s 和 A'_s；若求得的 $x < 2a'_s$，应按式（3-21）计算受拉钢筋截面面积 A_s，即

$$A_s = \frac{M}{f_y(h_0 - a'_s)} \tag{3-26}$$

2. 截面复核

已知截面尺寸 $b \times h$、混凝土强度等级和钢筋级别，受拉钢筋 A_s 和受压钢筋 A'_s，求正截面受弯承载力 M_u 或已知截面弯矩设计值 M，判断截面是否安全。

复核步骤：

（1）计算 x

$$x = \frac{A_s f_y - A'_s f'_y}{\alpha_1 f_c b} \tag{3-27}$$

（2）计算 M_u

若 $2a'_s \leqslant x \leqslant \xi_b h_0$，则

$$M_u = \alpha_1 f_c b x (h_0 - x/2) + f'_y A'_s (h_0 - a'_s) \tag{3-28}$$

若 $x < 2a'_s$，则

$$M_u = f_y A_s (h_0 - a'_s) \tag{3-29}$$

若 $x > \xi_b h_0$，则取 $\xi = \xi_b$ 可得

$$M_u = \alpha_1 f_c b h_0^2 \xi_b (1 - 0.5\xi_b) + f'_y A'_s (h_0 - a'_s) \tag{3-30}$$

（3）判断截面是否安全

若 $M_u \geqslant M$，则安全；反之不安全。

【例 3-5】 某建筑楼面大梁截面尺寸 $b \times h = 200\text{mm} \times 500\text{mm}$，选用 C40 混凝土和 HRB400 钢筋，承受弯矩设计值 $M = 320\text{kN} \cdot \text{m}$，环境类别为一类。试计算所需受压钢筋和受拉钢筋截面面积。

【解】 查表得 $f_c = 19.1\text{N/mm}^2$，$f_t = 1.71\text{N/mm}^2$，$f_y = 360\text{N/mm}^2$，$\xi_b = 0.518$，$\alpha_1 = 1.0$

（1）截面有效高度确定

假设受拉钢筋排两层，取 $a_s = 65\text{mm}$，则

$$h_0 = 500 - 65 = 435\text{mm}$$

（2）判断是否需要采用双筋截面

单筋截面所能承受的最大弯矩 $M_{u,max} = \alpha_1 f_c b h_0^2 \xi_b (1 - 0.5\xi_b)$

$$= 1.0 \times 19.1 \times 200 \times 435^2 \times 0.518 \times (1 - 0.5 \times 0.518)$$

$$= 277.15 \times 10^6 \text{N} \cdot \text{mm} < M = 320\text{kN} \cdot \text{m}$$

需要采用双筋截面。

（3）计算钢筋截面面积

1）求受压钢筋的面积 A'_s

假设受压钢筋排一层，则 $a'_s = 40\text{mm}$

$$A'_s = \frac{M - M_{u,\max}}{f'_y(h_0 - a'_s)} = \frac{320 \times 10^6 - 277.15 \times 10^6}{360 \times (435 - 40)} = 301.34\text{mm}^2$$

2）求受拉钢筋的面积 A_s

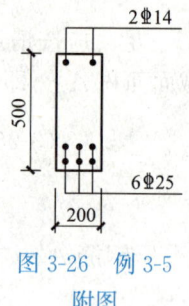

$$A_s = A'_s\frac{f'_y}{f_y} + \xi_b\frac{\alpha_1 f_c b h_0}{f_y}$$

$$= 237.9 \times \frac{360}{360} + 0.518 \times \frac{1.0 \times 19.7 \times 200 \times 435}{360}$$

$$= 2690.2\text{mm}^2$$

图 3-26　例 3-5 附图

受拉钢筋选用 6 ⏀ 25（$A_s = 2945\text{mm}^2$），受压钢筋选用 2 ⏀ 14（$A'_s = 308\text{mm}^2$），钢筋布置如图 3-26 所示。

3.5　单筋 T 形截面承载力的计算

在单筋矩形截面梁正截面受弯承载力计算中，是不考虑受拉区混凝土的作用的。如果把受拉区两侧的混凝土挖掉一部分，将受拉钢筋配置在肋部，既不会降低截面承载力，又可以节省材料，减轻自重，这样就形成了 T 形截面梁。T 形截面受弯构件在工程实际中应用较广，除独立 T 形梁（图 3-27a）外，槽形板（图 3-27b）、空心板（图 3-27c）以及现浇肋形楼盖中的主梁和次梁的跨中截面（图 3-27d Ⅰ-Ⅰ 截面）也按 T 形梁计算。但需要注意的是，对于翼缘位于受拉区的受弯构件（图 3-27d Ⅱ-Ⅱ 截面），当受拉区开裂后，翼缘就不起作用了，因此其受弯承载力应按截面为 $b \times h$ 的矩形截面计算。

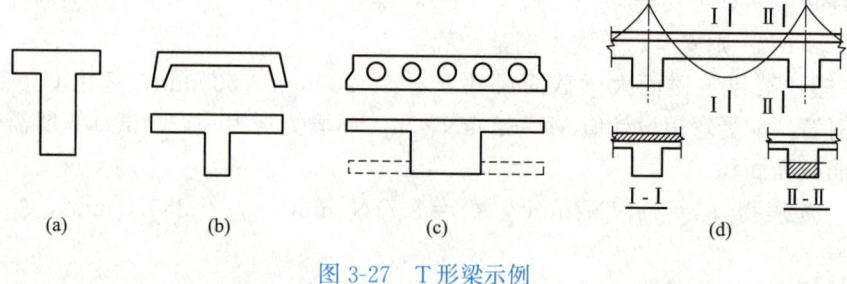

(a)　　　　(b)　　　　(c)　　　　(d)

图 3-27　T 形梁示例

3.5.1　有效翼缘计算宽度

试验表明，T 形梁破坏时，其翼缘上混凝土的压应力是不均匀的，越接近肋部应力越大，超过一定距离时压应力几乎为零。在计算中，为简便起见，假定只在翼缘一定宽度范围内受压应力，且均匀分布，该范围以外的部分不起作用，这个宽度称为有效翼缘计算宽度，用 b'_f 表示，其值取表 3-11 中各项的最小值。

T形、I形及倒L形截面受弯构件受压区有效翼缘计算宽度 b_f' 表 3-11

项次	考虑情况		T形截面、I形截面		倒L形截面
			肋形梁、肋形板	独立梁	肋形梁、肋形板
1	按计算跨度 l_0 考虑		$l_0/3$	$l_0/3$	$l_0/6$
2	按梁(纵肋)净距 s_n 考虑		$b+s_n$	—	$b+s_n/2$
3	按翼缘高度 h_f' 考虑	$h_f'/h_0 \geqslant 0.1$	—	$b+12h_f'$	—
		$0.1>h_f'/h_0 \geqslant 0.05$	$b+12h_f'$	$b+6h_f'$	$b+5h_f'$
		$h_f'/h_0<0.05$	$b+12h_f'$	b	$b+5h_f'$

注：1. 表中 b 为梁的腹板厚度；

　　2. 肋形梁在梁跨内设有间距小于纵肋间距的横肋时，可不考虑表中情况3的规定；

　　3. 加腋的 T形、I形和倒L形截面，当受压区加腋的高度 h_h 不小于 h_f' 且加腋的长度 b_h 不大于 $3h_h$ 时，其翼缘计算宽度可按表中情况3的规定分别增加 $2b_h$（T形、I形截面）和 b_h（倒L形截面）；

　　4. 独立梁受压区的翼缘板在荷载作用下经验算沿纵肋方向可能产生裂缝时，其计算宽度应取腹板宽度 b。

3.5.2　T形截面的分类

根据受力大小，T形截面的中性轴可能通过翼缘（图 3-28），也可能通过肋部（图 3-29）。中性轴通过翼缘者称为第一类 T形截面，通过肋部者称为第二类 T形截面。

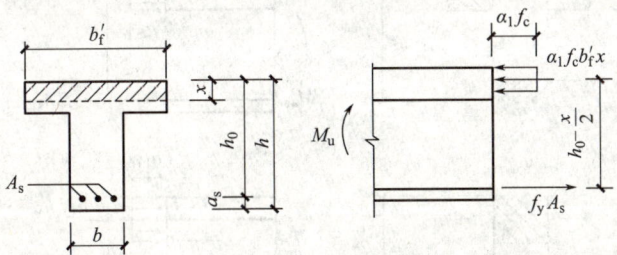

图 3-28　第一类 T形截面

经分析，当符合下列条件时，必然满足 $x \leqslant h_f'$，即为第一类 T形截面，否则为第二类 T形截面：

$$f_y A_s \leqslant \alpha_1 f_c b_f' h_f' \tag{3-31}$$

或

$$M \leqslant \alpha_1 f_c b_f' h_f' (h_0 - h_f'/2) \tag{3-32}$$

式中　x——混凝土受压区高度；

　　　h_f'——T形截面受压翼缘的高度。

式（3-31）和式（3-32）即为第一类、第二类 T形截面的鉴别条件。其中，式（3-31）用于截面复核，式（3-32）用于截面设计。

3.5.3　基本公式及其适用条件

1. 基本公式

（1）第一类 T形截面

由图 3-28 可知，第一类 T形截面的受压区为矩形，面积为 $b_f'x$。由于梁截面承载力与受拉区形状无关，因此第一类 T 形截面承载力与截面为 $b'_f \times h$ 的矩形截面完全相同，故其基本公式可表示为：

$$\alpha_1 f_c b'_f x = f_y A_s \tag{3-33}$$

$$M \leqslant M_u = \alpha_1 f_c b'_f x \left(h_0 - \frac{x}{2} \right) \tag{3-34}$$

（2）第二类 T 形截面

如图 3-29 所示，为了便于建立第二类 T 形截面的基本公式，将其应力图形分成两部分：一部分由肋部受压区混凝土的压力与相应的受拉钢筋 A_{s1} 的拉力组成，相应的截面受弯承载力设计值为 M_{u1}；另一部分则由翼缘混凝土的压力与相应的受拉钢筋 A_{s2} 的拉力组成，相应的截面受弯承载力设计值为 M_{u2}。

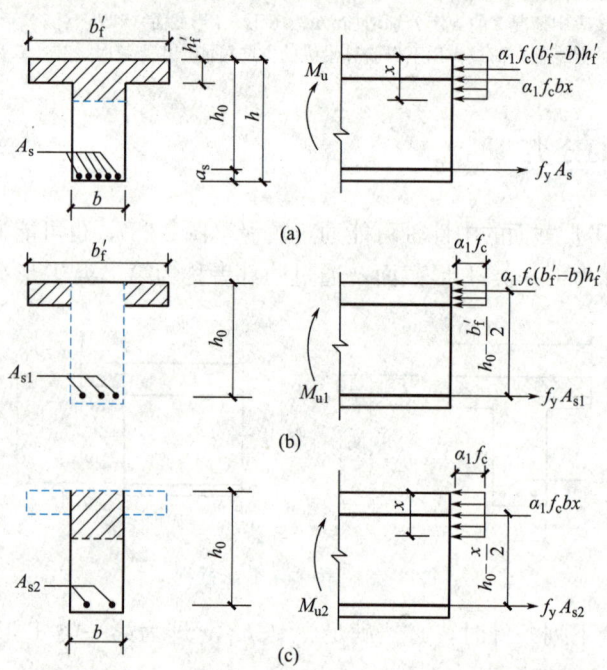

图 3-29　第二类 T 形截面

（a）整个截面；（b）第一部分截面；（c）第二部分截面

根据平衡条件可建立起两部分的基本计算公式，因 $M_u = M_{u1} + M_{u2}$，$A_s = A_{s1} + A_{s2}$，故将两部分叠加即得整个截面的基本公式：

$$\alpha_1 f_c h'_f (b'_f - b) + \alpha_1 f_c b x = f_y A_s \tag{3-35}$$

$$M \leqslant M_u = \alpha_1 f_c h'_f (b'_f - b) \left(h_0 - \frac{h'_f}{2} \right) + \alpha_1 f_c b x \left(h_0 - \frac{x}{2} \right) \tag{3-36}$$

2. 基本公式适用条件

上述基本公式的适用条件如下：

（1）$x \leqslant \xi_b h_0$

该条件是为了防止出现超筋梁。但第一类 T 形截面一般不会超筋，故计算时可不验算这个条件。

（2）$A_s \geqslant \rho_{\min} bh$ 或 $\rho \geqslant \rho_{\min}$

该条件是为了防止出现少筋梁。第二类 T 形截面的配筋较多，一般不会出现少筋的情况，故可不验算这一条件。

由于肋宽为 b、高度为 h 的素混凝土 T 形梁的受弯承载力比截面为 $b \times h$ 的矩形截面素混凝土梁的受弯承载力大不了多少，故 T 形截面的配筋率按矩形截面的公式计算，即

$\rho = \dfrac{A_s}{bh_0}$，式中 b 为肋宽。

3.5.4　T形截面受弯构件正截面承载力计算方法

T 形截面受弯构件的正截面承载力计算可分为截面设计和截面复核两类问题。

1. 截面设计

已知：截面尺寸，弯矩设计值 M，混凝土强度等级，钢筋级别。

求：受拉钢筋截面面积 A_s。

计算步骤如图 3-30 所示。

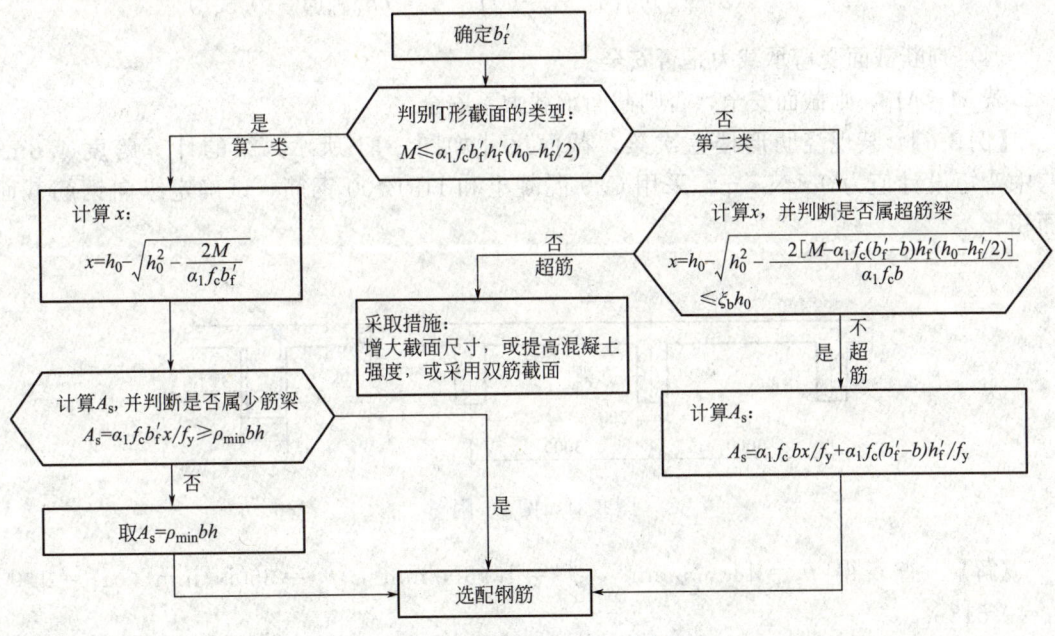

图 3-30　T 形梁截面设计步骤

2. 截面复核

已知：混凝土强度等级，钢筋级别，截面尺寸 $b \times h$，纵向受拉钢筋截面面积 A_s。

求：截面所能承受的最大弯矩设计值 M_u；或已知弯矩设计值 M，复核截面是否安全。

计算步骤如下：

（1）确定截面有效高度 h_0。

方法同单筋矩形截面梁。

（2）判断 T 形截面的类型

若 $f_y A_s \leqslant \alpha_1 f_c b'_f h'_f$，为第一类 T 形截面，否则为第二类 T 形截面。

（3）计算受弯承载力 M_u

a. 第一类 T 形截面

$$x = \frac{f_y A_s}{\alpha_1 f_c b'_f}$$

若 $A_s \geqslant \rho_{\min} bh$，则

$$M_u = \alpha_1 f_c b'_f x \left(h_0 - \frac{1}{2}x\right)$$

b. 第二类 T 形截面

$$x = \frac{f_y A_s - \alpha_1 f_c (b'_f - b) h'_f}{\alpha_1 f_c b}$$

若 $x \leqslant \xi_b h_0$，则

$$M_u = \alpha_1 f_c (b'_f - b) h'_f \left(h_0 - \frac{1}{2}h'_f\right) + \alpha_1 f_c bx \left(h_0 - \frac{1}{2}x\right)$$

若 $x > \xi_b h_0$，则

$$M_u = \alpha_1 f_c (b'_f - b) h'_f \left(h_0 - \frac{1}{2}h'_f\right) + \alpha_1 f_c bh_0^2 \xi_b (1 - 0.5\xi_b)$$

（4）判断截面受弯承载力是否安全。

若 $M \leqslant M_u$，则截面安全，否则截面承载力不安全。

【**例 3-6**】 某现浇肋形楼盖次梁，截面尺寸如图 3-31 所示，梁的计算跨度 4.8m，跨中弯矩设计值为 95kN·m，采用 C30 混凝土和 HRB400 钢筋。试确定纵向钢筋截面面积。

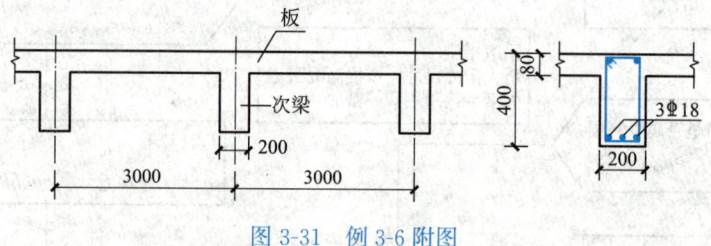

图 3-31 例 3-6 附图

【**解**】 查表得 $f_c = 14.3 \text{N/mm}^2$，$f_t = 1.43 \text{N/mm}^2$，$f_y = 360 \text{N/mm}^2$，$\alpha_1 = 1.0$，$\xi_b = 0.518$

假定纵向钢筋排一层，则 $h_0 = h - 40 = 400 - 40 = 360 \text{mm}$

（1）确定有效翼缘计算宽度 b'_f

根据表 3-11 有：

按梁的计算跨度 l_0 考虑：$b'_f = l_0/3 = 4800/3 = 1600 \text{mm}$

按梁净距 s_n 考虑：$b'_f = b + s_n = 3000 \text{mm}$

按翼缘厚度考虑：$h'_f / h_0 = 80/360 = 0.22 > 0.1$，故 b'_f 不受此项限制

取较小值得翼缘计算宽度 $b'_f = 1600 \text{mm}$

（2）判别 T 形截面的类型

$$\alpha_1 f_c b'_f h'_f (h_0 - h'_f/2) = 1.0 \times 14.3 \times 1600 \times 80 \times (360 - 80/2)$$

$$= 5.85 \times 10^8 \text{N} \cdot \text{mm} > M = 95 \text{kN} \cdot \text{m}$$

属于第一类 T 形截面。

（3）计算 x

$$x = h_0 - \sqrt{h_0^2 - \frac{2M}{\alpha_1 f_c b'_f}}$$

$$= 360 - \sqrt{360^2 - \frac{2 \times 95 \times 10^6}{1.0 \times 14.3 \times 1600}}$$

$$= 11.72 \text{mm}$$

（4）计算 A_s，并验算是否属少筋梁

$$A_s = \alpha_1 f_c b'_f x / f_y = 1.0 \times 14.3 \times 1600 \times 11.72 / 360 = 744.87 \text{mm}^2$$

$0.45 f_t / f_y = 0.45 \times 1.43 / 360 = 0.18\% < 0.2\%$，取 $\rho_{\min} = 0.2\%$

$\rho_{\min} bh = 0.20\% \times 200 \times 400 = 160 \text{mm}^2 < A_s = 744.87 \text{mm}^2$

不属少筋梁。

选配 3 ⏀ 18（$A_s = 763 \text{mm}^2$），钢筋布置如图 3-31 所示。

【例 3-7】　某独立 T 形梁，截面尺寸如图 3-32 所示，计算跨度 7m，安全等级为二级，环境类别为一类，承受弯矩设计值 695kN·m，采用 C30 混凝土和 HRB400 钢筋，试确定纵向钢筋截面面积。

【解】　查表得 $f_c = 14.3 \text{N/mm}^2$，$f_t = 1.43 \text{N/mm}^2$，$f_y = 360 \text{N/mm}^2$，$\alpha_1 = 1.0$，$\xi_b = 0.518$

假设纵向钢筋排两排，则 $h_0 = 800 - 65 = 735 \text{mm}$

（1）确定 b'_f

按计算跨度 l_0 考虑：$b'_f = l_0/3 = 7000/3 = 2333.33 \text{mm}$

按翼缘高度考虑：

由于 $h'_f/h_0 = 100/735 = 0.136 > 0.1$，故 $b'_f = b + 12h'_f = 300 + 12 \times 100 = 1500 \text{mm}$

实际翼缘宽度 600mm，故取 $b'_f = 600 \text{mm}$。

（2）判别 T 形截面的类型

$$\alpha_1 f_c b'_f h'_f (h_0 - h'_f/2) = 1.0 \times 14.3 \times 600 \times 100 \times (735 - 100/2)$$

$$= 587.73 \times 10^6 \text{N} \cdot \text{mm} < M = 695 \text{kN} \cdot \text{m}$$

为第二类 T 形截面。

（3）计算 x

$$x = h_0 - \sqrt{h_0^2 - \frac{2[M - \alpha_1 f_c (b'_f - b) h'_f (h_0 - h'_f/2)]}{\alpha_1 f_c b}}$$

$$= 735 - \sqrt{735^2 - \frac{2\left[695 \times 10^6 - 1.0 \times 14.3 \times (600 - 300) \times 100 \times \left(735 - \frac{100}{2}\right)\right]}{1.0 \times 14.3 \times 300}}$$

$$= 140.68 \text{mm} < \xi_b h_0 = 0.518 \times 735 = 380.7 \text{mm}$$

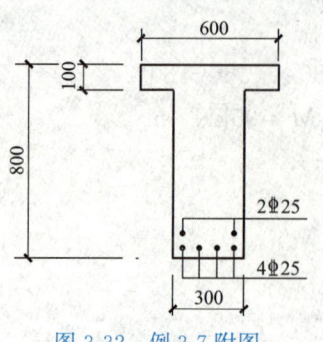

图 3-32　例 3-7 附图

（4）计算 A_s

$$A_s = \alpha_1 f_c bx / f_y + \alpha_1 f_c (b'_f - b) h'_f / f_y$$
$$= 1.0 \times 14.3 \times 300 \times 140.68 / 360 + 1.0 \times$$
$$14.3 \times (600 - 300) \times 100 / 360$$
$$= 2868.1 \text{mm}^2$$

选配 6 Φ 25（$A_s = 2945 \text{mm}^2$），钢筋布置如图 3-32 所示。

3.6　受弯构件斜截面承载力计算

3.6.1　概述

一般情况下，在荷载作用下，受弯构件不仅在各个截面上引起弯矩 M，同时还产生剪力 V。在弯曲正应力和剪应力共同作用下，受弯构件将产生与轴线斜交的主拉应力和主压应力。图 3-33（a）为梁在弯矩 M 和剪力 V 共同作用下的主应力迹线，其中实线为主拉应力迹线，虚线为主压应力迹线。由于混凝土抗压强度较高，受弯构件一般不会因主压应力而引起破坏。但当主拉应力超过混凝土的抗拉强度时，混凝土便沿垂直于主拉应力的方向出现斜裂缝（图 3-33b），进而可能发生斜截面破坏。因此，钢筋混凝土受弯构件除应进行正截面承载力计算外，还须对弯矩和剪力共同作用的区段进行斜截面承载力计算。

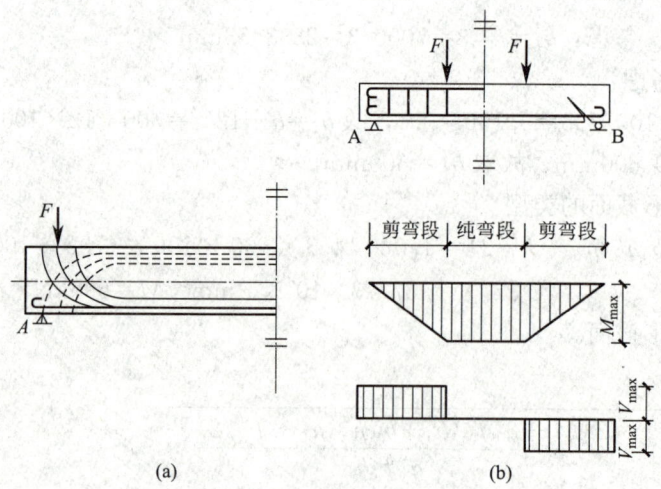

图 3-33　受弯构件主应力迹线及斜裂缝示意
（a）梁的主应力迹线；（b）梁的斜裂缝

梁的斜截面承载能力包括斜截面受剪承载力和斜截面受弯承载力。在实际工程设计中，斜截面受剪承载力通过计算配置腹筋来保证，而斜截面受弯承载力则通过构造措施来保证。

一般来说，板的跨高比较大，具有足够的斜截面承载能力，不需要进行斜截面承载力计算，只有梁和厚板才需要进行斜截面承载力计算。

微课

受弯构件斜截面受剪破坏形态

3.6.2 受弯构件斜截面破坏形式

受弯构件斜截面受剪破坏形态主要取决于箍筋数量和剪跨比 λ。

$$\lambda = a / h_0 \qquad (3\text{-}37)$$

式中 a——剪跨，即集中荷载作用点至支座的距离。

随着箍筋数量和剪跨比的不同，受弯构件主要有以下三种斜截面受剪破坏形态。

（1）斜拉破坏

当箍筋配置过少，且剪跨比较大（$\lambda > 3$）时，常发生斜拉破坏。其特点是一旦出现斜裂缝，与斜裂缝相交的箍筋应力立即达到屈服强度，箍筋对斜裂缝发展的约束作用消失，随后斜裂缝迅速延伸到梁的受压区边缘，构件裂为两部分而破坏（图 3-34a）。斜拉破坏的破坏过程急骤，具有很明显的脆性。

（2）剪压破坏

构件的箍筋适量，且剪跨比适中（$\lambda = 1 \sim 3$）时将发生剪压破坏。当荷载增加到一定值时，首先在剪弯段受拉区出现斜裂缝，其中一条将发展成临界斜裂缝（即延伸较长和开展较大的斜裂缝）。荷载进一步增加，与临界斜裂缝相交的箍筋应力达到屈服强度。随后，斜裂缝不断扩展，斜截面末端剪压区不断缩小，最后剪压区混凝土在正应力和剪应力共同作用下达到极限状态而压碎（图 3-34b）。剪压破坏没有明显预兆，属于脆性破坏。

（3）斜压破坏

当梁的箍筋配置过多过密或者梁的剪跨比较小（$\lambda < 1$）时，斜截面破坏形态将主要是斜压破坏。这种破坏是因梁的剪弯段腹部混凝土被一系列平行的斜裂缝分割成许多倾斜的受压柱体，在正应力和剪应力共同作用下混凝土被压碎而导致的，破坏时箍筋应力尚未达到屈服强度（图 3-34c）。斜压破坏属脆性破坏。

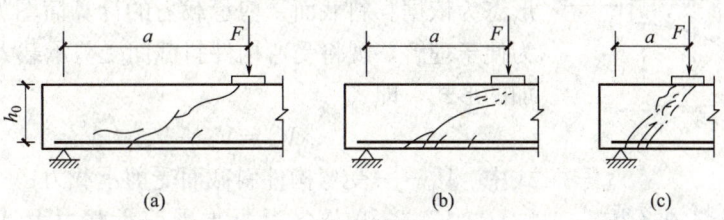

图 3-34 斜截面破坏形态

（a）斜拉破坏；（b）剪压破坏；（c）斜压破坏

上述三种破坏形态均属脆性破坏，破坏突然，危害性大。剪压破坏通过计算避免，斜压破坏和斜拉破坏分别通过采用截面限制条件与按构造要求配置箍筋来防止。剪压破坏形态是建立斜截面受剪承载力计算公式的依据。

3.6.3 斜截面受剪承载力计算公式及其适用条件

1. 影响斜截面受剪承载力的主要因素

（1）剪跨比 λ

当 $\lambda \leqslant 3$ 时，斜截面受剪承载力随 λ 增大而减小。当 $\lambda > 3$ 时，其影响不明显。

（2）混凝土强度

混凝土强度对斜截面受剪承载力有着重要影响。试验表明，混凝土强度越高，受剪承载力越大。

（3）配箍率 ρ_{sv}

$$\rho_{sv} = \frac{A_{sv}}{bs} = \frac{nA_{sv1}}{bs} \tag{3-38}$$

式中 A_{sv}——配置在同一截面内箍筋各肢的全部截面面积：$A_{sv} = nA_{sv1}$，其中 n 为箍筋肢数，A_{sv1} 为单肢箍筋的截面面积；

b——矩形截面的宽度，T 形、I 形截面的腹板宽度；

s——箍筋间距。

梁的斜截面受剪承载力与 ρ_{sv} 呈线性关系，受剪承载力随 ρ_{sv} 增大而增大。

（4）纵向钢筋配筋率

纵筋受剪产生销栓力，可以限制斜裂缝的开展。梁的斜截面受剪承载力随纵向钢筋配筋率增大而提高。

除上述因素外，截面形状、荷载种类和作用方式等对斜截面受剪承载力都有影响。

在影响斜截面受剪承载力诸因素中，剪跨比 λ、配箍率 ρ_{sv} 是最主要的因素。

2. 基本公式

影响受弯构件斜截面受剪承载力的因素很多，除剪跨比 λ、配箍率 ρ_{sv} 外，混凝土强度、纵向钢筋配筋率、截面形状、荷载种类和作用方式等都有影响，精确计算比较困难，现行计算公式带有经验性质。

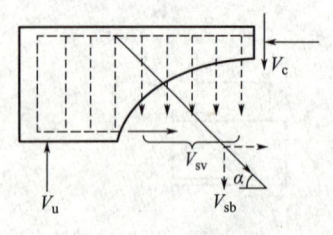

钢筋混凝土受弯构件斜截面受剪承载力计算以剪压破坏形态为依据。斜截面受剪承载力的计算简图如图 3-35 所示。为便于理解，现将受弯构件斜截面受剪承载力表示为 3 项相加的形式，即

$$V_u = V_c + V_{sv} + V_{sb} \tag{3-39}$$

图 3-35 斜截面受剪承载力的组成

式中 V_u——受弯构件斜截面受剪承载力；

V_c——剪压区混凝土受剪承载力设计值，即无腹筋梁的受剪承载力；

V_{sv}——与斜裂缝相交的箍筋受剪承载力设计值；

V_{sb}——与斜裂缝相交的弯起钢筋受剪承载力设计值。

需要说明的是，式（3-39）中 V_c 和 V_{sv} 密切相关，无法分开表达，故以 $V_{cs} = V_c + V_{sv}$ 来表达混凝土和箍筋总的受剪承载力，于是有

$$V_u = V_{cs} + V_{sb} \qquad (3\text{-}40)$$

《混凝土标准》在理论研究和试验结果基础上，结合工程实践经验给出了以下斜截面受剪承载力计算公式。

（1）仅配箍筋的受弯构件

当仅配箍筋时，矩形、T形及I形截面受弯构件的斜截面受剪承载力计算基本公式为：

$$V \leqslant V_{cs} = \alpha_{cv} f_t b h_0 + f_{yv} \frac{A_{sv}}{s} h_0 \qquad (3\text{-}41)$$

式中　V_{cs}——构件斜截面上混凝土和箍筋的受剪承载力设计值；

α_{cv}——斜截面混凝土受剪承载力系数，对于一般受弯构件取0.7；对集中荷载作用下（包括作用有多种荷载，其中集中荷载对支座截面或节点边缘所产生的剪力值占总剪力的75%以上的情况）的独立梁，取 $\alpha_{cv} = \dfrac{1.75}{\lambda + 1.0}$，$\lambda = a/h_0$，当 $\lambda < 1.5$ 时，取 $\lambda = 1.5$；当 $\lambda > 3$ 时，取 $\lambda = 3$，a 取集中荷载作用点至支座截面或节点边缘的距离；

f_t——混凝土轴心抗拉强度设计值，按表1-8采用；

A_{sv}——配置在同一截面内箍筋各肢的全部截面面积：$A_{sv} = nA_{sv1}$，其中 n 为在同一截面内箍筋的肢数，A_{sv1} 为单肢箍筋的截面面积；

s——箍筋间距；

f_{yv}——箍筋抗拉强度设计值，按表1-3采用，$f_{yv} \leqslant 360\text{N/mm}^2$。

（2）同时配置箍筋和弯起钢筋的受弯构件

同时配置箍筋和弯起钢筋的受弯构件，其受剪承载力计算基本公式为

$$V \leqslant V_u = V_{cs} + 0.8 f_y A_{sb} \sin\alpha_s \qquad (3\text{-}42)$$

式中　f_y——弯起钢筋的抗拉强度设计值；

A_{sb}——同一弯起平面内的弯起钢筋的截面面积；

α_s——弯起钢筋的弯起角度。

其余符号意义同前。

式（3-42）中的系数0.8，是考虑弯起钢筋与临界斜裂缝的交点有可能过分靠近混凝土剪压区时，弯起钢筋达不到屈服强度而采用的强度降低系数。

3. 基本公式适用条件

（1）防止出现斜压破坏的条件——最小截面尺寸的限制

试验表明，当截面尺寸过小时，即使箍筋配置很多，也不能完全发挥作用。所以为了防止斜压破坏，必须限制截面最小尺寸。对矩形、T形及I形截面受弯构件，其截面尺寸应符合下列要求：

当 $h_w/b \leqslant 4.0$（称为厚腹梁或一般梁）时

$$V \leqslant 0.25\beta_c f_c b h_0 \qquad (3\text{-}43)$$

对T形或I形截面的简支受弯构件，当有实践经验时，可按下式验算：

$$V \leqslant 0.3\beta_c f_c b h_0 \qquad (3\text{-}44)$$

当 $h_w/b \geqslant 6.0$（称为薄腹梁）时

$$V \leqslant 0.2\beta_c f_c b h_0 \qquad (3\text{-}45)$$

当 $4.0 < h_w/b < 6.0$ 时

$$V \leqslant 0.025\beta_c(14 - h_w/b)f_cbh_0 \tag{3-46}$$

式中　b——矩形截面宽度，T 形和 I 形截面的腹板宽度；

　　　h_w——截面的腹板高度，矩形截面取有效高度 h_0，T 形截面取有效高度减去翼缘高度，I 形截面取腹板净高；

　　　β_c——混凝土强度影响系数，当混凝土强度等级 $\leqslant$ C50 时，$\beta_c = 1.0$；当混凝土强度等级为 C80 时，$\beta_c = 0.8$；其间按直线内插法取用。

（2）防止出现斜拉破坏的条件——最小配箍率的限制

为了避免出现斜拉破坏，当 $V > 0.7f_tbh_0$ 时，构件配箍率应满足

$$\rho_{sv} = \frac{A_{sv}}{bs} = \frac{nA_{sv1}}{bs} \geqslant \rho_{sv,min} = 0.24f_t/f_{yv} \tag{3-47}$$

式中　A_{sv}——配置在同一截面内箍筋各肢的全部截面面积。$A_{sv} = nA_{sv1}$，其中 n 为箍筋肢数，A_{sv1} 为单肢箍筋的截面面积；

　　　s——箍筋间距。

3.6.4　斜截面受剪承载力计算位置

斜截面受剪承载力的计算位置，一般按下列规定采用：

（1）支座边缘处的斜截面，如图 3-36 中截面 1-1；

（2）弯起钢筋弯起点处的斜截面，如图 3-36 中截面 2-2；

（3）受拉区箍筋截面面积或间距改变处的斜截面，如图 3-36 中截面 3-3；

（4）腹板宽度改变处的截面，如图 3-36 中截面 4-4。

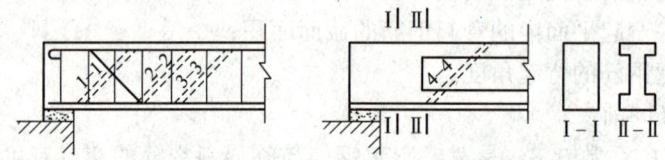

图 3-36　斜截面受剪承载力计算位置

3.6.5　斜截面受剪承载力计算方法

斜截面受剪承载力计算，通常有两种情况：即截面设计和承载力校核。这里只介绍截面设计。

已知：剪力设计值 V，截面尺寸，混凝土强度等级，箍筋级别，纵向受力钢筋的级别和数量。

求：腹筋数量。

计算步骤如下：

（1）复核截面尺寸

微课

受弯构件斜截面受剪承载力计算-截面设计

梁的截面尺寸应满足式（3-43）～式（3-46）的要求，否则，应加大截面尺寸或提高混凝土强度等级。

（2）确定是否需按计算配置腹筋

当满足下式条件时，按构造配置箍筋即可，否则，需按计算配置腹筋。

$$V \leqslant \alpha_{cv} f_t bh_0 \tag{3-48}$$

按构造配置箍筋时，箍筋的直径、肢数、间距均按构造要求确定。

需要特别注意的是，如腹筋间距过大，有可能在两根腹筋之间出现不与腹筋相交的斜裂缝，这时腹筋作用便无从发挥，如图 3-37 所示。同时箍筋分布的疏密对斜裂缝开展宽度也有影响。采用较密的箍筋对抑制斜裂缝宽度有利。为此有必要对腹筋的最大间距 s_{max} 加以限制。当按构造要求配置箍筋时，箍筋间距按表 3-12 中 $V \leqslant 0.7 f_t bh_0$ 的情况确定。

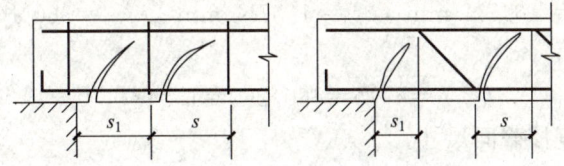

图 3-37　腹筋间距过大时产生的影响

s_1—支座边缘到第一根弯起钢筋或箍筋的距离；s—弯起钢筋或箍筋的间距

梁中箍筋和弯起钢筋的最大间距 s_{max}（mm） 表 3-12

梁高 h（mm）	$V > 0.7 f_t bh_0$	$V \leqslant 0.7 f_t bh_0$
$150 < h \leqslant 300$	150	200
$300 < h \leqslant 500$	200	300
$500 < h \leqslant 800$	250	350
$h > 800$	300	400

（3）确定腹筋数量

1）仅配箍筋时

$$\frac{A_{sv}}{s} \geqslant \frac{V - \alpha_{cv} f_t bh_0}{f_{yv} h_0} \tag{3-49}$$

求出 $\dfrac{A_{sv}}{s}$ 的值后，即可根据构造要求选定箍筋肢数 n 和直径 d，然后求出间距 s，或者根据构造要求选定 n、s，然后求出 d。箍筋的间距和直径应满足构造要求。

对 $V > 0.7 f_t bh_0$ 的情况，尚应按式（3-47）验算配箍率。

2）同时配置箍筋和弯起钢筋时

a. 选定箍筋数量

箍筋的间距和直径应满足构造要求。

对 $V > 0.7 f_t bh_0$ 的情况，尚应按式（3-47）验算配箍率。

b. 计算 V_{cs}

$$V_{cs} = \alpha_{cv} f_t bh_0 + f_{yv} \frac{A_{sv}}{s} h_0 \tag{3-50}$$

c. 计算弯起钢筋截面面积

$$A_{sb} = \frac{V - V_{cs}}{0.8 f_y \sin\alpha_s} \tag{3-51}$$

计算弯起钢筋时，剪力设计值 V 按下列规定采用：计算第一排（对支座而言）弯起钢筋时，取支座边缘处的剪力；计算以后每排弯起钢筋时，取前排（对支座而言）弯起钢筋弯起点处的剪力。

实际工程中，同时配置箍筋和弯起钢筋的方案一般只用于剪力较大且纵向受拉钢筋较多的情况，并且抗震结构中不采用弯起钢筋抗剪，因此实际工程中大多采用只配箍筋的方案。

【例3-8】 某办公楼矩形截面简支梁，截面尺寸 $250\text{mm} \times 500\text{mm}$，$h_0 = 460\text{mm}$，承受均布荷载作用，已求得支座边缘剪力设计值为 200kN。混凝土强度等级为 C35，箍筋采用 HRB400 钢筋。试确定箍筋数量。

【解】 查表得 $f_c = 16.7\text{N/mm}^2$，$f_t = 1.57\text{N/mm}^2$，$f_{yv} = 360\text{N/mm}^2$，$\beta_c = 1.0$

（1）复核截面尺寸

$$h_w/b = h_0/b = 460/250 = 1.84 < 4.0$$

应按式（3-43）复核截面尺寸。

$$0.25\beta_c f_c b h_0 = 0.25 \times 1.0 \times 16.7 \times 250 \times 460 = 480125\text{N} > V = 200\text{kN}$$

截面尺寸满足要求。

（2）确定是否需按计算配置箍筋

该梁承受均布荷载，则 $\alpha_{cv} = 0.7$

$$\alpha_{cv} f_t b h_0 = 0.7 f_t b h_0 = 0.7 \times 1.57 \times 250 \times 460 = 126385\text{N} < V = 200\text{kN}$$

需按计算配置箍筋。

（3）确定箍筋数量

$$\frac{A_{sv}}{s} \geqslant \frac{V - \alpha_{cv} f_t b h_0}{1.25 f_{yv} h_0} = \frac{200 \times 10^3 - 126385}{1.25 \times 360 \times 460} = 0.445\text{mm}^2/\text{mm}$$

按构造要求，箍筋直径不宜小于 6mm，现选用⊕6 双肢箍筋，查得 $A_{sv} = 57\text{mm}^2$，则箍筋间距为

$$s \leqslant \frac{A_{sv}}{0.445} = \frac{57}{0.445} = 128.1\text{mm}$$

查表 3-12 得箍筋最大间距 $s_{max} = 200\text{mm}$，取 $s = 120\text{mm}$。

（4）验算配箍率

$$\rho_{sv} = \frac{A_{sv}}{bs} = \frac{57}{250 \times 120} = 0.19\%$$

$$\rho_{sv,min} = 0.24 f_t / f_{yv} = 0.24 \times 1.57/360 = 0.10\% < \rho_{sv} = 0.19\%$$

配箍率满足要求。

所以箍筋选用⊕6@120，沿梁长均匀布置。

【例3-9】 已知一钢筋混凝土矩形截面简支梁，截面尺寸 $b \times h = 200\text{mm} \times 600\text{mm}$，$h_0 = 535\text{mm}$，承受的荷载设计值如图 3-38 所示，采用 C35 混凝土，箍筋采用 HRB400 级钢筋。试配置箍筋。

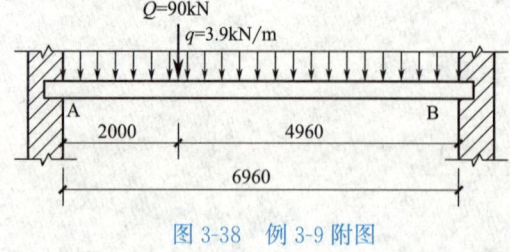

图 3-38 例 3-9 附图

【解】 查表得 $f_c = 16.7\text{N/mm}^2$，$f_t = 1.57\text{N/mm}^2$，$f_{yv} = 360\text{N/mm}^2$，$\beta_c = 1.0$

（1）复核截面尺寸

经计算，支座 A 边缘截面的剪力设计值为 $V = 77.710\text{kN}$。

$$h_w/b = h_0/b = 535/200 = 2.68 < 4$$

$$0.25\beta_c f_c b h_0 = 0.25 \times 1.0 \times 16.7 \times 200 \times 535 = 446725\text{N} > V = 77.710\text{kN}$$

截面尺寸满足要求。

（2）判断是否需按计算配置箍筋

经计算，支座 A 边缘截面的剪力设计值为 $V = 77.710\text{kN}$。其中集中荷载 Q 在支座边缘截面产生的剪力设计值 64.138kN，占支座边缘截面剪力设计值的 82.5%，大于 75%，应按以承受集中荷载为主的构件计算。

$$\lambda = a/h_0 = 2000/535 = 3.74 > 3，取 \lambda = 3$$

该梁承受集中荷载为主，则 $\alpha_{cv} = \dfrac{1.75}{\lambda + 1.0} = \dfrac{1.75}{3 + 1.0} = 0.438$

$$\alpha_{cv} f_t b h_0 = 0.438 \times 1.57 \times 200 \times 535 = 73579.62\text{N} < V = 77.710\text{kN}$$

需按计算配置箍筋。

（3）计算箍筋数量

$$\frac{A_{sv}}{s} \geqslant \frac{V - \alpha_{cv} f_t b h_0}{f_{yv} h_0} = \frac{77.710 \times 10^3 - 73579.620}{360 \times 535} = 0.021\text{mm}^2/\text{mm}$$

选用 $\Phi 6$ 双肢箍，$A_{sv} = 57\text{mm}^2$

$$s \leqslant A_{sv}/0.021 = 57/0.021 = 2714.3\text{mm}$$

查表 3-12 得箍筋最大间距 $s_{max} = 200\text{mm}$，取 $s = 200\text{mm}$

$$\rho_{sv} = \frac{A_{sv}}{bs} = \frac{57}{200 \times 200} = 0.14\%$$

$$\rho_{sv,min} = 0.24 f_t/f_{yv} = 0.24 \times 1.57/360 = 0.10\% < \rho_{sv} = 0.14\%$$

配箍率满足要求。

所以箍筋选用 $\Phi 6@200$，沿梁长均匀布置。

3.7 受弯构件的构造要求补充

3.7.1 正截面受弯承载能力图

1. 基本概念及特点

按构件实际配置的钢筋所绘出的各正截面所能承受的弯矩图形称为正截面受弯承载能力图，也叫抵抗弯矩图或材料图。

绘制正截面受弯承载能力图时，设梁截面所配钢筋总截面积为 A_s，每根钢筋截面积为 A_{si}，则截面受弯承载力 M_u 及第 i 根钢筋的受弯承载力 M_{ui} 可分别表示为

$$M_u = A_s f_y \left(h_0 - \frac{f_y A_s}{2\alpha_1 f_c b} \right) \tag{3-52}$$

$$M_{ui} = \frac{A_{si}}{A_s} M_u \tag{3-53}$$

然后按一定比例将各钢筋的受弯承载力绘制在图上，即得到梁的正截面受弯承载能力图。

图 3-39 为某承受均布荷载简支梁的受弯承载能力图。在纵向受力钢筋既不弯起又不截断的区段内，受弯承载能力图是一条平行于梁纵轴线的直线，如图 3-39 中 gf 段。在纵向受力钢筋弯起的范围内，受弯承载能力图为一条斜直线段，该斜线段始于钢筋弯起点，终于弯起钢筋与梁纵轴线的交点，如图 3-39 中 fe 段。

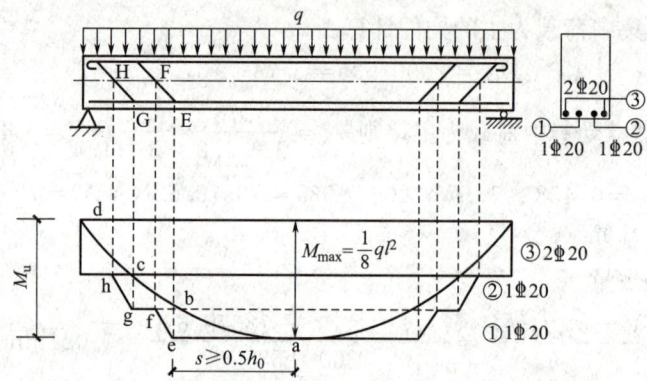

图 3-39　简支梁的正截面受弯承载能力图

图 3-40 为某连续梁支座负弯矩段的受弯承载能力图。可见，当纵向受力钢筋截断时，其受弯承载能力图将发生突变，突变的截面就是钢筋理论切断点所在截面。钢筋的理论截断点，又称不需要点，是从正截面承力来看不需要，理论上可以截断的截面，图 3-40 中 b 点就是①号钢筋的理论截断点，这一截面的弯矩设计值恰好等于②号钢筋的受弯承载力，也就是说在这一截面，②号钢筋的承载力得到了充分发挥，所以 b 点又是②号钢筋的充分利用点。同样，图中 c 点是②号钢筋的理论截断点，而同时又是③号钢筋的充分利用点。

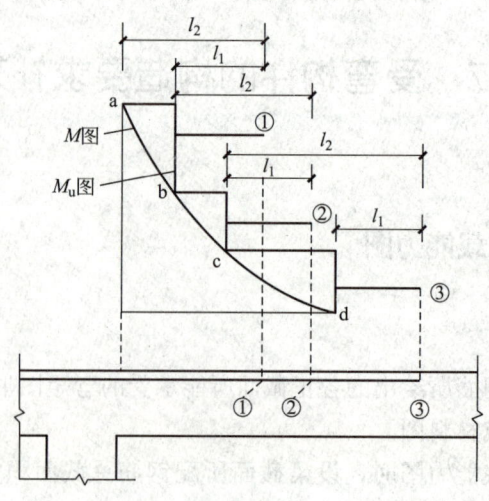

图 3-40　纵向钢筋截断的构造

实际工程设计中，需要利用受弯承载能力图来判断梁各截面正截面受弯承载力是否安全。为了保证沿梁长各个截面均有足够的正截面受弯承载能力，必须使受弯承载能力图包住设计弯矩图。正截面受弯承载能力图越接近设计弯矩图，则说明设计越经济。

正截面受弯承载能力图能说明梁的斜截面受剪承载力是否安全吗？

2. 绘制方法

（1）绘制梁的设计弯矩图

按一定比例绘出梁的设计弯矩图（即 M 图）。

（2）计算截面受弯承载力 M_u 及每根钢筋的受弯承载力 M_{ui}

根据式（3-52）、式（3-53）分别计算截面受弯承载力 M_u 及第 i 根钢筋的受弯承载力 M_{ui}。

（3）绘制抵抗弯矩图

以与设计弯矩图相同的比例，将每根钢筋在各正截面上的受弯承载力绘在设计弯矩图上，便可得到受弯承载能力图。

3.7.2　保证斜截面受弯承载力的构造措施

如前所述，受弯构件斜截面受弯承载力是通过构造措施来保证的。这些措施包括纵向钢筋的锚固、简支梁下部纵筋伸入支座的锚固长度、支座截面负弯矩纵筋截断时的伸出长度、弯起钢筋弯终点外的锚固要求、箍筋的间距与肢距等。其中，部分已在 3.1 介绍，下面补充介绍其他措施。

1. 纵向受拉钢筋弯起和截断时的构造

梁的正、负纵向钢筋都是根据跨中或支座最大弯矩值计算配置的。从经济角度，当截面弯矩减小时，纵向受力钢筋的数量也应随之减小。实际工程中，采取弯起或截断的方式来减少纵向钢筋。

（1）纵向受拉钢筋弯起时的构造

对于正弯矩区段内的纵向钢筋，通常采用弯向支座（用来抗剪或承受负弯矩）的方式来减少多余钢筋，而不应将梁底部承受正弯矩的钢筋在受拉区截断。这是因为纵向受拉钢筋在跨间截断时，钢筋截面面积会发生突变，混凝土中会产生应力集中现象，在纵筋截断处提前出现裂缝。如果截断钢筋的锚固长度不足，则会导致粘结破坏，从而降低构件承载力。

为了保证构件的正截面受弯承载力，弯起钢筋与梁轴线的交点必须位于该钢筋的理论截断点之外。同时，弯起钢筋的实际起弯点必须伸过其充分利用点一段距离 s，以保证纵向受力钢筋弯起后斜截面的受弯承载力。s 的精确计算很复杂。为简便起见，《混凝土标准》规定，不论钢筋的弯起角度为多少，均统一取 $s \geqslant 0.5h_0$。（图 3-39）。

弯起钢筋在弯终点外应有一直线段的锚固长度，以保证在斜截面处发挥其强度。《混凝土标准》规定，当直线段位于受拉区时，其长度不小于 $20d$，位于受压区时不小于 $10d$（d 为弯起钢筋的直径）。光面钢筋的末端应设弯钩。为了防止弯折处混凝土挤压力过于集中，弯折半径应不小于 $10d$（图 3-41）。

当纵向受力钢筋不能在需要的地方弯起或弯起钢筋不足以承受剪力时，可单独为抗剪设置弯起钢筋。此时，弯起钢筋应采用"鸭筋"形式，严禁采用"浮筋"（图 3-42）。"鸭筋"的构造与弯起钢筋基本相同。

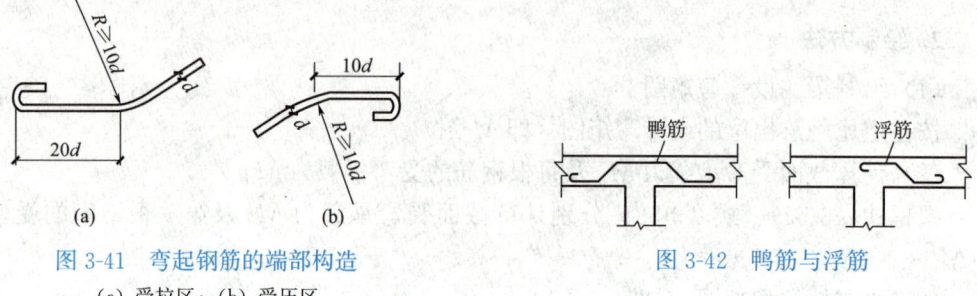

图 3-41　弯起钢筋的端部构造
（a）受拉区；（b）受压区

图 3-42　鸭筋与浮筋

（2）纵向受拉钢筋截断时的构造

对于连续梁和框架梁承受支座负弯矩的钢筋则往往采用截断的方式来减少多余纵向钢筋，但其截断点的位置应同时满足两个控制条件：一是该批钢筋截断后斜截面仍有足够的受弯承载力，即保证从不需要该钢筋的截面伸出的长度不小于 l_1；二是被截断的钢筋应具有必要的锚固长度，即保证从该钢筋充分利用截面伸出的长度不小于 l_2。l_1 和 l_2 的值根据剪力大小按表 3-13 取用，钢筋的延伸长度取 l_1 和 l_2 的较大值（图 3-40）。

负弯矩钢筋延伸长度的最小值　　　　　　　　　　　　表 3-13

截面条件	l_1	l_2
$V \leqslant 0.7f_t bh_0$	$20d$	$1.2l_a$
$V > 0.7f_t bh_0$	$\max(20d, h_0)$	$1.2l_a + h_0$
$V > 0.7f_t bh_0$，且按上述规定确定的截断点仍位于负弯矩受拉区内	$\max(20d, 1.3h_0)$	$1.2l_a + 1.7h_0$

注：l_1 为从该钢筋理论截断点伸出的长度，l_2 为从该钢筋强度充分利用截面伸出的长度。

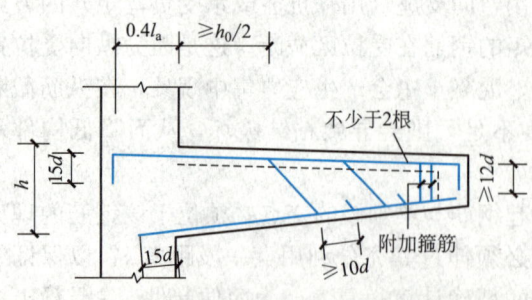

图 3-43　悬臂梁纵筋的弯起与截断
注：负弯矩钢筋直线锚固时，其锚固长度为 l_a。

（3）悬臂梁纵筋的弯起与截断

试验表明，在作用剪力较大的悬臂梁内，由于梁全长受负弯矩作用，临界斜裂缝的倾角较小，而延伸较长，因此不应在梁的上部截断负弯矩钢筋。此时，负弯矩钢筋可以分批向下弯折并锚固在梁的下边（其弯起点位置和钢筋端部构造按前述弯起钢筋的构造确定），但至少 2 根钢筋，并不少于第一排纵筋的 1/2 伸至悬臂梁外端，并向下弯折不小于 $12d$，如图 3-43 所示。

2. 纵向受力钢筋在支座内的锚固

（1）梁

《混凝土标准》规定，钢筋混凝土简支梁和连续梁简支端的下部纵向受力钢筋，从支座边缘算起伸入支座的锚固长度 l_{as} 的数值不应小于表 3-14 的规定。其原因是，在钢筋混凝土简支梁和连续梁简支端支座处，存在着横向压应力，这将使钢筋与混凝土间的粘结力增大，因此，下部纵向受力钢筋伸入支座内的锚固长度 l_{as} 可比基本锚固长度 l_a 略小，如图 3-44 所示。l_{as} 与支座边截面的剪力有关。《混凝土标准》还规定，伸入梁支座范围内锚固的纵向受力钢筋的数量不宜少于 2 根，但梁宽 $b<100mm$ 的小梁可为 1 根。

简支支座的钢筋锚固长度 l_{as}　　　　　　　　　　　　　表 3-14

锚固条件		$V\leqslant0.7f_tbh_0$	$V>0.7f_tbh_0$
钢筋类型	光面钢筋（带弯钩）	5d	15d
	带肋钢筋		12d
	C25 及以下混凝土，跨边有集中力作用		15d

注：1. d 为纵向受力钢筋直径；
　　2. 跨边有集中力作用，是指混凝土梁的简支支座跨边 $1.5h$ 范围内有集中力作用，且其对支座截面所产生的剪力占总剪力值的 75% 以上。

理论上讲，简支支座处弯矩等于零，纵向受力钢筋的应力也应接近零，为什么下部纵向受力钢筋在支座内须有足够的锚固长度呢？首先，支座以外的纵向受力钢筋存在应力，其向支座内延伸的部分应有一定的锚固长度，才能在支座边建立起承载所必需的应力；其次，支座处弯矩虽较小，但剪力最大，在弯、剪共同作用下，容易在支座附近发生斜裂缝。斜裂缝产生后，与裂缝相交的纵筋所承受的弯矩会由原来的 M_C 增加到 M_D（图 3-44），纵筋的拉力明显增大。若纵筋无足够的锚固长度，就会从支座内拔出而使梁发生沿斜截面的弯曲破坏。

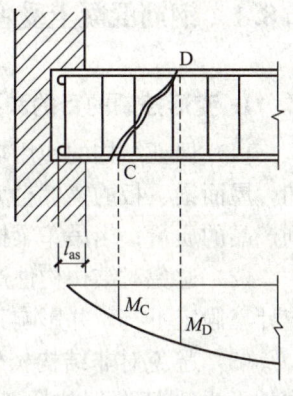

图 3-44　荷载作用下梁简支端纵筋受力状态

因条件限制不能满足上述规定锚固长度时，可将纵向受力钢筋的端部弯起，或采取附加锚固措施，如在钢筋上加焊锚固钢板或将钢筋端部焊接在梁端的预埋件上等（图 3-45）。

（2）板

简支板或连续板简支端下部纵向受力钢筋伸入支座的锚固长度 $l_{as}\geqslant5d$（d 为受力钢筋直径），且宜伸过支座中心线。伸入支座的下部钢筋的数量，当采用弯起式配筋时其间距不应大于 400mm，截面面积不应小于跨中受力钢筋截面面积的 1/3；当采用分离式配筋时，跨中受力钢筋应全部伸入支座。

3.8　钢筋混凝土受弯构件变形和裂缝宽度验算

受弯构件除应满足承载力要求外，必要时还需进行变形和裂缝宽度验算，以保证其不

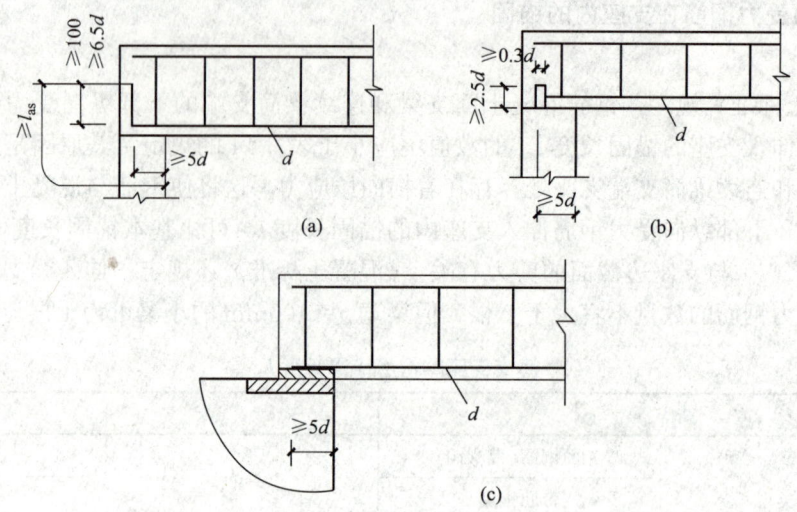

图 3-45 锚固长度不足时的措施

（a）纵筋端部弯起锚固；（b）纵筋端部加焊锚固钢板；（c）纵筋端部焊接在梁端预埋件上

超过正常使用极限状态，确保结构构件的耐久性和正常使用。

3.8.1 钢筋混凝土受弯构件变形验算

1. 变形控制的目的和要求

（1）保证结构的使用功能要求。结构构件的变形过大时，会严重影响其使用功能。例如，屋面梁、板的挠度过大时会发生积水；精密仪器车间中，过大的楼面变形可能会影响到产品的质量；当吊车梁挠度过大时会影响吊车的正常运行。

（2）避免对结构构件产生不利影响。受弯构件挠度过大，会导致结构构件的实际受力与计算假定不符，并影响到与其相连的其他构件使其发生过大的变形。

（3）避免对非结构构件产生不利影响。受弯构件的挠度过大，会导致其上的非结构构件发生破坏，例如隔墙会因挠度过大而产生裂缝；门窗会因挠度过大而不能正常开关。

（4）满足外观和使用者的心理要求。受弯构件挠度过大，会引起使用者的不适与不安。

为了保证结构构件在使用期间的适用性，对结构构件的变形应加以控制。《混凝土标准》规定，钢筋混凝土受弯构件的最大挠度应满足：

$$f \leqslant f_{\mathrm{lim}} \tag{3-54}$$

式中　f——荷载作用下产生的最大挠度，按荷载准永久组合并考虑长期作用的影响进行计算；

　　f_{lim}——受弯构件的挠度限值，见表 3-15。

受弯构件的挠度限值是考虑结构的可使用性、感觉的可接受性等因素，以不影响使用功能、外观及与其他构件连接等要求为目的，根据工程实践经验并参考国内外规范的规定而确定的。

受弯构件的挠度限值   表 3-15

构件类型		挠度限值
吊车梁	手动吊车	$l_0/500$
	电动吊车	$l_0/600$
屋盖、楼盖及楼梯构件	$l_0<7m$	$l_0/200(l_0/250)$
	$7m{\leq}l_0{\leq}9m$	$l_0/250(l_0/300)$
	$l_0>9m$	$l_0/300(l_0/400)$

注：1. 表中 l_0 为构件的计算跨度；计算悬臂构件的挠度限值时，其计算跨度 l_0 按实际悬臂长度的 2 倍取用；

2. 表中括号内数值适用于使用上对挠度有较高要求的构件；

3. 如果构件制作时预先起拱，且使用上也允许，则在验算挠度时，可将计算所得的挠度值减去起拱值；对预应力混凝土构件，尚可减去预加力所产生的反拱值；

4. 构件制作时的起拱值和预加力所产生的反拱值，不宜超过构件在相应荷载组合作用下的计算挠度值。

2. 钢筋混凝土受弯构件的截面刚度

（1）钢筋混凝土受弯构件截面刚度的特点

钢筋混凝土受弯构件变形计算的实质是刚度验算。

在材料力学中，我们学习了受弯构件挠度（变形）计算的方法。例如，均布荷载作用下简支梁的跨中最大挠度为 $f=\dfrac{5ql_0^4}{384EI}=\dfrac{5Ml_0^2}{48EI}$，其中 EI 为截面弯曲刚度，它是一常量。这些公式是假想梁为理想的匀质弹性体建立起来的。但是，钢筋混凝土既非匀质材料，又非弹性材料（仅在混凝土开裂前呈弹性性质），并且由于钢筋混凝土受弯构件在使用阶段一般已开裂，这些裂缝把构件的受拉区混凝土沿梁纵轴线分成许多短段，使受拉区混凝土成为非连续体，也就是说，钢筋混凝土受弯构件并不符合材料力学的假定，所以材料力学公式不能直接用来计算钢筋混凝土受弯构件的挠度。

研究表明，钢筋混凝土构件的截面刚度为一变量，其特点可归纳为：

1）随弯矩的增大而减小。这意味着，某一根梁的某一截面，当荷载变化而导致弯矩不同时，其弯曲刚度会随之变化，并且，即使在同一荷载作用下的等截面梁中，由于各个截面的弯矩不同，其弯曲刚度也会不同。

2）随纵向受拉钢筋配筋率的减小而减小。

3）荷载长期作用下，由于混凝土徐变的影响，梁的某个截面的刚度将随时间增长而降低。

影响受弯构件刚度的因素有弯矩、纵筋配筋率与弹性模量、截面形状和尺寸、混凝土强度等级等等，在长期荷载作用下刚度还随时间而降低。在上述因素中，梁的截面高度 h 影响最大。

（2）刚度计算公式

1）短期刚度

钢筋混凝土受弯构件出现裂缝后，在荷载效应的标准组合作用下的截面弯曲刚度称为短期刚度，用 B_s 表示。

在正常使用阶段，钢筋混凝土梁是处于带裂缝工作阶段的。在纯弯段内，钢筋和混凝土的应变分布具有如下特征（图 3-46）：

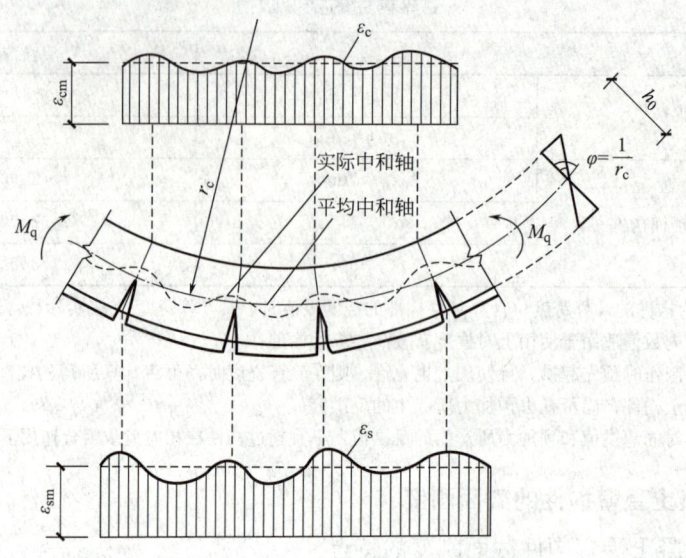

图 3-46　钢筋混凝土梁纯弯段的应变分布图

① 受拉钢筋的拉应变沿梁是不均匀分布的。在受拉区的裂缝截面处，混凝土已退出工作，其拉应力为零，钢筋的拉应力最大，其拉应变 ε_s 也最大；而在裂缝之间由于钢筋与混凝土之间的粘结作用，混凝土拉应力逐渐增大，钢筋拉应力逐渐减小，钢筋拉应变沿梁轴线方向呈波浪形变化。

② 受压区边缘混凝土的压应变沿梁长也呈波浪形分布，在裂缝截面处，混凝土的应变 ε_c 较大，裂缝之间变小，但其变化幅度不大。

③ 混凝土受压区高度 x 在各截面也是变化的。在裂缝截面处受压区高度较小，裂缝之间受压区高度较大，故中和轴呈波浪形曲线。

④ 平均应变沿截面高度基本上呈直线分布，平截面假定仍然符合。

综合应用截面应变的几何关系、材料应变与应力的物理关系以及截面内力的平衡关系，可建立矩形、T 形、倒 T 形、I 形截面钢筋混凝土受弯构件的短期刚度表达式为：

$$B_s = \frac{E_s A_s h_0^2}{1.15\psi + 0.2 + \dfrac{6\alpha_E\rho}{1+3.5\gamma_f}} \tag{3-55}$$

$$\psi = 1.1 - 0.65\frac{f_{tk}}{\rho_{te}\sigma_{sq}} \tag{3-56}$$

$$\rho_{te} = A_s/A_{te} \tag{3-57}$$

$$\sigma_{sq} = \frac{M_q}{0.87h_0 A_s} \tag{3-58}$$

$$\gamma_f = \frac{(b_f - b)h_f}{bh_0} \tag{3-59}$$

式中　E_s——受拉纵筋的弹性模量，按表 1-6 采用；

　　　A_s——受拉纵筋的截面面积；

　　　h_0——受弯构件截面有效高度；

ψ——裂缝间纵向受拉钢筋应变不均匀系数，当计算出的 $\psi < 0.2$ 时，取 $\psi = 0.2$；
当 $\psi > 1.0$ 时，取 $\psi = 1.0$；

f_{tk}——混凝土轴心抗拉强度标准值，按表 1-8 采用；

σ_{sq}——按荷载准永久组合计算的钢筋混凝土构件纵向受拉钢筋的应力；

M_q——按荷载效应准永久组合计算的弯矩；

α_E——钢筋弹性模量 E_s 与混凝土弹性模量 E_c 的比值，即 $\alpha_E = E_s / E_c$；

ρ——纵向受拉钢筋配筋率；

γ_f——受拉翼缘截面面积与腹板有效截面面积的比值；

ρ_{te}——按截面的"有效受拉混凝土截面面积" A_{te} 计算的纵向受拉钢筋配筋率；对
受弯构件，A_{te} 按下式计算（图 3-47）：

$$A_{te} = 0.5bh + (b_f - b)h_f \tag{3-60}$$

当计算出的 $\rho_{te} < 0.01$ 时，取 $\rho_{te} = 0.01$。

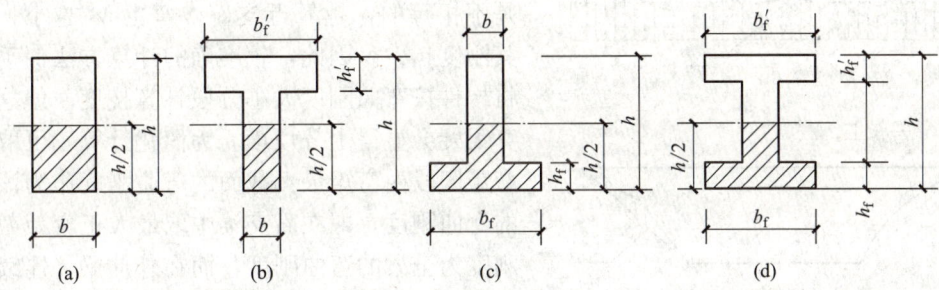

图 3-47 "有效受拉混凝土面积" A_{te} 计算图

2）长期刚度

采用按荷载准永久组合并考虑荷载长期作用影响的刚度，即长期刚度，以 B 表示。前面已述及，在载荷长期作用下，构件截面弯曲刚度将随时间增长而降低。试验表明，前六个月挠度增长较快，以后逐渐减缓，一年后趋于收敛，但数年以后挠度仍有很小的增长。荷载长期作用下影响挠度增长的因素较多，也较复杂，但其中主要影响因素有：由于受压区混凝土的徐变，压应变将随时间而增长；由于裂缝间受拉混凝土出现应力松弛以及钢筋混凝土之间产生滑移徐变，会使受拉混凝土不断退出工作，因而受拉钢筋平均应变将随时间而增大。此外，混凝土收缩、环境的温湿度、加载时混凝土的龄期、配筋率和截面形式等对刚度都有不同程度的影响。

实际工程中，总是有部分荷载长期作用在构件上，因此，挠度计算时必须采用长期刚度。《混凝土标准》采用挠度增大系数 θ 来考虑荷载长期作用的影响计算受弯构件挠度，由此可得到钢筋混凝土受弯构件考虑荷载长期作用影响的刚度：

$$B = \frac{B_s}{\theta} \tag{3-61}$$

$$\theta = 2.0 - 0.4 \frac{\rho'}{\rho} \tag{3-62}$$

式中　ρ'、ρ——分别为纵向受压及受拉钢筋的配筋率：$\rho' = \dfrac{A_s'}{bh_0}$，$\rho = \dfrac{A_s}{bh_0}$。

上述 θ 值适用于一般情况下的矩形、T 形和 I 形截面梁。对于翼缘位于受拉区的倒 T 形梁，由于在荷载短期作用下，受拉混凝土参加工作较多，在长期荷载作用下受拉翼缘退出工作的影响较大，从而使挠度增大较多，故《混凝土标准》规定：对翼缘在受拉区的倒 T 形截面梁，θ 值应增大 20%。

长期刚度实质上是考虑荷载长期作用部分使刚度降低的因素后，对短期刚度 B_s 进行的修正。

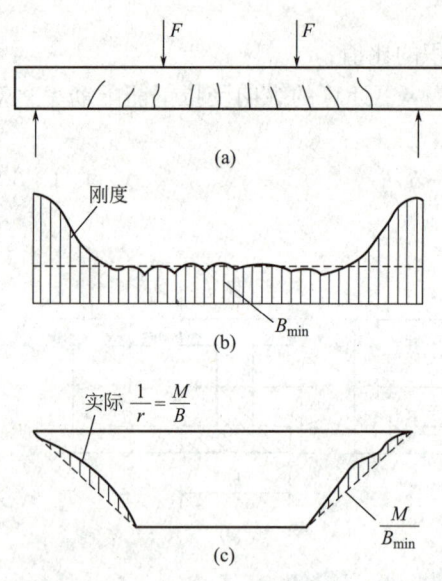

图 3-48　沿梁长的刚度和曲率分布图

3. 钢筋混凝土受弯构件的挠度计算

如前所述，钢筋混凝土受弯构件开裂后，其截面弯曲刚度是随弯矩增大而降低的。对于等截面受弯构件，各截面的弯矩 M 是变化的，所以截面弯曲刚度也是变化的。如图 3-48 所示的简支梁，在靠近支座的剪跨范围内，各截面的弯矩是不相等的，越靠近支座，弯矩 M 越小，因而其刚度越大。因此，较准确的计算方法似乎应该将构件按弯曲刚度大小分段计算挠度。但这样计算无疑会显得十分烦琐。为简化计算，可取同号弯矩区段内弯矩最大截面的弯曲刚度作为该区段的弯曲刚度，即在简支梁中取最大正弯矩截面的刚度为全梁的弯曲刚度，而在外伸梁、连续梁或框架梁中，则分别取最大正弯矩截面和最大负弯矩截面的刚度作为相应正、负弯矩区段的弯曲刚度。很明显，按这种处理方法所算出的弯曲刚度值最小，所以我们称这种处理原则为"最小刚度原则"。

钢筋混凝土受弯构件的挠度计算，可按一般材料力学公式进行，但抗弯刚度 EI 应以长期刚度 B 代替，即

$$f = \beta_f \frac{M_q l_0^2}{B} \tag{3-63}$$

式中　f——按"最小刚度原则"并采用长期刚度计算的挠度；

　　　β_f——与荷载形式和支承条件有关的系数。例如，简支梁承受均布荷载作用时 $\beta_f =$ 5/48，简支梁承受跨中集中荷载作用时 $\beta_f = 1/12$，悬臂梁受杆端集中荷载作用时 $\beta_f = 1/3$。

4. 变形验算的方法

变形验算是在承载力计算完成后进行的。此时，构件的截面尺寸、跨度、荷载、材料强度以及钢筋配置情况都是已知的，故变形验算可按下述步骤进行：

（1）计算荷载准永久组合下的弯矩 M_q；

（2）计算短期刚度 B_s；

（3）计算长期刚度 B；

（4）计算最大挠度 f，并判断挠度是否符合要求。

钢筋混凝土受弯构件的挠度应满足：

$$f \leq f_{\lim} \tag{3-64}$$

式中　$f_{\lim}$——钢筋混凝土受弯构件的挠度限值，按表 3-15 采用。

当不能满足式（3-64）时，说明受弯构件的弯曲刚度不足，应采取措施后重新验算。

5. 提高梁的弯曲刚度的措施

理论上讲，提高混凝土强度等级，增加纵向钢筋的数量，选用合理的截面形状（如 T 形、I 形等）都能提高梁的弯曲刚度，但其效果并不明显，最有效的措施是增加梁的截面高度。

【例 3-10】　某办公楼矩形截面简支楼面梁，计算跨度 $l_0 = 6.0 \mathrm{m}$，截面尺寸 $b \times h = 200 \mathrm{mm} \times 450 \mathrm{mm}$，承受永久荷载标准值 $g_k = 17 \mathrm{kN/m}$（含自重），可变荷载标准值 $q_k = 3 \mathrm{kN/m}$，纵向受拉钢筋为 $3 \oplus 25$，纵筋排一排，混凝土保护层厚度 25mm，箍筋直径 8mm，混凝土强度等级为 C35，挠度限值为 $l_0/200$，试验算其挠度。

【解】　$A_s = 1473 \mathrm{mm}^2$，$h_0 = 410 \mathrm{mm}$，$f_{t,k} = 2.20 \mathrm{N/mm}^2$，$E_c = 3.15 \times 10^4 \mathrm{N/mm}^2$，$E_s = 2 \times 10^5 \mathrm{N/mm}^2$，活荷载准永久值系数 $\psi_q = 0.5$，$\gamma_0 = 1.0$

$$h_0 = 450 - 25 - 8 - 25/2 = 404.5 \mathrm{mm}$$

（1）计算荷载效应

$$M_{gk} = \frac{1}{8} g_k l_0^2 = \frac{1}{8} \times 17 \times 6^2 = 76.5 \mathrm{kN \cdot m}$$

$$M_{qk} = \frac{1}{8} q_k l_0^2 = \frac{1}{8} \times 3 \times 6^2 = 13.5 \mathrm{kN \cdot m}$$

$$M_q = M_{gk} + \psi_q M_{qk} = 76.5 + 0.5 \times 13.5 = 83.25 \mathrm{kN \cdot m}$$

（2）计算短期刚度 B_s

$$A_{te} = 0.5bh = 0.5 \times 200 \times 450 = 45000 \mathrm{mm}^2$$

$$\rho_{te} = A_s/A_{te} = 1473/4500 = 0.033$$

$$\rho = \frac{A_s}{bh_0} = \frac{1473}{200 \times 404.5} = 1.82\%$$

$$\rho' = 0$$

$$\sigma_{sq} = \frac{M_q}{0.87 h_0 A_s} = \frac{83.25 \times 10^6}{0.87 \times 404.5 \times 1473} = 160.60 \mathrm{N/mm}^2$$

$$\psi = 1.1 - 0.65 \times \frac{f_{t,k}}{\rho_{te} \sigma_{sq}} = 1.1 - 0.65 \times \frac{2.20}{0.033 \times 160.60} = 0.830$$

$$\alpha_E = E_s/E_c = 2 \times 10^5 / 3.15 \times 10^4 = 6.349$$

梁截面为矩形，则 $\gamma_f = 0$

$$B_s = \frac{E_s A_s h_0^2}{1.15\psi + 0.2 + \dfrac{6\alpha_E \rho}{1 + 3.5\gamma_f}} = \frac{2 \times 10^5 \times 1473 \times 404.5^2}{1.15 \times 0.830 + 0.2 + \dfrac{6 \times 6.349 \times 1.82\%}{1 + 3.5 \times 0}}$$

$$= 2.609 \times 10^{13} \mathrm{N \cdot mm}^2$$

（3）计算长期刚度 B

由于 $\rho' = 0$，故 $\theta = 2$

$$B = \frac{B_s}{\theta} = \frac{2.609 \times 10^{13}}{2} = 1.305 \times 10^{13} \mathrm{N \cdot mm^2}$$

（4）计算最大挠度 f，并判断挠度是否符合要求

梁的跨中最大挠度 $f = \frac{5}{48} \frac{M_q l_0^2}{B} = \frac{5}{48} \frac{83.25 \times 10^6 \times 6000^2}{1.305 \times 10^{13}} = 23.9\mathrm{mm}$

$$< f_{\lim} = l_0/200 = 6000/200 = 30\mathrm{mm}$$

故该梁满足刚度要求。

3.8.2 裂缝计算

1. 裂缝的产生和开展

钢筋混凝土受弯构件的裂缝有两种：一种是由混凝土的收缩或温度变形引起的；另一种则是由荷载引起的。对于前一种裂缝，主要是采取控制混凝土浇筑质量，改善水泥性能，选择骨料成分，改进结构形式，设置伸缩缝等措施解决，不需进行裂缝宽度计算。以下所指的裂缝均指由荷载引起的裂缝。

由于混凝土的抗拉强度很低，当构件受拉区外边缘混凝土的拉应力达到其抗拉强度时，由于混凝土的塑性变形，尚不会马上开裂，但当受拉区外边缘混凝土在构件抗弯最薄弱的截面达到其极限拉应变时，就会在垂直于拉应力方向形成第一批（一条或若干条）裂缝。由于混凝土具有离散性，因而裂缝发生的部位是随机的。在裂缝出现瞬间，裂缝截面处混凝土退出工作，应力降低为零（图 3-49b），原来的拉应力全部由钢筋承担，使钢筋应力突然增大（图 3-49c）。裂缝出现后，原来处于拉伸状态的混凝土便向裂缝两侧回缩，混凝土与受拉纵向钢筋之间产生相对滑移而使裂缝不断开展。但是，由于混凝土与钢筋之间

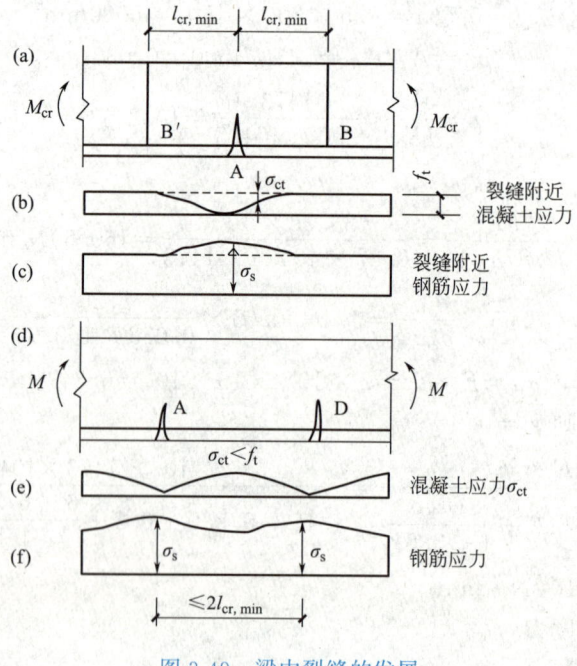

图 3-49　梁中裂缝的发展

的粘结作用，使混凝土的回缩受到钢筋的约束，在离开裂缝某一距离 $l_{\text{cr,min}}$ 的截面 B 处，混凝土不再回缩（图 3-49），此处混凝土的拉应力仍保持裂缝出现前瞬时的数值。由于在长度 $l_{\text{cr,min}}$ 范围内（A、B 之间）混凝土的应力 σ_{ct} 小于其抗拉强度 f_{t}，因此，若荷载不增加，该范围内不会产生新的裂缝。当荷载继续增加时，有可能在距离已裂截面大于等于 $l_{\text{cr,min}}$ 的另一薄弱截面出现新的裂缝。

沿裂缝深度，裂缝的宽度是不相同的。钢筋表面处的裂缝宽度大约只有构件混凝土表面裂缝宽度的 1/5～1/3。我们所要验算的裂缝宽度是指受拉钢筋重心水平处构件侧表面上混凝土的裂缝宽度。

2. 裂缝控制等级

钢筋混凝土结构构件的裂缝控制等级主要是依据其耐久性要求确定的，与结构的功能要求、环境条件对钢筋的腐蚀影响、钢筋的种类对腐蚀的敏感性和荷载作用时间等因素有关。控制等级是对裂缝控制的严格程度而言，设计者可根据具体情况选用不同的等级。《混凝土标准》对混凝土构件正截面的受力裂缝控制等级分为三级：

一级——严格要求不出现裂缝的构件，按荷载标准组合计算时，构件受拉边缘混凝土不应产生拉应力。

$$\sigma_{\text{ck}} - \sigma_{\text{pc}} \leqslant 0 \tag{3-65}$$

二级——一般要求不出现裂缝的构件，按荷载标准组合计算时，构件受拉边缘混凝土拉应力不应大于混凝土轴心抗拉强度标准值。

$$\sigma_{\text{ck}} - \sigma_{\text{pc}} \leqslant f_{\text{t,k}} \tag{3-66}$$

三级——允许出现裂缝的构件。对钢筋混凝土构件，按荷载准永久组合并考虑长期作用影响计算时；对预应力混凝土构件，按荷载标准组合并考虑长期作用影响计算时，构件的最大裂缝宽度 w_{max} 不应超过规定的最大裂缝宽度限值 w_{lim}，即：

$$w_{\text{max}} \leqslant w_{\text{lim}} \tag{3-67}$$

对环境类别为二 a 类的预应力混凝土构件，在荷载准永久组合下，受拉边缘应力尚应符合下列规定：

$$\sigma_{\text{cq}} - \sigma_{\text{pc}} \leqslant f_{\text{t,k}} \tag{3-68}$$

式中　σ_{ck}、σ_{cq}——荷载标准组合、准永久组合下抗裂验算边缘的混凝土法向应力；

σ_{pc}——扣除全部预应力损失后在抗裂验算边缘混凝土的预压应力；

$f_{\text{t,k}}$——混凝土轴心抗拉强度标准值；

w_{max}——按荷载标准组合或准永久组合并考虑长期作用影响计算的最大裂缝宽度；

w_{lim}——最大裂缝宽度限值，按表 3-16 采用。

3. 影响裂缝宽度的主要因素

（1）纵向钢筋的应力

裂缝宽度与钢筋应力近似成线性关系。

（2）纵筋的直径

当构件内受拉纵筋截面相同时，采用细而密的钢筋，则会增大钢筋表面积，因而使粘结力增大，裂缝宽度变小。

结构构件的裂缝控制等级及最大裂缝宽度限值　　　表 3-16

环境类别	钢筋混凝土结构		预应力混凝土结构	
	裂缝控制等级	w_{lim}（mm）	裂缝控制等级	w_{lim}（mm）
一	三级	0.30(0.40)	三级	0.20
二 a		0.20		0.10
二 b			二级	—
三 a、三 b			一级	—

注：1. 对处于年平均相对湿度小于60％地区一类环境下的受弯构件，其最大裂缝宽度可采用括号内的数值；

　　2. 在一类环境下，对于钢筋混凝土屋架、托架及需作疲劳验算的吊车梁，其最大裂缝宽度限值应取为 0.20mm；对钢筋混凝土屋面梁和托梁，其最大裂缝宽度限值应取为 0.30mm。

（3）纵筋表面形状

带肋钢筋的粘结强度较光面钢筋大得多，可减小裂度宽度。

（4）纵筋配筋率

构件受拉区混凝土截面的纵筋配筋率越大，裂缝宽度越小。

（5）保护层厚度

保护层越厚，裂缝宽度越大。

（6）荷载性质

荷载长期作用下的裂缝宽度较大。反复荷载或动力荷载作用下的裂缝宽度有所增大。

由于上述（2）、（3）两个原因，《混凝土通规》规定，**施工中用粗钢筋代替细钢筋、光圆钢筋代替带肋钢筋时，应重新验算裂缝宽度。**

4. 裂缝宽度计算的实用方法

（1）裂缝宽度计算公式

《混凝土标准》采用了一个半理论半经验的方法，即根据裂缝出现和开展的机理，先确定具有一定规律性的平均裂缝间距和平均裂缝宽度，然后对平均裂缝宽度乘以根据统计求得的扩大系数来确定最大裂缝宽度 w_{max}。"扩大系数"主要考虑两种情况，一是荷载短期效应组合下裂缝宽度的不均匀性；二是荷载长期效应组合的影响下，最大裂缝宽度会进一步加大。《混凝土标准》要求计算的 w_{max} 具有 95％ 的保证率。

钢筋混凝土受弯构件在荷载长期效应组合作用下的最大裂缝宽度计算公式为：

$$w_{max} = 1.9\psi \frac{\sigma_{sq}}{E_s}\left(1.9c_s + 0.08\frac{d_{eq}}{\rho_{te}}\right) \tag{3-69}$$

$$d_{eq} = \frac{\sum n_i d_i^2}{\sum n_i \nu_i d_i} \tag{3-70}$$

式中　c_s——最外层纵向受拉钢筋外缘至受拉区底边的距离，当 $c_s < 20$mm 时，取 $c_s = 20$mm；当 $c_s > 65$mm 时，取 $c_s = 65$mm；

小问题 👆

c_s 与混凝土保护层厚度 c 和受拉钢筋合力点到截面受拉边缘的距离 a_s 有何区别？

d_{eq}——受拉区纵向钢筋的等效直径，当受拉区纵向钢筋为一种直径时，$d_{eq}=d_i$；

ν_i——受拉区第 i 种钢筋的相对粘结特性系数，对带肋钢筋，取 $\nu_i=1.0$；对光圆钢筋，取 $\nu_i=0.7$；对环氧树脂涂层的钢筋，ν_i 按前述数值的 80% 采用；

n_i——受拉区第 i 种钢筋的根数；

d_i——受拉区第 i 种钢筋的公称直径。

其余符号意义同前。

对于直接承受吊车荷载但不需做疲劳验算的吊车梁，因吊车满载的可能性很小，计算出的最大裂缝宽度可乘以系数 0.85。

（2）裂缝宽度验算步骤

1）计算 d_{eq}；

2）计算 ρ_{te}、σ_{sq}、ψ；

3）计算 w_{max}，并判断裂缝是否满足要求。

当 $w_{max} \leqslant w_{lim}$ 时，裂缝宽度满足要求。否则，不满足要求，应采取措施后重新验算。

5. 减小裂缝宽度的措施

减小裂缝宽度的措施包括：（1）增大钢筋截面积；（2）在钢筋截面面积不变的情况下，采用较小直径的钢筋；（3）采用变形钢筋；（4）提高混凝土强度等级；（5）增大构件截面尺寸；（6）减小混凝土保护层厚度。其中，采用较小直径的变形钢筋是减小裂缝宽度最有效的措施。需要注意的是，混凝土保护层厚度应同时考虑耐久性和减小裂缝宽度的要求。除结构对耐久性没有要求，而对表面裂缝造成的观瞻有严格要求外，不得为满足裂缝控制要求而减小混凝土保护层厚度。

【例3-11】　试验算例3-10中简支梁的裂缝宽度。已知裂缝宽度限值为 0.3mm。

【解】　$E_s=2\times10^5 N/mm^2$，混凝土保护层厚度 $c=25mm$

（1）计算 d_{eq}

受力钢筋为同一种直径，故 $d_{eq}=d_i=25mm$

（2）计算 ρ_{te}、σ_{sk}、ψ

例3-10中已求得：$\rho_{te}=0.033$，$\sigma_{sq}=160.60 N/mm^2$，$\psi=0.830$

（3）计算 w_{max}，并判断裂缝是否符合要求

混凝土保护层厚度为 25mm，箍筋直径 8mm，则 $c_s=25+8=33mm$

$$w_{max}=1.9\psi\frac{\sigma_{sq}}{E_s}\left(1.9c_s+0.08\frac{d_{eq}}{\rho_{te}}\right)$$

$$=1.9\times0.830\times\frac{160.60}{2\times10^5}\left(1.9\times33+0.08\times\frac{25}{0.033}\right)$$

$$=0.156mm<w_{lim}=0.3mm$$

裂缝宽度满足要求。

单元小结

1. 梁、板的截面尺寸必须满足承载力、刚度和裂缝控制要求，同时还应满足模数。矩形截面框架梁的截面宽度不应小于 200mm，现浇钢筋混凝土实心楼板的厚度不应小于 80mm。

2. 梁中通常配置纵向受力钢筋、弯起钢筋、箍筋、架立钢筋等，构成钢筋骨架，有时还配置纵向构造钢筋及相应的拉筋等。板通常只配置纵向受力钢筋和分布钢筋。其中，纵向受力钢筋、弯起钢筋、箍筋属于受力钢筋，其数量通过计算确定，其余为分布筋，其数量根据构造要求确定。

3. 最外层钢筋外边缘至近侧混凝土表面的距离称为钢筋的混凝土保护层厚度。混凝土保护层不应小于普通钢筋的公称直径，且不应小于 15mm。

4. 钢筋和混凝土这两种材料之所以能共同工作，除了两者具有相近的温度线膨胀系数外，根本的原因在于二者之间存在粘结力。粘结力主要由化学胶结力、摩擦力、机械咬合力三部分组成，其中机械咬合力占 70% 左右。在结构设计中，常要在材料选用和构造方面采取一些措施，以使钢筋和混凝土之间具有足够的粘结力。

5. 受弯构件正截面破坏形态有三种：适筋破坏、超筋破坏、少筋破坏。适筋破坏属于延性破坏，其余属于脆性破坏。实际工程中不应采用超筋梁和少筋梁。钢筋混凝土受弯构件正截面承载力计算以适筋梁Ⅲa 阶段的应力状态为依据。

6. 单筋矩形截面正截面承载力计算基本公式为

$$\alpha_1 f_c b x = f_y A_s$$

$$M \leqslant M_u = \alpha_1 f_c b x \left(h_0 - \frac{x}{2}\right) \text{ 或 } M \leqslant M_u = f_y A_s \left(h_0 - \frac{x}{2}\right)$$

第一类 T 形截面正截面承载力计算基本公式为

$$\alpha_1 f_c b'_f x = f_y A_s$$

$$M \leqslant M_u = \alpha_1 f_c b'_f x \left(h_0 - \frac{x}{2}\right)$$

第二类 T 形截面正截面承载力计算基本公式为

$$\alpha_1 f_c h'_f (b'_f - b) + \alpha_1 f_c b x = f_y A_s$$

$$M \leqslant M_u = \alpha_1 f_c h'_f (b'_f - b)\left(h_0 - \frac{h'_f}{2}\right) + \alpha_1 f_c b x \left(h_0 - \frac{x}{2}\right)$$

受弯构件正截面承载力计算可以分为两类问题：一是截面设计，二是复核已知截面的承载力。

双筋截面受弯构件需要利用钢筋承担部分拉力，不经济，故一般只在特殊情况下采用。

7. 受弯构件主要有以下三种斜截面受剪破坏形态：斜拉破坏、剪压破坏、斜压破坏。三种破坏形态均属脆性破坏。剪压破坏形态是建立斜截面受剪承载力计算公式的依据。

8. 仅配箍筋的矩形、T 形及 I 形截面受弯构件的斜截面受剪承载力计算基本公式为

$$V \leqslant V_{cs} = \alpha_{cv} f_t b h_0 + f_{yv} \frac{A_{sv}}{s} h_0$$

同时配置箍筋和弯起钢筋的受弯构件的受剪承载力计算基本公式为

$$V \leqslant V_u = V_{cs} + 0.8 f_y A_{sb} \sin\alpha_s$$

9. 钢筋混凝土受弯构件的最大挠度应满足

$$f = \beta_f \frac{M_q l_0^2}{B} \leqslant f_{\lim}$$

钢筋混凝土受弯构件在荷载长期效应组合作用下的最大裂缝宽度应满足

$$w_{\max} = 1.9\psi \frac{\sigma_{sq}}{E_s}\left(1.9c_s + 0.08\frac{d_{eq}}{\rho_{te}}\right) \leqslant w_{\lim}$$

思考题

1. 梁、板的截面尺寸应满足哪些要求？梁、板截面最小尺寸是多少？

2. 钢筋混凝土梁和板中通常配置哪几种钢筋？作用分别是什么？

3. 什么是单筋截面梁、双筋截面梁？有何特点？在什么情况下采用双筋截面梁？

4. 什么是混凝土保护层？作用是什么？室内正常环境中梁、板的保护层厚度一般取为多少？

5. 受拉钢筋锚固长度 l_a 与哪些因素有关？如何确定？受压钢筋锚固长度为何可以小于 l_a？

6. 钢筋接头的形式有哪几种？适用范围各是什么？

7. 根据纵向受力钢筋配筋率的不同，钢筋混凝土梁可分为哪几种类型？不同类型梁的破坏特征有何不同？实际工程设计中如何防止少筋梁和超筋梁？

8. 假设混凝土强度等级、钢筋数量和级别都相同，试比较图 3-50 所示梁截面承载力的大小。

微课

教学单元3小结

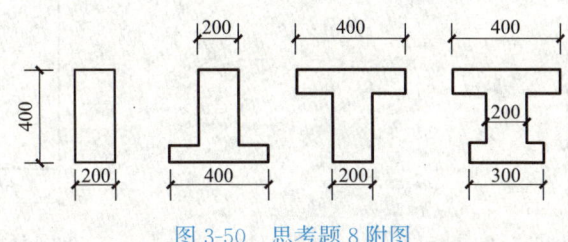

图 3-50　思考题 8 附图

9. 钢筋混凝土梁为什么要进行斜截面承载力计算？受弯构件斜截面承载力问题包括哪些内容？结构设计时分别如何保证？

10. 钢筋混凝土受弯构件斜截面受剪破坏有哪几种形态？破坏特征各是什么？设计计算中如何防止斜压和斜拉破坏？

11. 影响钢筋混凝土梁斜截面受剪承载力的主要因素有哪些？

12. 钢筋混凝土受弯构件斜截面受剪承载力计算时，有哪些截面需计算？为什么？

13. 什么是受弯构件的正截面受弯承载能力图？它与设计弯矩图有什么关系？钢筋的理论断点和充分利用点如何确定？

14. 保证钢筋混凝土受弯构件斜截面受弯承载力的构造措施有哪些？

15. 为什么要进行钢筋混凝土受弯构件变形和裂缝宽度验算？影响变形和裂缝宽度的主要因素各有哪些？增大弯曲刚度和减小裂缝宽度的措施各有哪些？

习题

1. 某教学楼钢筋混凝土楼面梁，承受弯矩设计值 $M=150\text{kN}\cdot\text{m}$，$b\times h=250\text{mm}\times500\text{mm}$，采用 C40 混凝土、HRB400 钢筋。试求该截面所需纵向受力钢筋的数量。

2. 某钢筋混凝土矩形截面简支梁，$b\times h=250\text{mm}\times600\text{mm}$，计算跨度 6m，设计工作年限为 50 年，安全等级为二级，承受的均布荷载标准值为：永久荷载 8kN/m（不含自重），可变荷载 9kN/m，可变荷载组合值系数 $\psi_c=0.7$。采用 C30 混凝土，HRB400 钢筋。试求纵向钢筋的数量。

3. 某办公楼矩形截面简支楼面梁，承受均布永久载标准值 8kN/m（不含自重），均布可变荷载标准值 10kN/m，计算跨度 6m，采用 C35 混凝土和 HRBF500 钢筋，设计工作年限为 50 年，安全等级为二级。试确定梁的截面尺寸和纵向钢筋的数量。

4. 某钢筋混凝土矩形截面梁，$b\times h=200\text{mm}\times450\text{mm}$，承受的最大弯矩设计值 $M=90\text{kN}\cdot\text{m}$，配置 3Φ16 纵向受拉钢筋，混凝土强度等级为 C40。试复核该梁是否安全。

5. 某办公楼矩形截面梁，截面尺寸及配筋如图 3-51 所示，混凝土强度等级为 C30。试求该梁的受弯承载力。

6. 某 T 形截面独立梁，截面如图 3-52 所示。采用 C30 混凝土、HRB400 钢筋。承受弯矩设计值 115kN·m，计算翼缘宽度 $b_f'=600\text{mm}$。求纵向受力钢筋的数量。

图 3-51　习题 5 附图　　　　　　　　　　图 3-52　习题 6 附图

7. 某 T 形截面独立梁，承受弯矩设计值 620kN·m。其余条件同习题 6。试求纵向钢筋数量。

8. 某教学楼 T 形截面简支独立梁，计算跨度 6m，截面如图 3-52 所示，设计工作年限为 50 年，安全等级为二级。承受均布永久载标准值（含自重）15kN/m，均布可变荷载标准值 25kN/m，可变荷载组合值系数 $\psi_c=0.7$，采用 C35 混凝土和 HRB400 钢筋。试求纵向钢筋的数量。

9. 某矩形截面简支梁，截面尺寸 $b\times h=250\text{mm}\times550\text{mm}$，混凝土强度等级为 C30。

由均布荷载引起的支座边缘剪力设计值为 75kN，$a_s = 40mm$，箍筋采用 HRB400 钢筋。试求箍筋数量。

10. 某办公楼楼面梁为矩形截面简支梁，截面尺寸及纵向受拉钢筋配置如图 3-51 所示，净跨度 5.76m，承受均布永久载标准值 16kN/m（含自重），均布可变荷载标准值 8.4kN/m。混凝土强度等级为 C35，箍筋采用 HRB400 钢筋。试按下列要求计算腹筋数量：

(1) 只配箍筋；

(2) 同时配置箍筋和弯起钢筋。

11. 某教学楼 T 形截面简支独立梁，条件同习题 8。试验算梁的挠度。

12. 条件同习题 11，最大裂缝宽度限值 0.3mm。试验算裂缝宽度。

参考答案

教学单元3习题

拓展阅读

结构知识的施工应用：钢筋代换计算

拓展阅读

经典书籍推介

教学单元4 钢筋混凝土拉、压构件

微课

教学单元4
学习指引

思维导图

钢筋混凝土拉、压构件

- 受压构件的构造要求
  - 截面形式与尺寸要求
  - 材料强度等级
  - 配筋构造

- 轴心受压构件承载力计算
  - 轴心受压构件的破坏特征
  - 普通箍筋柱的正截面承载力计算
  - 螺旋箍筋柱简介

- 偏心受压构件正截面承载力计算
  - 偏心受压构件破坏特征
  - 受拉破坏与受压破坏的界限
  - 偏心受压构件的二阶效应
  - 矩形截面偏心受压构件正截面承载力计算基本公式
  - 非对称配筋矩形截面偏心受压构件正截面承载力计算方法
  - 对称配筋矩形截面偏心受压构件正截面承载力计算方法
  - I形截面偏心受压构件正截面承载力计算

- 偏心受压构件斜截面受剪承载力计算
  - 轴向压力对受剪承载力的影响
  - 斜截面受剪承载力计算公式及适用条件

- 受拉构件的承载力计算
  - 受拉构件的破坏特征
  - 受拉构件的正截面承载力计算基本公式
  - 偏心受拉构件的斜截面承载力计算
  - 受拉构件的构造要求

- 偏心受压构件和受拉构件的裂缝宽度验算
  - 最大裂缝宽度的计算公式
  - 最大裂缝宽度验算步骤

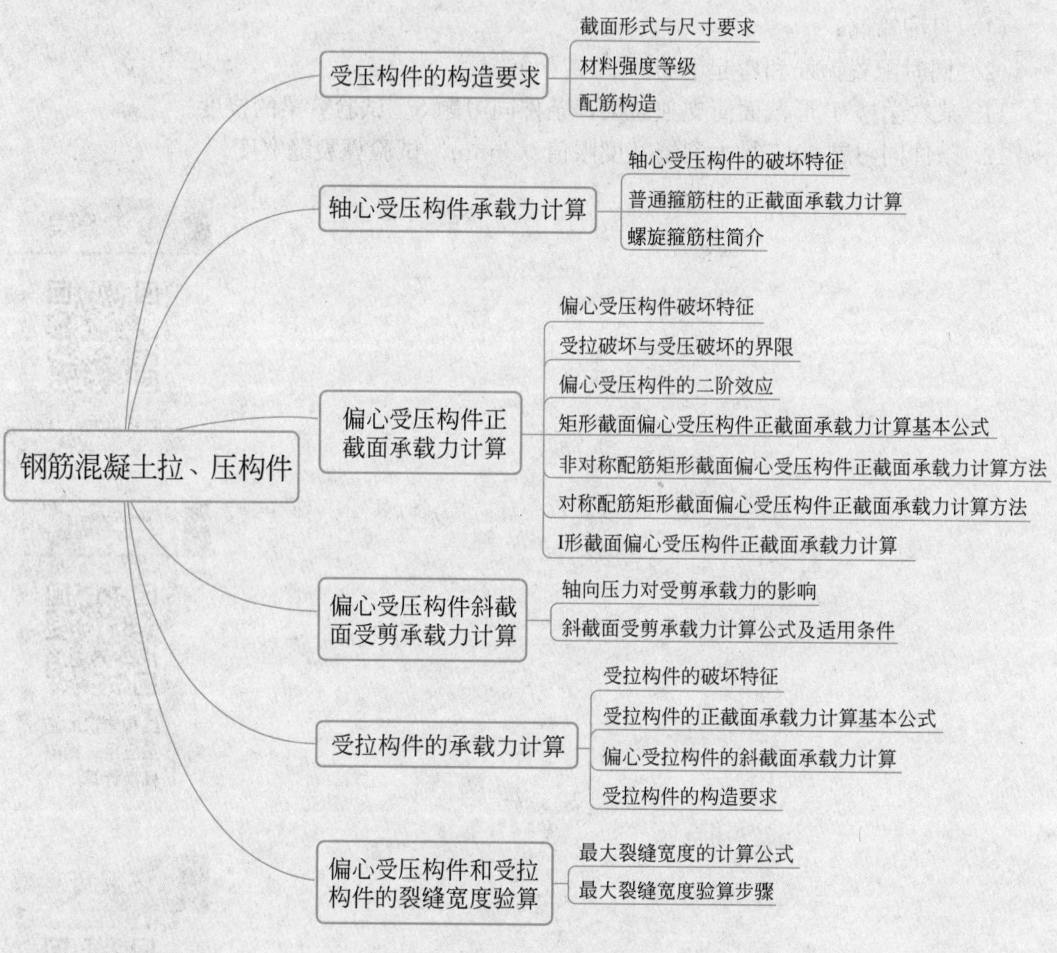

引入案例

　　赫章特大桥位于毕节至威宁高速公路，为预应力混凝土连续刚构（图 4-1）。大桥由贵州公路集团承建，于 2010 年 6 月开工建设，2013 年 3 月 29 日合龙。大桥全长 1073.5m，桥宽 21.5m，其 11 号桥墩高达 195m，被称为"亚洲第一高墩"。11 号桥墩位于一个较深的峡谷内，山风猛烈，风力经常超过 6 级，最大风速可达 28m/s。11 号墩施工非常复杂，为满足施工需要，专门采用液压翻模新工艺，即通过改良的模板系统，在测量控制过程中单独对赫章特大桥建立坐标等，以加快施工进度，保证施工安全。同时，由于墩柱太高，一般输送泵的压力无法将混凝土输送上去，采用两台高强度的混凝土输送泵。

墩柱是典型的钢筋混凝土受压构件。问题：钢筋混凝土受压构件应满足哪些要求？怎样进行设计？

图 4-1　赫章特大桥

知识目标：

1. 理解受压构件的一般构造要求。

2. 掌握正截面破坏的类型、特征。

3. 掌握轴心受压构件、偏心受压构件正截面承载力计算方法。

能力目标：

具有轴心受压构件、偏心受压构件正截面承载力计算的能力。

育人目标：

1. 结合拉、压构件的学习，深化对标准规范的认识，不断强化规范意识。

2. 培养分析问题、解决问题的能力，特别是课后作业中从经济合理、施工方便等角度思考分析，力求最优方案。

4.1　受压构件的构造要求

建筑工程中，受压构件是最重要最常见的承重构件之一，如图 4-2 所示。按照压力在截面上作用位置的不同，受压构件分为轴心受压构件和偏心受压构件。压力作用线与构件轴线重合的构件称为轴心受压构件，否则为偏心受压构件。偏心受压构件又可分为单向偏心受压构件和双向偏心受压构件。

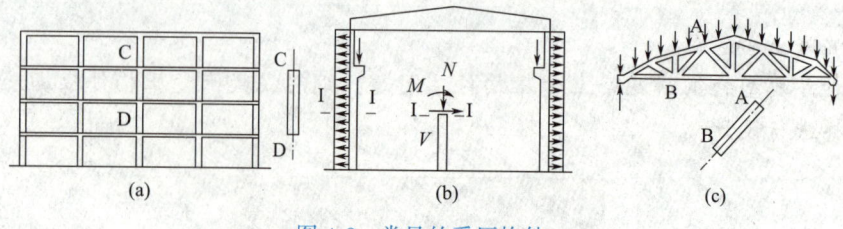

图 4-2   常见的受压构件

（a）框架结构房屋柱；（b）单层厂房柱；（c）屋架的受压腹杆

4.1.1   截面形式与尺寸要求

钢筋混凝土受压构件通常采用方形或矩形截面，以便制作模板。一般轴心受压构件以方形为主，偏心受压构件以矩形为主，矩形截面长边与弯矩作用方向平行。当有特殊要求时，也可采用其他形式的截面，如轴心受压柱可采用圆形、多边形等，偏心受压柱还可采用 I 形、T 形等。

为了充分利用材料强度，避免构件长细比太大而过多降低构件承载力，柱截面尺寸不宜过小。一般应符合 $l_0/h \leqslant 25$ 及 $l_0/b \leqslant 30$（其中 l_0 为柱的计算长度，h 和 b 分别为截面的高度和宽度）。对于方形和矩形截面，其尺寸不宜小于 $250mm \times 250mm$。为了便于模板尺寸模数化，柱截面边长在 800mm 以下者，宜取 50mm 的倍数；在 800mm 以上者，取为 100mm 的倍数。《混凝土通规》规定，**矩形截面框架柱的边长不应小于 300mm，圆形截面柱的直径不应小于 350mm。**

4.1.2   材料强度等级

受压构件的承载力主要取决于混凝土强度。为了减小构件的截面尺寸，节省钢材，宜采用强度等级较高的混凝土和钢筋。一般采用 C30、C35、C40，对于高层建筑的底层柱，必要时可采用更高强度等级的混凝土。纵向钢筋一般采用 HRB400、HRB500、HRBF400、HRBF500、RRB400 钢筋，箍筋一般采用 HRB400、HRBF400、HPB300、HRB500、HRBF500 钢筋。由于受压钢筋要与混凝土共同工作，钢筋应变受到混凝土极限压应变的限制，而混凝土极限压应变很小，所以高强度钢筋的受压强度不能充分利用。《混凝土通规》规定，**对于轴心受压构件，钢筋的抗压强度设计值取值不应超过 $400N/mm^2$。**

4.1.3   配筋构造

1. 纵向受力钢筋

轴心受压构件的荷载主要由混凝土承担，设置纵向受力钢筋的目的有三：一是协助混凝土承受压力，以减小构件尺寸；二是承受可能的弯矩，以及混凝土收缩和温度变形引起的拉应力；三是防止构件突然的脆性破坏。

纵向受力钢筋直径 d 不宜小于 12mm，通常采用 16～32mm。一般宜采用根数较少，直径较粗的钢筋，以保证骨架的刚度。方形和矩形截面柱中纵向受力钢筋不少于 4 根，圆柱中不宜少于 8 根且不应少于 6 根。《混凝土通规》规定，**受压构件纵向受力普通钢筋的配筋率不应小于表 4-1 的规定值；当采用 C60 以上强度等级的混凝土时，受压构件全部纵向普通钢筋最小配筋率应按表中的规定值增加 0.10%采用。**其中，受压构件全部纵向钢筋和一侧纵向钢筋的配筋率应按构件的全截面面积计算；当钢筋沿构件截面周边布置时，"一侧纵向钢筋"系指沿受力方向两个对边中的一边布置的纵向钢筋。从经济和施工方便（不使钢筋过于拥挤）角度考虑，全部纵向钢筋的配筋率不宜超过 5%。受压钢筋的配筋率一般不超过 3%，通常在 0.5%～2%。

轴心受压柱的纵向受力钢筋应沿截面四周均匀对称布置，偏心受压柱的纵向受力钢筋放置在弯矩作用方向的两对边，圆柱中纵向受力钢筋宜沿周边均匀布置。纵向受力钢筋的混凝土保护层最小厚度见表 3-6，净距不应小于 50mm，偏心受压柱中垂直于弯矩作用平面的侧面上的纵向受力钢筋及轴心受压柱中各边的纵向受力钢筋的中距不宜大于 300mm（图 4-3）。对水平浇筑的预制柱，其纵向钢筋的最小净距可按梁的有关规定采用。

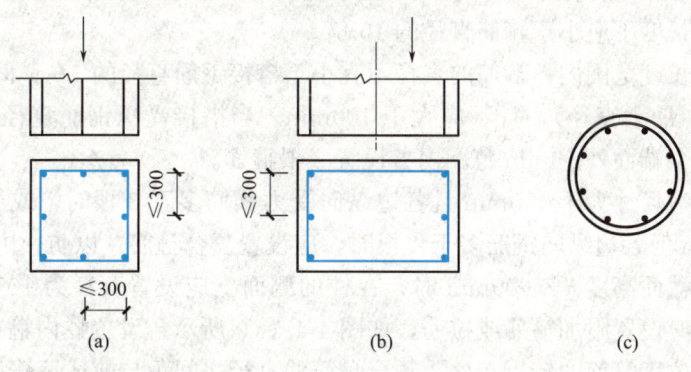

图 4-3　柱纵筋的布置
（a）轴心受压柱；（b）偏心受压柱；（c）圆柱

拉、压构件纵向受力钢筋的最小配筋百分率 ρ_{min}（%）　　　　　　表 4-1

受力类型			最小配筋百分率
受压构件	全部纵向钢筋	强度等级 500MPa	0.50
		强度等级 400MPa	0.55
		强度等级 300MPa	0.60
	一侧纵向钢筋		0.20
偏心受拉、轴心受拉构件一侧的受拉钢筋			0.20 和 $45f_t/f_y$ 中的较大值

偏心受压构件的纵向钢筋配置方式有两种。一种是对称配筋，即在柱弯矩作用方向的两对边对称配置相同的纵向受力钢筋。对称配筋构造简单，施工方便，不易出错，但用钢量较大。另一种是非对称配筋，即在柱弯矩作用方向的两对边对称配置不同的纵向受力钢筋。非对称配筋的优缺点与对称配筋相反。在实际工程中，为避免吊装出错，装配式柱一般采用对称配筋。屋架上弦、多层框架柱等偏心受压构件，由于在不同荷载（如风荷载、竖向荷载）组合下，在同一截面内可能要承受不同方向的弯矩，即在某一种荷载组合作用下受拉的部位在另一种荷载组合作用下可能就变为受压，当这两种不同符号的弯矩相差不

大时，为了设计、施工方便，通常也采用对称配筋。

纵筋的连接接头宜设置在受力较小处。接头形式可采用机械连接接头，也可采用焊接接头和搭接接头。对于直径大于 25mm 的受拉钢筋和直径大于 28mm 的受压钢筋，不宜采用绑扎搭接接头。

2. 箍筋

受压构件中箍筋的作用，一是架立纵向钢筋，防止纵向钢筋压屈，从而提高柱的承载能力；二是承担剪力和扭矩；三是与纵筋一起形成对芯部混凝土的围箍约束。

受压构件中的周边箍筋应做成封闭式，以保持对柱中混凝土的围箍约束作用。

箍筋直径不应小于 $d/4$（d 为纵向钢筋的最大直径），且不应小于 6mm。箍筋间距，在绑扎骨架中不应大于 15d（d 为纵向受力钢筋的最小直径），也不应大于 400mm 及构件截面的短边尺寸。

当柱中全部纵向受力钢筋的配筋率超过 3％时，箍筋直径不应小于 8mm，间距不应大于 10d（d 为纵向受力钢筋的最小直径），且不应大于 200mm；箍筋末端应做成 135°弯钩，弯钩末端平直段长度不应小于箍筋直径的 10 倍。

在纵筋搭接长度范围内，箍筋的直径不宜小于搭接钢筋直径的 1/4；间距不应大于 5d（d 为受力钢筋中最小直径），且不应大于 100mm。当搭接受压钢筋直径大于 25mm 时，应在搭接接头两个端面外 50mm 范围内各设置 2 根箍筋。

当柱截面短边尺寸大于 400mm 且各边纵向受力钢筋多于 3 根时，或当柱截面短边尺寸不大于 400mm 但各边纵向钢筋多于 4 根时，应设置复合箍筋，以防止中间钢筋被压屈。当偏心受压柱的截面高度 $h \geqslant 600$mm 时，在柱的侧面上应设置直径为 10～16mm 的纵向构造钢筋，并相应设置附加箍筋或拉筋，如图 4-4（a）所示。设置柱内箍筋原则是，使纵筋最多每隔一根位于箍筋的转折点处。复合箍筋的直径、间距与前述箍筋相同。

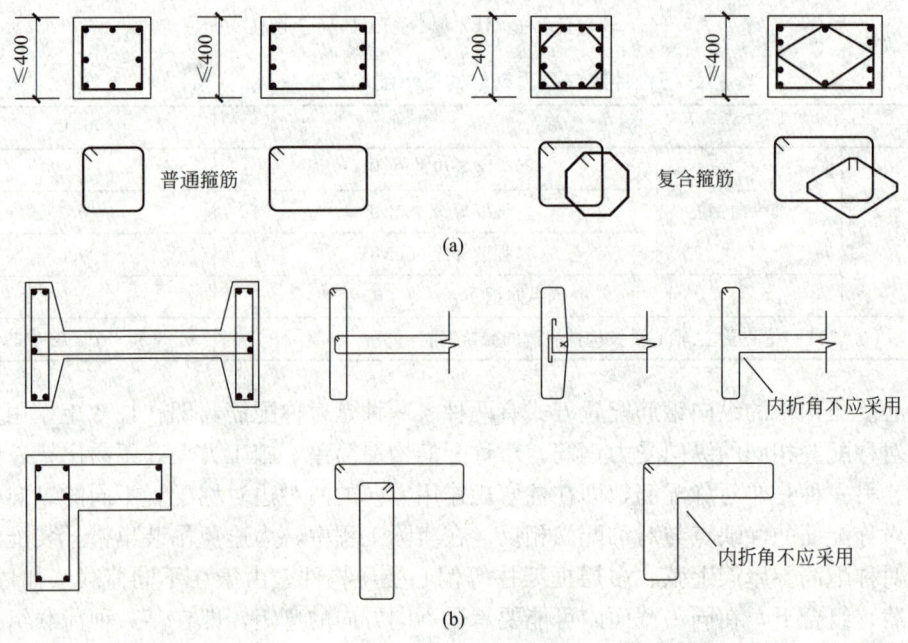

(a)

(b)

图 4-4　箍筋的构造

对于截面形状复杂的构件，不可采用具有内折角的箍筋（图 4-4b）。因为内折角处受拉箍筋的合力向外，可能使该处混凝土保护层崩裂。

4.2　轴心受压构件承载力计算

按照箍筋配置方式不同，钢筋混凝土轴心受压柱可分为两种：一种是配置纵向钢筋和普通箍筋的柱（图 4-5a），称为普通箍筋柱；一种是配置纵向钢筋和螺旋筋（图 4-5b）或焊接环筋（图 4-5c）的柱，称为螺旋箍筋柱或间接箍筋柱。

需要说明的是，在实际工程结构中，几乎不存在真正的轴心受压构件。通常由于荷载作用位置偏差、配筋不对称以及施工误差等原因，总是或多或少存在初始偏心距。但当这种偏心距很小时，为计算方便，可近似按轴心受压构件计算，如只承受节点荷载屋架的受压弦杆和腹杆、以永久荷载为主的等跨多层框架房屋的内柱等。

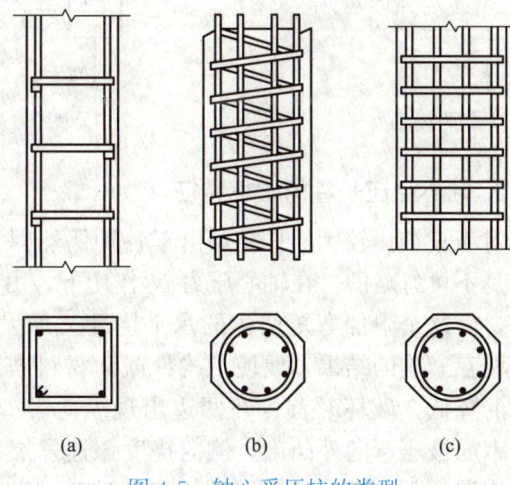

图 4-5　轴心受压柱的类型

（a）普通箍筋柱；（b）、（c）螺旋箍筋柱

4.2.1　轴心受压构件的破坏特征

柱的计算长度 l_0 与矩形截面的短边尺寸 b 的比值 l_0/b 称为长细比。根据长细比的大小，轴心受压柱可分为短柱和长柱两类。对方形和矩形柱，当 $l_0/b \leqslant 8$ 时属于短柱，否则为长柱。

1. 轴心受压短柱的破坏特征

典型的钢筋混凝土轴心受压短柱应力-荷载曲线如图 4-6 所示，图中 σ_c、σ'_s 分别为混凝土压应力和钢筋压应力。在轴向压力 N 作用下，整个截面的应变基本上是均匀分布的。N 较小时，混凝土和钢筋都处于弹性阶段。随着荷载的增大，构件变形迅速增大。与此同时，混凝土塑性变形增加，弹性模量降低，应力增长逐渐变慢，而钢筋应力的增加则越来

越快。对配置强度不太高的热轧钢筋的构件，钢筋将先达到其屈服强度，此后增加的荷载全部由混凝土来承受。在临近破坏时，柱子表面出现纵向裂缝，混凝土保护层开始剥落，最后，箍筋之间的纵向钢筋压屈而向外凸出，混凝土被压碎崩裂而破坏（图4-7）。破坏时混凝土的应力达到棱柱体抗压强度 f_c。当短柱破坏时，混凝土达到极限压应变 $\varepsilon'_c =0.002$，相应的纵向钢筋应力值 $\sigma'_s = E_s\varepsilon'_c =2\times10^5\times0.002=400\text{N/mm}^2$。因此，设计中对于屈服强度超过 400N/mm^2 的钢筋，其抗压强度设计值 f'_y 只能取 400N/mm^2。

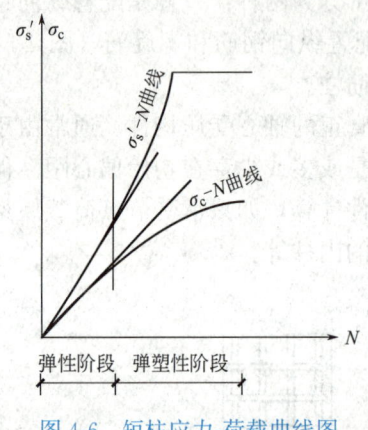

图4-6　短柱应力-荷载曲线图

图4-7　短柱的破坏

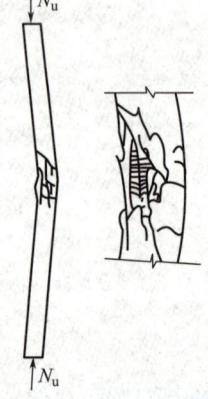

图4-8　长柱的破坏

2. 轴心受压长柱的破坏特征

对于长细比较大的长柱，由于各种偶然因素造成的初始偏心距的影响是不可忽略的，在轴心压力 N 作用下，由初始偏心距将产生附加弯矩，而这个附加弯矩产生的水平挠度又加大了原来的初始偏心距，这样相互影响的结果，促使了构件截面材料破坏较早到来，导致承载能力的降低。破坏时首先在凹边出现纵向裂缝，接着混凝土被压碎，纵向钢筋被压弯向外凸出，侧向挠度急速发展，最终柱子失去平衡并将凸边混凝土拉裂而破坏（图4-8）。试验表明，柱的长细比愈大，其承载力愈低。其原因是，长细比越大，由于各种偶然因素造成的初始偏心距就会越大，产生的附加偏心距和侧向挠度也会越大。对于长细比很大的长柱，甚至可能发生"失稳破坏"。

由上述试验可知，在截面相同，配筋相同，材料相同的条件下，长柱承载力低于短柱承载力。在确定轴心受压构件承载力计算公式时，《混凝土标准》采用构件的稳定系数 φ 来表示长柱承载力降低的程度。试验表明，稳定系数主要与长细比有关，长细比越大，φ 值越小。稳定系数 φ 可按下式计算：

$$\varphi = \frac{1}{1+0.002(l_0/b-8)^2} \tag{4-1}$$

式中　l_0——柱的计算长度；

　　　b——矩形截面的短边尺寸，圆形截面可取 $b=\dfrac{\sqrt{3}d}{2}$（d 为截面直径），对任意截面可取 $b=\sqrt{12}i$（i 为截面最小回转半径）。

当 $l_0/b \leqslant 8$ 时，取 $\varphi=1$，说明因长细比导致的柱承载力的降低可忽略。

构件的计算长度 l_0 与构件两端支承情况有关。一般多层房屋中梁柱为刚接的框架结构，各层柱的计算长度 l_0 见表4-2。

框架结构各层柱的计算长度 l_0 表 4-2

项次	楼盖类型	柱的类别	计算长度 l_0
1	现浇楼盖	底层柱	$1.0H$
		其余各层柱	$1.25H$
2	装配式楼盖	底层柱	$1.25H$
		其余各层柱	$1.5H$

注：表中 H 为底层柱从基础顶面到一层楼盖顶面的高度；对其余各层柱为上下两层楼盖顶面之间的高度。

4.2.2　普通箍筋柱的正截面承载力计算

1. 基本公式

钢筋混凝土轴心受压柱的正截面承载力由混凝土承载力及钢筋承载力两部分组成，混凝土应力达到轴心抗压强度设计值，纵向钢筋应力达到抗压强度设计值，如图4-9所示。根据力的平衡条件，短柱的承载力设计值 N_{us} 为：

$$N_{us} = f_c A + f_y' A_s' \tag{4-2}$$

如前所述，长柱的承载力要比短柱低，采用稳定系数 φ 来考虑细长柱承载力降低的程度，则细长柱的承载力设计值为：

$$N_{ul} = \varphi N_{us} \tag{4-3}$$

于是，轴心受压短柱和长柱的承载力设计值可以统一表示为：

$$N_u = 0.9\varphi(f_c A + f_y' A_s') \tag{4-4}$$

式中系数 0.9，是考虑到初始偏心的影响，以及主要承受永久载作用的轴心受压柱的可靠性，引入的承载力折减系数。

写成设计表达式，即得短柱和长柱的承载力计算公式：

$$N \leqslant N_u = 0.9\varphi(f_c A + f_y' A_s') \tag{4-5}$$

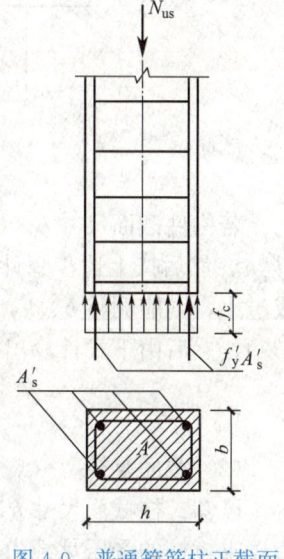

图 4-9　普通箍筋柱正截面承载力计算简图

式中　N_u——柱受压承载力；

N——轴向压力设计值；

φ——钢筋混凝土构件的稳定系数；

f_c——混凝土的轴心抗压强度设计值，按表1-8采用；

A——构件截面面积，当纵向钢筋配筋率大于 3‰ 时，A 应改为 $A_c = A - A_s'$；

f_y'——纵向钢筋的抗压强度设计值，按表1-3采用；

A_s'——全部纵向钢筋的截面面积。

2. 计算方法

实际工程中，轴心受压构件的承载力计算问题可归纳为截面设计和截面复核两大类。

（1）截面设计

已知：构件截面尺寸 $b \times h$，轴向压力设计值，构件的计算长度，材料强度等级。

求：纵向钢筋截面面积 A'_s。

计算步骤如图 4-10 所示。

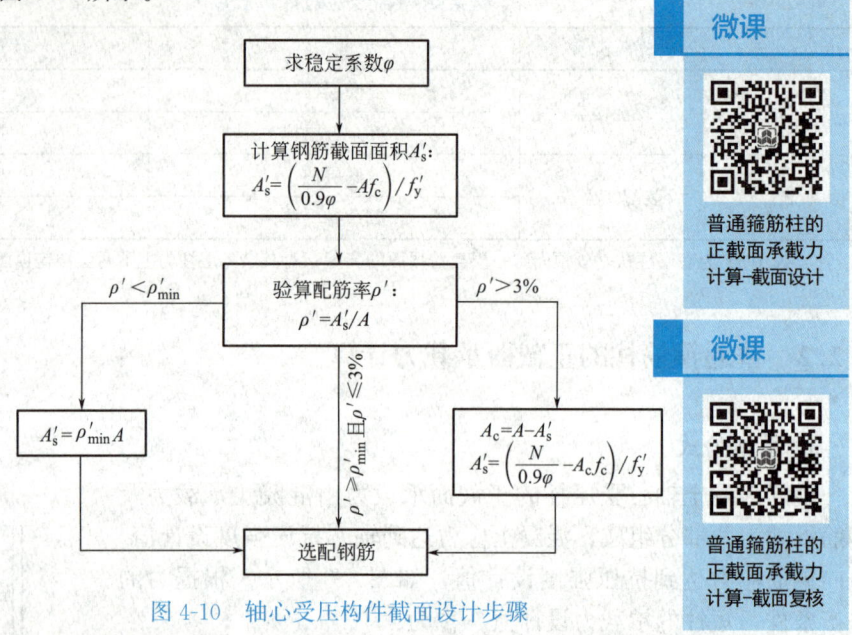

图 4-10　轴心受压构件截面设计步骤

若构件截面尺寸 $b \times h$ 为未知，则可先根据构造要求并参照同类工程假定柱截面尺寸 $b \times h$，然后按上述步骤计算 A'_s。纵向钢筋配筋率宜在 0.5%～2% 之间。若配筋率 ρ' 过大或过小，则应调整 b、h，重新计算 A'_s。也可先假定 φ 和 ρ' 的值（常可假定 $\varphi=1$，$\rho'=1\%$），然后由下式计算出构件截面面积，进而得出 $b \times h$：

$$A = \frac{N}{0.9\varphi(f_c + \rho' f'_y)} \tag{4-6}$$

（2）截面复核

已知：柱截面尺寸 $b \times h$，计算长度 l_0，纵筋数量及级别，混凝土强度等级。

求：柱的受压承载力 N_u，或已知轴向力设计值 N，判断截面是否安全。

计算步骤如图 4-11 所示。

【例 4-1】 某多层现浇钢筋混凝土框架结构，首层中柱按轴心受压构件计算。该柱安全等级为二级，轴向压力设计值 $N = 2000$kN，计算长度 $l_0 = 4.7$m，纵向钢筋采用 HRB500 钢筋，混凝土强度等级为 C35。试确定该柱截面尺寸及纵筋截面面积。

【解】 查表得 $f_c = 16.7$N/mm²，$f'_y = 435$N/mm²，取 $f'_y = 400$N/mm²，$\gamma_0 = 1.0$

（1）初步确定柱截面尺寸

设 $\rho' = \dfrac{A'_s}{A} = 1\%$，$\varphi = 1$，则

$$A = \frac{N}{0.9\varphi(f_c + \rho' f'_y)} = \frac{2000 \times 10^3}{0.9 \times 1 \times (16.7 + 1\% \times 400)} = 107353.7 \text{mm}^2$$

选用方形截面，则 $b = h = \sqrt{107353.7} = 327.6$mm，取用 $b = h = 350$mm。

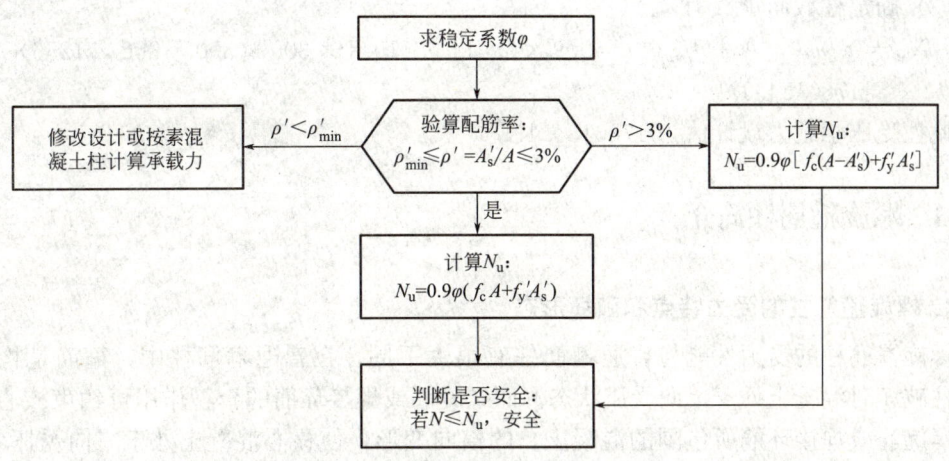

图 4-11 轴心受压构件截面复核步骤

（2）计算稳定系数 φ

$$l_0/b = 4700/350 = 13.43 > 8$$

$$\varphi = \frac{1}{1 + 0.002(l_0/b - 8)^2} = \frac{1}{1 + 0.002(13.43 - 8)^2} = 0.944$$

（3）计算钢筋截面面积 A_s'

$$A_s' = \frac{\frac{N}{0.9\varphi} - f_c A}{f_y'} = \frac{\frac{2000 \times 10^3}{0.9 \times 0.944} - 16.7 \times 350^2}{400} = 770.7 \text{mm}^2$$

（4）验算配筋率

$$\rho' = \frac{A_s'}{A} = \frac{770.7}{350 \times 350} = 0.63\%$$

$\rho' > \rho'_{\min} = 0.5\%$，且 $< 3\%$，满足最小配筋率要求，且无须重算。

纵筋选用 $4 \Phi 16$（$A_s' = 804 \text{mm}^2$），箍筋配置 $\Phi 8@240$，如图 4-12 所示。

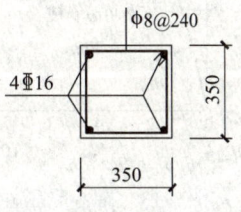

图 4-12 例 4-1 附图

【例 4-2】 某现浇框架底层钢筋混凝土柱，轴心受压，截面尺寸 $b \times h = 300 \text{mm} \times 300 \text{mm}$，计算长度 $l_0 = 4.5 \text{m}$，配置纵向受力钢筋 $4 \Phi 20$，混凝土强度等级为 C40。求此柱受压承载力。

【解】 查表得 $f_y' = 360 \text{N/mm}^2$，$f_c = 19.1 \text{N/mm}^2$，$A_s' = 1256 \text{mm}^2$

（1）确定稳定系数 φ

$$l_0/b = 4500/300 = 15 > 8$$

$$\varphi = \frac{1}{1 + 0.002(l_0/b - 8)^2} = \frac{1}{1 + 0.002(15 - 8)^2} = 0.911$$

（2）验算配筋率

$$\rho' = \frac{A_s'}{A} = \frac{1256}{9000} = 1.4\%$$

$$\rho' > \rho'_{\min} = 0.55\%，且 < 3\%$$

（3）确定柱截面承载力

$$N_u = 0.9\varphi(f_cA + f'_yA'_s) = 0.9 \times 0.911 \times (19.1 \times 300 \times 300 + 360 \times 1256)$$
$$= 1780134.1\text{N}$$

此柱受压承载力设计值为 1780134.1N。

4.2.3　螺旋箍筋柱简介

1. 螺旋箍筋柱的受力特点和破坏形态

螺旋箍筋柱的受力性能与普通箍筋柱有很大不同。在普通箍筋柱中，箍筋是构造钢筋，柱破坏时混凝土处于单向受压状态。而螺旋筋或焊接环筋的套箍作用可约束核心混凝土（螺旋筋或焊接环筋所包围的混凝土）的横向变形，使核心混凝土处于三向受压状态，从而间接地提高混凝土的纵向抗压强度。由于螺旋筋或焊接环筋间接地起到了纵向受压钢筋的作用，故又称之为间接钢筋。当混凝土纵向压缩产生横向膨胀时，将受到密排螺旋筋或焊接环筋的约束，在箍筋中产生拉力而在混凝土中产生侧向压力。当构件的压应变超过无约束混凝土的极限应变后，尽管箍筋以外的表层混凝土会开裂甚至剥落而退出工作，但核心混凝土尚能继续承担更大的压力，直至箍筋屈服。显然，混凝土抗压强度的提高程度与箍筋的约束力的大小有关。

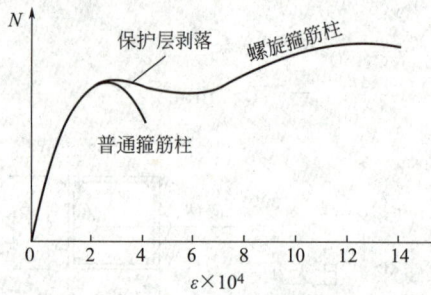

图 4-13　轴心受压柱的荷载-应变曲线

图 4-13 为螺旋箍筋柱与普通箍筋柱的荷载-应变曲线的对比。可见，当荷载不大（$\sigma_c \leqslant 0.8f_c$）时，两条曲线并无明显区别，当荷载增加至应变达到混凝土的峰值应变时，混凝土保护层开始剥落，由于混凝土截面减小，荷载有所下降。但由于核心部分混凝土产生较大的横向变形，使螺旋箍筋产生环向拉力，亦即核心部分混凝土受到螺旋箍筋的径向压力，处在三向受压的状态，其应力超过了抗压强度，曲线逐渐回升。随着荷载的不断增大，箍筋的环向拉力随核心混凝土横向变形的不断发展而提高，对核心混凝土的约束也不断增大。当螺旋箍筋达到屈服时，不再对核心混凝土有约束作用，混凝土抗压强度也不再提高，混凝土被压碎，构件破坏。破坏时，螺旋箍筋柱的承载力及应变都要比普通箍筋柱大（压应变达到0.01以上）。试验资料表明，螺旋箍筋的配箍率越大，柱的承载力越高，延性越好。

应当注意的是，螺旋箍筋柱虽可提高构件承载力，但施工复杂，用钢量较多，一般只在轴力很大，截面尺寸受到限制，采用普通箍筋柱会使纵筋配筋率过高，而混凝土强度等级又不宜再提高的情况下采用。

2. 螺旋箍筋柱的构造要求

螺旋箍筋柱的截面形状一般为圆形或正八边形。

为了使箍筋对混凝土有足够大的约束力，箍筋应为螺旋环或焊接圆环，其间距不应大于 80mm 及 $0.2d_{cor}$，且不宜小于 40mm。其中，d_{cor} 为构件核心截面直径，即螺旋环或焊接圆环的箍筋内皮直径。间接钢筋的直径应符合柱中箍筋直径的规定。

4.3　偏心受压构件正截面承载力计算

微课

偏心受压构件正截面破坏特征

4.3.1　偏心受压构件破坏特征

偏心受压构件在承受轴向力 N 和弯矩 M 的共同作用时，等效于承受一个偏心距为 $e_0=M/N$ 的偏心力 N 的作用，当弯矩 M 相对较小时，M 和 N 的比值 e_0 就很小，构件接近于轴心受压，相反当 N 相对较小时，M 和 N 的比值 e_0 就很大，构件接近于受弯，因此，随着 e_0 的改变，偏心受压构件的受力性能和破坏形态介于轴心受压和受弯之间。按照轴向力的偏心距和配筋情况的不同，偏心受压构件的破坏可分为受拉破坏和受压破坏两种情况。

1. 受拉破坏

当轴向压力偏心距 e_0 较大，且受拉钢筋配置不太多时，构件发生受拉破坏。在这种情况下，构件受轴向压力 N 后，离 N 较远一侧的截面受拉，另一侧截面受压。当 N 增加到一定程度，首先在受拉区出现横向裂缝，随着荷载的增加，裂缝不断发展和加宽，裂缝截面处的拉力全部由钢筋承担。荷载继续加大，受拉钢筋首先达到屈服，并形成一条明显的主裂缝，随后主裂缝明显加宽并向受压一侧延伸，受压区高度迅速减小。最后，受压区边缘出现纵向裂缝，受压区混凝土被压碎而导致构件破坏（图 4-14）。此时，受压钢筋一般也能屈服。由于受拉破坏通常在轴向压力偏心距 e_0 较大时发生，故习惯上也称为大偏心受压破坏。受拉破坏有明显预兆，属于延性破坏。

2. 受压破坏

当构件的轴向压力偏心距 e_0 较小，或偏心距 e_0 虽然较大但配置的受拉钢筋过多时，就发生这种类型的破坏。加荷后整个截面全部受压或大部分受压，靠近轴向压力 N 一侧的混凝土压应力较大，远离轴向压力一侧压应力较小甚至受拉。随着荷载 N 逐渐增加，靠近 N 一侧混凝土出现纵向裂缝，进而混凝土达到极限应变 ε_{cu} 被压碎，受压钢筋 A_s' 的应力也达到 f_y'，远离 N 一侧的钢筋 A_s 可能受压，也可能受拉，但因本身截面应力太小，或因配筋过多，都达不到屈服强度（图 4-15）。由于受压破坏通常在轴向压力偏心距 e_0 较

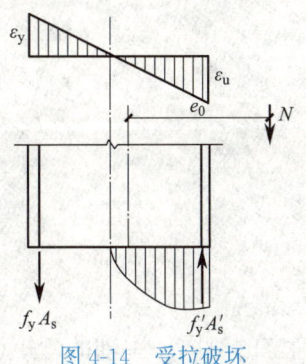

图 4-14　受拉破坏

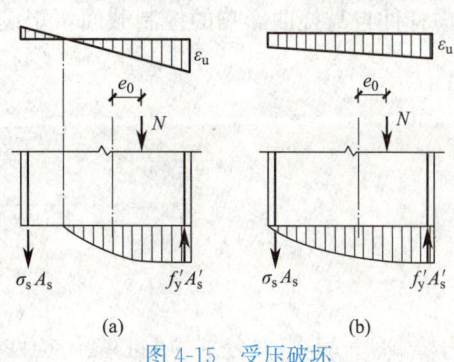

(a)　　　　(b)

图 4-15　受压破坏

小发生，故习惯上也称为小偏心受压破坏。受压破坏无明显预兆，属脆性破坏。

4.3.2　受拉破坏与受压破坏的界限

由受拉破坏和受压破坏的特征可知，两种破坏都属于"材料破坏"。其相同之处是，截面的最终破坏都是受压区边缘混凝土达到极限压应变而被压碎。不同之处在于截面破坏的起因不同，即截面受拉部分和受压部分谁先发生破坏，前者是受拉钢筋先屈服而后受压混凝土被压碎，后者是受压部分先发生破坏。受拉破坏与受弯构件正截面适筋破坏类似，而受压破坏类似于受弯构件正截面的超筋破坏，故受拉破坏与受压破坏也用界限相对受压区高度 ξ_b 作为界限，即：$\xi \leqslant \xi_b$ 属大偏心受压破坏；$\xi > \xi_b$ 为小偏心受压破坏。其中 ξ_b 按表 3-10 采用。

4.3.3　偏心受压构件的二阶效应

对于有侧移和无侧移结构的偏心受压杆件，当杆件的长细比较大时，在轴向力作用下，会产生纵向弯曲变形，即产生侧向挠度，所以，应考虑由于杆件自身挠曲对截面弯矩产生的不利影响，即二阶效应或 $P\text{-}\delta$ 效应（图 4-16）。二阶效应通常会增大杆件中间区段截面的一阶弯矩（通常把 Ne_i 称为初始弯矩或一阶弯矩），特别是当杆件较细长、杆件两端弯矩同号且两端弯矩的比值接近 1.0 时，可能出现杆件中间区段截面考虑二阶效应后的弯矩值超过杆端弯矩的情况，从而使杆件中间区段的截面成为设计的控制截面。

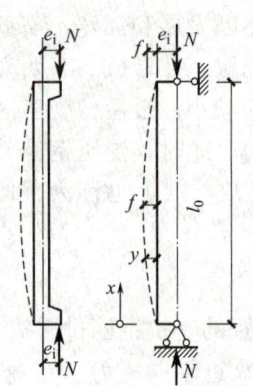

图 4-16　偏心受压柱的
侧向挠曲

长细比很大（矩形截面柱 $l_0/h > 30$、环形及圆形截面柱 $l_0/d > 26$、任意截面柱 $l_0/i > 104$）时，为细长柱。当偏心压力达到某一定值时，侧向挠度会突然剧增，构件由于纵向弯曲失去平衡而引起破坏，此时材料还未达到其强度极限，属于失稳破坏。由于失稳破坏与材料破坏有本质的区别，且承载力低，因此工程中一般不采用细长柱。

实际工程中常遇到的是长柱，在计算中需考虑二阶效应。《混凝土标准》采用弯矩增大系数 η_{ns} 考虑二阶效应的影响，规定除排架结构以外的偏心受压构件，在其偏心方向上考虑杆件自身挠曲影响的控制截面弯矩设计值可按下式计算：

$$M = C_m \eta_{ns} M_2 \tag{4-7}$$

$$C_m = 0.7 + 0.3 \frac{M_1}{M_2} \tag{4-8}$$

$$\eta_{ns} = 1 + \frac{1}{1300(M_2/N + e_a)/h_0} \left(\frac{l_c}{h}\right)^2 \zeta_c \tag{4-9}$$

$$\zeta_c = \frac{0.5 f_c A}{N} \tag{4-10}$$

式中　M_1、M_2——分别为偏心受压构件两端截面按结构分析确定的对同一主轴的弯矩设计值，绝对值较大端为 M_2，绝对值较小端为 M_1，当构件按单曲率弯曲时，M_1/M_2 为正，否则为负；

C_m——柱端弯矩偏心矩调节系数，当小于 0.7 时取 0.7；

η_{ns}——弯矩增大系数；

A——构件的截面面积；

ζ_c——截面曲率修正系数，当 $\zeta_c > 1.0$ 时取 $\zeta_c = 1.0$；

h——截面高度，对环形截面取外直径，对圆形截面取直径；

h_0——截面的有效高度；

N——与弯矩设计值 M_2 相应的轴向压力设计值。

当 $C_m\eta_{ns}$ 小于 1.0 时取 1.0。

式（4-7）适用于矩形、I 形、T 形、环形和圆形截面偏心受压构件。

对于弯矩作用平面内截面对称（矩形截面为双轴对称截面，T 形和 I 字形截面为单轴对称截面）的偏心受压构件，当同一主轴方向的杆端弯矩比 $M_1/M_2 \leqslant 0.9$，且设计轴压比 $\lambda_N = \dfrac{N}{Af_c} \leqslant 0.9$ 时，若构件的长细比满足式（4-11）的要求，可不考虑该方向构件自身挠曲产生的附加弯矩影响。

$$l_c/i \leqslant 34 - 12(M_1/M_2) \tag{4-11}$$

式中　l_c——构件的计算长度，可近似取偏心受压构件相应主轴方向两支撑点之间的距离；

i——偏心方向的截面回转半径。

4.3.4　矩形截面偏心受压构件正截面承载力计算基本公式

1. 基本假定

对偏心受压构件正截面承载力计算也可仿照受弯构件正截面承载力计算作如下基本假定：

（1）截面应变保持为平面；

（2）不考虑混凝土的受拉作用；

（3）受压区混凝土采用等效矩形应力图，其强度等于混凝土轴心抗压强度设计值 f_c 乘以系数 α_1，矩形应力图形的受压区高度 $x = \beta_1 x_n$，x_n 为由平面假定确定的中和轴高度，α_1、β_1 仍按表 3-9 取用；

（4）考虑到实际工程中施工的误差、混凝土质量的不均匀性，以及荷载实际作用位置的偏差等原因，都会使轴向压力在偏心方向产生附加偏心距 e_a，因此在偏心受压构件的正截面承载力计算中应考虑 e_a 的影响，e_a 应取 20mm 和偏心方向截面最大尺寸 h 的 1/30 中的较大值。

2. 大偏心受压（$\xi \leqslant \xi_b$）

（1）基本公式

矩形截面大偏心受压构件破坏时的应力分布如图 4-17（a）所示。为简化计算，将其简化为图 4-17（b）所示的等效矩形图。由力的平衡条件及各力对受拉钢筋合力点取矩的力矩平衡条件得：

$$N_u = \alpha_1 f_c bx + f'_y A'_s - f_y A_s \tag{4-12}$$

$$N_u e = \alpha_1 f_c bx \left(h_0 - \frac{x}{2}\right) + f'_y A'_s (h_0 - a'_s) \tag{4-13}$$

设计表达式为：

$$N \leqslant N_u = \alpha_1 f_c bx + f'_y A'_s - f_y A_s \tag{4-14}$$

$$Ne \leqslant N_u e = \alpha_1 f_c bx \left(h_0 - \frac{x}{2}\right) + f'_y A'_s (h_0 - a'_s) \tag{4-15}$$

$$e = e_i + \frac{h}{2} - a_s \tag{4-16}$$

$$e_i = e_0 + e_a \tag{4-17}$$

式中　N——轴向压力设计值；

　　x——混凝土受压区高度；

　　e——轴向压力作用点至纵向受拉钢筋合力点之间的距离；

　　e_i——初始偏心距；

　　e_0——轴向压力 N 对截面重心的偏心距，$e_0 = \dfrac{M}{N}$，当需要考虑二阶效应时，M 为考虑二阶效应影响后的弯矩设计值；

　　e_a——附加偏心距，$e_a = \max(h/30,\ 20\text{mm})$；

a_s、a'_s——分别为纵向受拉钢筋、纵向受压钢筋合力作用点至截面近边缘的距离。截面设计时可近似按下列数值采用：混凝土强度等级 $\leqslant$C25 时取 45mm，否则取 40mm。

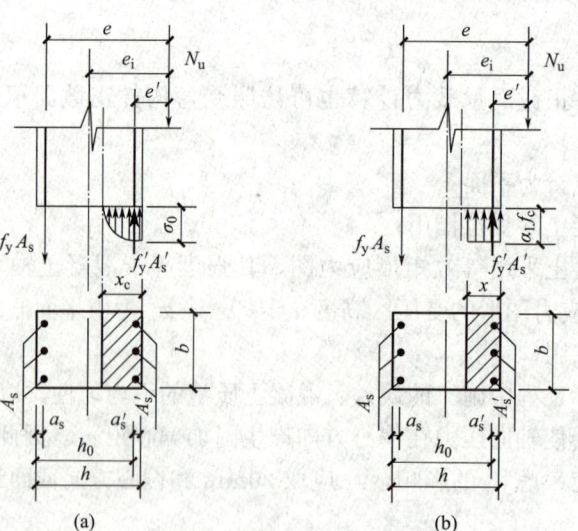

图 4-17　矩形截面大偏心受压构件破坏时的应力分布

（a）应力分布图；（b）等效矩形图

对于对称配筋情况，将条件 $A_s = A'_s$ 和 $f_y = f'_y$ 代入式（4-14）、式（4-15）得

$$N = \alpha_1 f_c bx \tag{4-18}$$

$$A_s = A_s' = \frac{Ne - \alpha_1 f_c bx\left(h_0 - \dfrac{x}{2}\right)}{f_y'(h_0 - a_s')} = \frac{Ne - \alpha_1 f_c bh_0^2 \xi(1 - 0.5\xi)}{f_y'(h_0 - a_s')} \tag{4-19}$$

（2）基本公式适用条件

① 为了保证构件在破坏时，受拉钢筋应力能达到抗拉强度设计值 f_y，必须满足：

$$\xi = \frac{x}{h_0} \leqslant \xi_b \tag{4-20}$$

② 为了保证构件在破坏时，受压钢筋应力能达到抗压强度设计值 f_y'，必须满足：

$$x \geqslant 2a_s' \tag{4-21}$$

当 $x < 2a_s'$ 时，表示受压钢筋的应力可能达不到 f_y'。此时，近似取 $x = 2a_s'$，构件正截面承载力按下式计算：

$$Ne' = f_y A_s(h_0 - a_s') \tag{4-22}$$

相应地，对称配筋时纵向钢筋截面面积计算公式为

$$A_s' = A_s = \frac{Ne'}{f_y(h_0 - a_s')} \tag{4-23}$$

式中　e'——轴向压力作用点至纵向受压钢筋合力点之间的距离：

$$e' = e_i - \frac{h}{2} + a_s' \tag{4-24}$$

3. 小偏心受压 （$\xi > \xi_b$）

矩形截面小偏心受压的基本公式可按大偏心受压的方法建立。但小偏心受压构件在破坏时，远离纵向力一侧的钢筋 A_s 未达到屈服，其应力用 σ_s 来表示，$\sigma_s < f_y$ 或 $< f_y'$。根据等效矩形图（图 4-18），由力的平衡条件及力矩平衡条件得：

$$N_u = \alpha_1 f_c bx + f_y' A_s' - \sigma_s A_s \tag{4-25}$$

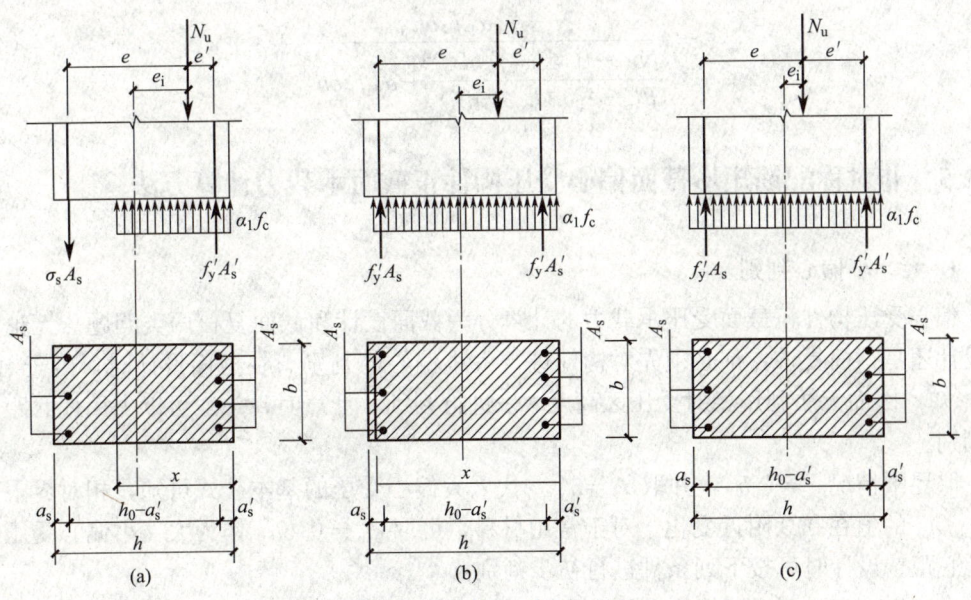

图 4-18　小偏心受压应力图

$$N_u e = \alpha_1 f_c b x \left(h_0 - \frac{x}{2} \right) + f'_y A'_s (h_0 - a'_s) \tag{4-26}$$

设计表达式为：

$$N \leqslant N_u = \alpha_1 f_c b x + f'_y A'_s - \sigma_s A_s \tag{4-27}$$

$$Ne \leqslant N_u e = \alpha_1 f_c b x \left(h_0 - \frac{x}{2} \right) + f'_y A'_s (h_0 - a'_s) \tag{4-28}$$

$$\sigma_s = \frac{\xi - \beta_1}{\xi_b - \beta_1} f_y \tag{4-29}$$

式中　σ_s——距轴向力较远一侧的钢筋应力；

　　　β_1——系数，按表 3-9 取用。

其余符号意义同前。

当偏心距很小，且配置不足，有可能出现远离轴向压力的一侧混凝土首先达到受压破坏的情况。为避免发生这种反向破坏，《混凝土标准》规定，当 $N > f_c b h$ 时，尚应按下列公式进行验算：

$$Ne' \leqslant f_c b h \left(h'_0 - \frac{h}{2} \right) + f'_y A_s (h'_0 - a_s) \tag{4-30}$$

$$e' = \frac{h}{2} - a'_s - (e_0 - e_a) \tag{4-31}$$

式中　h'_0——钢筋 A'_s 合力点至离轴向压力较远一侧边缘的距离，即 $h'_0 = h - a'_s$。

对于对称配筋情况，$A_s = A'_s$，解式（4-27）～式（4-29）得纵向钢筋截面面积计算公式为

$$A'_s = A_s = \frac{Ne - \alpha_1 f_c b x \left(h_0 - \frac{x}{2} \right)}{f'_y (h_0 - a'_s)} = \frac{Ne - \alpha_1 f_c b h_0^2 \xi (1 - 0.5\xi)}{f'_y (h_0 - a'_s)} \tag{4-32}$$

其中 ξ 可近似按下式计算：

$$\xi = \frac{N - \xi_b \alpha_1 f_c b h_0}{\dfrac{Ne - 0.43 \alpha_1 f_c b h_0^2}{(\beta_1 - \xi_b)(h_0 - a'_s)} + \alpha_1 f_c b h_0} + \xi_b \tag{4-33}$$

4.3.5　非对称配筋矩形截面偏心受压构件正截面承载力计算方法

1. 大、小偏心判别

偏心受压构件正截面受压承载力的计算分为截面设计和截面复核两类问题。无论是截面设计还是截面复核，都必须先对构件进行大小偏心的判别。在截面设计时，由于 A_s 和 A'_s 未知，因而无法利用相对受压区高度 ξ 来进行判别。计算时，一般可以先用偏心距来进行判别。

取界限情况 $x = \xi_b h_0$，并取 $a_s = a'_s$，代入大偏心受压的基本公式可知，相对界限偏心距 e_{ib}/h_0 的值在 0.3 附近变化。对于常用材料，可取 $e_{ib} = 0.3 h_0$ 作为大、小偏心受压的界限偏心距。设计时可按下列条件进行初步判别：

当 $e_i > 0.3 h_0$ 时，可能为大偏心受压，也可能为小偏心受压，可先按大偏心受压设计；

当 $e_i \leqslant 0.3h_0$ 时，按小偏心受压设计。

2. 截面设计

（1）大偏心受压

非对称配筋矩
形截面偏心受
压构件正截面
承载力计算-
截面设计

截面设计时，截面尺寸 $b \times h$、材料强度、内力设计值 N 和 M 均已知，求纵向钢筋截面面积 A_s 和 A'_s。

求解时可先判断构件是否考虑轴向压力产生的附加弯矩的影响，再判断构件的偏心类型：当 $e_i > 0.3h_0$ 时，先按大偏心受压计算，求出钢筋截面面积和 x 后，若 $x \leqslant x_b$，说明原假定大偏心受压是正确的，否则需按小偏心受压重新计算。在所有情况下，A_s 和 A'_s 均需满足最小配筋率要求，同时，$(A_s + A'_s)$ 不宜大于 $0.05bh$。最后，要按轴心受压构件验算垂直于弯矩作用平面的受压承载力。

1）第一种情况：A_s 和 A'_s 均未知

此时，有 A_s、A'_s 和 x 三个未知数，只有式（4-14）和式（4-15）两个基本公式，因而无唯一解。与双筋受弯构件类似，为使总钢筋面积 $(A_s + A'_s)$ 最小，可取 $x = \xi_b h_0$，并将其代入式（4-15）得计算 A'_s 的公式：

$$A'_s = \frac{Ne - \alpha_1 f_c b h_0^2 \xi_b (1 - 0.5\xi_b)}{f'_y (h_0 - a'_s)} \tag{4-34}$$

若算得的 $A'_s \geqslant \rho_{\min} bh = 0.002bh$，则将 A'_s 值和 $x = \xi_b h_0$ 代入式（4-14），则得

$$A_s = \frac{\alpha_1 f_c b \xi_b h_0 + f'_y A'_s - N}{f_y} \tag{4-35}$$

若算得的 $A'_s < \rho_{\min} bh = 0.002bh$，应取 $A'_s = \rho_{\min} bh = 0.002bh$，按 A'_s 已知的第二种情况计算。

2）第二种情况：已知 A'_s，求 A_s

此类问题往往是因为承受变号弯矩或如第一种情况中需要满足 A'_s 最小配筋率等构造要求，必须配置截面面积为 A'_s 的钢筋，然后求 A_s 的截面面积。这时，两个基本公式两个未知数（A_s 与 x），有唯一解。按下式直接求出 x：

$$x = h_0 - \sqrt{h_0^2 - \frac{2[Ne - f'_y A'_s (h_0 - a'_s)]}{\alpha_1 f_c b}} \tag{4-36}$$

若 $2a'_s \leqslant x \leqslant \xi_b h_0$，则将 x 代入式（4-14）得：

$$A_s = \frac{\alpha_1 f_c b x + f'_y A'_s - N}{f_y} \tag{4-37}$$

若 $x > \xi_b h_0$，说明原有的 A'_s 过少，应按 A_s 和 A'_s 均未知的第一种情况重新计算。

若 $x < 2a'_s$，则可偏于安全地近似取 $x = 2a'_s$，对 A'_s 合力重心取矩后，得 A_s 的计算公式如下：

$$A_s = \frac{N \left(e_i - \dfrac{h}{2} + a'_s \right)}{f_y (h_0 - a'_s)} \tag{4-38}$$

（2）小偏心受压

当 $e_i \leqslant 0.3h_0$ 时，按小偏心受压设计。小偏心受压构件截面设计时，两个基本公式，

共有 A_s、A'_s、ξ（或 x）三个未知数，故无唯一解。对于小偏心受压，$\xi > \xi_b$，$\sigma_s < f_y$，A_s 未达到受拉屈服；而由式（4-27）知，若 A_s 的应力 σ_s 达到 $-f'_y$，且 $f'_y = f_y$ 时，其相对受压区高度为 $\xi = \xi_{cy} = 2\beta_1 - \xi_b$，若 $\xi < 2\beta_1 - \xi_b$，则 $\sigma_s > -f'_y$，即 A_s 未达到受压屈服。可见，当 $\xi_b < \xi < 2\beta_1 - \xi_b$ 时，A_s 无论受拉还是受压，无论配筋多少，都不能达到屈服，因而可取 $A_s = 0.002bh$，这样算得的总用钢量（$A_s + A'_s$）一般为最少。

此外，当 $N > f_c bh$ 时，为使 A_s 配置不致过少，由式（4-30）得 A_s 应满足：

$$A_s \geqslant \frac{Ne' - f_c bh\left(h'_0 - \dfrac{h}{2}\right)}{f'_y(h'_0 - a_s)} \tag{4-39}$$

式中 e' 由式（4-31）算得。

综上所述，当 $N > f_c bh$ 时，A_s 应取 $0.002bh$ 和按式（4-39）所算得的数值的较大者。

A_s 确定后，代入式（4-27）、式（4-28）和式（4-29），即可求出 ξ 和 A'_s 的唯一解。

根据算出的 ξ 值，可分为以下三种情况：

1）若 $\xi < \xi_{cy}$，则所得的 A'_s 值即为所求受压钢筋面积。

2）若 $\xi_{cy} \leqslant \xi \leqslant h/h_0$，此时 $\sigma_s = -f'_y$，式（4-27）和式（4-28）转化为：

$$N \leqslant \alpha_1 f_c b\xi h_0 + f'_y A'_s + f'_y A_s \tag{4-40}$$

$$Ne \leqslant \alpha_1 f_c bh_0^2 \xi(1 - 0.5\xi) + f'_y A'_s(h_0 - a'_s) \tag{4-41}$$

将 A_s 值代入以上两式，重新求解 ξ 和 A'_s。

3）若 $\xi > h/h_0$，此时为全截面受压，应取 $x = h$，同时取混凝土应力图形系数 $\alpha_1 = 1.0$，代入（4-28）直接解得：

$$A'_s = \frac{Ne - f_c bh(h_0 - 0.5h)}{f'_y(h_0 - a'_s)} \tag{4-42}$$

设计小偏心受压构件时，还须满足 $A'_s \geqslant 0.002bh$ 的要求。

3. 截面复核

已知：截面尺寸 $b \times h$，配筋面积 A_s 和 A'_s，混凝土强度等级与钢筋级别，构件长细比 l_0/h，轴向力设计值 N 及偏心距 e_0。

求：截面受压承载力 N_u，或已知 N 值时，求所能承受的弯矩设计值 M_u。

（1）已知轴向力设计值 N，求所能承受的弯矩设计值 M_u

可先假设为大偏心受压，由式（4-14）算得 x 值，即：

$$x = \frac{N - f'_y A'_s + f_y A_s}{\alpha_1 f_c b} \tag{4-43}$$

若 $x \leqslant \xi_b h_0$，为大偏心受压，此时将 x 代入式（4-15）求出 e，由式（4-16）求出 e_i，由式（4-17）求得 e_0 值，则所求的弯矩设计值 $M_u = Ne_0$。

若 $x > \xi_b h_0$，按小偏心受压进行截面复核。具体步骤：由式（4-27）和式（4-29）求 x，将 x 代入式（4-28）算得 e，按式（4-16）求出 e_i，由式（4-17）求得 e_0 值，则所求的弯矩设计值 $M_u = Ne_0$。

（2）已知轴向力作用的偏心距 e_0，求所能承受的轴向力设计值 N_u

先假定为大偏心受压，由下式求出 x：

$$\alpha_1 f_c bx(e_i - 0.5h + 0.5x) = f_y A_s(e_i + 0.5h - a_s) - f'_y A'_s(e_i - 0.5h + a'_s) \tag{4-44}$$

若 $x \leqslant \xi_b h_0$，为大偏心受压，将 x 代入式（4-18）便可求得 N_u。

若 $x > \xi_b h_0$，则为小偏心受压，将式（4-44）的 f_y 改为 σ_s 得：

$$\alpha_1 f_c b x (e_i - 0.5h + 0.5x) = \sigma_s A_s (e_i + 0.5h - a_s) - f'_y A'_s (e_i - 0.5h + a'_s) \quad (4-45)$$

将式（4-29）代入式（4-45）即可求出 x，将 x 代入式（4-27）便可算得 N_u。

【例 4-3】 某钢筋混凝土偏心受压柱，截面尺寸 $b \times h = 400\text{mm} \times 500\text{mm}$，计算长度 $l_c = 5.0\text{m}$，内力设计值为：$N = 1300\text{kN}$，$M_2 = 280\text{kN} \cdot \text{m}$，$M_1 = 25\text{kN} \cdot \text{m}$。采用 C35 混凝土，HRB400 纵向钢筋。求钢筋截面面积 A_s 和 A'_s。

【解】 查表得 $f_c = 16.7\text{N/mm}^2$，$f_y = f'_y = 360\text{N/mm}^2$，$\xi_b = 0.518$。取 $a_s = a'_s = 40\text{mm}$，$h_0 = 500 - 40 = 460\text{mm}$。

（1）判别是否考虑附加弯矩的影响

$$M_1 / M_2 = 25/280 = 0.089 < 0.9$$

轴压比 $\lambda_N = \dfrac{N}{f_c A} = \dfrac{1300 \times 10^3}{16.7 \times 400 \times 500} = 0.38 < 0.9$

$$i = \sqrt{\frac{I}{A}} = \sqrt{\frac{\frac{1}{12}bh^3}{bh}} = \frac{\sqrt{3}h}{6} = \frac{\sqrt{3} \times 500}{6} = 144.33\text{mm}$$

$$l_c / i = \frac{5000}{144.33} = 34.64 > 34 - 12(M_1/M_2) = 34 - 12 \times 25/280 = 32.93$$

需考虑附加弯矩的影响。

$$e_a = \max(20\text{mm}，h/30) = \max(20\text{mm}，500/30\text{mm}) = 20\text{mm}$$

$$C_m = 0.7 + 0.3 \frac{M_1}{M_2} = 0.7 + 0.3 \times \frac{25}{280} = 0.73$$

$$\zeta_c = \frac{0.5 f_c A}{N} = \frac{0.5 \times 16.7 \times 400 \times 500}{1300 \times 10^3} = 1.285 > 1，\text{取 } \zeta_c = 1.0$$

$$\eta_{ns} = 1 + \frac{1}{1300(M_2/N + e_a)/h_0}\left(\frac{l_c}{h}\right)^2 \zeta_c$$

$$= 1 + \frac{1}{1300(280 \times 10^6 / 1300 \times 10^3 + 20)/460}\left(\frac{5000}{500}\right)^2 \times 1.0$$

$$= 1.150$$

$$C_m \eta_{ns} = 0.73 \times 1.150 = 0.8395，\text{取 } C_m \eta_{ns} = 1.0$$

$$M = C_m \eta_{ns} M_2 = 1.0 \times 280 = 280\text{kN} \cdot \text{m}$$

（2）判别大小偏心

$$e_0 = \frac{M}{N} = \frac{280 \times 10^6}{1300 \times 10^3} = 215.38\text{mm}$$

$$e_i = e_0 + e_a = 215.38 + 20 = 235.38\text{mm}$$

$$0.3h_0 = 0.3 \times 460 = 138\text{mm} < e_i$$

先按大偏心受压计算。

（3）配筋计算

$$e = e_i + \frac{h}{2} - a_s = 235.38 + \frac{500}{2} - 40 = 445.38\text{mm}$$

取 $\xi = \xi_b$

$$A'_s = \frac{Ne - \alpha_1 f_c b h_0^2 \xi_b (1 - 0.5\xi_b)}{f'_y (h_0 - a')}$$

$$= \frac{1300 \times 10^3 \times 445.38 - 1.0 \times 16.7 \times 400 \times 460^2 \times 0.518(1 - 0.5 \times 0.518)}{360 \times (460 - 40)}$$

$$= 241.0 \text{mm}^2$$

$$< 0.002bh = 0.002 \times 400 \times 500 = 400 \text{mm}^2$$

取 $A'_s = 400 \text{mm}^2$

$$A_s = \frac{\alpha_1 f_c b h_0 \xi_b + f'_y A'_s - N}{f_y}$$

$$= \frac{1.0 \times 16.7 \times 400 \times 460 \times 0.518 + 360 \times 400 - 1300 \times 10^3}{360} = 1210.3 \text{mm}^2$$

$$A_s > 0.002bh = 0.002 \times 400 \times 500 = 400 \text{mm}^2$$

受压钢筋选配 3 Φ 14 （$A'_s = 461 \text{mm}^2$）

受拉钢筋选配 3 Φ 25 （$A_s = 1473 \text{mm}^2$）

$$\rho'_{min} = 0.55\% < (A_s + A'_s)/A = \frac{1473 + 461}{400 \times 500} = 0.97\% < 5\%$$

全部纵筋配筋率处于合理区间。

（4）垂直于弯矩作用平面的承载力验算

$$\frac{l_0}{b} = \frac{5000}{400} = 12.5 > 8$$

$$\varphi = \frac{1}{1 + 0.002(l_0/b - 8)^2} = \frac{1}{1 + 0.002(12.5 - 8)^2} = 0.961$$

$$N_u = 0.9\varphi(f_c A + f'_y A'_s)$$

$$= 0.9 \times 0.961 \times [16.7 \times 400 \times 500 + (360 \times 1473 + 360 \times 461)]$$

$$= 3490944 \text{N} > N = 1300 \text{kN}$$

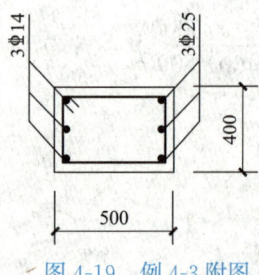

图 4-19 例 4-3 附图

满足要求。

截面配筋图如图 4-19 所示。

【例 4-4】 某钢筋混凝土偏心受压框架柱，截面尺寸 $b \times h = 400 \text{mm} \times 500 \text{mm}$，$a_s = a'_s = 40 \text{mm}$，计算长度 $l_c = 3.75 \text{m}$，内力设计值为 $M_2 = 150 \text{kN} \cdot \text{m}$，$M_1 = 120 \text{kN} \cdot \text{m}$，$N = 3000 \text{kN}$，采用 C35 混凝土，纵筋采用 HRB400 钢筋。求钢筋截面面积 A_s 和 A'_s。

【解】 查表得 $f_c = 16.7 \text{N/mm}^2$，$\xi_b = 0.518 \text{mm}$，$f_y = f'_y = 360 \text{N/mm}^2$。由 $a_s = a'_s = 40 \text{mm}$ 得 $h_0 = h'_0 = 500 - 40 = 460 \text{mm}$。

（1）判别是否考虑附加弯矩的影响

$$M_1/M_2 = 120/150 = 0.8 < 0.9$$

轴压比 $\lambda_N = \dfrac{N}{f_c A} = \dfrac{3000 \times 10^3}{16.7 \times 400 \times 500} = 0.9 \not> 0.9$

$$i = \sqrt{\frac{I}{A}} = \sqrt{\frac{\frac{1}{12}bh^3}{bh}} = \frac{\sqrt{3}h}{6} = \frac{\sqrt{3} \times 500}{6} = 144.34\text{mm}$$

$$l_c/i = \frac{3750}{144} = 26.04 > 34 - 12(M_1/M_2) = 24.4$$

$$l_c/i = \frac{3800}{144.34} = 26.33 > 34 - 12(M_1/M_2) = 34 - 12 \times 0.8 = 24.40$$

需考虑附加弯矩的影响。

$$e_a = h/30 = 500/30 = 16.67\text{mm} < 20\text{mm}, \quad \text{取 } e_a = 20\text{mm}$$

$$C_m = 0.7 + 0.3\frac{M_1}{M_2} = 0.7 + 0.3 \times 0.8 = 0.94$$

$$\zeta_c = \frac{0.5f_c A}{N} = \frac{0.5 \times 16.7 \times 400 \times 500}{3000 \times 10^3} = 0.557$$

$$\eta_{ns} = 1 + \frac{1}{1300(M_2/N + e_a)/h_0}\left(\frac{l_c}{h}\right)^2 \zeta_c$$

$$= 1 + \frac{1}{1300(150 \times 10^6/3000 \times 10^3 + 20)/460}\left(\frac{3750}{500}\right)^2 \times 0.557 = 1.284$$

$$C_m \eta_{ns} = 0.94 \times 1.284 = 1.207 > 1.0$$

$$M = C_m \eta_{ns} M_2 = 1.067 \times 150 = 160.05\text{kN} \cdot \text{m}$$

（2）判别大小偏心

$$e_0 = M/N = 160.05 \times 10^6/3000 \times 10^3 = 53.35\text{mm}$$

$$e_i = e_0 + e_a = 53.35 + 20 = 73.35\text{mm} < 0.3h_0 = 0.3 \times 460 = 138\text{mm}$$

属小偏心受压。

（3）配筋计算

$$e = e_i + h/2 - a_s = 73.35 + 500/2 - 40 = 283.35\text{mm}$$

$$e' = h/2 - a'_s - (e_0 - e_a) = 500/2 - 40 - (53.35 - 20) = 176.65\text{mm}$$

先按最小配筋率配置受拉钢筋，取 $A_s = 0.002 \times 400 \times 500 = 400\text{mm}^2$

$$N = 3000\text{kN} < f_c bh = 16.7 \times 400 \times 500 = 33400000\text{N}$$

故 $A_s = 400\text{mm}^2$，代入式（4-27）、式（4-28）和式（4-29）

$$N = \alpha_1 f_c bx + f'_y A'_s - \sigma_s A_s$$

$$Ne = \alpha_1 f_c bx\left(h_0 - \frac{x}{2}\right) + f'_y A'_s(h_0 - a'_s)$$

$$\sigma_s = \frac{\xi - \beta_1}{\xi_b - \beta_1} f_y$$

得：

$$3000 \times 10^3 = 1.0 \times 14.3 \times 400x + 360A'_s - \sigma_s \times 400$$

$$3000 \times 10^3 \times 283.35 = 1.0 \times 14.3 \times 400x\left(460 - \frac{x}{2}\right) + 360A'_s(460 - 40)$$

$$\sigma_s = \frac{x/h_0 - \beta_1}{\xi_b - \beta_1} f_y = \frac{x/460 - 0.8}{0.518 - 0.8} \times 360$$

联立上三式解得 $x = 404.8 \text{mm}$，$A_s' = 1676.8 \text{mm}^2$

$$A_s' > \rho_{\min} bh = 0.002 \times 400 \times 500 = 400 \text{mm}^2$$

受拉钢筋选配 $2\phi16$（$A_s = 402 \text{mm}^2$）

受压钢筋选配 $3\phi28$（$A_s' = 1847 \text{mm}^2$）

$$0.55\% < (A_s + A_s')/A = \frac{402 + 1847}{400 \times 500} = 1.12\% < 5\%$$

全部纵筋配筋率处于合理范围。

（4）垂直于弯矩作用平面的承载力验算

$$\frac{l_0}{b} = \frac{3750}{400} = 9.38 > 8$$

$$\varphi = \frac{1}{1 + 0.002(l_0/b - 8)^2} = \frac{1}{1 + 0.002(9.38 - 8)^2} = 0.996$$

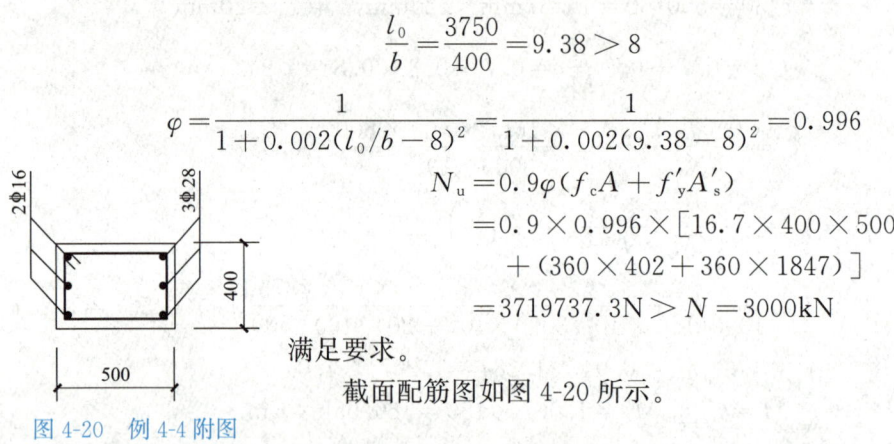

$$
\begin{aligned}
N_u &= 0.9\varphi(f_c A + f_y' A_s') \\
&= 0.9 \times 0.996 \times [16.7 \times 400 \times 500 \\
&\quad + (360 \times 402 + 360 \times 1847)] \\
&= 3719737.3 \text{N} > N = 3000 \text{kN}
\end{aligned}
$$

满足要求。

截面配筋图如图 4-20 所示。

图 4-20　例 4-4 附图

4.3.6　对称配筋矩形截面偏心受压构件正截面承载力计算方法

对称配筋矩形截面偏心受压构件正截面承载力计算有两类问题：截面设计和截面复核。

1. 截面设计

已知：构件截面尺寸 b、h，计算长度 l_0，混凝土强度等级、钢筋级别，弯矩设计值 M，轴向压力设计值 N。

求：纵向钢筋截面面积。

计算步骤如图 4-21 所示。

需要注意的是，轴向压力 N 较大且弯矩平面内的偏心距 e_i 较小，若垂直于弯矩平面的长细比 l_0/b 较大时，则有可能由垂直于弯矩作用平面的轴向压力起控制作用。因此，偏心受压构件除应计算弯矩作用平面的受压承载力外，还应验算垂直于弯矩作用平面的轴心受压承载力。垂直于弯矩作用平面的受压承载力按轴心受压构件计算，此时，式（4-5）中的 A_s' 应以 $A_s' + A_s$ 代替。

2. 截面复核

对称配筋偏心受压构件截面承载力复核方法与非对称配筋时相同。计算时在有关公式中取 $A_s = A_s'$，$f_y = f_y'$ 即可。此外，在复核小偏心受压构件时，因采用了对称配筋，故仅须考虑靠近轴向压力一侧的混凝土先破坏的情况。

微课

对称配筋矩形截面偏心受压构件正截面承载力计算-截面设计

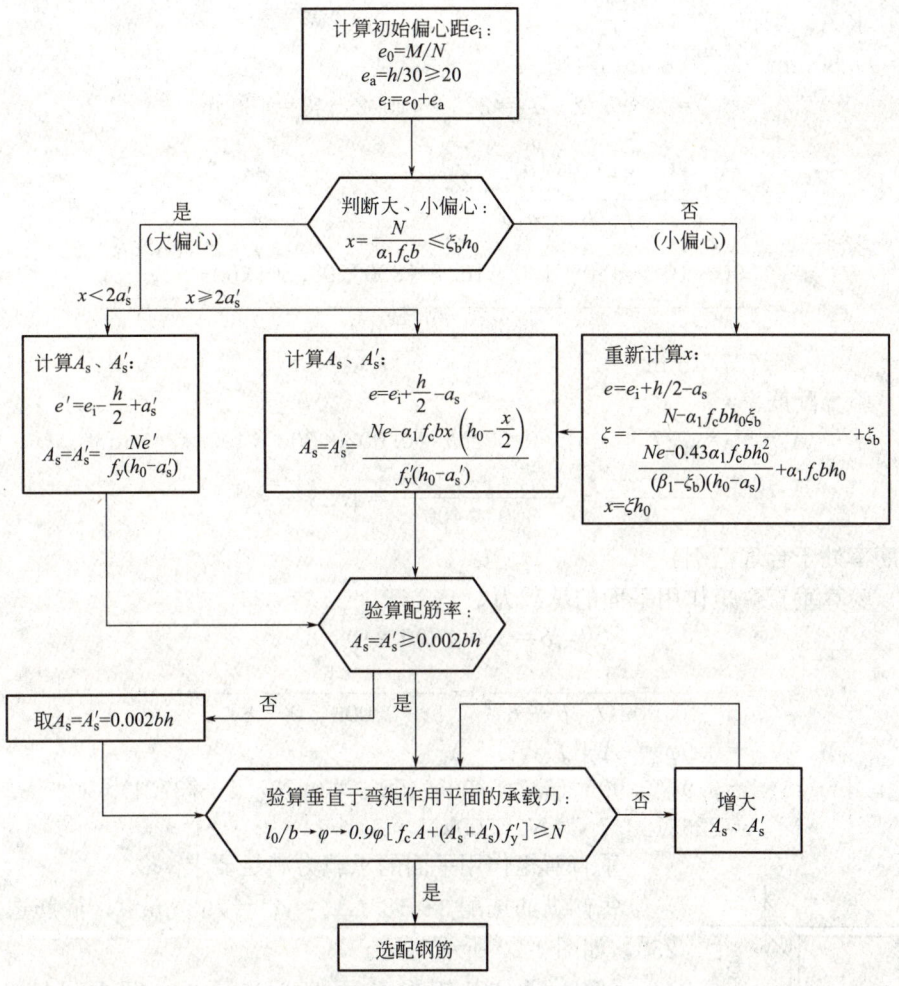

图 4-21　对称配筋偏心受压构件截面设计步骤

【例 4-5】　某偏心受压柱，截面尺寸 $b \times h = 300\text{mm} \times 400\text{mm}$，采用 C35 混凝土、HRB400 钢筋，柱计算长度 $l_0 = 3000\text{mm}$，承受弯矩设计值 $M = 150\text{kN} \cdot \text{m}$（已考虑二阶效应影响），轴向压力设计值 $N = 500\text{kN}$，$a_s = a_s' = 40\text{mm}$，采用对称配筋。求纵向受力钢筋的截面面积 $A_s = A_s'$。

【解】　查表得 $f_c = 16.7\text{N/mm}^2$，$\alpha_1 = 1.0$，$f_y = f_y' = 360\text{N/mm}^2$，$\xi_b = 0.518$。因 $a_s = a_s' = 40\text{mm}$，则 $h_0 = 360\text{mm}$

（1）求初始偏心距 e_i

$$e_0 = M/N = 150 \times 10^6 / 500 \times 10^3 = 300\text{mm}$$

$$e_a = \max(20, h/30) = \max(20, 400/30) = 20\text{mm}$$

$$e_i = e_0 + e_a = 300 + 20 = 320\text{mm}$$

（2）判断大小偏心

$$x = \frac{N}{\alpha_1 f_c b} = \frac{500 \times 10^3}{1.0 \times 16.7 \times 300} = 99.80\text{mm} < \xi_b h_0 = 0.518 \times 360 = 186.48\text{mm}$$

属于大偏心受压。

（3）求 $A_s = A_s'$

$x = 99.80\text{mm} > 2a_s' = 80\text{mm}$，则

$$e = e_i + h/2 - a_s = 320 + 400/2 - 40 = 480\text{mm}$$

$$A_s' = A_s = \frac{Ne - \alpha_1 f_c bx\left(h_0 - \dfrac{x}{2}\right)}{f_y'(h_0 - a_s')}$$

$$= \frac{500\times10^3\times480 - 1.0\times16.7\times300\times99.80\left(360 - \dfrac{99.80}{2}\right)}{360(360 - 40)}$$

$$= 737.4\text{mm}^2$$

（4）验算配筋率

$$A_s = A_s' = 737.4\text{mm}^2 > 0.002bh = 0.002\times300\times400 = 240\text{mm}^2$$

$$\frac{A_s + A_s'}{A} = \frac{737.4 + 737.4}{300\times400} = 1.23\% < 5\%$$

配筋率处于合理范围。

（5）验算垂直弯矩作用平面的承载力

$$l_0/b = 3000/300 = 10 > 8$$

$$\varphi = \frac{1}{1 + 0.002(l_0/b - 8)^2} = \frac{1}{1 + 0.002(10 - 8)^2} = 0.992$$

$$N_u = 0.9\varphi[f_c A + f_y'(A_s + A_s')]$$

$$= 0.9\times0.992[16.7\times300\times400 + 360(737.4 + 737.4)]$$

$$= 2263183.7\text{N} > N = 500\text{kN}$$

垂直弯矩作用平面的承载力满足要求。

每侧纵筋选配 3Φ18（$A_s = A_s' = 763\text{mm}^2$），箍筋选用 Φ8@250，如图 4-22 所示。

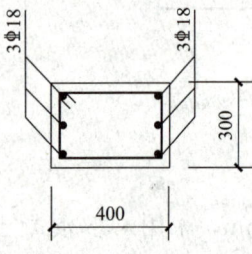

图 4-22　例 4-5 附图

【例 4-6】　某矩形截面偏心受压柱，截面尺寸 $b\times h = 300\text{mm}\times500\text{mm}$，柱计算长度 $l_0 = 3000\text{mm}$，混凝土强度等级为 C35，纵向钢筋采用 HRB400，$a_s = a_s' = 40\text{mm}$，承受轴向力设计值 $N = 1600\text{kN}$，弯矩设计值 $M = 180\text{kN·m}$（已考虑二阶效应影响），采用对称配筋，求纵向钢筋面积 $A_s = A_s'$。

【解】　查表得 $f_c = 16.7\text{N/mm}^2$，$f_y = f_y' = 360\text{N/mm}^2$，$\xi_b = 0.518$，$\alpha_1 = 1.0$，$\beta_1 = 0.8$。

（1）求初始偏心距 e_i

$$e_0 = \frac{M}{N} = \frac{180\times10^3}{1600} = 112.5\text{mm}$$

$$e_a = \left(20, \frac{h}{30}\right) = \max\left(20, \frac{500}{30}\right) = 20\text{mm}$$

$$e_i = e_0 + e_a = 112.5 + 20 = 132.5\text{mm}$$

（2）判别大小偏心

$$h_0 = h - 40 = 500 - 40 = 460\text{mm}$$

$$x = \frac{N}{\alpha_1 f_c b} = \frac{1600\times10^3}{1.0\times16.7\times300} = 319.36\text{mm} > \xi_b h_0 = 0.518\times460 = 238.28\text{mm}$$

属于小偏心受压构件。

（3）重新计算 x

$$e=e_i+h/2-a_s=132.5+500/2-40=342.5\text{mm}$$

$$\xi=\cfrac{N-\alpha_1 f_c b h_0 \xi_b}{\cfrac{Ne-0.43\alpha_1 f_c b h_0^2}{(\beta_1-\xi_b)(h_0-a_s')}+\alpha_1 f_c b h_0}+\xi_b$$

$$=\cfrac{1600\times10^3-1.0\times16.7\times300\times460\times0.518}{\cfrac{1600\times10^3\times342.5-0.43\times1.0\times16.7\times300\times460^2}{(0.8-0.518)(460-40)}+1.0\times16.7\times300\times460}+0.518$$

$$=0.650$$

$$x=\xi h_0=0.650\times460=299.00\text{mm}$$

（4）求纵筋截面面积 A_s、A_s'

$$A_s=A_s'=\frac{Ne-\alpha_1 f_c b x(h_0-x/2)}{f_y'(h_0-a_s')}$$

$$=\frac{1600\times10^3\times342.5-1.0\times16.7\times300\times299.00(460-299.00/2)}{360\times(460-40)}$$

$$=548.1\text{mm}^2$$

（5）验算配筋率

$$0.002bh=0.002\times300\times500=300\text{mm}^2<A_s=A_s'=548.1\text{mm}^2$$

$$0.55\%<(A_s+A_s')/A=(548.1+548.1)/(300\times500)=0.73\%<5\%$$

配筋率满足要求。

（6）验算垂直于弯矩作用平面的承载力

$$l_0/b=3000/300=10>8$$

$$\varphi=\frac{1}{1+0.002\,(l_0/b-8)^2}=\frac{1}{1+0.002\,(10-8)^2}=0.992$$

$$N_u=0.9\varphi[(A_s+A_s')f_y'+Af_c]$$

$$=0.9\times0.992[(548.1+548.1)\times360+300\times500\times16.7]$$

$$=2588791.4\text{N}>N=1600\text{kN}$$

垂直于弯矩作用平面的承载力满足要求。

每侧各配 $2\Phi20$（$A_s=A_s'=628\text{mm}^2$），如图 4-23 所示。

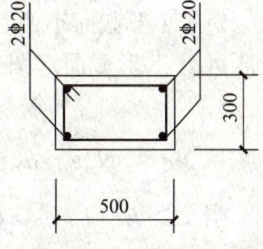

图 4-23　例 4-6 附图

4.3.7　I 形截面偏心受压构件正截面承载力计算

I 形截面偏心受压构件的破坏形态与矩形截面相同，但由于截面形状不同，计算公式稍有区别。实际工程中，I 形截面柱一般采用对称配筋，故这里只介绍对称配筋情况。

1. I 形截面对称配筋偏心受压构件正截面承载力计算基本公式

（1）大偏心受压

当 $x>h_f'$ 时，受压区为 T 形截面（图 4-24a），由静力平衡条件可得：

$$N \leqslant N_u = \alpha_1 f_c [bx + (b'_f - b) h'_f] \tag{4-46}$$

$$Ne \leqslant N_u e = \alpha_1 f_c \left[bx \left(h_0 - \frac{x}{2} \right) + (b'_f - b) h'_f \left(h_0 - \frac{h'_f}{2} \right) \right] + f'_y A'_s (h_0 - a'_s) \tag{4-47}$$

当 $x \leqslant h'_f$ 时，按宽度 b'_f 的矩形截面计算（图 4-24b），由静力平衡条件可得：

$$N \leqslant N_u = \alpha_1 f_c b'_f x \tag{4-48}$$

$$Ne \leqslant N_u e = \alpha_1 f_c b'_f x \left(h_0 - \frac{x}{2} \right) + f'_y A'_s (h - a'_s) \tag{4-49}$$

式中 b'_f——I 形截面受压翼缘宽度；

h'_f——I 形截面受压翼缘高度。

上述公式适用条件为：

① $x \leqslant \xi_b h_0$；

② $x \geqslant 2a'_s$。

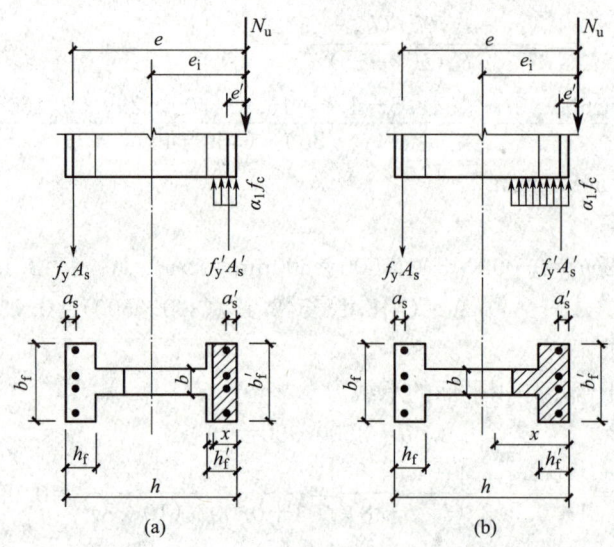

图 4-24　I 形截面大偏心受压计算图形

（2）小偏心受压

对于 I 形截面小偏心受压构件，一般不会出现 $x \leqslant h'_f$ 的情况。当 $h - h_f \geqslant x > h'_f$ 时，受压区为 T 形截面（图 4-25），由静力平衡条件可得：

$$N \leqslant N_u = \alpha_1 f_c [bx + (b'_f - b) h'_f] + f'_y A'_s - \sigma_s A_s \tag{4-50}$$

$$Ne \leqslant N_u e = \alpha_1 f_c \left[bx \left(h_0 - \frac{x}{2} \right) + (b'_f - b) h'_f \left(h_0 - \frac{h'_f}{2} \right) \right] + f'_y A'_s (h_0 - a'_s) \tag{4-51}$$

当 $x > h - h_f$ 时，在计算时应考虑受拉翼缘 h_f 的作用，应改用式（4-52）、式（4-53）计算：

$$N \leqslant N_u = \alpha_1 f_c [bx + (b'_f - b) h'_f + (b_f - b)(h_f + x - h)] + f'_y A'_s - \sigma_s A_s \tag{4-52}$$

$$Ne \leqslant N_u e = \alpha_1 f_c \Big[bx \left(h_0 - \frac{x}{2} \right) + (b'_f - b) h'_f \left(h_0 - \frac{h'_f}{2} \right) +$$

$$(b_f - b)(h_f + x - h) \left(h_f - \frac{h_f + x - h}{2} - a_s \right) \Big] + f'_y A'_s (h_0 - a'_s)$$

$$\tag{4-53}$$

当式（4-53）中的 $x > h$ 时，取 $x = h$ 计算，$\sigma_s = \dfrac{\xi - \beta_1}{\xi_b - \beta_1} f_y$。

对于小偏心受压构件，尚应满足下列条件：

$$N_u\left[\frac{h}{2} - a'_s - (e_0 - e_a)\right] \leqslant \alpha_1 f_c\left[bh\left(h'_0 - \frac{h}{2}\right) + (b_f - b)h_f\left(h'_0 - \frac{h_f}{2}\right) + \right.$$

$$\left. (b'_f - b)h'_f(h'_f/2 - a'_s)\right] + f'_y A_s(h'_0 - a_s) \tag{4-54}$$

式中 h'_0 为钢筋 A'_s 合力点至离纵向力 N 较远一侧边缘的距离，$h'_0 = h - a_s$。

上述基本公式的适用条件为：$x \geqslant \xi_b h_0$。

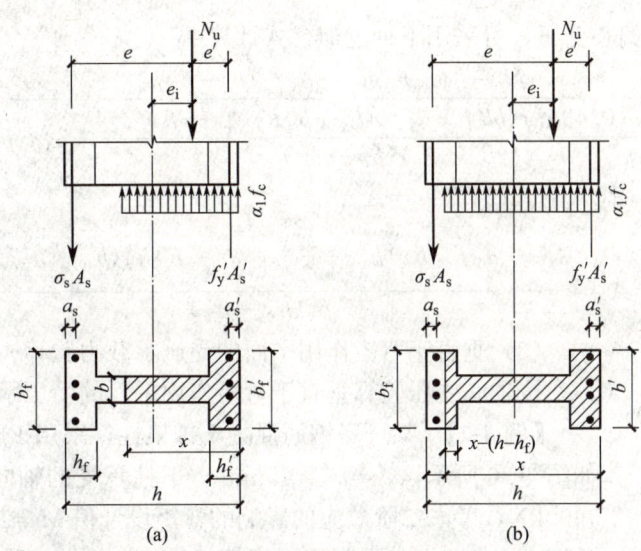

图 4-25　I 形截面小偏心受压计算图形

2. I 形截面对称配筋偏心受压构件正截面承载力计算方法

I 形截面对称配筋偏心受压构件正截面承载力计算分为截面设计和截面复核两类问题。其中，截面复核的方法与矩形截面相似，此处不再介绍。下面介绍截面设计的方法。

（1）大、小偏压的判别

先假定 $x \leqslant h'_f$，由下式计算 x：

$$x = \frac{N}{\alpha_1 f_c b'_f} \tag{4-55}$$

当 $x \leqslant h'_f$ 时，为大偏心受压；当 $x > (h - h_f)$ 时，为小偏心受压；当 $x > h'_f$ 时，表明中和轴位于腹板内，需要按下式重新计算 x：

$$x = \frac{N - \alpha_1 f_c(b'_f - b)}{\alpha_1 f_c b} \tag{4-56}$$

若 $x \leqslant \xi_b h_0$ 为大偏心受压，$x > \xi_b h_0$ 为小偏心受压。

（2）计算钢筋截面面积

1）大偏心受压

根据 x 的大小分以下情况计算：

当 $x > h_f'$ 时，按式（4-46）、式（4-47）计算 $A_s = A_s'$，此时需验算满足 $x \leqslant \xi_b h_0$ 条件；

当 $2a_s' < x \leqslant h_f'$ 时，按式（4-49）计算 $A_s = A_s'$；

当 $x < 2a_s'$ 时，取 $x = 2a_s'$，由下式计算 $A_s = A_s'$：

$$A_s = A_s' = \frac{N\left(e_i - \dfrac{h}{2} + a_s'\right)}{f_y(h_0 - a_s')} \tag{4-57}$$

同时，再按不考虑受压钢筋 A_s' 的情况，取 $A_s' = 0$，按非对称配筋构件计算 A_s 与式（4-57）计算的值比较取小值，配筋时仍按 $A_s = A_s'$ 做对称配筋。

2）小偏心受压

对 I 形截面小偏心受压，可采用下列近似公式计算 ξ：

$$\xi = \frac{N - \xi_b \alpha_1 f_c b h_0 - \alpha_1 f_c (b_f' - b) h_f'}{\dfrac{Ne - 0.43\alpha_1 f_c b h_0^2 - \alpha_1 f_c (b_f' - b) h_f'(h_0 - h_f'/2)}{(\beta_1 - \xi_b)(h_0 - a_s')} + \alpha_1 f_c b h_0} + \xi_b \tag{4-58}$$

然后将 $x = \xi h_0$ 代入下式计算 $A_s = A_s'$：

$$A_s = A_s' = \frac{Ne - \alpha_1 f_c \left[bx\left(h_0 - \dfrac{x}{2}\right) + (b_f' - b) h_f'(h_0 - h_f'/2)\right]}{f_y'(h_0 - a_s')} \tag{4-59}$$

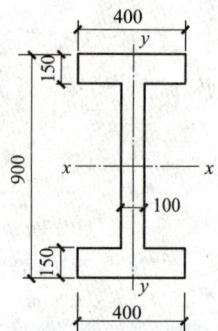

图 4-26　例 4-7 附图

（3）垂直于弯矩作用平面的受压承载力验算

按轴心受压验算垂直于弯矩作用平面的受压承载力。

【例 4-7】　某厂房钢筋混凝土排架柱，采用 I 形截面，截面尺寸如图 4-26 所示，$a_s = a_s' = 45\text{mm}$。下柱承受的轴向压力设计值 $N = 1000\text{kN}$，考虑二阶效应的影响的弯矩设计值 $M = 1070\text{kN·m}$，计算长度 $l_0 = 5.5\text{m}$，混凝土强度等级为 C40，纵筋采用 HRB400 钢筋。采用对称配筋，求受拉钢筋的面积 A_s 和受压钢筋的面积 A_s'。

【解】　查表得 $f_c = 19.1\text{N/mm}^2$，$\alpha_1 = 1.0$，$f_y = 360\text{N/mm}^2$，$f_y' = 360\text{N/mm}^2$，$\xi_b = 0.518$。由 $a_s = a_s' = 45\text{mm}$ 得 $h_0 = 900 - 45 = 855\text{mm}$

（1）计算初始偏心距 e_i

$$e_a = \frac{h}{30} = \frac{900}{30} = 30\text{mm} > 20\text{mm}，取 e_a = 30\text{mm}$$

$$e_i = e_0 + e_a = \frac{M}{N} + e_a = \frac{1070 \times 10^6}{1000 \times 10^3} + 30 = 1100\text{mm}$$

（2）判别偏压类型

$$x = \frac{N}{\alpha_1 f_c b_f'} = \frac{1000 \times 10^3}{1 \times 19.1 \times 400} = 130.89\text{mm} < h_f' = 150\text{mm}$$

为大偏心受压构件，受压区在受压翼缘内。

（3）计算 $A_s = A_s'$

$$x = 130.89\text{mm} > 2a_s' = 2 \times 45\text{mm} = 90\text{mm}$$

$$e = e_i + \frac{h}{2} - a_s = 1100 + \frac{900}{2} - 45 = 1505\text{mm}$$

$$A_s = A'_s = \frac{Ne - \alpha_1 f_c b'_f x \left(h_0 - \dfrac{x}{2}\right)}{f'_y (h_0 - a'_s)}$$

$$= \frac{1000 \times 10^3 \times 1505 - 1 \times 19.1 \times 400 \times 130.89 \times \left(855 - \dfrac{130.89}{2}\right)}{360 \times (855 - 45)}$$

$$= 2453 \text{mm}^2$$

每侧选用 $4\,\Phi\,28$（$A_s = A'_s = 2463\text{mm}^2$）。

$$A = bh + 2(b_f - b)h_f = 100 \times 900 + 2 \times (400 - 100) \times 150 = 1.8 \times 10^5 \text{mm}^2$$

截面总配筋率 $\rho = \dfrac{A_s + A'_s}{A} = \dfrac{2436 + 2463}{1.8 \times 10^5} = 2.71\% > 0.55\%$，满足要求。

（4）验算垂直于弯矩作用平面的受压承载力

$$I_x = \frac{1}{12}(h - 2h'_f) b^3 + 2 \times \frac{1}{12} h_f b_f^3 = \frac{1}{12} \times (900 - 2 \times 150) \times 100^3 + 2 \times \frac{1}{12} \times 150 \times 400^3$$

$$= 16.5 \times 10^8 \text{mm}^4$$

$$i_x = \sqrt{\frac{I_x}{A}} = \sqrt{\frac{16.5 \times 10^8}{1.8 \times 10^5}} = 95.7 \text{mm}$$

$$b = \sqrt{12}\, i_x = \sqrt{12} \times 95.7 = 331.51 \text{mm}$$

$$l_0/b = 5500/331.51 = 16.59 > 8$$

$$\varphi = \frac{1}{1 + 0.002(l_0/b - 8)^2} = \frac{1}{1 + 0.002(16.59 - 8)^2} = 0.871$$

$$N_u = 0.9\varphi(f_c A + f'_y A'_s) = 0.9 \times 0.871 [19.1 \times 1.8 \times 10^5 + 360(2463 + 2463)]$$

$$= 4085185.1\text{N} > N = 1000\text{kN}$$

满足要求。

4.4　偏心受压构件斜截面受剪承载力计算

一般情况下偏心受压构件的剪力值相对较小，可不进行斜截面承载力计算；但对于有较大水平力作用的框架柱，有横向力作用的桁架上弦压杆等，剪力影响较大，必须进行斜截面受剪承载力计算。

4.4.1　轴向压力对受剪承载力的影响

试验表明，轴向压力对构件抗剪起有利作用，主要是因为轴向压力的存在不仅能阻滞斜裂缝的出现和开展，而且能增加混凝土剪压区的高度，使剪压区的面积增大，从而提高剪压区混凝土的抗剪能力。但是，轴向压力对构件抗剪承载力的有利作用是有限的。在轴压比 $\dfrac{N}{f_c bh}$ 较小时，构件的抗剪承载力随轴压比的增大而提高，当轴压比 $\dfrac{N}{f_c bh} = 0.3 \sim 0.5$

时，抗剪承载力达到最大值。若再增大轴向压力，构件抗剪承载力会随着轴向压力的增大而降低。

4.4.2　斜截面受剪承载力计算公式及适用条件

《混凝土标准》给出矩形、T 形和 I 形截面偏心受压构件斜截面承载力计算公式：

$$V \leqslant \frac{1.75}{\lambda + 1.0} f_t bh_0 + 1.0 f_{yv} \frac{A_{sv}}{s} h_0 + 0.07N \tag{4-60}$$

式中　λ——偏心受压构件计算截面的剪跨比；

N——与剪力设计值 V 相应的轴向压力设计值，当 $N > 0.3 f_c A$ 时，取 $N = 0.3 f_c A$，
A 为构件截面面积。

计算截面的剪跨比应按下列规定取用：

（1）对各类结构的框架柱，取 $\lambda = \dfrac{M}{Vh_0}$，$M$ 为计算截面上与剪力设计值 V 相应的弯矩

设计值。当框架结构中框架柱的反弯点在层高范围内时，取 $\lambda = \dfrac{H_n}{2h_0}$，$H_n$ 为柱净高。当
$\lambda < 1$ 时，取 $\lambda = 1$；当 $\lambda > 3$ 时，取 $\lambda = 3$。

（2）对其他偏心受压构件，当承受均布荷载时，取 $\lambda = 1.5$；当承受集中荷载时（包括作用有多种荷载，其集中荷载对支座截面或节点边缘所产生的剪力值占总剪力值的 75% 以上的情况），取 $\lambda = a/h_0$，a 为集中荷载到支座或节点边缘的距离。当 $\lambda < 1.5$ 时，取
$\lambda = 1.5$；当 $\lambda > 3$ 时，取 $\lambda = 3$。

为防止斜压破坏，《混凝土标准》规定矩形、T 形和 I 形截面框架柱的截面必须满足下列条件：

当 $h_w/b \leqslant 4$ 时

$$V \leqslant 0.25 \beta_c f_c bh_0 \tag{4-61}$$

当 $h_w/b \geqslant 6$ 时

$$V \leqslant 0.2 \beta_c f_c bh_0 \tag{4-62}$$

当 $4 < h_w/b < 6$ 时

$$V \leqslant 0.025 \beta_c (14 - h_w/b) f_c bh_0 \tag{4-63}$$

式中　β_c——混凝土强度影响系数：当混凝土强度等级不超过 C50 时，取 $\beta_c = 1.0$；当混凝土强度等级为 C80 时，取 $\beta_c = 0.8$；其间按线性内插法确定；

h_w——截面的腹板高度，取值与受弯构件相同。

此外，当符合下列条件时，则可不进行斜截面受剪承载力计算，而仅需按构造要求配置箍筋：

$$V \leqslant \frac{1.75}{\lambda + 1.0} f_t bh_0 + 0.07N \tag{4-64}$$

4.4.3　斜截面受剪承载力计算方法

偏心受压构件斜截面受剪承载力计算方法与受弯构件相同。

【例4-8】　某偏心受压的框架柱，截面尺寸 $b \times h = 400\text{mm} \times 500\text{mm}$，柱净高 $H_n = 2.5\text{m}$，取 $a_s = a'_s = 40\text{mm}$，混凝土强度等级为C30，箍筋用HRB400钢筋。在柱端作用剪力设计值 $V = 320\text{kN}$，相应的轴向压力设计值 $N = 2600\text{kN}$。试确定该柱所需的箍筋数量。

【解】　查表得 $f_c = 14.3\text{N/mm}^2$，$f_t = 1.43\text{N/mm}^2$，$\beta_c = 1.0$，$f_y = f'_y = 360\text{N/mm}^2$，$\xi_b = 0.518$；因 $a_s = a'_s = 40\text{mm}$，$h_0 = 500 - 40 = 460\text{mm}$。

(1) 验算截面尺寸

$$\frac{h_w}{b} = \frac{460}{400} = 1.15 < 4$$

$0.25\beta_c f_c b h_0 = 0.25 \times 1.0 \times 14.3 \times 400 \times 460 = 657800\text{N} > V = 320\text{kN}$ 截面尺寸满足要求。

(2) 验算是否需按计算配置箍筋

$$\lambda = \frac{H_n}{2h_0} = \frac{2500}{2 \times 460} = 2.717$$

$0.3 f_c A = 0.3 \times 14.3 \times 400 \times 500 = 858000\text{N} < N = 2600\text{kN}$，取 $N = 858000\text{N}$

$$\frac{1.75}{\lambda + 1} f_t b h_0 + 0.07N = \frac{1.75}{2.717 + 1} \times 1.43 \times 400 \times 460 + 0.07 \times 858000 = 183939.47\text{N}$$

$$< V = 320\text{kN}$$

应按计算配置箍筋。

(3) 计算箍筋用量

由式（4-60）得

$$\frac{A_{sv}}{s} \geq \frac{V - \left(\dfrac{1.75}{\lambda + 1} f_t b h_0 + 0.07N\right)}{f_{yv} h_0} = \frac{320 \times 10^3 - 183939.47}{360 \times 460} = 0.822\text{mm}^2/\text{mm}$$

选用 $\oplus 10$ 双肢箍筋，查表得 $A_{sv} = 157\text{mm}^2$

$$\frac{A_{sv}}{s} = \frac{157}{s} \geq 0.822，\quad s \leq 191.0\text{mm}，\text{取} \ s = 180\text{mm}$$

箍筋配置 $\oplus 10@180$ 双肢箍筋。

4.5　受拉构件的承载力计算

与受压构件相似，按照轴向拉力在截面上作用位置的不同，受拉构件分为轴心受拉构件和偏心受拉构件，而偏心受拉构件又可分为单向偏心受拉构件和双向偏心受拉构件。

钢筋混凝土受拉构件在建筑工程中应用较少。实际工程中，屋架下弦杆、受拉腹杆以及水池池壁等属于受拉构件（图4-27）。

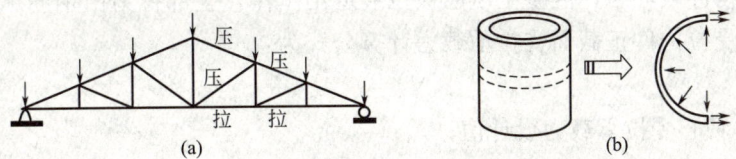

图4-27　钢筋混凝土受拉构件举例

（a）屋架；（b）水池池壁

4.5.1　受拉构件的破坏特征

1. 轴心受拉构件

由于混凝土抗拉强度很低，轴向拉力还很小时，构件即已裂通，混凝土退出工作，所有外力全部由钢筋承担。最后，因受拉钢筋屈服而导致构件破坏。

2. 偏心受拉构件

按照轴向拉力 N 作用在截面上位置的不同，偏心受拉构件有两种破坏形态：小偏心受拉破坏和大偏心受拉破坏。

当 N 作用在纵向钢筋 A_s 和 A_s' 之间（ $e_0 \leqslant h/2 - a_s$ ）时，构件全截面受拉。构件临破坏前，截面已全部裂通，混凝土退出工作。最后，钢筋达到屈服，构件破坏（图 4-28a）。这种情况属小偏心受拉。

当 N 作用在纵向钢筋 A_s 和 A_s' 之外（ $e_0 > h/2 - a_s$ ）时，构件截面部分受拉，部分受压。随着 N 的不断增加，受拉区混凝土首先开裂，然后，受拉钢筋 A_s 达到屈服，最后受压区混凝土被压碎，同时受压钢筋 A_s' 屈服，构件破坏（图 4-28b）。这种情况属大偏心受拉。

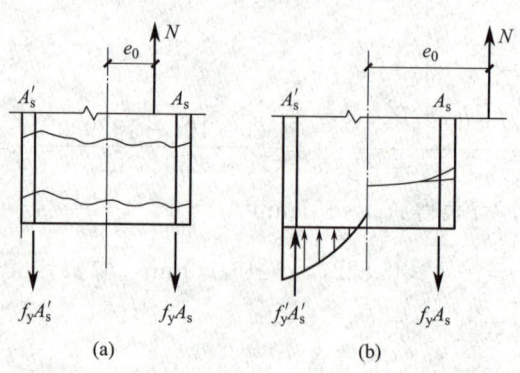

图 4-28　偏心受拉构件
（a）小偏心受拉；（b）大偏心受拉

4.5.2　受拉构件的正截面承载力计算基本公式

1. 轴心受拉构件

轴心受拉构件破坏时，混凝土早已被拉裂退出工作，全部拉力由钢筋承担，直到钢筋屈服。故轴心受拉构件正截面受拉承载力计算公式为：

$$N_u = f_y A_s \tag{4-65}$$

式中　N_u——轴心受拉承载力设计值；

　　　f_y——钢筋的抗拉强度设计值，按表 1-3 采用；

　　　A_s——受拉钢筋的全部截面面积。

2. 偏心受拉构件

（1）大偏心受拉

图 4-29 为矩形截面大偏心拉构件的计算简图。构件破坏时，钢筋 A_s 和 A'_s 的应力都达到屈服强度，受压区混凝土强度达到 $\alpha_1 f_c$。由静力平衡条件得大偏心受拉构件正截面受拉承载力计算基本公式：

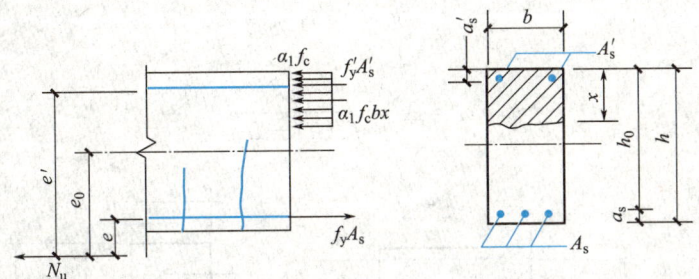

图 4-29 大偏心受拉构件截面受拉承力计算简图

$$N_u = f_y A_s - f'_y A'_s - \alpha_1 f_c b x \tag{4-66}$$

$$N_u e = \alpha_1 f_c b x \left(h_0 - \frac{x}{2}\right) + f'_y A'_s (h_0 - a'_s) \tag{4-67}$$

$$e = e_0 - \frac{h}{2} + a_s \tag{4-68}$$

公式适用条件：

① $x \leqslant x_b = \xi_b h_0$；

② $x \geqslant 2a'_s$。

取 $x = \xi_b h_0$，$N = N_u$，则可得到 A_s 和 A'_s 的计算公式：

$$A'_s = \frac{Ne - \alpha_1 f_c \xi_b b h_0^2 \left(1 - \dfrac{\xi_b}{2}\right)}{f'_y (h_0 - a'_s)} \tag{4-69}$$

$$A_s = \frac{\alpha_1 f_c \xi_b b h_0 + N}{f_y} + \frac{f'_y}{f_y} A'_s \tag{4-70}$$

式中 A_s——受拉钢筋的全部截面面积；

      A'_s——受压钢筋的全部截面面积；

      ξ_b——相对界限受压区高度；

      N_u——轴心受拉承载力设计值；

      N——轴向拉力设计值；

      f_y——钢筋的抗拉强度设计值，按表 1-3 采用；

      f'_y——钢筋的抗压强度设计值，按表 1-3 采用。

（2）小偏心受拉

图 4-30 为小偏心受拉的计算简图。小偏心拉力作用下，临破坏前，一般是截面全部裂通，拉力完全由钢筋承担，因此不考虑混凝土的受拉工作。设计时，可假定构件时钢筋 A_s 和 A'_s 的应力都达到屈服强度。根据内外力分别对钢筋 A_s 和 A'_s 的合力点取矩的平衡条

件，可得小偏心受拉构件正截面受拉承载力计算基本公式：

$$N_u e = f_y A'_s (h_0 - a'_s) \tag{4-71}$$

$$N_u e' = f_y A_s (h'_0 - a'_s) \tag{4-72}$$

$$e = \frac{h}{2} - e_0 - a_s \tag{4-73}$$

$$e' = e_0 + \frac{h}{2} - a'_s \tag{4-74}$$

对称配筋时

$$A_s = A'_s = \frac{Ne'}{f_y (h_0 - a'_s)} \tag{4-75}$$

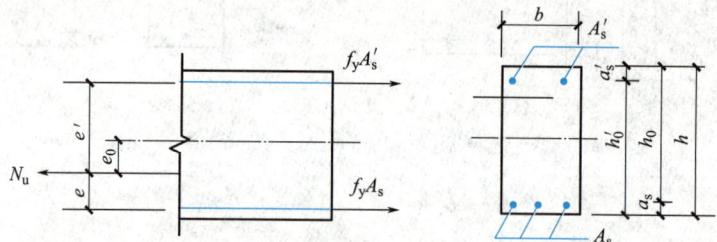

图 4-30　小偏心受拉构件截面受拉承载力计算简图

4.5.3　偏心受拉构件的斜截面承载力计算

一般偏心受拉构件，在承受弯矩和拉力的同时，也承受剪力，因此需要进行斜截面承载力的计算。由于轴向拉力 N 的存在，增加了构件内的主拉应力，使得偏拉构件比受弯构件更易出现斜裂缝。在出现斜裂缝后，构件斜截面抗剪能力明显降低。

偏心受拉构件斜截面承载力按下式计算：

$$V_u = \frac{1.75}{\lambda + 1} f_t b h_0 + f_{yv} \frac{A_{sv}}{s} h_0 - 0.2N \tag{4-76}$$

式中　λ——计算截面的剪跨比，$\lambda = \dfrac{a}{h_0}$，a 为集中荷载到支座或节点边缘的距离，当 $\lambda <$

1.5 时，取 $\lambda = 1.5$，当 $\lambda > 3$ 时，取 $\lambda = 3$；

　　N——与剪力设计值相应的轴向拉力设计值。

当式（4-76）右侧的计算值小于 $f_{yv} \dfrac{A_{sv}}{s} h_0$ 时，考虑到箍筋的承剪能力，应取 V_u 等于

$f_{yv} \dfrac{A_{sv}}{s} h_0$，同时规范还规定 $f_{yv} \dfrac{A_{sv}}{s} h_0$ 不得小于 $0.36 f_t b h_0$。

4.5.4　受拉构件的构造要求

与偏心受压构件一样，偏心受拉构件的配筋方式也有对称配筋和非对称配筋两种，常

用对称配筋形式。

　　轴心受拉及小偏心受拉构件的纵向受力钢筋不得采用绑扎搭接接头；大偏心受拉构件中，直径大于 25mm 的受拉钢筋和直径大于 28mm 的受压钢筋不宜采用绑扎搭接接头。搭接而不加焊的受拉钢筋接头仅允许用在圆形池壁或管中，其接头位置应错开，搭接长度不小于 $1.3l_a$ 和 300mm；受力钢筋沿截面周边均匀对称布置，并宜优先选择直径较小的钢筋。箍筋直径一般为 4～6mm，间距不宜大于 200mm（屋架腹杆不宜超过 150mm）。

4.6　偏心受压构件和受拉构件的裂缝宽度验算

　　在教学单元 3 中，学习了钢筋混凝土受弯构件的裂缝宽度验算。实际上，除受弯构件，偏心受压构件和受拉构件也需要进行裂缝宽度验算。

4.6.1　最大裂缝宽度的计算公式

　　如教学单元 3 所述，《混凝土标准》采用半理论半经验的方法计算最大裂缝宽度 w_{max}。各种构件正截面最大裂缝宽度计算公式为：

$$w_{max} = \alpha_{cr}\psi\frac{\sigma_{sq}}{E_s}\left(1.9c_s + 0.08\frac{d_{eq}}{\rho_{te}}\right) \tag{4-77}$$

　　式中　α_{cr}——构件受力特征系数，轴心受拉构件 $\alpha_{cr}=2.7$，偏心受拉构件 $\alpha_{cr}=2.4$，偏心受压构件 $\alpha_{cr}=1.9$。

　　其余符号的意义及计算见 3.4 节。

4.6.2　最大裂缝宽度验算步骤

　　偏心受压构件和受拉构件最大裂缝宽度验算步骤与受弯构件相同，即：先计算 d_{eq}，然后计算 ρ_{te}、σ_{sq}、ψ，最后计算 w_{max}，并判断裂缝是否满足要求。验算裂缝宽度时，应满足 $w_{max} \leqslant w_{lim}$。其中，$w_{lim}$ 为最大裂缝宽度限值，按表 3-16 采用。

　　当裂缝宽度不能满足时，应采取措施后重新验算。减小裂缝宽度的措施见 3.4 节。

单元小结

　　1. 为了充分利用材料强度，避免构件长细比太大而过多降低构件承载力，柱截面尺寸不宜过小，且宜采用强度等级较高的混凝土和钢筋。矩形截面框架柱的边长不应小于 300mm，圆形截面柱的直径不应小于 350mm。

　　2. 偏心受压构件的纵向钢筋配置方式有对称配筋和非对称配筋两种，常用对称配筋。

　　3. 在截面相同，配筋相同，材料相同的条件下，轴心受压长柱承载力低于短柱承载力，规范采用稳定系数 φ 来考虑细长柱承载力降低的程度。

轴心受压短柱和长柱的承载力计算公式为

$$N \leqslant N_{\mathrm{u}} = 0.9\varphi(f_{\mathrm{c}}A + f'_{\mathrm{y}}A'_{\mathrm{s}})_{\circ}$$

4. 偏心受压构件的破坏可分为受拉破坏和受压破坏两种情况，$\xi \leqslant \xi_{\mathrm{b}}$ 为大偏心受压破坏；$\xi > \xi_{\mathrm{b}}$ 为小偏心受压破坏。对非对称配筋，设计时可按下列条件进行初步判别：

当 $e_{\mathrm{i}} > 0.3h_0$ 时，可能为大偏心受压，也可能为小偏心受压，可先按大偏心受压设计；

当 $e_{\mathrm{i}} \leqslant 0.3h_0$ 时，按小偏心受压设计。

（1）矩形截面大偏心受压构件正截面承载力计算基本公式

$$N \leqslant N_{\mathrm{u}} = \alpha_1 f_{\mathrm{c}}bx + f'_{\mathrm{y}}A'_{\mathrm{s}} - f_{\mathrm{y}}A_{\mathrm{s}}$$

$$Ne \leqslant N_{\mathrm{u}}e = \alpha_1 f_{\mathrm{c}}bx\left(h_0 - \frac{x}{2}\right) + f'_{\mathrm{y}}A'_{\mathrm{s}}(h_0 - a'_{\mathrm{s}})$$

对称配筋时

$$N = \alpha_1 f_{\mathrm{c}}bx$$

$$A_{\mathrm{s}} = A'_{\mathrm{s}} = \frac{Ne - \alpha_1 f_{\mathrm{c}}bx\left(h_0 - \dfrac{x}{2}\right)}{f'_{\mathrm{y}}(h_0 - a'_{\mathrm{s}})} = \frac{Ne - \alpha_1 f_{\mathrm{c}}bh_0^2 \xi(1 - 0.5\xi)}{f'_{\mathrm{y}}(h_0 - a'_{\mathrm{s}})}$$

（2）矩形截面小偏心受压构件正截面承载力计算基本公式

$$N \leqslant N_{\mathrm{u}} = \alpha_1 f_{\mathrm{c}}bx + f'_{\mathrm{y}}A'_{\mathrm{s}} - \sigma_{\mathrm{s}}A_{\mathrm{s}}$$

$$Ne \leqslant N_{\mathrm{u}}e = \alpha_1 f_{\mathrm{c}}bx\left(h_0 - \frac{x}{2}\right) + f'_{\mathrm{y}}A'_{\mathrm{s}}(h_0 - a'_{\mathrm{s}})$$

其中 $\sigma_{\mathrm{s}} = \dfrac{\xi - \beta_1}{\xi_{\mathrm{b}} - \beta_1}f_{\mathrm{y}}$

对称配筋时

$$A'_{\mathrm{s}} = A_{\mathrm{s}} = \frac{Ne - \alpha_1 f_{\mathrm{c}}bx\left(h_0 - \dfrac{x}{2}\right)}{f'_{\mathrm{y}}(h_0 - a'_{\mathrm{s}})} = \frac{Ne - \alpha_1 f_{\mathrm{c}}bh_0^2 \xi(1 - 0.5\xi)}{f'_{\mathrm{y}}(h_0 - a'_{\mathrm{s}})}$$

其中 $\xi = \dfrac{N - \xi_{\mathrm{b}}f_{\mathrm{c}}bh_0}{\dfrac{Ne - 0.43\alpha_1 f_{\mathrm{c}}bh_0^2}{(\beta_1 - \xi_{\mathrm{b}})(h_0 - a'_{\mathrm{s}})} + \alpha_1 f_{\mathrm{c}}bh_0} + \xi_{\mathrm{b}}$

（3）I 形截面对称配筋大偏心受压构件正截面承载力计算基本公式

$x > h'_{\mathrm{f}}$ 时

$$N \leqslant N_{\mathrm{u}} = \alpha_1 f_{\mathrm{c}}[bx + (b'_{\mathrm{f}} - b)h'_{\mathrm{f}}]$$

$$Ne \leqslant N_{\mathrm{u}}e = \alpha_1 f_{\mathrm{c}}\left[bx\left(h_0 - \frac{x}{2}\right) + (b'_{\mathrm{f}} - b)h'_{\mathrm{f}}\left(h_0 - \frac{h'_{\mathrm{f}}}{2}\right)\right] + f'_{\mathrm{y}}A'_{\mathrm{s}}(h_0 - a'_{\mathrm{s}})$$

$x \leqslant h'_{\mathrm{f}}$ 时

$$N \leqslant N_{\mathrm{u}} = \alpha_1 f_{\mathrm{c}}b'_{\mathrm{f}}x$$

$$Ne \leqslant N_{\mathrm{u}}e = \alpha_1 f_{\mathrm{c}}b'_{\mathrm{f}}x\left(h_0 - \frac{x}{2}\right) + f'_{\mathrm{y}}A'_{\mathrm{s}}(h - a'_{\mathrm{s}})$$

（4）I形截面对称配筋大偏心受压构件正截面承载力计算基本公式

$h-h_f \geqslant x > h'_f$ 时

$$N \leqslant N_u = \alpha_1 f_c [bx + (b'_f - b)h'_f] + f'_y A'_s - \sigma_s A_s$$

$$Ne \leqslant N_u e = \alpha_1 f_c \left[bx\left(h_0 - \frac{x}{2}\right) + (b'_f - b)h'_f\left(h_0 - \frac{h'_f}{2}\right) \right] + f'_y A'_s (h_0 - a'_s)$$

$x > h - h_f$ 时

$$N \leqslant N_u = \alpha_1 f_c [bx + (b'_f - b)h'_f + (b_f - b)(h_f + x - h)] + f'_y A'_s - \sigma_s A_s$$

$$Ne \leqslant N_u e = \alpha_1 f_c \left[bx\left(h_0 - \frac{x}{2}\right) + (b'_f - b)h'_f\left(h_0 - \frac{h'_f}{2}\right) + (b_f - b)(h_f + x - h) \right.$$
$$\left. \left(h_f - \frac{h_f + x - h}{2} - a_s\right) \right] + f'_y A'_s (h_0 - a'_s)$$

（5）偏心受压构件正截面受压承载力的计算分为截面设计和截面复核两类问题。

5. 矩形、T形和I形截面偏心受压构件斜截面承载力计算公式为

$$V \leqslant \frac{1.75}{\lambda + 1.0} f_t bh_0 + 1.0 f_{yv} \frac{A_{sv}}{s} h_0 + 0.07N$$

6. 轴心受拉构件破坏时，混凝土早已被拉裂退出工作，全部拉力由钢筋承担，直到钢筋屈服。其正截面受拉承载力计算公式为

$$N_u = f_y A_s$$

矩形截面大偏心拉构件破坏时，钢筋 A_s 和 A'_s 的应力都达到屈服强度，受压区混凝土强度达到 $\alpha_1 f_c$。其正截面受拉承载力计算基本公式为

$$N_u = f_y A_s - f'_y A'_s - \alpha_1 f_c bx$$

$$N_u e = \alpha_1 f_c bx\left(h_0 - \frac{x}{2}\right) + f'_y A'_s (h_0 - a'_s)$$

小偏心受拉构件临破坏前，一般是截面全部裂通，拉力完全由钢筋承担。其正截面受拉承载力计算基本公式为

$$N_u e = f'_y A'_s (h_0 - a'_s)$$

$$N_u e' = f_y A_s (h'_0 - a'_s)$$

思考题

1. 在受压构件中配置纵向受力钢筋和箍筋的作用各是什么？什么情况下需设置复合箍筋？

2. 轴心受压短柱、长柱的破坏特征各是什么？为什么轴心受压长柱的受压承载力低于短柱？承载力计算时如何考虑纵向弯曲的影响？

3. 偏心受压构件正截面的破坏形态有哪几种？破坏特征各是什么？如何判别大、小偏心受压破坏？

微课

教学单元4小结

4. 偏心受压构件正截面承载力计算时，为何要引入初始偏心距和偏心距增大系数？

5. 什么是二阶效应，什么情况下需要考虑二阶效应？

6. 轴心受压普通箍筋柱与螺旋箍筋柱的正截面受压性能有何不同？

习题

1. 某钢筋混凝土正方形截面轴心受压构件，截面边长 400mm，计算长度 6m，承受轴向力设计值 $N=1500$kN，采用 C35 混凝土、HRB400 钢筋。试计算所需纵向受压钢筋截面面积。

2. 某钢筋混凝土正方形截面轴心受压构件，计算长度 9m，承受轴向力设计值 $N=1700$kN，采用 C30 混凝土、HRB400 钢筋。试确定构件截面尺寸和纵向钢筋截面面积。

3. 某圆形截面现浇钢筋混凝土柱，因建筑使用要求，其直径不能超过 400mm。承受轴心压力设计值 $N=2850$kN，计算长度 $l_0=4.0$m。混凝土强度等级为 C30，纵向受力钢筋和箍筋都采用 HRB400 级钢筋。试设计该柱。

4. 某现浇钢筋混凝土轴心受压柱，截面尺寸为 $b×h=450$mm$×450$mm，计算长度 $l_0=4.5$m，混凝土强度等级为 C30，箍筋采用φ8@250，配有 8φ20 的纵向受力钢筋。求该柱所能承受的最大轴向力设计值。

5. 矩形截面轴心受压构件，截面尺寸为 $b×h=450$mm$×600$mm，计算长度 8m，混凝土强度等级为 C35，已配纵向受力钢筋 8φ22。试计算截面承载力。

6. 某钢筋混凝土矩形柱，截面尺寸 $b×h=400$mm$×500$mm，计算长度 $l_0=5$m，混凝土强度等级为 C30，纵向受力钢筋为 HRB400，承受弯矩设计值 190kN·m，轴向压力设计值 510kN。求对称配筋时纵向钢筋截面面积。

7. 某钢筋混凝土矩形柱，截面尺寸 $b×h=500$mm$×650$mm，计算长度 $l_0=8.9$m，混凝土强度等级为 C35，钢筋为 HRB400，承受弯矩设计值 350kN·m，轴向压力设计值 2500kN。求非对称配筋时纵向受力钢筋的截面面积。

8. 某矩形截面偏心受压柱，$b=500$mm，$h=600$mm，计算长度 $l_0=5$m，承受轴向力设计值 $N=3500$kN，弯矩设计值 $M_2=180$kN·m、$M_1=150$kN·m，混凝土强度等级 C30，纵向受力钢筋和箍筋都采用 HRB400 钢筋。求纵向受力钢筋数量。

9. 某矩形截面钢筋混凝土偏心受压柱，截面尺寸为 $b×h=300$mm$×500$mm，$a_s=a_s'=40$mm，计算长度 $l_0=3.5$m。混凝土强度等级为 C40，纵向受力钢筋采用 HRB500 钢筋。弯矩设计值 $M_2=270$kN·m，$M_1=215$kN·m，承受的轴向压力设计值 $N=800$kN。

（1）计算非对称配筋时的 A_s 和 A_s'；

（2）受压钢筋已配置 4φ20，计算 A_s；

（3）计算对称配筋时的 A_s 和 A_s'；

（4）比较上述三种情况的钢筋用量。

参考答案

教学单元4习题

拓展阅读

结构知识的施工应用：预制混凝土柱吊装验算

拓展阅读

经典书籍推介

10. 某正方形截面偏心受压柱，截面边长 400mm，柱净高 $H_n = 3m$，取 $a_s = a'_s = 40mm$，混凝土强度等级采用 C35，纵向受力钢筋和箍筋采用 HRB400 钢筋。在柱端作用剪力设计值 $V = 250kN$，相应的轴向压力设计值 $N = 680kN$。求该柱所需的箍筋数量。

教学单元5 钢筋混凝土受扭构件

微课

教学单元5
学习指引

思维导图

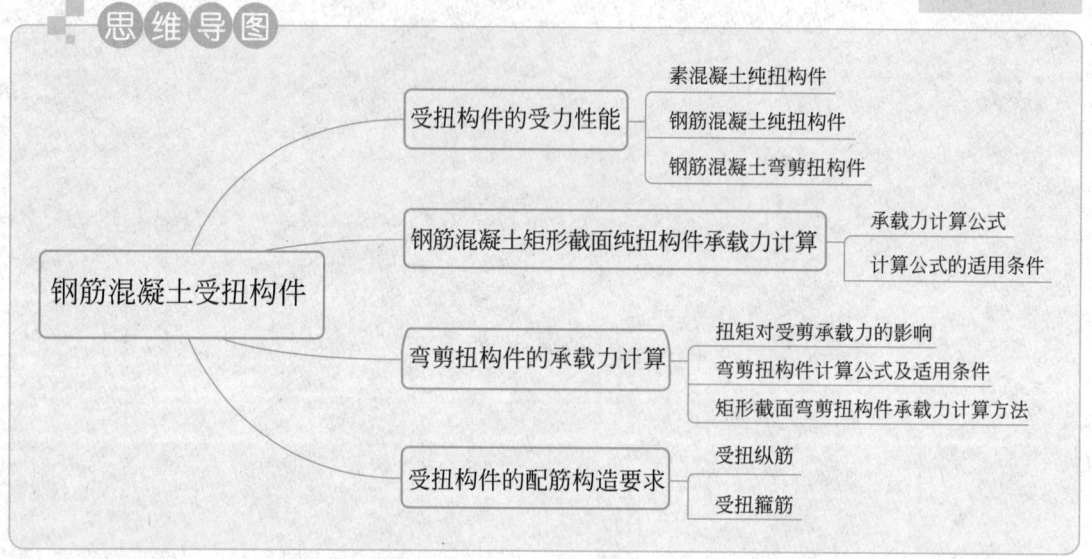

钢筋混凝土受扭构件

- 受扭构件的受力性能
  - 素混凝土纯扭构件
  - 钢筋混凝土纯扭构件
  - 钢筋混凝土弯剪扭构件
- 钢筋混凝土矩形截面纯扭构件承载力计算
  - 承载力计算公式
  - 计算公式的适用条件
- 弯剪扭构件的承载力计算
  - 扭矩对受剪承载力的影响
  - 弯剪扭构件计算公式及适用条件
  - 矩形截面弯剪扭构件承载力计算方法
- 受扭构件的配筋构造要求
  - 受扭纵筋
  - 受扭箍筋

引入案例

某吊车梁承受弯矩、剪力和扭矩作用，截面尺寸和配筋如图 5-1 所示。问题：

1. 在弯矩、剪力和扭矩共同作用下，该梁和一般楼面梁的受力有何不同？

2. 底部钢筋 3⏀20 是受弯钢筋吗？

3. 该梁截面高度 450mm，根据教学单元 3 所学知识，不需要配置梁侧纵向构造钢筋，但为什么梁的腹板两侧配置 4⏀12 钢筋？

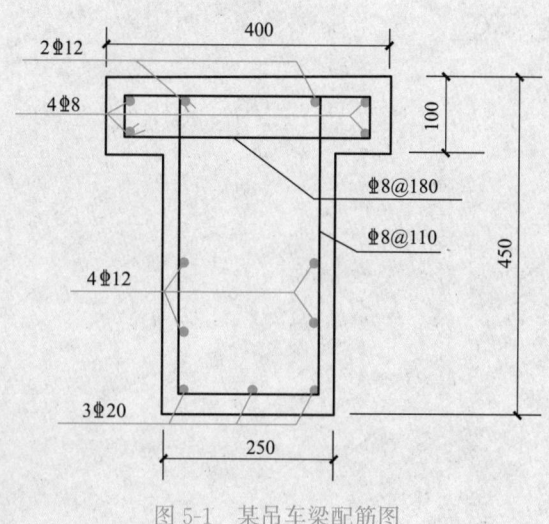

图 5-1 某吊车梁配筋图

知识目标:

1. 理解受扭构件的受力特点及构造要求的应用。

2. 掌握承载力计算方法。

能力目标:

具有矩形截面受扭构件截面设计的能力。

育人目标:

1. 结合受扭构件的学习,不断强化规范意识。

2. 培养分析问题、解决问题的能力,特别要用所学力学知识分析理解受扭构件的配筋构造要求。

5.1　受扭构件的受力性能

在构件截面中有扭矩作用的构件,称为受扭构件。扭转是构件受力的基本形式之一,受扭构件是钢筋混凝土结构中常见的构件形式,例如钢筋混凝土雨篷、平面曲梁或折线梁、现浇框架边梁、吊车梁、螺旋楼梯等结构构件都是受扭构件(图5-2)。根据截面上存在的内力情况,受扭构件可分为纯扭、剪扭、弯扭、弯剪扭等多种受力情况。在实际工程中,纯扭、剪扭、弯扭的受力情况较少,弯剪扭的受力情况则较普遍。钢筋混凝土结构中的受扭构件大多采用矩形截面。

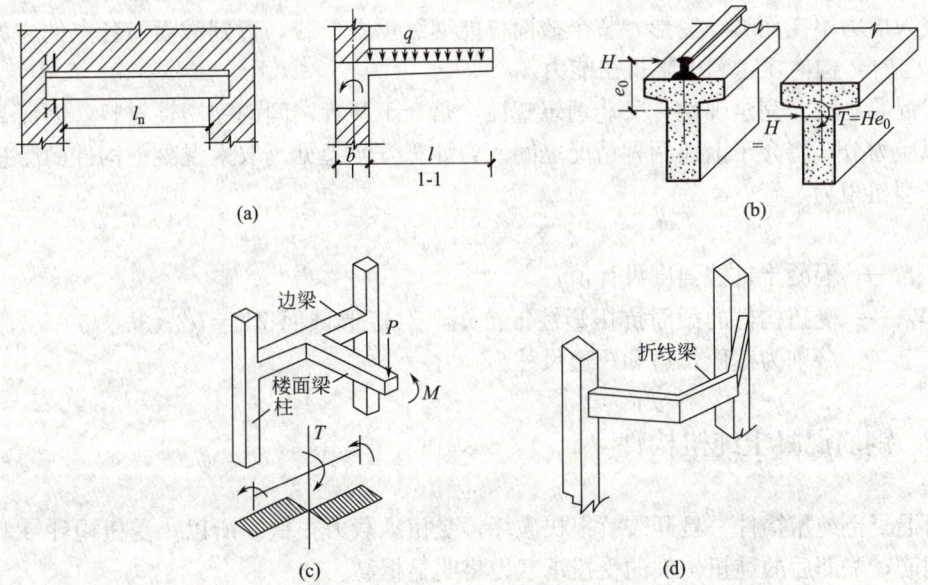

图5-2　常见受扭构件示例

(a) 雨篷梁;(b) 吊车梁;(c) 框架边梁;(d) 折线梁

5.1.1　素混凝土纯扭构件

构件在扭矩作用下主要产生剪应力。匀质弹性材料矩形截面在扭矩的作用下，截面中各点都将产生剪应力 τ（图 5-3a），剪应力分布规律如图 5-3（b）所示，最大剪应力发生在截面长边中点，与该点剪应力作用相对应的主拉应力 σ_{tp} 和主压应力 σ_{cp} 分别与构件轴线成 45°角，其大小为 $\sigma_{tp} = \sigma_{cp} = \tau_{max}$。当主拉应力超过混凝土的抗拉强度时，混凝土将首先在截面长边中点处，垂直于主拉应力方向开裂。所以，在纯扭构件中，构件裂缝与轴线成 45°角。

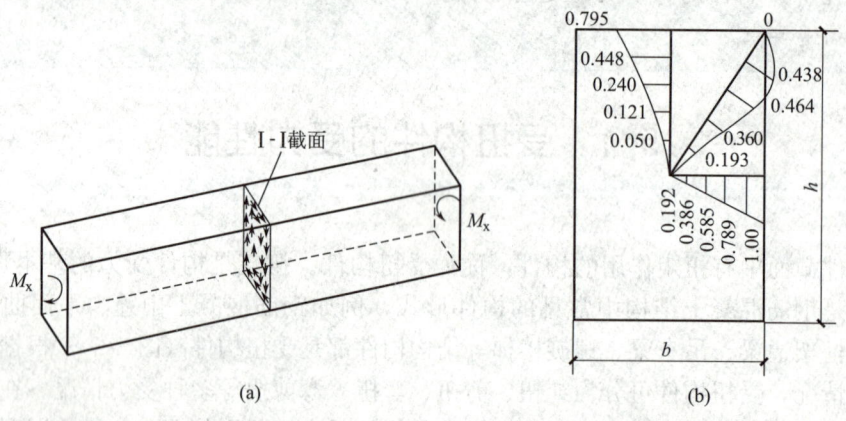

图 5-3　纯扭构件的弹性应力分布

对于理想弹塑性材料而言，截面上某点的应力达到强度极限时并不立即破坏，该点能保持极限应力不变而继续变形，整个截面仍能继续承受荷载，直到截面上各点的应力达到 $\tau_{max} = f_t$ 时，构件才达到极限抗扭能力。

素混凝土既非完全弹性，又非理想塑性，是介于两者之间的弹塑性材料，因而受扭时的极限应力分布将介于上述两种情况之间。为计算方便起见，取素混凝土构件的受扭承载力即开裂扭矩为

$$T_{cr} = 0.7 f_t W_t \tag{5-1}$$

式中　f_t——混凝土抗拉强度设计值；

　　　W_t——受扭构件的截面抗扭塑性抵抗矩，对矩形截面 $W_t = b^2 (3h - b)/6$，h、b分别为截面长边和短边尺寸。

5.1.2　钢筋混凝土纯扭构件

素混凝土纯扭构件一旦开裂就很快破坏，受扭承载力很低。所以，受扭构件一般均应配置钢筋，配筋后的纯扭构件的受扭承载力将明显提高。

有效的配筋方式应将受扭钢筋布置成为与构件纵轴线大致成 45°交角的螺旋形钢筋，其方向与主拉应力平行，与斜裂缝垂直。但螺旋钢筋施工复杂，且单向螺旋筋也不能适应扭矩方向的改变，故实际工程中一般都采用纵向钢筋和箍筋作为受扭钢筋。受扭纵向钢筋

必须沿截面周边对称均匀布置，试验表明，非对称配置的受扭纵向钢筋在受扭中不能充分发挥作用。箍筋沿构件长度布置，应采用封闭箍。纵向钢筋和箍筋的布置方向虽与主拉应力不平行，但能承受主拉应力，发挥受扭作用。

受扭构件配有纵向钢筋和箍筋两种钢筋，因此两种钢筋在数量和强度方面需要合理搭配，这不仅影响到构件的受扭承载力和钢筋的有效利用，还影响到构件的破坏形态。为此，引入配筋强度比的概念。

设受扭纵向钢筋的总面积为 A_{stl}（A_{stl} 只能取对称布置的那部分纵向钢筋的截面面积），其应力可达到抗拉强度设计值 f_y，则纵向钢筋承受的拉力为 $N_{st} = A_{stl}f_y$，因受扭纵向钢筋沿截面核心周长 u_{cor} 均匀布置，则受扭纵向钢筋沿截面核心周长单位长度内的受拉承载力为 $N_{st}/u_{cor} = A_{stl}f_y/u_{cor}$。核心周长是沿箍筋内表面计算的长度。设矩形截面长边为 h、短边为 b，混凝土净保护层厚度为 c，则箍筋长肢内表面间距离为 $b_{cor} = b - 2c - 2d$，短肢内表面间距离为 $h_{cor} = h - 2c - 2d$（d 为箍筋直径），核心周长为 $u_{cor} = 2(h_{cor} + b_{cor})$，核心截面面积为 $A_{cor} = h_{cor}b_{cor}$。

设单肢箍筋的面积为 A_{st1}，箍筋抗拉强度设计值为 f_{yv}，到达承载能力极限状态时能承受的拉力为 $N_{sv1} = A_{st1}f_{yv}$。因箍筋沿构件长度均匀分布，则受扭箍筋沿构件单位长度内的受拉承载力为 $N_{sv1}/s = A_{st1}f_{yv}/s$，$s$ 为箍筋间距。

纵筋与箍筋的配筋强度比 ζ 为：

$$\zeta = \frac{A_{stl}f_y/u_{cor}}{A_{st1}f_{yv}/s} = \frac{A_{stl}f_y s}{A_{st1}f_{yv}u_{cor}} \tag{5-2}$$

根据试验结果，当 $0.5 \leqslant \zeta \leqslant 2.0$ 时，纵向钢筋与箍筋在构件破坏时基本上都能达到抗拉强度设计值。为稳妥起见，《混凝土标准》规定 ζ 的取值为 $0.6 \leqslant \zeta \leqslant 1.7$，当 $\zeta > 1.7$ 时，取 1.7。试验结果表明，当 $\zeta = 1.2$ 左右时为钢筋达到屈服的最佳值，故工程设计中常用的范围是 1.0～1.3。

根据配筋量的不同，配筋纯扭构件的破坏形态有以下四种情况。

（1）适筋破坏

这种情况发生在受扭纵筋和箍筋的用量都较适当时。构件承受扭矩后，当主拉应力超过混凝土的抗拉强度时，构件开裂。但与素混凝土纯扭构件不同的是开裂后构件并不立即破坏，开裂前混凝土承受的拉应力大部分由钢筋承受，钢筋应力明显增大。随着扭矩增大，构件表面相继出现多条大体连续或不连续的与构件纵轴线成某一交角的螺旋形裂缝。

破坏仍属三边开裂、一个长边上受压破坏的斜弯型破坏。破坏时钢筋先达到屈服，而后受压区混凝土压坏，破坏具有一定的延性性质。受扭承载力大小直接取决于配筋数量的多少。工程中应尽可能设计为适筋破坏的构件。

（2）少筋破坏

这种情况发生在受扭纵向钢筋和箍筋都配置过少，或两者中有一种配置过少时。

这种构件虽然配置了受扭钢筋，但因其过少，破坏形态和受扭承载力与素混凝土受扭构件没有什么差别，扭转裂缝一旦出现，构件即告破坏，极限扭矩和开裂扭矩非常接近。破坏迅速而突然，无预兆，属脆性破坏。为了避免这种破坏，《混凝土标准》分别规定了受扭纵向钢筋和箍筋的最小配筋率。

（3）部分超配筋破坏

这种情况发生在受扭纵向钢筋和箍筋的用量都较多或其中某一种钢筋的用量较多，或配筋强度比不恰当时。

如果受扭箍筋用量相对较多，则受扭承载力将由数量较少的纵向钢筋控制，多配的箍筋也不能起到提高受扭承载力的作用；同样，当受扭纵向钢筋较多时，受扭承载力由受扭箍筋控制，多配的纵向钢筋也不能充分发挥作用，故称部分超配筋破坏。破坏时的塑性性能比适筋破坏时要差。部分超配筋构件在工程设计中允许采用，但因部分钢筋得不到充分利用，所以不经济。

（4）完全超配筋破坏

这种情况发生在受扭纵筋和箍筋用量都过多时，即使配筋强度比 ζ 合适，也会在受扭纵筋和箍筋均未达到屈服强度时，由于混凝土压坏而导致破坏。破坏前出现宽度较细、数量多而密的螺旋形裂缝，破坏前无预兆，钢筋也未得到充分利用，属脆性破坏。工程设计时应避免设计成这种构件。

配筋强度比不同，少筋和适筋、适筋与超筋的界限也不同。

5.1.3　钢筋混凝土弯剪扭构件

当构件处于弯、剪、扭共同作用的复合应力状态时，其受力情况比较复杂。试验表明，扭矩与弯矩或剪力同时作用于构件时，一种承载力会因另一种内力的存在而降低，例如受弯承载力会因扭矩的存在而降低，受剪承载力也会因扭矩的存在而降低，反之亦然，这种现象称为承载力之间的相关性。

弯扭相关性，是因为扭矩的作用使纵筋产生拉应力，加重了受弯构件纵向受拉钢筋的负担，使其应力提前达到屈服，因而降低了受弯承载能力。剪扭相关性，则是因为两者的剪应力在构件一个侧面上是叠加的。图 5-4 为弯扭和剪扭承载力相关曲线。

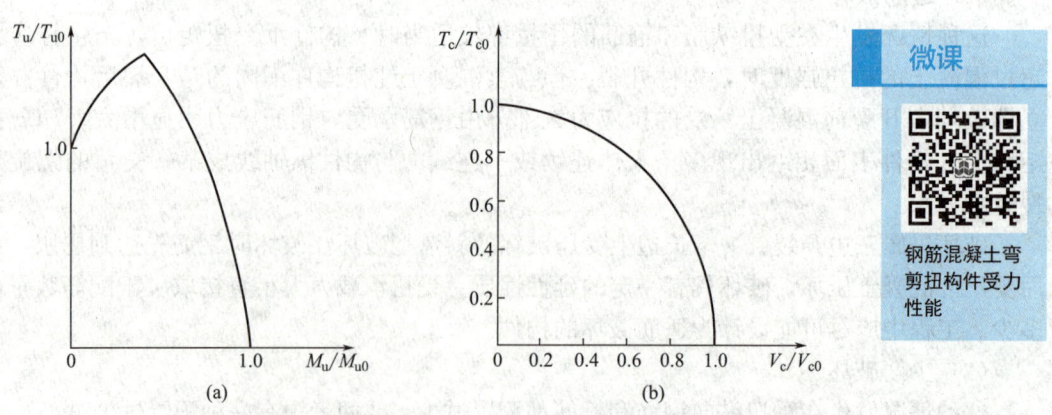

微课

钢筋混凝土弯剪扭构件受力性能

图 5-4　受扭构件承载力相关曲线

（a）弯扭承载力相关曲线；（b）有腹筋构件剪扭承载力相关曲线

图中 T_{u0} —弯矩为零时纯扭构件的受扭承载力；M_{u0} —扭矩为零时构件的受弯承载力；

T_{c0} —剪力为零时构件混凝土的受扭承载力；V_{c0} —扭矩为零时构件混凝土的受剪承载力。

弯剪扭复合受扭构件由于其三种内力的比值及配筋情况的不同影响，有三种典型的破坏形态。

（1）弯型破坏

当剪力很小、弯矩和扭矩的比值较大，底部钢筋多于顶部钢筋时，构件破坏开始于底面及两侧的混凝土开裂，底部钢筋屈服，然后顶部混凝土压碎。这类破坏主要因弯矩引起，故称弯型破坏（图 5-5a）。

（2）扭型破坏

当剪力很小，扭矩和弯矩的比值较大，且上部钢筋较少时，构件破坏开始于构件顶面及两侧面的混凝土开裂，顶部钢筋因受扭而先屈服，最后底部混凝土压碎。此类破坏主要因扭矩引起，所以称为扭型破坏（图 5-5b）。

（3）剪扭型破坏

当弯矩很小，剪力和扭矩较大时，构件破坏开始于截面长边的一侧开裂和该侧的受扭纵筋和受扭、受剪箍筋屈服，最后另一长边压区混凝土压碎。此类主要因剪力和扭矩引起的破坏称为剪扭型破坏（图 5-5c）。

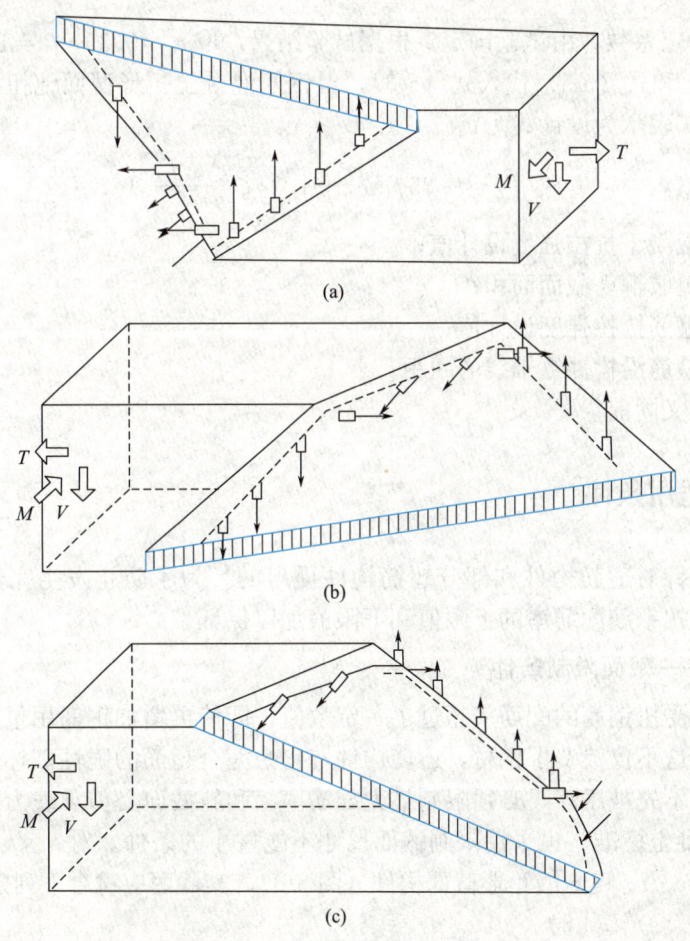

图 5-5　弯剪扭构件的破坏形态

（a）弯型破坏；（b）扭型破坏；（c）剪扭型破坏

此外，若扭矩很小，而弯矩和剪力作用明显时，构件可能发生类似于剪压型的破坏。

5.2　钢筋混凝土矩形截面纯扭构件承载力计算

5.2.1　承载力计算公式

《混凝土标准》在大量试验研究的基础上，采用了一个相似于斜截面受剪承载力计算的经验统计公式。认为受扭承载力 T_u 由钢筋承受的扭矩 T_s 和混凝土承受的扭矩 T_c 两项组成：

$$T_u = T_s + T_c \tag{5-3}$$

$$T_s = \beta\sqrt{\zeta}\,\frac{A_{st1}f_{yv}}{s}A_{cor} \tag{5-4}$$

$$T_c = \alpha f_t W_t \tag{5-5}$$

式中，α、β 为待定系数，由试验确定。根据试验结果，取 $\alpha=0.35$，$\beta=1.2$。

将式（5-4）和式（5-5）代入式（5-3），得钢筋混凝土矩形截面纯扭构件受扭承载力 T_u 的计算公式，表示为设计式为：

$$T \leqslant T_u = 0.35 f_t W_t + 1.2\sqrt{\zeta}\,\frac{A_{st1}f_{yv}}{s}A_{cor} \tag{5-6}$$

式中　f_t——混凝土抗拉强度设计值；

　　　A_{st1}——单肢箍筋截面面积；

　　　f_{yv}——箍筋抗拉强度设计值；

　　　s——箍筋沿构件纵轴线的间距。

其余符号意义同前。

5.2.2　公式适用条件

上述公式是针对适筋构件和部分超筋构件提出的。为了防止发生完全超筋和少筋破坏，采用限制受扭钢筋配筋率的上限值和下限值加以保证。

1. 上限值——截面限制条件

试验表明，受扭钢筋的配筋率超过了一定数值，即使再增加钢筋用量，抗扭承载力也不再随之增大，这不仅浪费了钢材，还使构件转化为完全超筋的脆性破坏。为了保证构件在破坏时混凝土不先被压碎，必须限制最大配筋率。和斜截面受剪承载力计算公式的适用条件相似，《混凝土标准》也采用限制截面尺寸不能过小的条件。对 $h_w/b \leqslant 6$ 的矩形、T形、I形截面和 $h_w/t_w \leqslant 6$ 的箱形截面构件（图5-6），其截面应符合下列条件：

当 $h_w/b(h_w/t_w) \leqslant 4$ 时

$$T \leqslant 0.2\beta_c f_c W_t \tag{5-7}$$

当 $h_w/b(h_w/t_w) = 6$ 时

$$T \leqslant 0.16\beta_c f_c W_t \tag{5-8}$$

当 $4 < h_w/b(h_w/t_w) < 6$ 时，按线性内插法确定。

式中 T——扭矩设计值；

b——矩形截面的宽度，T 形或 I 形截面取腹板宽度，箱形截面取两侧壁总厚度 $2t_w$；

h_w——截面的腹板高度：对矩形截面，取有效高度 h_0；对 T 形截面，取有效高度减去翼缘高度 h_f'；对 I 形和箱形截面，取腹板净高；

t_w——箱形截面壁厚，其值不应小于 $b_h/7$，b_h 为箱形截面的宽度；

β_c——混凝土强度影响系数；当混凝土强度等级不超过 C50 时，取 1.0；当混凝土强度等级为 C80 时，取 0.8；其间按线性内插法确定；

f_c——混凝土轴心抗压强度设计值。

当 $h_w/b(h_w/t_w) > 6$ 时，受扭构件的截面尺寸要求及扭曲截面承载力计算应符合专门规定。

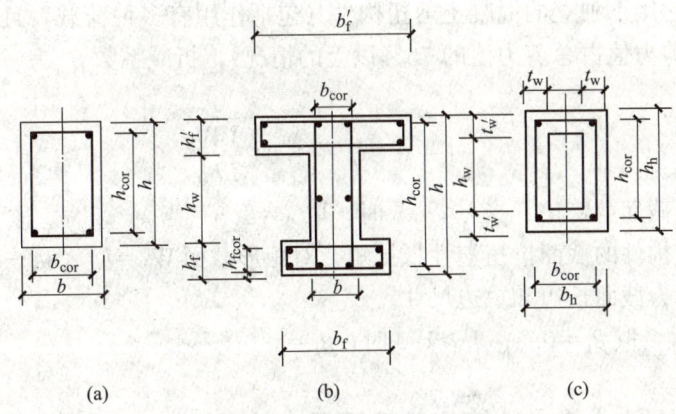

图 5-6 各类截面对应的参数图

(a) 矩形截面；(b) I 形截面；(c) 箱形截面

2. 下限值——最小配筋率

受扭钢筋配置过少，将发生脆性的少筋破坏，因此必须规定最小配筋率。

根据试验分析，《混凝土标准》规定，对纯扭构件，箍筋和纵筋的最小配筋率分别应满足：

$$\rho_{sv} = \frac{nA_{st1}}{bs} \geqslant \rho_{sv,min} = 0.28\frac{f_t}{f_{yv}} \tag{5-9}$$

$$\rho_{tl} = \frac{A_{stl}}{bh} \geqslant \rho_{tl,min} = 0.6\sqrt{\frac{T}{Vb}}\frac{f_t}{f_y} \tag{5-10}$$

当 $\frac{T}{Vb} > 2.0$ 时，取 $\frac{T}{Vb} = 2.0$，则 $\rho_{tl} = 0.6\sqrt{2}f_t/f_y = 0.85f_t/f_y$。

工程设计中，当满足 $T < 0.7f_t W_t$ 时，则受扭箍筋和受扭纵筋均可不进行计算，而按构造要求配置，但仍应满足上述最小配筋率的要求。

5.3 弯剪扭构件的承载力计算

5.3.1 扭矩对受剪承载力的影响

影响弯剪扭构件承载力的因素很多，并且弯、剪、扭承载力之间存在相关性，精确计算很复杂。实用计算中，是将受弯所需纵筋与受扭所需纵筋分别计算然后进行叠加；箍筋按受扭承载力和受剪承载力分别计算其用量，然后进行叠加；用承载力降低系数 β_t 来考虑剪扭共同作用的影响。β_t 的计算公式为

$$\beta_t = \frac{1.5}{1 + 0.5 \dfrac{VW_t}{Tbh_0}} \tag{5-11}$$

对集中荷载作用下独立的混凝土剪扭构件（包括作用有多种荷载，且其集中荷载对支座截面所产生的剪力值占总剪力值的 75% 以上的情况），折减系数 β_t 为

$$\beta_t = \frac{1.5}{1 + 0.2(\lambda + 1.0) \dfrac{VW_t}{Tbh_0}} \tag{5-12}$$

式中　λ——计算截面剪跨比：当 $\lambda < 1.5$ 时，取 $\lambda = 1.5$；当 $\lambda > 3$ 时，取 $\lambda = 3$；

$\quad\quad W_t$——受扭构件的截面抗扭塑性抵抗矩，对矩形截面 $W_t = b^2 (3h - b)/6$；

$\quad\quad h$、b——分别为截面长边和短边尺寸。

当 $\beta_t < 0.5$ 时，取 $\beta_t = 0.5$；$\beta_t > 1.0$ 时，$\beta_t = 1.0$。

5.3.2 弯剪扭构件承载力计算公式及适用条件

1. 矩形截面

（1）计算公式

在考虑了承载力降低系数 β_t 后，弯剪扭构件承载力计算公式分别为：

受剪承载力

$$V \leqslant (1.5 - \beta_t) \times 0.7 f_t b h_0 + f_{yv} \frac{A_{sv}}{s} h_0 \tag{5-13}$$

受扭承载力

$$T \leqslant 0.35 \beta_t f_t W_t + 1.2 \sqrt{\zeta} A_{cor} \frac{A_{stl} f_{yv}}{s} \tag{5-14}$$

式中　A_{sv}——受扭承载力所需箍筋截面面积，$A_{sv} = nA_{sv1}$。

以集中荷载为主的独立梁受剪承载力

$$V \leqslant (1.5 - \beta_t) \frac{1.75}{\lambda + 1.0} f_t b h_0 + f_{yv} \frac{A_{sv}}{s} h_0 \tag{5-15}$$

为避免超筋破坏，构件应满足下式条件，否则应加大截面尺寸，或提高混凝土强度等级。

$$\frac{V}{bh_0} + \frac{T}{0.8W_t} \leqslant 0.25\beta_c f_c \tag{5-16}$$

（2）适用条件

为避免少筋破坏，箍筋与纵筋的最小配筋率分别应满足下列要求：

剪扭箍筋配筋率

$$\rho_{svt} = \frac{A_{sv}}{bs} \geqslant \rho_{svt,min} = 0.28\frac{f_t}{f_{yv}} \tag{5-17}$$

受扭纵筋配筋率

$$\rho_{st} = \frac{A_{stl}}{bh} \geqslant \rho_{tl,min} = 0.6\sqrt{\frac{T}{Vb}}\frac{f_t}{f_y} \tag{5-18}$$

受弯纵筋最小配筋率按受弯构件验算。

2. 箱形截面

受扭承载力

$$T \leqslant 0.35\alpha_h \beta_t f_t W_t + 1.2\sqrt{\zeta}A_{cor}\frac{A_{stl}f_{yv}}{s} \tag{5-19}$$

受剪承载力

$$V \leqslant (1.5 - \beta_t) \times 0.7 f_t bh_0 + f_{yv}\frac{A_{sv}}{s}h_0 \tag{5-20}$$

$$\beta_t = \frac{1.5}{1 + 0.2(\lambda + 1.0)\dfrac{V\alpha_h W_t}{Tb_h h_0}} \tag{5-21}$$

$$W_t = \frac{b_h^2}{6}(3h_h - b_h) - \frac{(b_h - 2t_w)^2}{6}\left[3h_w - (b_h - 2t_w)\right] \tag{5-22}$$

式中 α_h——箱形截面壁厚影响系数，$\alpha_h = 2.5t_w/b_h$，当 $\alpha_h > 1.0$ 时取 $\alpha_h = 1.0$；

t_w——箱形截面壁厚，其值不应小于 $b_h/7$；

h_w——箱形截面的腹板净高；

b_h——箱形截面的宽度；

h_h——箱形截面的高度。

以集中荷载为主的独立梁的受剪承载力仍按式（5-15）计算，但 β_t 按式（5-21）计算。

3. T 形和 I 形截面

剪扭构件的受剪承载力按式（5-13）或式（5-15）计算，其中 β_t 按式（5-11）或式（5-12）计算。但计算时应将 T、W_t 分别以 T_w 及 W_{tw} 代替，即计算时假设剪力全部由腹板承担。T_w 为腹板截面所承受的扭矩设计值，W_{tw} 为腹板受扭塑性抵抗矩。

剪扭构件的受扭承载力计算，将截面划分为几个矩形截面分别计算（图 5-7）。腹板为剪扭构件，可按式（5-14）计算，其中 β_t 按式（5-11）或式（5-12）计算，但计算时应将 T、W_t 分别以 T_w 及 W_{tw} 代替；受压翼缘及受拉翼缘为纯扭构件，可按矩形截面纯扭构件的规定计算，但计算时应将 T、W_t 分别以 T'_f 及 W'_{tf} 和 T_f 及 W_{tf} 代替。T_f、T'_f 分别为受拉翼缘截面、受压翼缘截面所承受的扭矩设计值，W_{tf}、W'_{tf} 分别为受拉翼缘、受压翼缘受扭塑性抵抗矩。

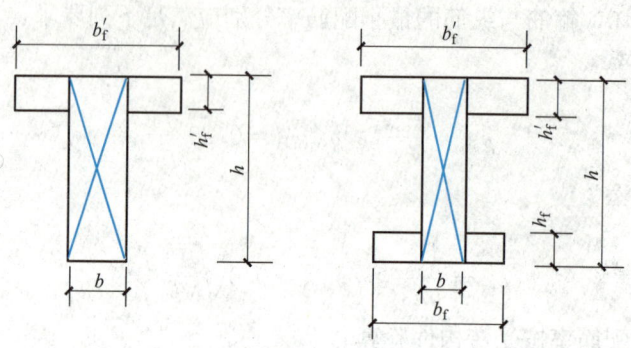

图 5-7　T形和 I 形截面划分

4. 简化计算的条件

当满足式（5-23）时，可不进行剪扭计算，而按构造要求配置箍筋和受扭纵筋：

$$\frac{V}{bh_0} + \frac{T}{W_t} \leqslant 0.7 f_t \tag{5-23}$$

当满足式（5-24）或式（5-25）时，可不考虑剪力，而按弯扭构件计算，即按受弯构件的正截面受弯承载力和纯扭构件的受扭承载力分别进行计算：

$$V \leqslant 0.35 f_t bh_0 \tag{5-24}$$

$$V \leqslant 0.875 \frac{f_t bh_0}{\lambda + 1.0} \tag{5-25}$$

当满足式（5-26）时，可不考虑扭矩，而按弯剪构件计算：

$$T \leqslant 0.175 f_t W_t \tag{5-26}$$

5.3.3　矩形截面弯剪扭构件承载力计算方法

1. 截面设计

已知：截面的内力 M、V、T，截面尺寸，材料强度等级。

求：纵向钢筋及箍筋截面面积。

（1）验算构件截面尺寸

按式（5-7）、式（5-8）验算截面尺寸。截面尺寸不满足时，应增大截面尺寸后再验算。

（2）确定计算方法

按式（5-23）～式（5-26）验算，以确定按弯剪、弯扭或弯剪扭构件进行截面承载力计算。

微课

矩形截面弯剪扭构件承载力计算-截面设计

（3）计算箍筋数量

① 计算混凝土受扭能力降低系数 β_t；

② 计算受剪所需单肢箍筋的用量 $\dfrac{A_{sv1}}{s_v}$；

③ 计算受扭所需单肢箍筋的用量 $\dfrac{A_{st1}}{s_t}$；

④ 计算受剪扭箍筋的单肢总用量 $\dfrac{A_{sv1}}{s_v}+\dfrac{A_{st1}}{s_t}$；

⑤ 验算箍筋的最小配筋率，并选配箍筋。

（4）计算纵筋数量

① 计算受扭纵筋的截面面积 A_{stl}，并验最小配筋率。

由式（5-2）得

$$A_{stl}=\frac{\zeta f_{yv}u_{cor}}{f_y}\frac{A_{st1}}{s} \tag{5-27}$$

② 计算受弯纵筋的截面面积 A_s，并验最小配筋率。

③ 弯、扭纵筋用量叠加，并选配钢筋。叠加原则是 A_s 配在受拉边，A_{stl} 沿截面核心周边均匀、对称布置。位于受拉边的那部分受扭纵筋应与受弯纵筋相加后选配钢筋。

2. 截面复核

复核步骤如下：

（1）验算截面限制条件

按式（5-7）或式（5-8）验算截面尺寸。如果不满足要求，表明截面尺寸过小，需修改原设计。

（2）验算简化计算条件

按式（5-23）～式（5-26）分别进行验算，以确定按弯剪、弯扭或弯剪扭构件进行截面承载力复核。

（3）复核截面承载力

① 对相同材料强度和相同截面尺寸的构件选择若干个扭矩、剪力或弯矩均较大的截面进行复核。

② 根据已知弯矩，按受弯构件正截面受弯承载力公式计算出受弯所需的纵向筋 A_s，再根据已知剪力，由式（5-14）或式（5-15）计算出受剪所需的箍筋 A_{sv1}/s。

③ 从实配纵向钢筋的总用量中减去计算所得受弯纵向钢筋后，即为受扭纵向钢筋 A_{stl}，应检查 A_{stl} 是否对称布置，否则只能取对称配置的那部分作为抗扭的纵向钢筋。

④ 从实配箍筋的总用量中减去计算所得受剪箍筋 A_{sv1}/s 后，即为受扭箍筋的用量 A_{st1}/s。

⑤ 根据受扭箍筋和受扭纵筋用量计算配筋强度比 ζ。

⑥ 将 ζ、β_t 及 A_{st1}/s 代入式（5-13）计算截面受扭承载力 T_u。若 $T_u \geqslant T$（T 为作用在截面上的扭矩设计值），则该截面的承载力是足够的。

【例 5-1】 某钢筋混凝土矩形截面楼面梁，$b \times h = 200\text{mm} \times 400\text{mm}$，承受均布荷载作用，弯矩设计值 $M = 110\text{kN} \cdot \text{m}$，剪力设计值 $V = 75\text{kN}$，扭矩设计值 $T = 9\text{kN} \cdot \text{m}$，混凝

土强度等级为 C35，纵向受力钢筋和箍筋均采用 HRB400 钢筋。试计算截面配筋。

解： 查表得 $f_c = 16.7 \text{N/mm}^2$，$f_t = 1.57 \text{N/mm}^2$，$f_y = f_{yv} = 360 \text{N/mm}^2$，$\beta_c = 1.0$，$\alpha_1 = 1.0$，$\xi_b = 0.518$

取 $a_s = 40 \text{mm}$，则 $h_0 = h - a_s = 400 - 40 = 360 \text{mm}$

（1）验算截面尺寸

$$W_t = \frac{b^2}{6}(3h - b) = \frac{200^2}{6}(3 \times 400 - 200) = 6.667 \times 10^6 \text{ mm}^3$$

$$\frac{h_w}{b} = \frac{360}{200} = 1.8 < 4$$

$$\frac{V}{bh_0} + \frac{T}{0.8W_t} = \frac{75 \times 10^3}{200 \times 360} + \frac{9 \times 10^6}{0.8 \times 6.667 \times 10^6} = 2.729 \text{N/mm}^2$$

$$0.25\beta_c f_c = 0.25 \times 1.0 \times 16.7 = 4.175 \text{N/mm}^2 > 2.729 \text{N/mm}^2$$

截面尺寸满足要求。

（2）确定计算方法

$$0.35 f_t bh_0 = 0.35 \times 1.57 \times 200 \times 360 = 39564 \text{N} < V = 70 \text{kN}$$

$$0.175 f_t W_t = 0.175 \times 1.57 \times 6.667 \times 10^6 = 1831758.3 \text{N} \cdot \text{mm} < T = 10 \text{kN} \cdot \text{m}$$

应按弯剪扭构件计算。

（3）验算是否需按计算配置纵向钢筋和箍筋

$$\frac{V}{bh_0} + \frac{T}{W_t} = \frac{75 \times 10^3}{200 \times 360} + \frac{9 \times 10^6}{6.667 \times 10^6} = 2.392$$

$$0.7 f_t = 0.7 \times 1.57 = 1.099 \text{N/mm}^2 < 2.392 \text{N/mm}^2$$

需按计算配置纵向钢筋和箍筋。

（4）计算箍筋数量

① 计算混凝土受扭能力降低系数 β_t

$$\beta_t = \frac{1.5}{1 + 0.5\dfrac{VW_t}{Tbh_0}} = \frac{1.5}{1 + 0.5\dfrac{75 \times 10^3 \times 6.667 \times 10^6}{9 \times 10^6 \times 200 \times 360}} = 1.082 > 1$$

取 $\beta_t = 1.0$

② 计算受剪所需单肢箍筋的用量 $\dfrac{A_{sv1}}{s_v}$

设箍筋为双肢箍。

$$\frac{A_{sv1}}{s_v} = \frac{V - 0.7(1.5 - \beta_t)f_t bh_0}{nf_{yv}h_0}$$

$$= \frac{75 \times 10^3 - 0.7 \times (1.5 - 1) \times 1.57 \times 200 \times 360}{2 \times 360 \times 360} = 0.137 \text{mm}^2/\text{mm}$$

③ 计算受扭所需单肢箍筋的用量 $\dfrac{A_{st1}}{s_t}$

取配筋强度比 $\zeta = 1.2$

$$A_{cor} = (200 - 2 \times 25 - 2 \times 8) \times (400 - 2 \times 25 - 2 \times 8) = 44756 \text{mm}^2$$

$$\frac{A_{stl}}{s_t} = \frac{T - 0.35\beta_t f_t W_t}{1.2\sqrt{\zeta} f_{yv} A_{cor}} = \frac{9 \times 10^6 - 0.35 \times 1.0 \times 1.57 \times 6.667 \times 10^6}{1.2\sqrt{1.2} \times 360 \times 44756}$$

$$= 0.252 \text{mm}^2/\text{mm}$$

④ 计算受剪扭箍筋的单肢总用量 $\dfrac{A_{sv1}}{s_v} + \dfrac{A_{stl}}{s_t}$

$$\frac{A_{sv1}}{s_v} + \frac{A_{stl}}{s_t} = 0.137 + 0.252 = 0.389 \text{mm}^2/\text{mm}$$

取箍筋直径 $d = 10\text{mm}$，单肢截面面积 78.5mm^2

$$s \leqslant \frac{78.5}{0.389} = 201.8 \text{mm}$$

箍筋间距选用 200mm。

⑤ 验算箍筋的最小配筋率，并选配箍筋

$$\rho_{sv} = \frac{nA_{stl}}{bs} = \frac{2 \times 78.5}{200 \times 200} = 0.39\%$$

$$\rho_{sv,min} = 0.28\frac{f_t}{f_{yv}} = 0.28 \times \frac{1.57}{360} = 0.12\% < \rho_{sv}$$

箍筋配筋率满足要求。

箍筋选用 Φ 10@200。

（5）计算纵向钢筋

① 计算受扭纵筋的截面面积 A_{stl}，并验最小配筋率

$$u_{cor} = 2[(200 - 2 \times 25 - 2 \times 8) + (400 - 2 \times 25 - 2 \times 8)] = 936 \text{mm}$$

$$A_{stl} = \zeta f_{yv} u_{cor} \times \frac{A_{stl}}{s} = 1.2 \times 360 \times 936 \times 0.252 = 448 \text{mm}^2$$

$$A_{stl} = \frac{\zeta f_{yv} u_{cor}}{f_y} \frac{A_{stl}}{s} = \frac{1.2 \times 360 \times 936}{360} \times 0.252 = 283.0 \text{mm}^2$$

受扭纵向钢筋配筋率

$$\rho_{tl} = \frac{A_{stl}}{bh} = \frac{283.0}{200 \times 400} = 0.35\%$$

受扭纵向钢筋最小配筋率

$$\frac{T}{Vb} = \frac{9 \times 10^6}{75 \times 10^3 \times 200} = 0.6 < 2.0$$

$$\rho_{tl,min} = 0.6 \times \sqrt{\frac{T}{Vb}} \frac{f_t}{f_y} = 0.6 \times \sqrt{0.6} \times \frac{1.57}{360} = 0.20\% < \rho_{tl} = 0.35\%$$

满足要求。

② 计算受弯纵筋的截面面积 A_s，并验最小配筋率

$$x = h_0 - \sqrt{h_0^2 - \frac{2M}{\alpha_1 f_c b}} = 360 - \sqrt{360^2 - \frac{2 \times 110 \times 10^6}{1.0 \times 16.7 \times 200}} = 107.55 \text{mm}$$

$$< \xi_b h_0 = 0.518 \times 360 = 186.48 \text{mm}$$

$$A_s = \alpha_1 f_c bx/f_y = 1.0 \times 16.7 \times 200 \times 107.55/360 = 997.8 \text{mm}^2$$

纵向受弯钢筋配筋率

$$\rho = \frac{A_s}{bh_0} = \frac{997.8}{200 \times 360} = 1.39\%$$

纵向受弯钢筋最小配筋率

$\rho_{min} = 0.45 f_t / f_y = 0.45 \times 1.57 / 360 = 0.20\%$，故 $\rho_{min} = 0.20\%$

$\rho_{min} = 0.20\% < \rho = 1.39\%$，满足要求。

③ 弯、扭纵筋用量叠加，并选配钢筋

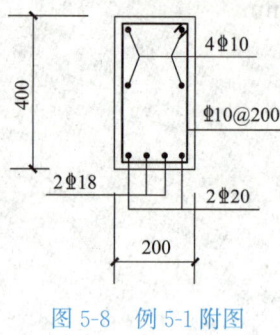

受扭钢筋应沿截面四周均匀对称布置，间距 $<$ 200mm。因梁高 $h = 400$mm，应将受扭纵向钢筋面积三等分，分别布置于梁底、梁顶及梁腰部两侧。故底部配筋截面面积为 $A_s + \dfrac{A_{stl}}{3} = 997.8 + \dfrac{283.0}{3} = 1092.1 \text{mm}^2$，选配 2⌀20 + 2⌀18 （$A_s = 1137 \text{mm}^2$）；梁顶及腰部两侧配筋截面面积为 $\dfrac{A_{stl}}{3} = \dfrac{283.0}{3} = 94.3 \text{mm}^2$，各选配 2⌀10 （$A_s = 157 \text{mm}^2$）。

截面配筋图如图 5-8 所示。

图 5-8　例 5-1 附图

5.4　受扭构件的配筋构造要求

5.4.1　受扭纵筋

受扭纵筋应沿构件截面周边均匀对称布置。矩形截面的四角以及 T 形和 I 形截面各分块矩形的四角，均必须设置受扭纵筋。受扭纵筋的间距不应大于 200mm，也不应大于梁截面短边长度（图 5-9）。

受扭纵向钢筋的接头和锚固要求均应按受拉钢筋的相应要求考虑。架立筋和梁侧构造纵筋也可利用作为受扭纵筋。

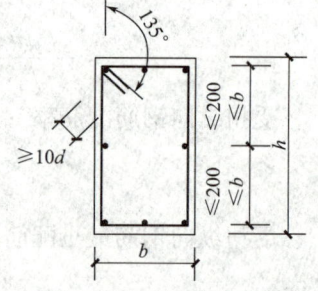

图 5-9　受扭构件配筋构造

5.4.2　受扭箍筋

在受扭构件中，箍筋在整个周长上均承受拉力。因此，受扭箍筋必须做成封闭式，且应沿截面周边布置。为了能将箍筋的端部锚固在截面的核心部分，当钢筋骨架采用绑扎骨架时，应将箍筋末端弯折 135°，弯钩端头平直段长度不应小于 10d （d 为箍筋直径），如图 5-9 所示。

受扭箍筋的间距 s 及直径 d 均应满足 3.1 节中受弯构件的构造要求。

柱箍筋与梁箍筋，单筋梁箍筋与双筋梁箍筋，是否存在扭矩作用的梁的箍筋，其构造

有什么不同？

单元小结

1. 根据配筋量的不同，钢筋混凝土纯扭构件的破坏形态有四种情况：适筋破坏、少筋破坏、部分超配筋破坏、完全超配筋破坏。配筋强度比不同，少筋和适筋、适筋与超筋的界限也不同。

钢筋混凝土矩形截面纯扭构件受扭承载力计算公式为

$$T \leqslant T_u = 0.35 f_t W_t + 1.2 \sqrt{\zeta} \frac{A_{st1} f_{yv}}{s} A_{cor}$$

2. 弯剪扭复合受扭构件有三种典型的破坏形态：弯型破坏、扭型破坏、剪扭型破坏。此外，若扭矩很小，而弯矩和剪力作用明显时，构件可能发生类似于剪压型的破坏。

3. 对弯剪扭复合受扭构件，弯、剪、扭承载力之间存在相关性。实用计算中，将受弯所需纵筋与受扭所需纵筋分别计算然后进行叠加；箍筋按受扭承载力和受剪承载力分别计算其用量，然后进行叠加；用承载力降低系数 β_t 来考虑剪扭共同作用的影响。

(1) 矩形截面受扭构件剪、扭承载力计算公式分别为：

受剪承载力

$$V \leqslant (1.5 - \beta_t) \times 0.7 f_t b h_0 + 1.25 f_{yv} \frac{A_{sv}}{s} h_0$$

以集中荷载为主的独立梁受剪承载力

$$V \leqslant (1.5 - \beta_t) \frac{1.75}{\lambda + 1.0} f_t b h_0 + f_{yv} \frac{A_{sv}}{s} h_0$$

受扭承载力

$$T \leqslant 0.35 \beta_t f_t W_t + 1.2 \sqrt{\zeta} A_{cor} \frac{A_{st1} f_{yv}}{s}$$

(2) 箱形截面受扭构件剪、扭承载力计算公式分别为：

受扭承载力

$$T \leqslant 0.35 \alpha_h \beta_t f_t W_t + 1.2 \sqrt{\zeta} A_{cor} \frac{A_{st1} f_{yv}}{s}$$

受剪承载力

$$V \leqslant (1.5 - \beta_t) \times 0.7 f_t b h_0 + f_{yv} \frac{A_{sv}}{s} h_0$$

(3) T形和I形截面剪扭构件的受剪承载力按矩形截面的公式计算；受扭承载力将截面划分为几个矩形截面分别计算，其中腹板为剪扭构件，可按矩形截面的公式计算；受压翼缘及受拉翼缘为纯扭构件，可按矩形截面纯扭构件的规定计算。

(4) 弯剪扭构件承载力计算包括截面设计和截面复核两类问题。

思考题

1. 简述钢筋混凝土受扭构件的受力特点。

2. 钢筋混凝土纯扭构件的破坏有几种类型？它们各有何特点？

3. 为使抗扭纵筋与箍筋相互匹配，有效地发挥抗扭作用，两者配筋强度比应满足什么条件？

4. 在剪扭构件计算中为何要引入系数 β_t？

5. 受扭纵筋为什么要沿截面周边对称均匀布置，且截面四角必须布置？

6. 受扭箍筋必须采用封闭式，箍筋末端弯折 135°，弯钩端头平直段长度不应小于 $10d$。试解释其原因。

微课

教学单元5小结

习题

1. 已知某住宅工程钢筋混凝土框架边梁，矩形截面，其截面尺寸 $b = 200\text{mm}$、$h = 350\text{mm}$，承受均布荷载作用，经计算，弯矩设计值 150kN·m、扭矩设计值 8.6kN·m、剪力设计值 35KN，混凝土强度等级为 C35、纵向钢筋和箍筋均为 HRB400 钢筋。试计算其配筋。

2. 某钢筋混凝土矩形截面梁，$b \times h = 300\text{mm} \times 800\text{mm}$，混凝土强度等级为 C35，纵向钢筋和箍筋均采用 HRB400 钢筋。承受弯矩设计值 $M = 100\text{kN·m}$，扭矩设计值 $T = 12\text{kN·m}$，均布荷载作用下的剪力设计值 $V = 250\text{kN}$。试计算截面配筋。

参考答案

教学单元5习题

拓展阅读

经典书籍推介

教学单元6 预应力混凝土构件

微课

教学单元6
学习指引

思维导图

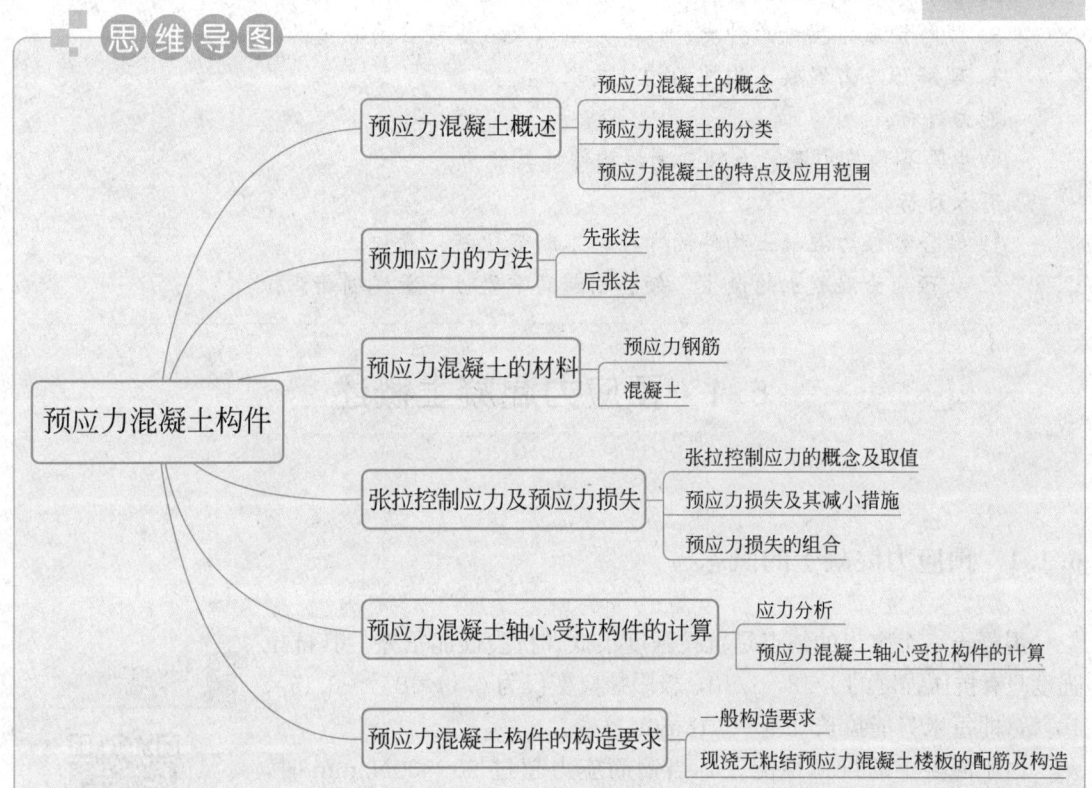

预应力混凝土构件
- 预应力混凝土概述
  - 预应力混凝土的概念
  - 预应力混凝土的分类
  - 预应力混凝土的特点及应用范围
- 预加应力的方法
  - 先张法
  - 后张法
- 预应力混凝土的材料
  - 预应力钢筋
  - 混凝土
- 张拉控制应力及预应力损失
  - 张拉控制应力的概念及取值
  - 预应力损失及其减小措施
  - 预应力损失的组合
- 预应力混凝土轴心受拉构件的计算
  - 应力分析
  - 预应力混凝土轴心受拉构件的计算
- 预应力混凝土构件的构造要求
  - 一般构造要求
  - 现浇无粘结预应力混凝土楼板的配筋及构造

引入案例

　　某市一办公楼工程，因室内空间要求较大，若采用普通钢筋混凝土梁板结构体系，需在柱间及隔墙下设置框架梁和次梁，一方面将导致室内明梁纵横交错，降低了楼层的有效高度，影响了室内美观和使用功能，装修也较难处理；另一方面，隔墙布置的灵活性也受到了限制，室内功能的重新调整比较困难。若采用普通钢筋混凝土无梁平板结构，由于内隔墙较多，附加荷载较大，要使其裂缝宽度及挠度满足规范要求，计算所需板厚较大，同时钢筋用量也较大，不经济。

　　基于上述原因，在设计中将整个楼盖设计为后张部分预应力混凝土无梁平板结构。这种预应力无梁平板，除在楼板周边保留必要的边梁和在局部少数有隔墙的地方及洞口边缘保留梁之外，室内明梁全部取消，仅在必要的地方设暗梁以改善楼板的受力性能，每单元整个室内顶板为一整块的平面，以上问题都迎刃而解。

　　问题：预应力混凝土构件较普通钢筋混凝土构件有何优势？为什么？

学习目标

知识目标：

1. 掌握预应力混凝土的原理。

2. 理解预应力混凝土对材料的要求和材料选用规定。

3. 理解预应力损失的种类、计算方法以及减少预应力损失的措施。

4. 理解预应力混凝土构件的构造要求。

能力目标：

初步具备预应力混凝土轴心受拉构件计算能力。

育人目标：

1. 结合预应力混凝土构件的学习，不断强化规范意识。

2. 从预应力混凝土的诞生，领会创新的重要性，激发创新意识。

6.1　预应力混凝土概述

6.1.1　预应力混凝土的概念

混凝土一个突出的缺点是抗拉强度很低、抗裂性能很差。其抗拉强度只有抗压强度的 $1/18\sim1/10$，极限拉应变仅为 $0.1\times10^{-3}\sim0.15\times10^{-3}$，即每米只能拉长 $0.1\sim0.15$mm。

微课

预应力混凝土
的基本原理

由于混凝土的抗拉性能差，当钢筋应力超过 $20\sim30$N/mm 时，混凝土就会开裂，也就是说，对使用上不允许开裂的构件，受拉钢筋的应力只能用到 $20\sim30$N/mm^2，因此，在使用荷载作用下，钢筋混凝土受拉、受弯等构件通常是带裂缝工作的。裂缝的存在，不仅使构件刚度大为降低，而且不能应用于不允许开裂的结构中；另外，从保证结构耐久性出发，必须限制裂缝宽度。为了满足变形和裂缝控制的要求，则需增大构件的截面尺寸和用钢量，这样做的结果是构件自重过大，使钢筋混凝土结构不能用于大跨度或承受动力荷载的结构，或者不经济。从理论上讲，提高材料强度可以提高构件的承载力，从而达到节省材料和减轻构件自重的目的。但对配置高强度钢筋的钢筋混凝土构件而言，承载力可能已不是控制条件，起控制作用的因素可能是裂缝宽度或构件的挠度。即使是允许开裂的构件，当裂缝宽度达到 $0.2\sim0.3$mm 时，受拉钢筋的应力也只有 $150\sim250$N/mm^2。而当钢筋应力达到 $500\sim1000$N/mm^2 时，裂缝宽度将很大，无法满足使用要求。所以，钢筋混凝土结构中采用高强度钢筋不能充分发挥其作用，而提高混凝土强度等级对提高构件的抗裂性能和控制裂缝宽度的作用也极其有限。另外，混凝土的过早开裂会导致构件的刚度降低，如果加大截面尺寸和用钢量，又会增加结构自重，很不经济，因此，普通钢筋混凝土结构的使用受到了很大限制。

预应力混凝土的基本原理是：在结构构件承受使用荷载前，预先对受拉区的混凝土施加压力，使它产生预压应力来减小或抵消荷载所引起的混凝土拉应力，从而将结构构件的拉应力控制在较小范围，甚至处于受压状态。这样可以避免钢筋混凝土结构的裂缝过早出现，充分利用高强度钢筋及高强度混凝土。现以表6-1对预应力混凝土的工作原理作进一步的说明。

预应力混凝土的工作原理　　　　　　　表 6-1

项目	预应力作用	外荷载作用	预应力＋外荷载
受力简图			
受力及变形特点	在预压力作用下，截面下边缘产生压应力 σ_1，形成反拱 f_1	在外荷载作用下，截面下边缘产生拉应力 σ_2，其挠度为 f_2	在预压力及外荷载作用，截面下边缘产生应力 $\sigma_2 - \sigma_1$，其挠度 $f = f_2 - f_1$

小知识

预应力混凝土的发展历史

1886 年，美国工程师 P. H. 杰克逊首先提出将预应力的概念用于混凝土结构。但直到 1928 年，法国工程师 E. 弗雷西内提出必须采用高强钢材和高强混凝土以减少混凝土收缩与徐变（蠕变）所造成的预应力损失，使混凝土构件长期保持预压应力之后，预应力混凝土才开始进入实用阶段，因此他被公认为预应力混凝土的发明人。预应力混凝土的大量采用是在 1945 年第二次世界大战结束之后，当时西欧面临大量战后恢复工作。由于钢材奇缺，一些传统上采用钢结构的工程以预应力混凝土代替，预应力混凝土开始用于公路桥梁和工业厂房，逐步扩大到公共建筑和其他工程领域。

美籍华裔学者林同炎先生因为在预应力混凝土领域的杰出贡献被尊称为预应力混凝土先生（Mr. Prestressed Concrete）。1955 年，他的第一部著作《预应力混凝土结构设计》产生广泛的国际影响。1969 年，美国土木工程师学会（ASCE）将该学会的预应力混凝土奖改名为林同炎奖，这是美国科技史上第一次以华裔名字命名的科学奖项。1974 年，他获得国际预应力协会（FIP）弗雷西内奖，这是该协会成立 20 年来第一次将此奖颁发给非欧洲人的工程师。林同炎，原名林同棪，1912 年 11 月出生于福建福州，1927 年考取唐山交大土木工程科，1996 年当选为中国科学院外籍院士，2003 年 11 月 15 日在美国逝世。

6.1.2　预应力混凝土的分类

根据预加应力的大小即预加应力对构件截面裂缝控制程度的不同，预应力混凝土构件分为全预应力混凝土和部分预应力混凝土两类。

在使用荷载作用下，不允许截面上混凝土出现拉应力的构件，称为全预应力混凝土，属严格要求不出现裂缝的构件；允许出现裂缝，但最大裂缝宽度不超过允许值的构件，则称为部分预应力混凝土，属允许出现裂缝的构件。此外，在使用荷载作用下，根据荷载效应组合情况，不同程度地保证混凝土构件不开裂的构件，一般也认为属于部分预应力混凝土，即：在混凝土中建立预应力后，在荷载的标准组合作用下允许出现不超过混凝土抗拉强度标准值的拉应力，而在准永久荷载组合作用下，不得出现拉应力的构件。可见，部分预应力混凝土介于全预应力混凝土和钢筋混凝土两者之间。

全预应力混凝土由于对其施加的预应力大，因而具有抗裂性能好、刚度大的特点，常用于对抗裂或抗腐蚀性能要求较高的结构，如贮液罐、吊车梁、核电站安全壳等。但由于施加预应力较高，引起结构反拱过大，会使混凝土在施工阶段产生裂缝；同时构件的开裂荷载与极限荷载较为接近，致使构件延性较差，对结构的抗震不利。部分预应力混凝土，可根据结构或构件的不同使用要求、荷载作用情况及环境条件等，对裂缝进行控制，降低了预应力值，克服了全预应力混凝土的弱点，对于抗裂要求不高的结构或构件，部分预应力混凝土将会得到广泛的应用。

6.1.3　预应力混凝土的特点及应用范围

与钢筋混凝土相比，预应力混凝土具有以下特点：

（1）构件的抗裂性能较好。

（2）构件的刚度较大。由于预应力混凝土能延迟裂缝的出现和开展，并且受弯构件要产生反拱，因而可以减小受弯构件在荷载作用下的挠度。

（3）构件的耐久性较好。由于预应力混凝土能使构件不出现裂缝或减小裂缝宽度，因而可以减少大气或侵蚀性介质对钢筋的侵蚀，从而延长构件的使用期限。

（4）可以减小构件截面尺寸，节省材料，减轻自重，既可以达到经济的目的，又可以扩大钢筋混凝土结构的使用范围，例如可以用于大跨度结构，代替某些钢结构。

（5）工序较多，施工较复杂，且需要张拉设备和锚具等设施。

由于预应力混凝土具有以上特点，因而在工程结构中得到了广泛的应用。在工业与民用建筑中，屋面板、楼板、檩条、吊车梁、柱、墙板、基础等构配件，都可采用预应力混凝土。

应当注意，对构件施加预应力不能提高构件的承载能力。也就是说，当截面和材料相同时，预应力混凝土与普通钢筋混凝土受弯构件的承载能力相同，与受拉区钢筋是否施加预应力无关。

6.2　预加应力的方法

按照张拉钢筋与浇筑混凝土的先后关系，施加预应力的方法可分为先张法和后张法两类。

6.2.1　先张法

先张拉预应力钢筋，然后浇筑混凝土的施工方法，称为先张法。

先张法的主要工艺过程是：穿钢筋→张拉预应力钢筋→浇筑混

微课

预加应力的方法

凝土并进行养护→切断预应力钢筋。先张法通过预应力钢筋回缩时挤压混凝土，而使构件产生预压应力。由于预应力的传递主要靠钢筋和混凝土间的粘结力，因此，必须待混凝土强度达到规定值时（达到强度设计值的75％以上），方可切断预应力钢筋（图6-1）。

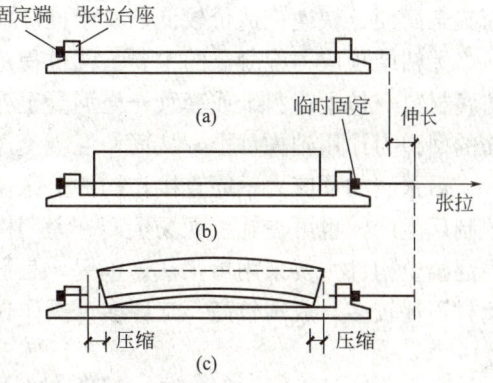

图 6-1 先张法工艺过程示意图

(a) 穿钢筋；(b) 张拉钢筋；(c) 切断钢筋

先张法具有以下主要优点：生产工艺简单，工序少，效率高，质量易于保证，同时由于省去了锚具和减少了预埋件，构件成本较低。先张法主要适用于工厂化大量生产，尤其适宜用于长线法生产中、小型构件。

6.2.2 后张法

先浇筑混凝土，待混凝土硬化后，在构件上直接张拉预应力钢筋，这种施工方法称为后张法。

根据预应力筋与混凝土之间有无粘结，后张法预应力混凝土可分为有粘结预应力混凝土和无粘结预应力混凝土。

1. 有粘结预应力混凝土

通过灌浆或与混凝土直接接触使预应力筋与混凝土之间相互粘结而建立预应力的混凝土结构称为有粘结预应力混凝土结构。

有粘结预应力混凝土的主要工艺过程是：浇筑混凝土构件（在构件中预留孔道）并进行养护→穿预应力钢筋→张拉钢筋并用锚具锚固→往孔道内压力灌浆。钢筋的回弹力通过锚具作用到构件，从而使混凝土产生预压应力（图6-2）。有粘结预应力混凝土的预压应力主要通过工作锚传递。张拉钢筋时，混凝土的强度必须达到设计值的75％以上。

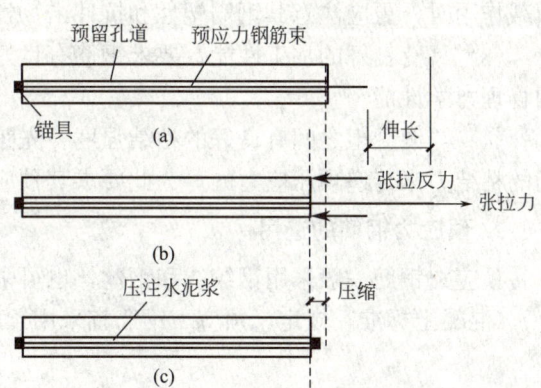

图 6-2 有粘结预应力混凝土工艺过程示意图

(a) 穿钢筋；(b) 张拉钢筋；(c) (d) 锚固，灌浆

2. 无粘结预应力混凝土

无粘结预应力混凝土，是指配置无粘结预应力钢筋的后张法预应力混凝土。无粘结预应力钢筋是将预应力钢筋的外表面涂以沥青、油脂或其他润滑防锈材料，以减小摩擦力并防锈蚀，并用塑料套管或以纸带、塑料带包裹，以防止施工中碰坏涂层，并使之与周围混凝土隔离，而在张拉时可沿纵向发生相对滑移的后张预应力钢筋。无粘结预应力钢筋在施工时，像普通钢筋一样，可直接按配置的位置放入模板中，并浇灌混凝土，待混凝土达到规定强度后即可进行张拉。无粘结预应力混凝土不需要预留孔道，也不必灌浆，因

而施工简便、快速，造价较低，易于推广应用。

无粘结预应力混凝土的主要工艺过程是：预应力钢筋沿全长外表涂刷沥青油毡等润滑防腐材料→包上塑料纸或套管→浇混凝土养护→张拉钢筋→锚固。预应力钢筋回缩时，钢筋的回弹力作用到构件上，从而使混凝土产生预压应力。

后张法的预应力钢筋直接在构件上张拉，不需要张拉台座，所以后张法构件既可以在预制厂生产，也可在施工现场生产。大型构件在现场生产可以避免长途搬运，故大型预应力混凝土构件主要采用后张法。但是，后张法生产周期较长；需要利用工作锚锚固钢筋，钢材消耗较多，成本较高；工序多，操作较复杂，造价一般高于先张法。

6.3　预应力混凝土的材料

6.3.1　预应力钢筋

1. 对预应力钢筋的要求

（1）具有较高的强度。混凝土预应力的大小取决于预应力钢筋张拉应力的大小。考虑到混凝土构件在制作和使用过程中会产生各种预应力损失，为保证扣除预应力损失后仍具有较高的有效张拉应力，这就要求预应力钢筋具有较高的抗拉强度。

（2）具有一定的塑性。为了避免预应力混凝土构件发生脆性破坏，要求预应力钢筋具有较好的延性，其最大力总延伸率应符合表1-2的规定。当构件处于低温环境或受到冲击荷载作用时，更应注意其钢筋塑性和抗冲击韧性的要求。

（3）具有良好的加工性能。要求钢筋有良好的可焊性，并且钢筋在镦粗后不影响原来的物理力学性能。

（4）与混凝土之间有良好的粘结强度。先张法构件主要是通过预应力钢筋与混凝土之间的粘结力来传递预压应力的，为此要求其预应力钢筋应具有良好的外形。

2. 预应力钢筋的选用

预应力钢筋一般采用钢绞线和钢丝，也可采用热处理钢筋，详见1.1节。

《混凝土标准》规定，预应力钢筋宜采用预应力钢丝、钢绞线和预应力螺纹钢筋。

6.3.2　混凝土

1. 对混凝土的要求

预应力混凝土构件是通过张拉预应力钢筋来预压混凝土，以提高构件的抗裂能力，因此预应力混凝土结构构件所用的混凝土应满足下列要求。

（1）具有较高的强度。预应力混凝土需要采用较高强度的混凝土，才能建立起较高的预压应力，并可减小构件的截面尺寸和减轻自重，以适应大跨度的要求。对于先张法构件，采用较高强度的混凝土，可提高粘结强度，减小预应力钢筋的应力传递长度；对于后张法构件，可增大端部混凝土的承压能力，便于锚具的布置和减小锚具垫板的尺寸。

（2）收缩、徐变小。可减小因混凝土收缩、徐变引起的预应力损失。

（3）快硬、早强。混凝土快硬、早强，可较早施加预应力，加快施工速度；提高台座、模板、夹具的周转率，降低间接费用。

（4）弹性模量高。弹性模量高有利于提高截面的弯曲刚度，变形减小，并可减小预压时混凝土的弹性回缩。

2. 混凝土的选用

《混凝土通规》规定，**预应力混凝土楼板结构的混凝土强度等级不应低于C30，其他预应力混凝土结构构件的混凝土强度等级不应低于C40。**

6.4　张拉控制应力及预应力损失

6.4.1　张拉控制应力的概念及取值

在张拉预应力钢筋时所达到的规定应力，称为张拉控制应力，用 σ_{con} 表示。

由预应力混凝土的原理可知，把张拉控制应力取得高些，预压效果就会好一些，一方面可以提高构件的抗裂性能和减小挠度，另一方面可以节约钢材。因此，σ_{con} 值适当取高一些是有利的。但是，σ_{con} 值并不是取得越高越好。原因是：（1）σ_{con} 值越高，σ_{con}/f_{py}（f_{py} 为预应力钢筋强度设计值）越大，则构件的开裂弯矩与极限弯矩越接近，即构件延性就越差，构件破坏时可能产生脆性破坏，这是结构设计中应力求避免的。（2）为了减小预应力损失，在张拉预应力钢筋时往往采取"超张拉"工艺，即张拉时短暂施加略大于 σ_{con} 的应力，如果 σ_{con} 值取得过高，由于张拉的不准确性和钢筋强度的离散性，个别钢筋可能达到甚至超过该钢筋的屈服强度而产生塑性变形，从而减小对混凝土的预压应力，降低预压效果。对高强钢丝，甚至可能因 σ_{con} 值过大而发生脆断。可见，适当的 σ_{con} 值应当是较高的值，但不能过高，这对预应力混凝土结构是至关重要的。《混凝土标准》根据多年来国内外设计与施工经验，规定预应力钢筋的张拉控制应力不宜超过表 6-2 的规定，且不应小于 $0.4f_{ptk}$，其中 f_{ptk} 为预应力钢筋强度标准值。

张拉控制应力限值　　　　表 6-2

钢筋种类	张拉方法	
	先张法	后张法
消除应力钢丝、钢绞线	$0.75f_{ptk}$	$0.75f_{ptk}$
热处理钢筋	$0.70f_{ptk}$	$0.65f_{ptk}$

注：下列情况，表中数值可提高 $0.05f_{ptk}$：

1. 要求提高构件在施工阶段的抗裂性能而在使用阶段受压区内设置的预应力筋；
2. 要求部分抵消由于应力松弛、摩擦、钢筋分批张拉以及预应力钢筋与张拉台座之间的温差因素产生的预应力损失。

6.4.2 预应力损失及其减小措施

由于张拉工艺和材料特性等原因，从张拉钢筋开始直到构件使用的整个过程中，经张拉所建立起来的钢筋预应力将逐渐降低，这种现象称为预应力损失。预应力损失会影响预应力混凝土结构构件的预压效果，甚至造成预应力混凝土结构的失效，因此，不仅设计时应正确计算预应力损失值，施工中也应采取有效措施减少预应力损失值。

预应力损失分为以下六种：

1. 张拉端锚具变形和钢筋内缩引起的预应力损失（简称锚具变形损失）

锚具变形损失是由于经过张拉的预应力钢筋被锚固在台座或构件上以后，锚具、垫板与构件之间的缝隙被压紧，以及预应力钢筋在锚具中滑动，造成预应力钢筋回缩而产生的预应力损失，用 σ_{l1} 表示。σ_{l1} 既发生于先张法构件，也发生于后张法构件中。

$$\sigma_{l1} = \frac{a}{l} E_s \tag{6-1}$$

式中　a——张拉端锚具变形和钢筋内缩值（mm），按表 6-3 取用；

　　　l——张拉端至锚固端之间的距离（mm）；

　　　E_s——预应力钢筋的弹性模量（N/mm²）。

锚具变形和钢筋内缩值 a　　　　　　　　　　表 6-3

锚具类别		a（mm）
支撑式锚具（钢丝束墩头锚具等）	螺母缝隙	1
夹片锚具	有顶压时	5
	无顶压时	6～8

注：1. 表中的锚具变形和钢筋内缩值也可根据实测数值确定；
　　2. 其他类型的锚具变形和钢筋内缩值应根据实测数据确定。

减小锚具变形损失的措施有：

（1）选择变形小或预应力筋滑动小的锚具、夹具，并尽量减少垫板的数量；

（2）对于先张法张拉工艺，选择长的台座。台座长度超过 100m 时，σ_{l1} 可忽略不计。

2. 预应力钢筋与孔道的摩擦引起的预应力损失（简称孔道摩擦损失）

孔道摩擦损失是由于后张法构件在预留孔道中张拉钢筋时，钢筋与孔道壁之间的接触引起摩擦阻力而产生的预应力损失[①]，用 σ_{l2}。由于孔道摩擦损失的存在，预应力钢筋截面的应力随距张拉端的距离的增加而减小。当孔道为曲线时，预应力损失会更大。σ_{l2} 只发生在后张法构件中。

$$\sigma_{l2} = \sigma_{con}\left(1 - \frac{1}{e^{\kappa x + \mu\theta}}\right) \tag{6-2}$$

当 $\kappa x + \mu\theta \leqslant 0.3$ 时，σ_{l2} 可按下列近似公式计算：

$$\sigma_{l2} = (\kappa x + \mu\theta) \cdot \sigma_{con} \tag{6-3}$$

式中　x——从张拉端至计算截面的孔道长度，也可近似取该段孔道从纵轴上的投影长度

---

① 在采用折线张拉的先张法构件中，预应力钢筋在转向装置处的摩擦也会引起预应力损失，本书不涉及。

（图 6-3）（m）；

θ——从张拉端至计算截面曲线孔道各部分切线的夹角（图 6-3）（rad）；

κ——考虑孔道每米长度局部偏差的摩擦系数，按表 6-4 采用；

μ——预应力钢筋与孔道道壁之间的摩擦系数，按表 6-4 采用。

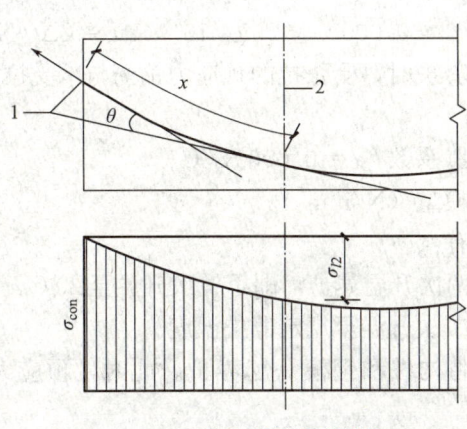

图 6-3　预应力摩擦损失计算

1—张拉端；2—计算截面

摩擦系数　　　　　　　　　　　　　表 6-4

孔道成型方式	κ	μ	
		钢绞线、钢丝束	预应力螺纹钢筋
预埋金属波纹管	0.0015	0.25	0.50
预埋塑料波纹管	0.0015	0.15	—
预埋钢管	0.0010	0.30	—
抽芯成型	0.0014	0.55	0.60
无粘结预应力	0.0040	0.09	—

摩擦阻力由下述两个原因引起，先分别计算，然后相加。

（1）张拉曲线钢筋时，由预应力钢筋和孔道壁之间的法向正压力引起的摩擦阻力。

（2）预留孔道因施工中某些原因发生凹凸，偏离设计位置，张拉钢筋时，预应力钢筋和孔道壁之间将产生法向正压力而引起的摩擦阻力。

减少孔道摩擦损失的措施有：

（1）采用两端张拉；

（2）采用"超张拉"工艺，其工艺程序为：

$$0 \xrightarrow[\qquad]{\text{停 2min}} 1.1\sigma_{con} \xrightarrow[\qquad]{\text{停 2min}} 0.85\sigma_{con} \longrightarrow \sigma_{con}$$

3. 混凝土加热养护时，预应力钢筋与台座间温差引起的预应力损失（简称温差损失）

当先张法构件进行蒸汽养护时，新浇混凝土尚未结硬，不能约束钢筋增长。随着钢筋温度升高，构件长度也增加，而台座长度固定不变，因此张拉后的钢筋变松，预应力钢筋的应力降低。降温时混凝土和钢筋已粘结成整体，二者一起回缩，钢筋的应力不能恢复到原来的张拉应力值，从而产生的预应力损失，用 σ_{l3} 表示。温差损失只发生在采用蒸汽养护的先张法构件中。

$$\sigma_{l3} = \varepsilon_s E_s = \frac{\Delta l}{l} E_s = \frac{\alpha l \Delta t}{l} E_s = \alpha E_s \Delta t \tag{6-4}$$

$$= 0.00001 \times 2.0 \times 10^5 \times \Delta t = 2\Delta t \, (\text{N/mm}^2)$$

式中　Δt——混凝土加热养护时，受张拉的预应力钢筋与承受拉力的设备（台座）之间的温差（℃）；

　　　α——钢筋的线膨胀系数，$\alpha = 0.00001/℃$；

　　　E_s——钢筋的弹性模量（N/mm²）。

减少温差损失的措施有：

（1）蒸汽养护时采用两次升温养护，即第一次升温至 20℃，恒温养护至混凝土强度达到 7～10N/mm² 时，再第二次升温至规定养护温度。

（2）在钢模上张拉，将构件和钢模一起养护。此时，预应力钢筋和台座间不存在温差，故 $\sigma_{l3} = 0$。

4. 预应力钢筋应力松弛引起的预应力损失（简称钢筋应力松弛损失）

预应力钢筋应力松弛引起的预应力损失实际上是钢筋的应力松弛和徐变引起的预应力损失的统称，用 σ_{l4} 表示。一般说来，预应力混凝土构件最初几天松弛是主要的。在最初的 1 小时内大约完成总松弛值的 50%，24 小时内可以完成 80%，以后逐渐减小。到后一阶段，当大部分预应力损失出现后，则以钢筋的徐变为主。σ_{l4} 既发生在先张法构件中，也发生在后张法构件中。

对预应力钢丝、钢绞线，σ_{l4} 按下列公式计算：

（1）普通松弛

$$\sigma_{l4} = 0.4\left(\frac{\sigma_{con}}{f_{ptk}} - 0.5\right)\sigma_{con} \tag{6-5}$$

（2）低松弛

当 $\sigma_{con} \leqslant 0.7 f_{ptk}$ 时

$$\sigma_{l4} = 0.125\left(\frac{\sigma_{con}}{f_{ptk}} - 0.5\right)\sigma_{con} \tag{6-6}$$

当 $0.7 f_{ptk} < \sigma_{con} \leqslant 0.8 f_{ptk}$ 时

$$\sigma_{l4} = 0.2\left(\frac{\sigma_{con}}{f_{ptk}} - 0.575\right)\sigma_{con} \tag{7-7}$$

对预应力螺纹钢筋，σ_{l4} 按下式计算：

$$\sigma_{l4} = 0.03\sigma_{con} \tag{6-8}$$

减少钢筋应力松弛损失的措施如下：

（1）采用应力松弛损失较小的钢筋作预应力钢筋；

（2）采用"超张拉"工艺。

5. 混凝土收缩、徐变引起的受拉区和受压区纵向预应力筋的应力损失（简称混凝土收缩徐变损失）

混凝土收缩徐变损失是由于混凝土的收缩和徐变使构件长度缩短，被张紧的钢筋回缩而产生的预应力损失。收缩与徐变是两种性质完全不同的现象，但它们的影响因素、变化规律较为相似，故《混凝土标准》将这两项预应力损失合在一起考虑，受拉区纵向预应力钢筋的收缩徐变损失用 σ_{l5} 表示，受压区纵向预应力钢筋的收缩徐变损失用 σ'_{l5} 表示。混凝土收缩徐变损失既发生在先张法构件中，也发生在后张法构件中。此项预应力损失是各项损失中最大的一项，在直线预应力配筋构件中约占总损失的 50%，在曲线预应力配筋构件中约占 30% 左右。

对一般情况，σ_{l5}、σ'_{l5} 下列公式计算：

先张法构件

$$\sigma_{l5} = \frac{60 + 340\dfrac{\sigma_{pc}}{f'_{cu}}}{1 + 15\rho} \tag{6-9}$$

$$\sigma'_{l5} = \frac{60 + 340\dfrac{\sigma'_{pc}}{f'_{cu}}}{1 + 15\rho'} \tag{6-10}$$

$$\rho = \frac{A_p + A_s}{A_0} \tag{6-11}$$

$$\rho' = \frac{A'_p + A'_s}{A_0} \tag{6-12}$$

后张法构件

$$\sigma_{l5} = \frac{55 + 300\dfrac{\sigma_{pc}}{f'_{cu}}}{1 + 15\rho} \tag{6-13}$$

$$\sigma'_{l5} = \frac{55 + 300\dfrac{\sigma'_{pc}}{f'_{cu}}}{1 + 15\rho'} \tag{6-14}$$

$$\rho = \frac{A_p + A_s}{A_n} \tag{6-15}$$

$$\rho' = \frac{A'_p + A'_s}{A_n} \tag{6-16}$$

式中　σ_{pc}、σ'_{pc}——受拉区、受压区预应力筋在各自合力点处混凝土法向压应力；

f'_{cu}——施加预应力时的混凝土立方体抗压强度；

ρ、ρ'——受拉区、受压区预应力钢筋和普通钢筋的配筋率；

A_0——混凝土换算截面面积；

A_n——混凝土净截面面积。

应当注意，计算 σ_{pc}、σ'_{pc} 时，预应力损失值仅考虑混凝土预压前（第一批）的损失，其普通钢筋中的应力 σ_{l5}、σ'_{l5} 值应取等于零，σ_{pc}、σ'_{pc} 值不得大于 $0.5f'_{cu}$；当 σ'_{pc} 为拉应力时，则式（6-10）、式（6-14）中的 σ'_{pc} 应取为零；计算混凝土法向应力 σ_{pc}、σ'_{pc} 时可根据构件制作情况考虑自重的影响。

减少混凝土收缩徐变损失的措施有：

（1）设计时尽量使混凝土压应力不要过高；

（2）采用高强度等级水泥，以减少水泥用量，同时严格控制水灰比；

（3）采用级配良好的骨料，增加骨料用量，同时加强振捣，提高混凝土密实性；

（4）加强养护，使水泥水化作用充分，减少混凝土的收缩，有条件时宜采用蒸汽养护。

6. 环形构件采用螺旋预应力筋时局部挤压引起的预应力损失（简称环形配筋损失）

该损失是由于构件环形配筋时，预应力钢筋将混凝土局部压陷，使构件直径减小而产生的预应力损失，用 σ_{l6} 表示。σ_{l6} 只发生在后张法构件中。

σ_{l6} 的大小与环形构件的直径 d 成反比。直径 $d \leqslant 3m$ 的构件 $\sigma_{l6} = 30N/mm^2$，$d > 3m$ 时 $\sigma_{l6} = 0$。

6.4.3 预应力损失的组合

由前述可知，6 项预应力损失中，有的在先张法构件中产生，有的在后张法构件中产生，有的在先、后张法构件中均产生，并且是分批产生的。因此，为了便于分析和计算，需要根据实际情况对各阶段的预应力损失进行组合。《混凝土标准》规定，预应力构件在各阶段的预应力损失值宜按表 6-5 进行组合。

各阶段预应力损失值的组合 表 6-5

预应力的损失组合	先张法构件	后张法构件
混凝土预压前(第一批)损失 $\sigma_{l\mathrm{I}}$	$\sigma_{l1} + \sigma_{l2} + \sigma_{l3} + \sigma_{l4}$	$\sigma_{l1} + \sigma_{l2}$
混凝土预压后(第二批)损失 $\sigma_{l\mathrm{II}}$	σ_{l5}	$\sigma_{l4} + \sigma_{l5} + \sigma_{l6}$

考虑到预应力损失的计算值与实际值可能存在一定差异，为确保预应力构件的抗裂性，《混凝土标准》规定，当计算求得的预应力总损失 $\sigma_l = \sigma_{l\mathrm{I}} + \sigma_{l\mathrm{II}}$ 小于下列数值时，应按下列数值取用：

先张法构件：$100N/mm^2$；

后张法构件：$80N/mm^2$。

6.5 预应力混凝土轴心受拉构件的计算

6.5.1 应力分析

1. 先张法构件

预应力混凝土构件从张拉预应力筋至构件受荷破坏的过程中，可分为施工阶段和使用阶段，施工阶段和使用阶段又可分为不同受力阶段。不同阶段预应力筋和混凝土的应力不同。现以完成第二批预应力损失后为例，说明各受力阶段应力分析方法。

完成第二批预应力损失后，由于第二批预应力损失 $\sigma_{l\mathrm{II}}$ 的产生，产生了预应力的总损失 $\sigma_l = \sigma_{l\mathrm{I}} + \sigma_{l\mathrm{II}}$，使预应力筋的拉应力和混凝土的预压应力进一步降低。设混凝土的预压

应力由 σ_{pcI} 降低到 σ_{pcII}，则预应力筋的预应力由 σ_{peI} 降低到 σ_{peII}。此时，混凝土应力为 $\sigma_{pc}=\sigma_{pcII}$，预应力筋应力为 $\sigma_{pe}=\sigma_{peII}=\sigma_{con}-\sigma_{lI}-\alpha_E\sigma_{pcII}$，普通钢筋应力为 $\sigma_s=\sigma_{sII}=\alpha_E\sigma_{pcII}+\sigma_{l5}$，其中 σ_{l5} 项指普通钢筋在混凝土收缩与徐变过程中由于阻碍混凝土收缩、徐变的发展所增加的压应力值。

完成全部预应力损失后的受力情况如图 6-4，由内力平衡条件可得

$$\sigma_{peII}A_p=\sigma_{pcII}A_c+\sigma_{sII}A_s \tag{6-17}$$

将上述各应力值代入上式得

$$(\sigma_{con}-\sigma_{lI}-\alpha_{Ep}\sigma_{pcII})A_p=\sigma_{pcII}A_c+(\sigma_{l5}+\alpha_{Es}\sigma_{pcII})A_s$$

整理得

$$\sigma_{pcII}=\frac{(\sigma_{con}-\sigma_{lI})A_p-\sigma_{l5}A_s}{A_0} \tag{6-18}$$

式中　σ_{pcII}——预应力损失全部完成后，在混凝土中所建立的有效预压应力；

A_p——预应力筋的截面面积；

A_s——普通钢筋的截面面积；

A_0——换算截面面积，为混凝土截面面积与非预应力钢筋和预应力钢筋换算成混凝土的截面面积之和，$A_0=A_c+\alpha_{Es}A_s+\alpha_{Ep}A_p$；

A_c——扣除孔道凹槽及钢筋截面面积后的混凝土截面面积。

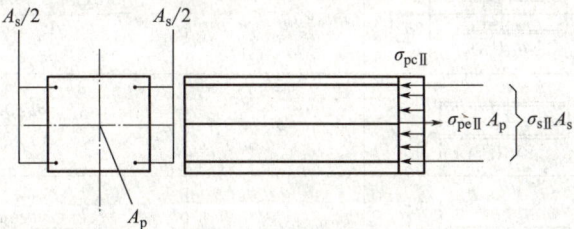

图 6-4　先张法构件完成全部预应力损失后的受力情况

用同样方法，可得先张法预应力混凝土构件各阶段的应力，见表 6-6。

先张法预应力混凝土构件各阶段的应力分析　　　　　表 6-6

受力阶段		简图	预应力筋应力 σ_p	混凝土应力 σ_{pc}	普通钢筋应力 σ_s
施工阶段	a. 在台座上穿钢筋		0	—	—
	b. 张拉预应力筋		σ_{con}	—	—
	c. 完成第一批损失		$\sigma_{con}-\sigma_{lI}$	0	0
	d. 放松钢筋		$\sigma_{peI}=\sigma_{con}-\sigma_{l1}-\alpha_E\sigma_{pcI}$	$\sigma_{pcI}=\dfrac{(\sigma_{con}-\sigma_{lI})A_p}{A_0}$（压）	$\sigma_{sI}=\alpha_E\sigma_{pcI}$（压）
	e. 完成第二批损失		$\sigma_{peII}=\sigma_{con}-\alpha_E\sigma_{pcII}$	$\sigma_{pcII}=\dfrac{(\sigma_{con}=\sigma_l)A_p-\sigma_{l5}A_s}{A_0}$（压）	$\sigma_{sII}=\alpha_E\sigma_{pcII}+\sigma_{l5}$（压）

续表

受力阶段	简图	预应力筋应力 σ_p	混凝土应力 σ_{pc}	普通钢筋应力 σ_s
使用阶段 f. 加载至 $\sigma_{pc}=0$		$\sigma_{p0}=\sigma_{con}-\sigma_l$	0	σ_{l5}（压）
g. 加载至裂缝即将出现		$\sigma_{pcr}=\sigma_{con}-\sigma_l+\alpha_E f_{tk}$	f_{tk}（拉）	$\alpha_E f_{tk}-\sigma_{l5}$（拉）
h. 加载至破坏		f_{py}	0	f_y（拉）

2. 后张法构件

对后张法构件，用先张法相同的方法，得出各受力阶段应力如表6-7。

后张法预应力混凝土构件各阶段的应力分析 表 6-7

受力阶段	简图	预应力筋应力 σ_p	混凝土应力 σ_{pc}	普通钢筋 σ_s
施工阶段 a. 穿钢筋		0	0	0
b. 张拉钢筋		$\sigma_{con}-\sigma_{l2}$	$\sigma_{pc}=\dfrac{(\sigma_{con}-\sigma_{l2})A_p}{A_n}$（压）	$\sigma_s=\alpha_E\sigma_{pc}$（压）
c. 完成第一批损失		$\sigma_{peⅠ}=\sigma_{con}-\sigma_{l1}$	$\sigma_{pcⅠ}=\dfrac{(\sigma_{con}-\sigma_{eⅠ})A_p}{A_n}$（压）	$\sigma_{sⅠ}=\alpha_E\sigma_{pcⅠ}$（压）
d. 完成第二批损失		$\sigma_{peⅡ}=\sigma_{con}-\sigma_l$	$\sigma_{peⅡ}=\dfrac{(\sigma_{con}-\sigma_l)A_p-\sigma_{l5}A_s}{A_n}$（压）	$\sigma_{sⅡ}=\alpha_E\sigma_{pcⅡ}+\sigma_{l5}$（压）
使用阶段 e. 加载至 $\sigma_{pc}=0$		$\sigma_{po}=\sigma_{con}-\sigma_l+\alpha_E\sigma_{pcⅡ}$	0	σ_{l5}（压）
f. 加载至裂缝即将出现		$\sigma_{pcr}=\sigma_{con}-\sigma_l+\alpha_E\sigma_{pcⅡ}+\alpha_E f_{tk}$	f_{tk}（拉）	$\alpha_E f_{tk}-\sigma_{l5}$（拉）
g. 加载至破坏		f_{py}	0	f_y（拉）

3. 先张法与后张法的比较

（1）计算预应力混凝土轴心受拉构件截面混凝土的有效预压应力 $\sigma_{pcⅠ}$、$\sigma_{pcⅡ}$ 时，所用构件截面面积，先张法为换算截面面积 A_0，后张法为构件的净截面面积 A_n。

（2）在先张法预应力混凝土轴心受拉构件中，存在着放松预应力钢筋后由混凝土弹性压缩变形而引起的预应力损失。而在后张法预应力混凝土轴心受拉构件中，混凝土的弹性压缩变形是在预应力钢筋张拉过程中发生的，因此没有相应的预应力损失。所以，相同条件的预应力混凝土轴心受拉构件，当预应力钢筋的张拉控制应力相等时，先张法预应力钢筋中的有效预应力比后张法小，相应建立的混凝土预压应力也就比后张法小，具体的数量差别取决于混凝土弹性压缩变形的大小。

（3）在施工阶段中，考虑所有的预应力损失后计算混凝土的预压应力 σ_{pcII} 的公式，先张法与后张法在形式上大致相同，主要区别在于构件截面面积，先张法为换算截面面积 A_0，后张法为构件的净截面面积 A_n。由于 $A_0 > A_n$，故先张法预应力混凝土轴心受拉构件的混凝土预压应力小于后张法预应力混凝土轴心受拉构件。

以上结论可推广应用于计算预应力混凝土受弯构件的混凝土预应力，只需将 N_{PI}、N_{PII} 改为偏心压力即可。

6.5.2 预应力混凝土轴心受拉构件的计算

1. 使用阶段的计算

（1）承载力计算

预应力混凝土轴心受拉构件截面计算简图如图 6-5 所示。根据静力平衡得构件承载力计算公式

$$N \leqslant N_u = f_{py}A_p + f_y A_s \tag{6-19}$$

式中　N ——荷载作用产生的轴向力设计值；

　　　f_{py} ——预应力钢筋的抗拉强度设计值；

　　　f_y ——普通钢筋的抗拉强度设计值。

其余符号意义同前。

小问题

为什么对构件施加预应力不能提高构件的承载能力？

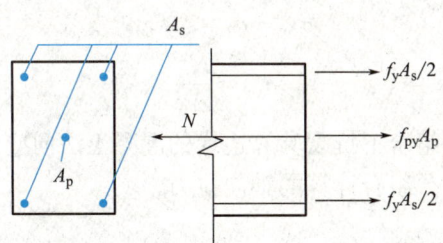

图 6-5　预应力混凝土轴心受拉构件使用阶段承载力计算简图

（2）抗裂度及裂缝宽度验算

预应力混凝土构件的裂缝控制等级划分为三级。

1）一级——严格要求不出现裂缝的构件

在荷载标准组合下，构件受拉边缘混凝土不应产生拉应力，即

$$\sigma_{ck} - \sigma_{pcII} \leqslant 0 \tag{6-20}$$

$$\sigma_{ck} = \frac{N_k}{A_0} \tag{6-21}$$

式中　σ_{ck}——荷载标准组合下抗裂验算边缘的混凝土法向应力；

　　σ_{pcII}——扣除全部预应力损失后，在抗裂验算边缘的混凝土预压应力。

2）二级——一般要求不出现裂缝的构件

在荷载标准组合下，构件受拉边缘混凝土的拉应力不应大于混凝土抗拉强度标准值，即

$$\sigma_{ck} - \sigma_{pcII} \leqslant f_{tk} \tag{6-22}$$

3）三级——允许出现裂缝的构件

按荷载标准组合并考虑长期作用影响计算的最大裂缝宽度 w_{max} 应满足下式要求：

$$w_{max} = \alpha_{cr}\psi\frac{\sigma_{sk}}{E_s}(1.9C_s + 0.08\frac{d_{eq}}{\rho_{te}}) \leqslant w_{lim} \tag{6-23}$$

$$\sigma_{sk} = \frac{N_k - N_{p0}}{A_p + A_s} \tag{6-24}$$

$$\rho_{te} = \frac{A_p + A_s}{A_{te}} \tag{6-25}$$

式中　w_{max}——预应力混凝土轴心受拉构件的最大裂缝宽度；

　　w_{lim}——最大裂缝宽度限值；

　　α_{cr}——构件受力特征系数，预应力混凝土轴心受拉构件 $\alpha_{cr}=2.2$，预应力混凝土受弯构件和偏心受压构件 $\alpha_{cr}=1.5$；

　　σ_{sk}——按荷载标准组合计算的预应力混凝土构件纵向受拉钢筋的等效应力；

　　ρ_{te}——按有效受拉混凝土截面面积计算的纵向受拉钢筋的配筋率，在最大裂缝宽度计算中，当 $\rho_{te} < 0.01$ 时，取 $\rho_{te}=0.01$；

　　A_{te}——有效受拉混凝土截面面积，对轴心受拉构件，取构件截面面积。

对环境类别为二 a 类的预应力混凝土构件，在荷载准永久组合下，受拉边缘应力尚应符合下列规定：

$$\sigma_{cq} - \sigma_{pc} \leqslant f_{tk} \tag{6-26}$$

$$\sigma_{ck} = \frac{N_q}{A_0} \tag{6-27}$$

式中　σ_{cq}——荷载准永久组合下抗裂验算边缘的混凝土法向应力；

　　N_q——按荷载准永久组合计算的轴向拉力。

2. 施工阶段的计算

（1）混凝土轴心受压承载力验算

预应力混凝土轴心受拉构件，在先张法切断预应力筋或后张法张拉预应力筋终止时，混凝土受到的压应力达到最大值，因此应对施工阶段的承载力进行验算，即应满足下式要求：

$$\sigma_{cc} \leqslant 0.8f'_{ck} \tag{6-28}$$

式中　σ_{cc}——相应施工阶段计算截面边缘纤维的混凝土压应力，先张法 $\sigma_{cc} = (\sigma_{con} - \sigma_{l1})A_p/A_0$，后张法 $\sigma_{cc} = \sigma_{con}A_p/A_n$；

f'_{ck}——与各施工阶段混凝土立方体抗压强度 f'_{cu} 相应的抗压强度标准值。

（2）后张法构件端部锚固区锚具垫板下局部受压承载力计算

由于后张法构件预压力通过锚具、垫板传递给混凝土，锚具、垫板下一定范围内就存在很大的局部压应力。这种压应力需要经过一定的扩散长度（大约等于构件截面的边长）后才能均匀地分布到构件的全截面，如图 6-6 所示。为了保证后张法构件施工阶段的安全，对后张法预应力混凝土构件，不管是轴心受拉构件、受弯构件还是其他构件，都需验算锚固区局部受压承载力。

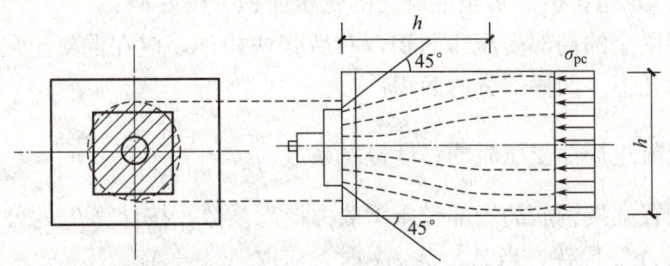

图 6-6 后张法构件端部局部受压

为了保证构件锚具下的局部受压承载力及控制裂缝宽度，在预应力筋锚具下和张拉设备的支承处，需配置方格网式或螺旋式间接钢筋（图 6-7）。

当配置间接钢筋且其核心面积 $A_{cor} \geqslant A_l$ 时，局部受压承载力按下式计算：

$$F_t \leqslant 0.9(\beta_c\beta_l f_c + 2\alpha\rho_v\beta_{cor} f_{yv})A_{ln} \tag{6-29}$$

当配置方格网式钢筋时（图 6-7a），其体积配筋率 ρ_v 按下式计算：

$$\rho_v = \frac{n_1 A_{s1} l_1 - n_2 A_{s2} l_2}{A_{cor}s} \tag{6-30}$$

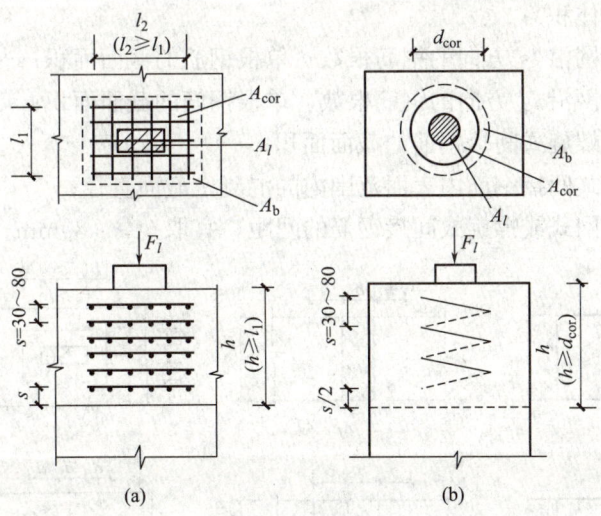

图 6-7 局部受压区的间接钢筋

（a）方格网式钢筋；（b）螺旋式钢筋

此时，钢筋网两个方向上单位长度内钢筋截面面积的比值不宜大于 1.5。

当配置螺旋式钢筋时（图 6-7b），体积配筋率 ρ_v 按下式计算：

$$\rho_v = \frac{4A_{ss1}}{d_{cor}s}$$

(6-31)

式中　F_t——局部受压面上作用的局部荷载或局部压力设计值，对后张法预应力混凝土构件应取 $F_t = 1.2\sigma_{con}A_p$；

α——间接钢筋对混凝土约束的折减系数；

β_c——混凝土强度影响系数；

A_l——混凝土的局部受压面积，当有垫板时，应考虑预应力沿锚具边缘在垫板中按 $45°$ 角扩散后传至混凝土的受压面积（图 6-6）；

A_{ln}——混凝土的局部受压净面积，对后张法构件，应在混凝土局部受压面积中扣除孔道、凹槽部分的面积；

β_l——混凝土局部受压时的强度提高系数，$\beta_l = \sqrt{\dfrac{A_b}{A_l}}$；

β_{cor}——配置间接钢筋的局部受压承载力提高系数，按计算 β_l 的公式计算，但将 A_b 以 A_{cor} 代替，当 $A_{cor} > A_b$ 时，应取 $A_{cor} = A_b$；

A_b——局部受压的计算底面积，可由局部受压面积与计算底面积按同心、对称的原则确定，对常用情况可按图 6-8 取用；

A_{cor}——方格网式或螺旋式间接钢筋内表面范围内的混凝土核心面积，其重心应与 A_l 的重心重合，计算中仍按同心、对称的原则取值；

f_c——混凝土轴心抗压强度设计值，在后张法预应力混凝土构件的张拉阶段验算中，应根据相应阶段的实际轴心抗压强度值取用；

f_{yv}——间接钢筋的抗拉强度设计值；

ρ_v——间接钢筋的体积配筋率（核心面积 A_{cor} 范围内单位混凝土体积所含间接钢筋的体积）；

n_1, A_{s1}——方格网沿 l_1 方向的钢筋根数、单根钢筋的截面面积；

n_2, A_{s2}——方格网沿 l_2 方向的钢筋根数、单根钢筋的截面面积；

A_{ss1}——单根螺旋式间接钢筋的截面面积；

d_{cor}——螺旋式间接钢筋内表面范围内的混凝土截面直径；

s——方格网式或螺旋式间接钢筋的间距，宜取 $30 \sim 80\text{mm}$。

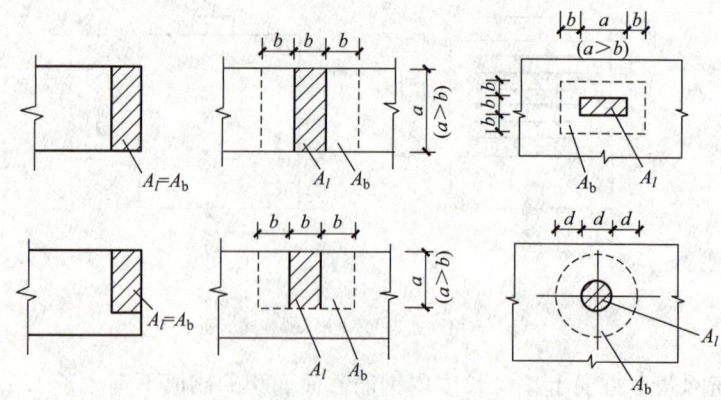

图 6-8　局部受压计算底面积

间接钢筋应配置在图 6-7 所示的高度 h 范围内，且方格网式钢筋不应少于 4 片，螺旋式钢筋不应少于 4 圈。

为了防止构件端部局部受压面积太小而在使用阶段出现裂缝，其局部受压区的截面尺寸应符合下式要求：

$$F_t \leqslant 1.35\beta_c\beta_l f_c A_{ln} \tag{6-32}$$

【**例 6-1**】 24m 预应力混凝土折线形屋架下弦杆件，截面尺寸为 250mm × 260mm，混凝土强度等级为 C40。采用后张法施工工艺，一端超张拉 5%，当混凝土强度达到 C40 时进行张拉。孔道采用 $2\phi 50$，为充压橡皮管抽芯成型。采用 JM12 锚具，屋架端部构造如图 6-8 所示。预应力筋选用 $\phi^H 5$ 消除应力钢丝，普通松弛级。普通钢筋配置 $4\Phi 14$（$A_s = 615\text{mm}^2$）。外荷载在下弦产生的轴向拉力设计值 $N = 830\text{kN}$，荷载标准组合作用下的轴向拉力 $N_k = 635\text{kN}$。试设计此弦杆。

解： 查表得有关数据：

$\phi^H 5$ 消除应力钢丝：$f_{ptk} = 1570\text{N/mm}^2$，$f_{py} = 1110\text{N/mm}^2$，$E_p = 2.05 \times 10^5\text{N/mm}^2$

HRB400 钢筋：$f_y = 360\text{N/mm}^2$，$E_s = 2.0 \times 10^5\text{N/mm}^2$

C40 混凝土：$f_c = 19.1\text{N/mm}^2$，$f_{tk} = 2.39\text{N/mm}^2$，$E_c = 3.25 \times 10^4\text{N/mm}^2$，$f'_{ck} = 26.8\text{N/mm}^2$，$\beta_c = 1.0$

$\alpha_{E1} = 2.05 \times 10^5 / 3.25 \times 10^4 = 6.31$

$\alpha_{E2} = 2.0 \times 10^5 / 3.25 \times 10^4 = 6.15$

1. 使用阶段承载力计算

屋架的安全等级属于一级，所以其结构重要性系数 $\gamma_0 = 1.1$

$$A_p = \frac{\gamma_0 N - f_y A_s}{f_{yv}} = \frac{1.1 \times 830 \times 10^3 - 360 \times 452}{1110} = 675.9\text{mm}^2$$

预应力筋选用 2 束，每束为 $18\phi^H 5$，$A_p = 708\text{mm}^2$，选用锚圈直径为 100mm、垫板厚度为 20mm 的锚具。

2. 抗裂验算

屋架的裂缝控制等级为二级。

（1）计算截面几何特征

$$A_c = 250 \times 260 - 2 \times \frac{\pi \times 50^2}{4} - 615 = 60460\text{mm}^2$$

$$A_n = A_c + \alpha_{E2}A_s = 60460 + 6.15 \times 615 = 64242\text{mm}^2$$

$$A_0 = A_n + \alpha_{E1}A_p = 64242 + 6.31 \times 708 = 68710\text{mm}^2$$

（2）确定张拉控制应力

由表 6-2 得张拉控制应力 $\sigma_{con} = 0.75 f_{ptk} = 0.75 \times 1570 = 1177.5\text{N/mm}^2$

（3）计算预应力损失

1）锚具变形损失 σ_{l1}

预应力筋为直线配置，由表 6-3 查得 $a = 5\text{mm}$，则

$$\sigma_{l1} = \frac{a}{l}E_p = \frac{5}{24000} \times 2.05 \times 10^5 = 42.71\text{N/mm}^2$$

2）孔道摩擦损失 σ_{l2}

预应力筋为直线配置，$\theta = 0$。查表 6-4 得 $\kappa = 0.0014$，$\mu = 0.55$

$\kappa x = 0.0014 \times 24 = 0.033 < 0.3$，$\sigma_{l2}$ 可按式（6-3）计算。

$\sigma_{l2} = (\kappa x + \mu\theta)\sigma_{con} = (0.033 \times 1177.5 + 0.55 \times 0) = 38.86 \text{N/mm}^2$

第一批损失　　　$\sigma_{lI} = \sigma_{l1+} \sigma_{l2} = 42.71 + 38.86 = 81.57 \text{N/mm}^2$

3）钢筋应力松弛损失 σ_{l4}

普通松弛

$$\sigma_{l4} = 0.4\left(\frac{\sigma_{con}}{f_{ptk}} - 0.5\right)\sigma_{con}$$

$$= 0.4 \times (0.75 - 0.5) \times 1177.5 = 117.75 \text{N/mm}^2$$

4）混凝土收缩徐变损失 σ_{l5}

第一批预应力损失完成后，混凝土的预压应力

$$\sigma_{pc} = \sigma_{pc1} = \frac{(\sigma_{con} - \sigma_{l1})A_p}{A_n} = \frac{(1177.5 - 117.75) \times 708}{64242} = 11.8 \text{N/mm}^2$$

$$\rho = \frac{A_p + A_s}{2A_n} = \frac{708 + 615}{2 \times 64242} = 0.01$$

$$\sigma_{l5} = \frac{55 + 300\dfrac{\sigma_{pc}}{f'_{cu}}}{1 + 15\rho} = \frac{55 + 300\dfrac{11.8}{40}}{1 + 15 \times 0.01} = 124.78 \text{N/mm}^2$$

第二批损失　　$\sigma_{lII} = \sigma_{l4} + \sigma_{l5} = 117.75 + 124.78 = 242.53 \text{N/mm}^2$

总损失　$\sigma_l = \sigma_{lI} + \sigma_{lII} = 81.57 + 242.53 = 324.1 \text{N/mm}^2 > 80 \text{N/mm}^2$

（4）抗裂度验算

混凝土最终建立的预压应力

$$\sigma_{pc} = \sigma_{pcII} = \frac{(\sigma_{con} - \sigma_{lI})A_p - \sigma_{l5}A_s}{A_n}$$

$$= \frac{(1177.5 - 325) \times 708 - 126 \times 615}{64242} = 8.2 \text{N/mm}^2$$

$$\sigma_{pc} = \sigma_{pcII} = \frac{(\sigma_{con} - \sigma_l)A_p - \sigma_{l5}A_s}{A_n}$$

$$= \frac{(1177.5 - 325.32) \times 708 - 126 \times 615}{64242} = 8.18 \text{N/mm}^2$$

$$\sigma_{ck} = \frac{N_k}{A_0} = \frac{635 \times 10^3}{68710} = 9.24 \text{ N/mm}^2$$

$$\sigma_{ck} - \sigma_{cp} = 9.24 - 8.18 = 1.06 \text{N/mm}^2 < f_{tk} = 2.39 \text{N/mm}^2$$

满足要求。

3. 施工阶段验算

（1）混凝土轴心受压承载力验算

超张拉时张拉端混凝土所受的最大压应力为

$$\sigma_{cc} = \frac{N_p}{A_n} = \frac{1.05 \times 1177.5 \times 708}{64242} = 13.6 \text{N/mm}^2 < 0.8 f'_{ck}$$

$$= 0.8 \times 26.8 = 21.44 \text{N/mm}^2$$

（2）屋架端部混凝土局部受压承载力验算

屋架端部构造如图 6-9 所示。

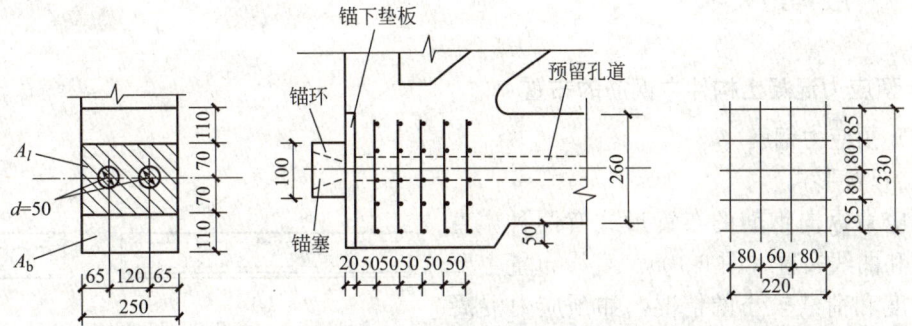

图 6-9　屋架端部构造

垫板沿 45°刚性角扩散后的截面为圆形，但为简便起见近似按矩形面积计算。

局部受压面积 $A_l = 250 \ (100 + 2 \times 20) = 35000 \text{mm}^2$

局部受压净面积 $A_{ln} = 35000 - 2 \times \dfrac{\pi \times 50^2}{4} = 31073 \text{mm}^2$

局部受压计算底面积 $A_b = 250 \times (140 + 2 \times 110) = 90000 \text{mm}^2$

局部压力设计值 $F_l = 1.2\sigma_{con}A_p = 1.2 \times 1177.5 \times 708 = 1000.4 \text{kN}$

$$\beta_l = \sqrt{\frac{A_b}{A_l}} = \sqrt{\frac{90000}{35000}} = 1.60$$

$1.35\beta_c\beta_l f_c A_{ln} = 1.35 \times 1.0 \times 1.60 \times 19.1 \times 31073 = 1281947.7 \text{N} > F_l = 1000.4 \text{kN}$
满足要求。

间接钢筋采用 $\Phi 8$ 钢筋网片 6 片，间距 $s = 50 \text{mm}$，如图 6-9 所示。查表得 $f_{yv} = 360 \text{N/mm}^2$，$A_{s1} = A_{s2} = 50.3 \text{mm}^2$

混凝土核心面积 $A_{cor} = 220 \times 260 = 72600 \text{mm}^2 < A_b = 90000 \text{mm}^2$

则配置间接钢筋的局部受压承载力提高系数 $\beta_{cor} = \sqrt{\dfrac{A_{cor}}{A_l}} = \sqrt{\dfrac{72600}{35000}} = 1.44$

间接钢筋的体积配筋率为

$$\rho_v = \frac{n_1 A_{s1} l_1 - n_2 A_{s2} l_2}{A_{cor}s}$$

$$= \frac{5 \times 50.3 \times 220 + 4 \times 50.3 \times 330}{72600 \times 50} = 0.0335$$

$0.9(\beta_c\beta_l f_c + 2\alpha\rho_v\beta_{cor}f_{yv})A_{ln}$

$= 0.9(1.0 \times 1.60 \times 19.1 + 2 \times 1.0 \times 0.0335 \times 1.14 \times 360) \times 31073 = 1623599.1 \text{N} > F_l = 1000.4 \text{kN}$

配置间接钢筋后局部受压承载力满足要求。

6.6 预应力混凝土构件的构造要求

6.6.1 一般构造要求

1. 预应力混凝土构件中钢筋的布置

（1）预应力钢筋

1）布置形式

预应力纵向钢筋的布置形式有两种：直线布置和曲线布置（图 6-10）。直线布置主要用于跨度和荷载较小的情况，如预应力混凝土板就是采用这种布置形式。直线布置的主要优点是施工简单，既可用于先张法构件，又可用于后张法构件。曲线布置多用于跨度和荷载较大的构件，如预应力混凝土梁就多采用这种布置形式。曲线布置一般用于后张法构件。

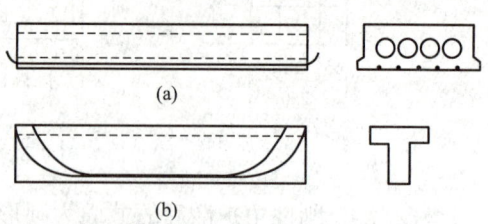

图 6-10　预应力纵向钢筋的布置形式

（a）直线布置；（b）曲线布置

后张法预应力混凝土构件的预应力纵向钢筋采用曲线布置时，其预应力钢丝束、钢绞线束的曲率半径不宜小于 4m；对折线配筋的构件，在预应力钢筋弯折处的曲率半径可适当减小。

2）间距及孔道尺寸

先张法构件中预应力钢筋、钢丝的净距，应根据浇灌混凝土、施加预应力、钢筋锚固等要求确定。预应力钢筋的净距不应小于其公称直径或等效直径的 1.5 倍，且符合下列规定：对热处理钢筋及钢丝，不应小于 25mm；对 3 股钢绞线，不应小于 20mm；对 7 股钢绞线，不应小于 25mm。当先张法预应力钢丝按单根方式配筋有困难时，可采用相同直径钢丝并筋的配筋方式。并筋的等效直径，双并筋时取单筋直径的 1.4 倍，三筋时取单筋直径的 1.7 倍。

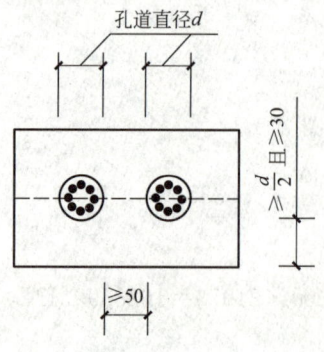

图 6-11　孔道间及孔道与构件边缘的净距

后张法构件中，预应力钢丝束、钢绞线束的预留孔道间的水平净间距，在预制构件中不宜小于 50mm；孔道至构件边缘的净距不宜小于 30mm，且不宜小于孔道直径的一半（图 6-11）。孔道的内径应比预应力钢丝束或钢绞线束外径及需穿过孔道的连接器外径大 10～15mm。在构件两端及跨中应设灌浆孔或排气孔，孔距不宜大于 12m。凡制作时需预先起拱的构件，预留孔道宜随构件同时起拱。

3）混凝土保护层

预应力钢筋的保护层厚度与钢筋混凝土构件相同，详见 3.1 节。处于一类环境且由工厂生产的预应力构件，预应力钢筋的保护层厚度不应小于预应力钢筋直径 d，且板不小于 15mm，梁不小于 20mm。

（2）非预应力钢筋

非预应力钢筋包括纵向非预应力钢筋、箍筋和附加钢筋网片。而纵向非预应力钢筋又包括受力钢筋和非受力钢筋。

为了防止受弯构件制作、运输、堆放和吊装时，在预拉区出现裂缝或减小裂缝宽度，可在构件预拉区配置一定数量的纵向非预应力钢筋。后张法预应力混凝土结构构件的预拉区和预压区中应设置纵向非预应力构造钢筋。这些非预应力钢筋一般布置在预应力钢筋的外侧（图 6-12）。

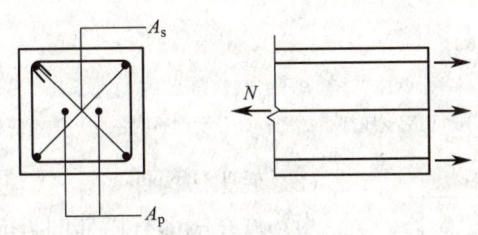

图 6-12　后张法构件纵向非预应力钢筋

在无粘结后张预应力混凝土受弯构件中，应配置一定数量的纵向非预应力钢筋，以克服纯无粘结受弯构件只出现一条或少数几条裂缝使混凝土压应变集中而引起脆性破坏的缺点，还利于分散裂缝，改善受弯构件的变形性能和提高正截面抗弯强度。

预应力混凝土构件的箍筋设置的构造要求与普通钢筋混凝土构件基本相同，详见 3.1 节。

后张法预应力混凝土构件在预应力钢筋弯折处，应加密箍筋或沿弯折处内侧设置钢筋网片。

2. 构件端部加强措施

（1）先张法构件

为了防止切断预应力钢筋时，构件端部混凝土出现劈裂裂缝，应对预应力钢筋端部周围的混凝土采取局部加强措施。具体如下：

1）对单根预应力钢筋（如板肋的配筋），其端部宜设置长度不小于 150mm 且不小于 4 圈的螺旋筋（图 6-13a）。当有可靠经验时，也可利用支座垫板上的插筋代替螺旋筋，但插筋数量不应小于 4 根，其长度不宜小于 120mm，预应力钢筋应放置在插筋之间（图 6-13b）。

2）对分散布置的多根预应力钢筋，在构件端部 10d（d 为预应力钢筋的公称直径）范围内，应设置 3～5 片与预应力钢筋垂直的钢筋网（图 6-13c）。

3）对采用预应力钢丝配筋的薄板，在板端 100mm 范围内应适当加密板横向钢筋（图 6-13d）。

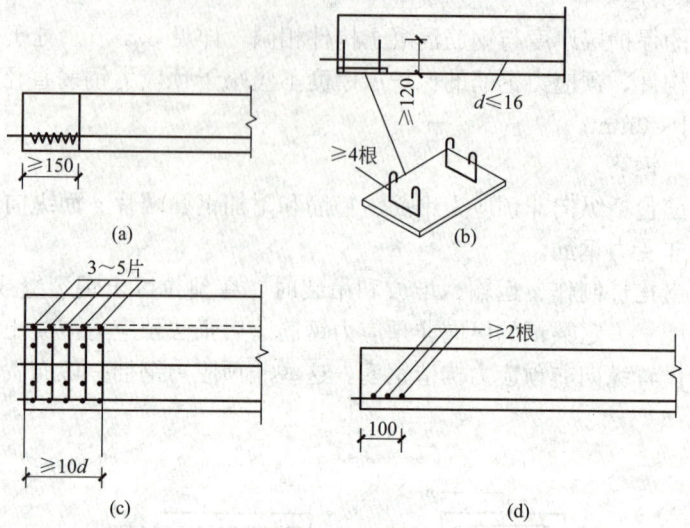

图 6-13　预应力钢筋端部周围加强措施

（a）设螺旋筋；（b）利用支座垫板插筋；（c）设钢筋网；（d）加密薄板端部横向钢筋

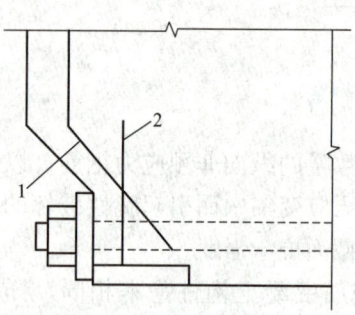

图 6-14　构件端部有局部
凹进时的构造钢筋

1—折线构造钢筋；2—竖向构造钢筋

（2）后张法构件

当构件在端部有局部凹进时，为防止在施加预应力过程中，端部转折处产生裂缝，应增设折线构造钢筋（图 6-14）。

为了防止施加预应力时在构件端部产生沿截面中部的纵向水平裂缝和减少使用阶段构件在端部区段的混凝土主拉应力（简支构件），宜将一部分预应力钢筋在靠近支座处弯起，并使预应力钢筋尽可能沿构件端部均匀布置。当需集中布置在端部截面的下部或集中布置在上部和下部时，应在构件端部 $0.2h$（h 为构件端部截面高度）范围设置竖向附加的焊接钢筋网、封闭式箍筋或其他形式的构造钢筋，附加竖向钢筋宜采用带肋钢筋。

在预应力钢筋锚具下及张拉设备的支承处，应设置预埋钢垫板，并设置间接钢筋和附加构造钢筋。

6.6.2　现浇无粘结预应力混凝土楼板的配筋及构造

1. 现浇无粘结预应力混凝土楼板的形式

现浇无粘结预应力混凝土楼板有单向平板、柱支承的双向平板、密肋板、梁周边支承的双向平板等形式，如图 6-15 所示。

2. 无粘结预应力钢筋的布置方式

（1）多跨单向平板

多跨单向平板中，无粘结预应力钢筋多采用纵向多波连续配筋方式（图 6-16）。单向

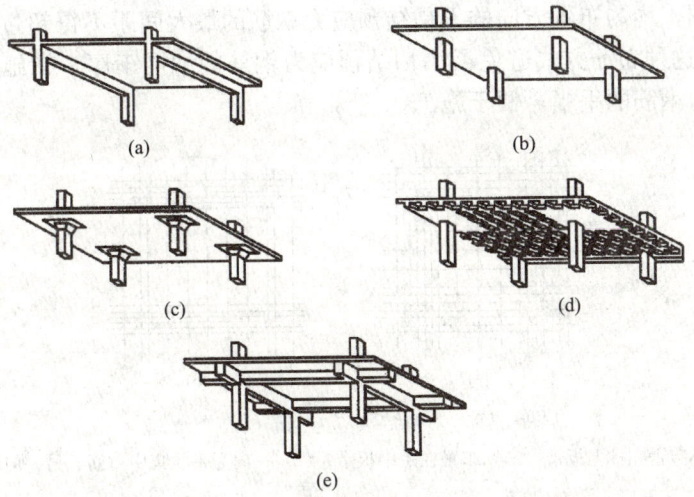

图 6-15 现浇无粘结预应力混凝土楼板的形式

板中无粘结预应力钢筋的最大间距应不大于板厚度的 6 倍且不宜大于 1m。

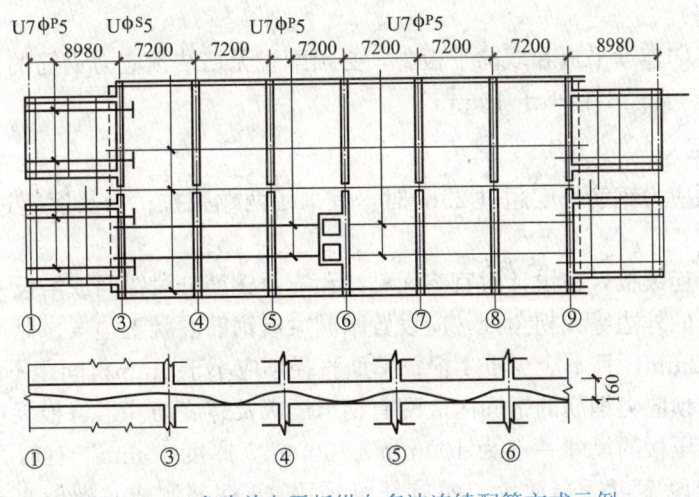

图 6-16 多跨单向平板纵向多波连续配筋方式示例

（2）柱支承多跨双向无梁平板

在柱支承多跨双向无梁平板中，无粘结预应力钢筋在纵横两个方向均采用纵向多波连续配筋方式。在均布荷载作用下，其配筋形式有以下两种：

1）按柱上板带和跨中板带布筋（图 6-17a）。在垂直荷载作用下，通过柱内或靠近柱边的无粘结预应力钢筋承担的弯矩比远离柱边的无粘结预应力钢筋大，故对长边跨度比短边跨度不超过 1.33 的板可在柱上板带内配置 65%～75% 的无粘结预应力钢筋，而其余预应力钢筋分布在跨中板带内。这种配筋方式的缺点是穿筋、编网、定位施工麻烦。

2）一方向集中布筋而另一方向均匀分散布筋（图 6-17b）。预应力混凝土双向平板的受弯承载力主要取决于板在每一方向上的预应力筋总量，与预应力钢筋的配筋形式关系较小。因此可将无粘结预应力钢筋在一个方向上沿柱轴线呈带状集中布置，而在另一个方向上采取均匀分散布置的方式。对集中布置方向的无粘结预应力筋宜分布在各离柱边 1.5 倍板厚的宽度范围，均匀布置方向的无粘结预应力钢筋的最大间距不得超过板厚的 6 倍，且不宜大于 1m。这种布筋方式避免了无粘结预应力钢筋的编网工序，在施工质量上易于保证无粘结预应力钢筋的垂幅，便于施工。

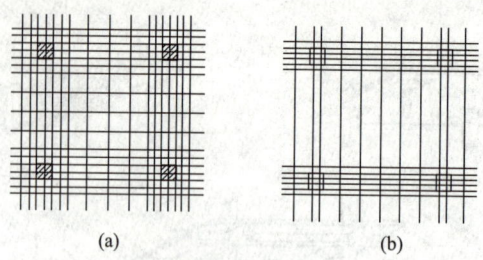

图 6-17　无粘结预应力钢筋的布置形式

(a) 75％布置在柱上板带，25％布置在跨中板带；(b) 一向为带状集中布筋，另一向均匀布筋

上述各种布筋方式中，每一方向穿过柱内的无粘结预应力钢筋数量不得少于 2 根。

（3）多跨双向密肋板

在多跨双向密肋板中，每根肋内部布置无粘结预应力钢筋，柱间采用双向无粘结预应力扁梁（与肋等高）。

在密肋板单向连续平板和双向平板中，必须配置无粘结预应力钢筋的支撑钢筋，其间距不宜大于 2m，直径不宜小于 10mm。

3. 其他规定

当无粘结预应力钢筋长度超过 25m 时，宜采用两端张拉；当长度超过 50m 时，宜采取分段张拉。

对单向多跨连续板，在设计时宜将无粘结预应力钢筋分段锚固或增设中间锚固点。

在双向平板的外边缘和拐角处，应设置暗圈梁或钢筋混凝土边梁。暗圈梁的纵向钢筋直径不应小于 12mm，且不应少于 4 根；箍筋直径不应小于 6mm，间距不应大于 250mm。

单根无粘结预应力钢筋的锚固区应配有钢承压板及螺旋筋。当每根无粘结钢绞线设单独垫板时，钢承压板的尺寸一般为 100mm×100mm，厚度 10mm。有时为了局部承压需要，钢承压板的厚度可适当放大。螺旋筋可采用 $\phi6$ 钢筋制成，螺旋直径 70mm，长度 4.5 圈。

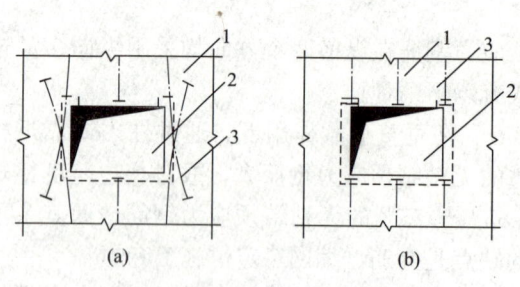

图 6-18　较大孔洞处预应力钢筋布置

(a) 正确做法；(b) 错误做法

1—板；2—洞口；3—预应力钢筋

当板上需要设置不大的孔洞时，可将板内无粘结预应力钢筋在两侧绕过开洞处铺放，无粘结预应力钢筋距洞边不宜小于 150mm，水平偏移的曲率半径不宜小于 6.5m。洞边应配置构造钢筋。

当板上需要设置较大孔洞时，若需要在洞口处中断一些预应力钢筋，宜采用图 6-18（a）的中断方式。中断的预应力钢筋应妥善锚固在板内。

单元小结

1. 预应力混凝土的基本原理是：在结构构件承受使用荷载前，预先对受拉区的混凝土施加压力，使它产生预压应力来减小或抵消荷载所引起的混凝土拉应力，从而将结构构件的拉应力控制在较小范围，甚至处于受压状态。施加预应力的方法可分为先张法和后张法两类。

2. 预应力混凝土结构构件所用预应力钢筋应满足下列要求：(1) 具有较高的强度；(2) 具有一定的塑性；(3) 具有良好的加工性能；(4) 与混凝土之间有良好的粘结强度。

预应力钢筋宜采用预应力钢丝、钢绞线和预应力螺纹钢筋。

预应力混凝土结构构件所用混凝土应满足下列要求：(1) 具有较高的强度，预应力混凝土楼板结构的混凝土强度等级不应低于 C30，其他预应力混凝土结构构件的混凝土强度等级不应于 C40；(2) 收缩、徐变小；(3) 快硬、早强；(4) 弹性模量高。

3. 在张拉预应力钢筋时所达到的规定应力称为张拉控制应力。适当的 σ_{con} 值应当是较高的值，但不能过高。

4. 预应力损失分为以下六种：张拉端锚具变形和钢筋内缩引起的预应力损失；预应力钢筋与孔道的摩擦引起的预应力损失；混凝土加热养护时，预应力钢筋与台座间温差引起的预应力损失；预应力钢筋应力松弛引起的预应力损失；混凝土收缩、徐变引起的受拉区和受压区纵向预应力筋的应力损失；环形构件采用螺旋预应力筋时局部挤压引起的预应力损失。计算中需要根据实际情况对各阶段的预应力损失进行组合。施工中应采取有效措施减少预应力损失值。

5. 预应力混凝土轴心受拉构件使用阶段的计算公式如下：

(1) 承载力计算公式

$$N \leqslant N_u = f_{py}A_p + f_y A_s$$

(2) 预应力混凝土轴心受拉构件抗裂度及裂缝宽度验算公式

裂缝控制等级为一级的构件

$$\sigma_{ck} - \sigma_{pcII} \leqslant 0$$

裂缝控制等级为二级的构件

$$\sigma_{ck} - \sigma_{pcII} \leqslant f_{tk}$$

裂缝控制等级为三级的构件

$$w_{max} = \alpha_{cr}\psi\frac{\sigma_{sk}}{E_s}\left(1.9C_s + 0.08\frac{d_{eq}}{\rho_{te}}\right) \leqslant w_{lim}$$

6. 预应力混凝土轴心受拉构件施工阶段的计算公式如下：

(1) 混凝土轴心受压承载力按下式计算：

$$\sigma_{cc} \leqslant 0.8 f'_{ck}$$

(2) 后张法构件端部锚固区锚具垫板下局部受压承载力按下式计算：

$$F_t \leqslant 0.9(\beta_c\beta_l f_c + 2\alpha\rho_v\beta_{cor}f_{yv})A_{ln}$$

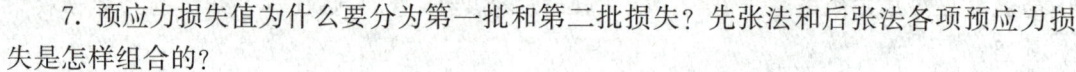

微课

教学单元6小结

思考题

1. 为何在钢筋混凝土构件采用高强度钢筋不能充分利用其强度，而预应力混凝土构件必须采用高强度材料？

2. 简述预应力混凝土的基本原理。

3. 施加预应力的方法有哪几种？各有何优、缺点？

4. 什么是张拉控制应力？其取值原则是什么？

5. 先张法预应力混凝土构件的混凝土为什么需要达到一定强度后才能放松钢筋？

6. 什么是预应力损失？预应力损失分为哪几种？在施工中可采取哪些措施减少预应力损失？

7. 预应力损失值为什么要分为第一批和第二批损失？先张法和后张法各项预应力损失是怎样组合的？

8. 预应力轴心受拉构件，在施工阶段计算预加应力产生的混凝土法向应力 σ_{pc} 时，为什么先张法构件用 A_0，而后张法构件用 A_n？而在使用阶段计算时，都采用 A_0？

9. 如采用相同的张拉控制应力，预应力损失值也相同，当加载至混凝预压应力 $\sigma_{pc}=0$ 时，先张法和后张法两种构件中预应力钢筋的应力谁大？

10. 后张法预应力混凝土构件，为什么要控制局部受压区的截面尺寸，并需在锚具处配置间接钢筋？

11. 预应力混凝土构件主要构造要求有哪些？

习题

某预应力混凝土屋架下弦杆，长 24m，混凝土强度等级为 C60，预应力钢筋采用预应力钢绞线 $4\phi^s1\times7$（$d=15.2mm$），普通钢筋按构造要求配置 $4\phi12$，截面如图 6-19（a）、（b）所示。张拉工艺为后张法，一端张拉，采用夹片式锚具，孔道为预埋塑料波纹管，张拉控制应力 $\sigma_{con}=0.7f_{ptk}=0.7\times1860=1302N/mm^2$，张拉时混凝土强度 $f'_{cu}=60N/mm^2$。杆件内力为：永久荷载标准值产生的轴向拉力 550kN，可变荷载标准值产生的轴向拉力 400kN，可变荷载准永久值系数为 0.5。结构重要性系数为 1.1。

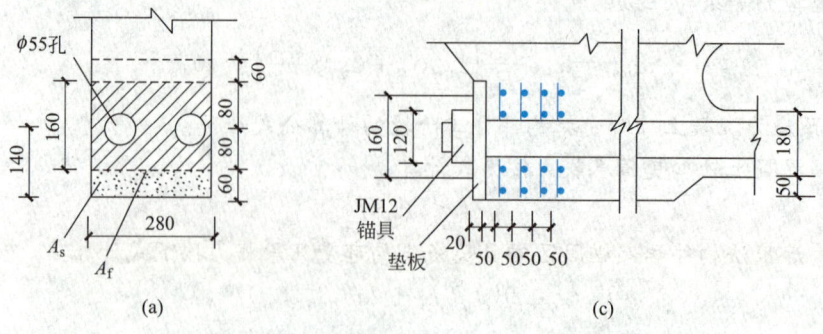

图 6-19　习题 1 附图（一）

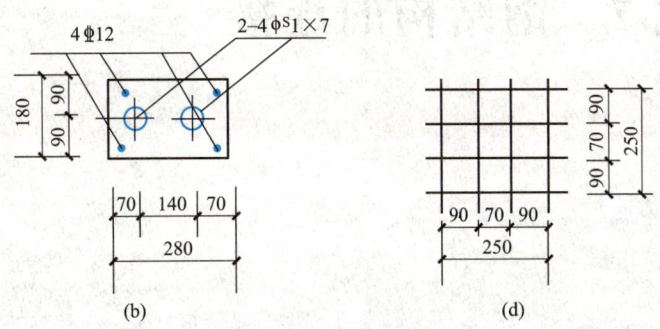

图 6-19　习题 1 附图（二）

（1）计算各项预应力损失值。

（2）裂缝控制等级为二级，请进行使用阶段抗裂度验算。

（3）进行施工阶段验算。

（4）锚具直径 120mm，锚具下垫板厚 20mm，间接钢筋采用 4 片φ8 方格焊接网片，如图 6-19（c）、（d）所示。试进行锚具下混凝土局部受压验算。

参考答案

教学单元6习题

拓展阅读

经典书籍推介

教学单元 7 钢结构的连接

微课

教学单元7
学习指引

思维导图

钢结构的连接
- 钢结构的连接方法
  - 焊缝连接
  - 螺栓连接
  - 铆钉连接
- 焊缝连接
  - 焊接原理
  - 焊缝的构造
  - 焊缝的计算
  - 焊接应力与焊接变形及其减少措施
- 螺栓连接
  - 普通螺栓连接
  - 高强度螺栓连接

引入案例

广州塔以其婀娜的造型俗称"小蛮腰",作为广州市的标志性建筑屹立在珠江南岸(图7-1a),塔身主体高454m,天线桅杆高146m,总高600m,是中国第一高塔。广州塔由钢筋混凝土内核心筒及钢结构外框筒以及连接两者之间的组合楼层组成,核心筒高度454m,共112层,标准层高5.2m;楼层37层,其余为镂空层,地下2层。总建筑面积121788m²。

(a) (b)

图7-1 广州塔

(a) 全景;(b) 塔身

钢结构网格外框筒由24根钢管混凝土斜柱和46组环梁、钢管斜撑组成(图7-1b),天线桅杆由钢格结构和箱形截面组成。外框筒用钢量超过4万t,总用钢量约6万t。塔身为椭圆形的渐变网格结构,其造型、空间和结构由两个向上旋转的椭圆形钢外壳变化生成,两个椭圆彼此扭转135°,两个椭圆扭转在腰部收缩变细。塔身整体网状的漏风空洞,可有效减少塔身的笨重感和风荷载。

问题:钢结构外框筒由若干构件组成,用钢量达4万余吨,构件之间是怎样连接的?钢结构连接设计应该满足哪些要求?

知识目标：

1. 理解钢结构的连接方法及其特点。

2. 理解焊缝连接和螺栓连接的构造要求。

3. 掌握焊缝连接和螺栓连接的计算方法。

能力目标：

具备焊缝连接和螺栓连接的计算能力。

育人目标：

1. 结合钢结构连接的学习，不断强化规范意识。

2. 在课后作业中综合利用所学理论知识，从经济合理、施工方便等角度思考分析，培养分析问题、解决问题的能力。

7.1　钢结构的连接方法

钢结构的连接是将型钢或钢板等组合成构件，并将各构件组装成整个结构的节点和关键部件。连接的方式及其质量优劣直接影响钢结构的工作性能。钢结构的连接方法通常有焊缝连接、螺栓连接和铆钉连接三种（图7-2），后两种通称为紧固件连接。

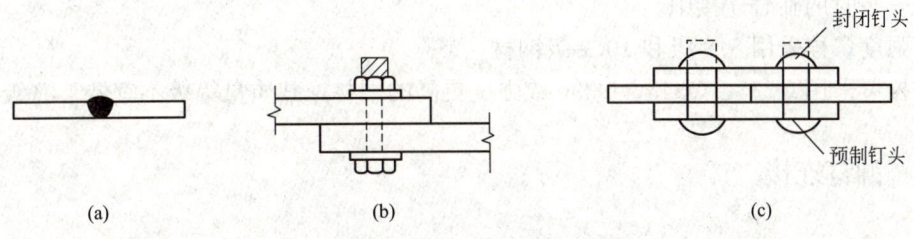

图 7-2　钢结构的连接方法

（a）焊缝连接；（b）螺栓连接；（c）铆钉连接

7.1.1　焊缝连接

焊缝连接是目前钢结构最主要的连接方法。其主要优点：①构造简单，对几何形体适应性强，任何形式的构件均可直接连接；②不削弱截面，省工省材；③制作加工方便，可实现自动化操作，工效高、质量可靠；④连接的密封性好，结构的刚度大。主要缺点：①在焊缝附近的热影响区内，钢材的金相组织发生改变，导致局部材质劣化变脆；②焊接残余应力和残余变形使受压构件的承载力降低；③焊接结构对裂纹很敏感，局部裂纹一旦发生，就容易扩展到整体，低温冷脆问题较为突出；④对材质要求高，焊接程序严格，质量检验工作量大。

7.1.2　螺栓连接

螺栓连接可分为普通螺栓连接和高强度螺栓连接两种。两种连接传递剪力的机理不同。前者靠螺栓杆承压和抗剪来传递剪力，而后者主要是靠被连接板件间的强大摩擦阻力来传递剪力。

高强度螺栓连接分为摩擦型连接和承压型连接两种。高强度螺栓连接的优点是施工简便、受力好、耐疲劳、可拆换、工作安全可靠。因此，广泛应用于钢结构连接中，尤其适用于承受动力荷载的结构中。

与连接方式相对应，钢结构中应用的螺栓有普通螺栓和高强度螺栓两大类。此外，还有用于钢屋架和钢筋混凝土柱或钢筋混凝土基础处的锚固螺栓（简称锚栓）。

普通螺栓分为 A、B、C 三级。A、B 级螺栓采用 5.6 级和 8.8 级钢材，C 级螺栓采用 4.6 级和 4.8 级钢材。按国际标准，螺栓统一用螺栓的性能等级来表示，如"8.8级"，小数点前数字表示螺栓材料的最低抗拉强度，如"4"表示 $400N/mm^2$，小数点及以后数字（0.6、0.8 等）表示螺栓材料的屈强比，即屈服点与最低抗拉强度的比值。A 级和 B 级为精制螺栓，须经车床加工精制而成，尺寸准确，表面光滑，要求配用 Ⅰ 类孔，孔径较螺栓公称直径达 0.2～0.5mm，既可受剪又可受拉。其抗剪性能较 C 级螺栓好，但成本高，安装困难，故较少采用。C 级螺栓为粗制螺栓，加工粗糙，尺寸不很准确，只要求 Ⅱ 类孔，孔径较螺栓公称直径大 1～1.5mm。C 级螺栓传递剪力时，连接的变形大，但传递拉力的性能尚好，且成本低，故多用于承受拉力的安装螺栓连接、次要结构和可拆卸结构的受剪连接及安装时的临时连接中。

高强度螺栓采用 8.8 级和 10.9 级钢材。

锚栓可采用 Q235、Q345、Q390 或强度更高的钢材，其质量等级不宜低于 B 级。

7.1.3　铆钉连接

铆钉连接是先将铆钉烧到 1000℃ 左右，将钉杆插入直径比钉杆大 1～1.5mm 的被连接件的钉孔中，然后用风动铆钉枪或油压铆钉机趁热先镦粗杆身，填满钉孔，再将杆端锻打成半球形封闭钉头。铆钉连接费工费料，在房屋建筑中已基本不采用。

7.2　焊缝连接

7.2.1　焊接原理

钢结构常用的焊接方法是电弧焊，包括手工电弧焊、自动或半自动埋弧焊及气体保护焊等。

1. 手工电弧焊

手工电弧焊的原理如图 7-3 所示。通电引弧后，在涂有焊药的焊条端和焊件间的间隙中产生电弧，使焊条熔化，熔滴滴入被电弧吹成的焊件熔池中，同时焊药燃烧，在熔池周围形成保护气体；稍冷后在焊缝熔化金属的表面又形成熔渣，隔绝熔池中的液体金属和空气中的氧、氮等气体的接触，避免形成脆性易裂的化合物。焊缝金属冷却后就与焊件熔成一体。

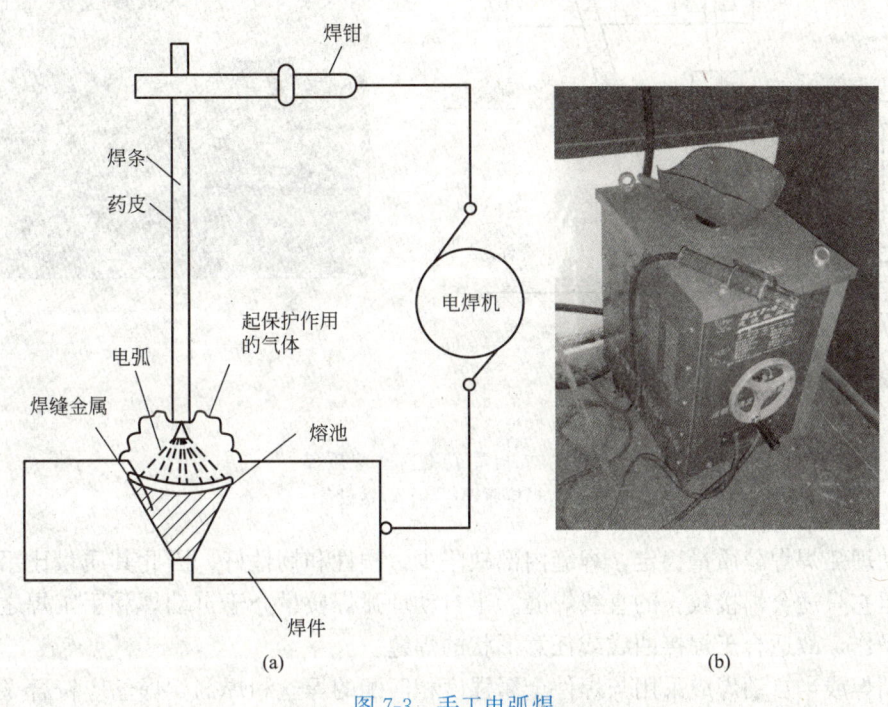

图 7-3 手工电弧焊

(a) 焊接原理；(b) 焊接设备

手工焊常用的焊条有碳钢焊条和低合金钢焊条，其牌号为 E43、E50 和 E55 型等。其中 E 表示焊条，两位数字表示焊条熔敷金属抗拉强度的最小值（单位为 kgf/mm^2）。手工焊采用的焊条应符合国家标准的规定，焊条的选用应与主体金属相匹配。一般情况下，对 Q235 钢采用 E43 型焊条，对 Q345 钢采用 E50 型焊条，对 Q390 和 Q420 钢采用 E55 型焊条。当不同强度的两种钢材进行连接时，宜采用与低强度钢材相适应的焊条。

手工焊是钢结构中最常用的焊接方法，具有设备简单，适用性强的优点，特别是短焊缝或曲折焊缝的焊接时，或在施工现场进行高空焊接时，只能采用手工焊接，但其生产效率低，劳动强度大，焊缝质量的波动较大。

2. 自动或半自动埋弧焊

自动或半自动埋弧焊的原理如图 7-4 所示。通电引弧后，由于电弧的作用，使埋于焊剂下的焊丝和附近的焊剂熔化，熔渣浮在熔化的焊缝金属上面，使融化金属不与空气接触，并供给焊缝金属以必要的合金元素，随着焊机的自动移动，颗粒状的焊剂不断由料斗漏下，电弧完全被埋在焊剂之内，同时焊丝也自动地边熔化边下降，故称为自动埋弧焊。

如果焊机的移动是由人工操作，则称为半自动埋弧焊。

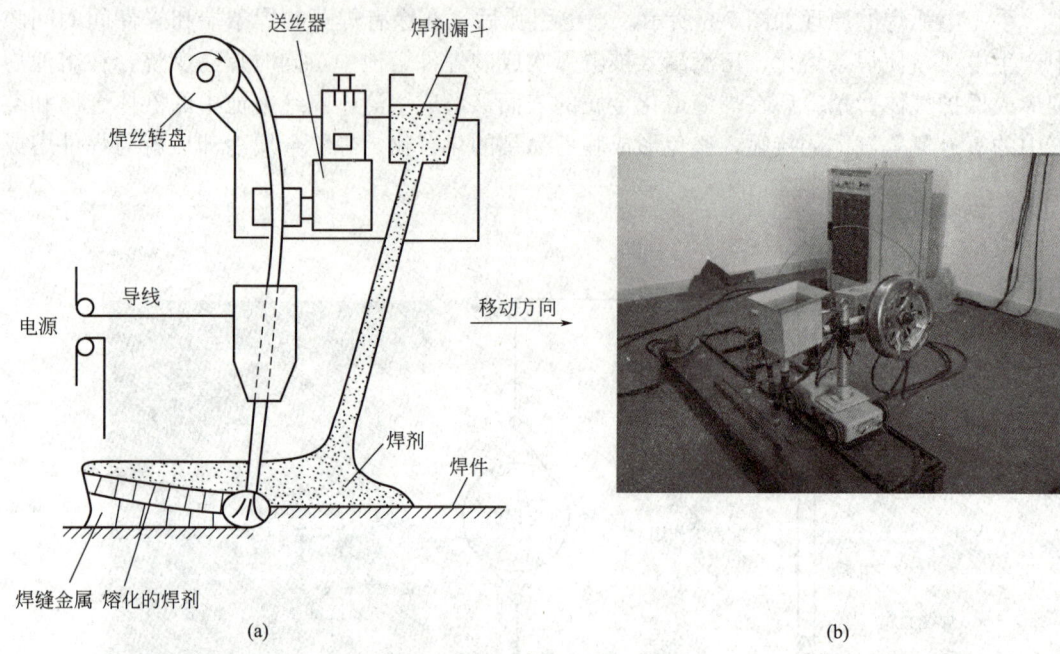

(a)　　　　　　　　　　　　　　　(b)

图 7-4　自动或半自动埋弧焊

（a）焊接原理；（b）焊接设备

自动埋弧焊焊缝质量稳定，焊缝内部缺陷少，塑性和韧性好，因此其质量比手工电弧焊好。但它只适合焊接较长的直线焊缝。半自动埋弧焊质量介于自动焊和手工焊之间，因由人工操作，故适合于焊接曲线或任意形状的焊缝。

自动焊或半自动焊应采用与焊件金属强度相匹配的焊丝和焊剂。焊丝应符合《熔化焊用钢丝》GB/T 1495—1994 的规定，焊剂种类根据焊接工艺要求确定。

3. 气体保护焊

气体保护焊的原理如图 7-5 所示。它是利用惰性气体或二氧化碳气体作为保护介质的一种电弧熔焊方法。它直接依靠保护气体在电弧周围形成局部的保护层，以防止有害气体的侵入，从而保持焊接过程的稳定，气体保护焊又称气电焊。

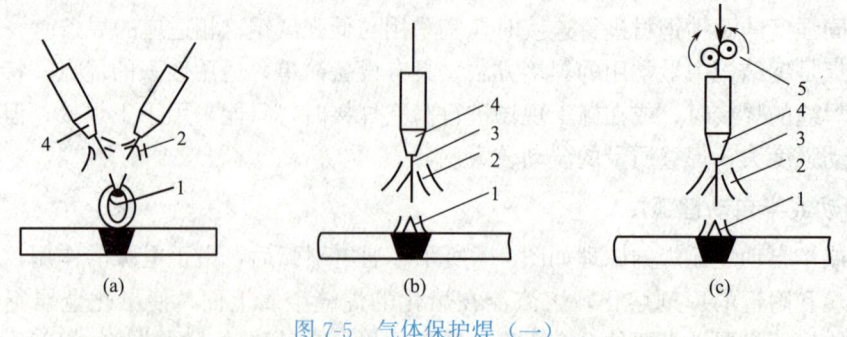

(a)　　　　　　　　　(b)　　　　　　　　　(c)

图 7-5　气体保护焊（一）

（a）不熔化极间接电弧焊接；（b）不熔化极直接电弧焊；（c）熔化极直接电弧焊

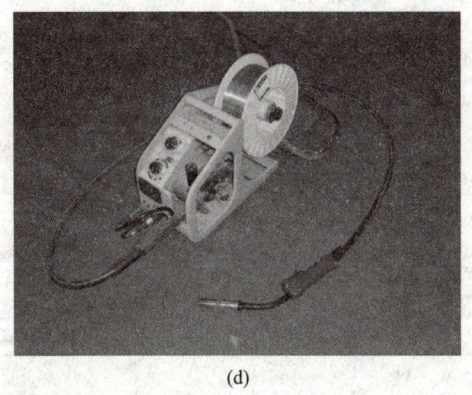

(d)

图 7-5　气体保护焊（二）

（d）焊接设备

1—电弧；2—保护气体；3—电极；4—喷嘴；5—焊丝滚轮

气体保护焊的优点是焊工能够清楚地看到焊缝成型的过程，熔滴过渡平缓，焊缝强度比手工电弧焊高，塑性和抗腐蚀性能好。适用于全位置的焊接，但不适用于野外或有风的地方施焊。

7.2.2　焊缝的构造

按被连接钢材的相互位置，焊缝连接的形式可分为对接、搭接、T形连接和角部连接四种（图 7-6）。这些连接所采用的焊缝，根据焊缝本身的截面形式不同，主要有对接焊缝和角焊缝两种形式，角焊缝又可分为直角角焊缝和斜角角焊缝，如图 7-7 所示。

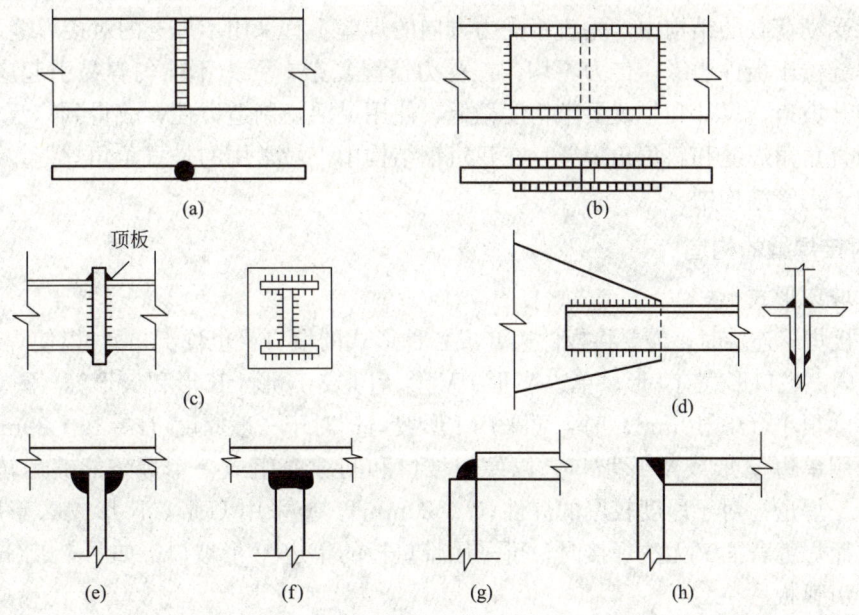

图 7-6　焊缝连接的形式

（a）对接；（b）用拼接盖板的对接；（c）用拼接板的对接；（d）搭接；（e）、（f）T形连接；（g）、（h）角部连接

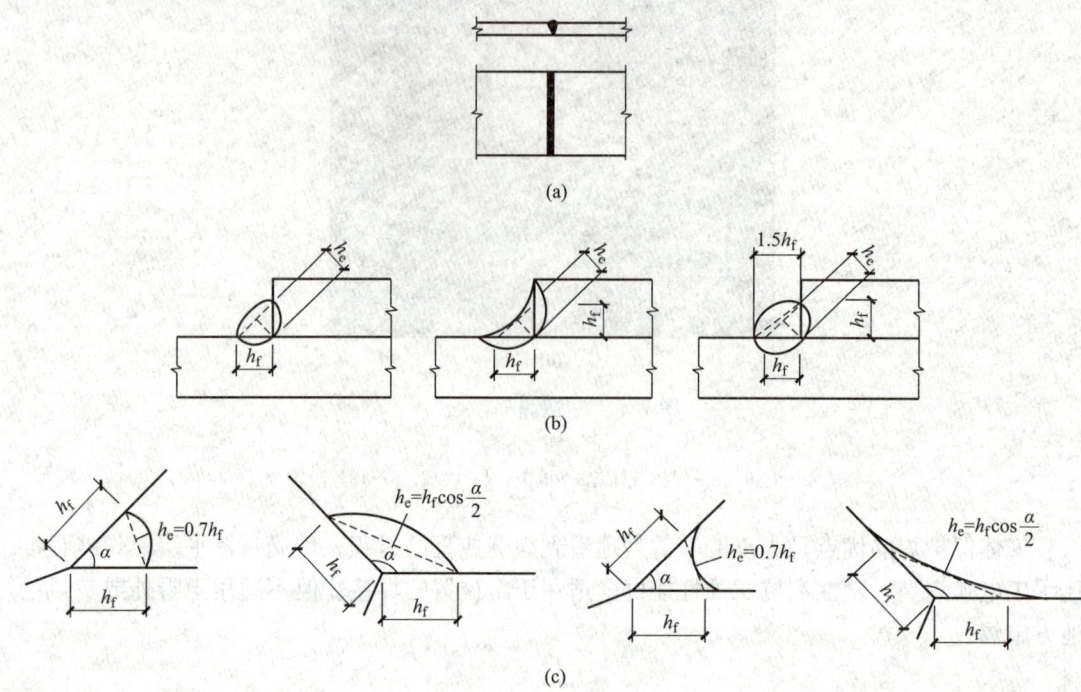

图 7-7　焊缝的基本形式

(a) 对接焊缝；(b) 直角角焊缝；(c) 斜角角焊缝

对接焊缝传力均匀平顺，无明显的应力集中，受力性能较好。但对接焊缝连接要求下料和装配的尺寸准确，保证相连板件间有适当空隙，还需要将焊件边缘开坡口，制造费工。对接焊缝根据焊缝的熔敷金属是否充满整个连接截面，还可分为焊透和不焊透两种形式。在承受动荷载的结构中，垂直于受力方向的焊缝不宜采用不焊透的对接焊缝。

角焊缝位于板件边缘，传力不均匀，受力情况复杂，受力不均匀容易引起应力集中。但因不需开坡口，尺寸和位置要求精度稍低，使用灵活，制造方便，故得到广泛应用。角焊缝分为直角角焊缝和斜角角焊缝。在建筑钢结构中，最常用的是直角角焊缝，斜角角焊缝主要用于钢管结构中。

1. 对接焊缝的构造

（1）坡口形式

用对接焊缝连接时，需要将板件边开成各种形式的坡口（也称剖口），以使焊缝金属填充在坡口内。坡口形式有 I 形、单边 V 形、V 形、J 形、U 形、K 形和 X 形等（图 7-8a～g）。当焊件厚度很小（$t \leqslant 10$mm）时，可采用 I 形坡口；对于一般厚度（$t = 10 \sim 20$mm）的焊件，可采用单边 V 形或 V 形坡口，以便斜坡口和间隙 b 组成一个焊条能够运转的空间，使焊缝易于焊透；对于厚度较厚的焊件（$t > 20$mm），应采用 U 形、K 形或 X 形坡口。要求全焊透而焊缝背面又无法焊接时，可采用带垫板的单边 V 形坡口，如图 7-8 (h) 所示。

（2）引弧板

对接焊缝施焊时的起点和终点，常因起弧和灭弧出现弧坑等缺陷，此处极易产生裂纹和应力集中，对承受动力荷载的结构尤为不利。为避免焊口缺陷，可在焊缝两端设引弧板

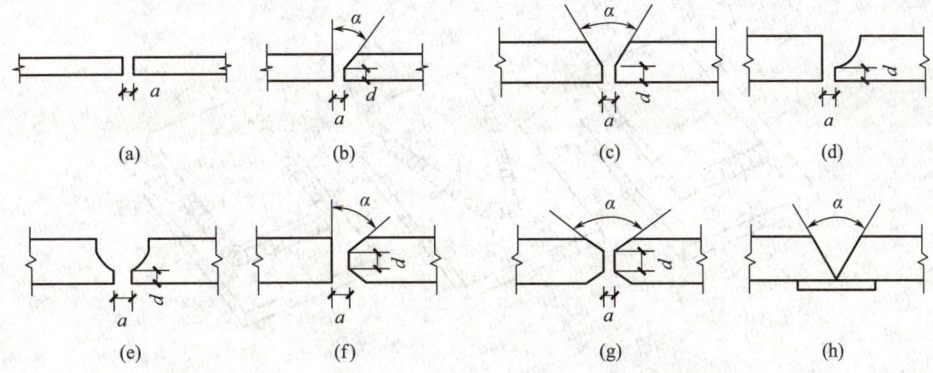

图 7-8　对接焊缝的坡口形式

（a）I 形；（b）单边 V 形；（c）V 形；（d）J 形；（e）U 形；（f）K 形；（g）X 形；（h）带垫板的单边 V 形

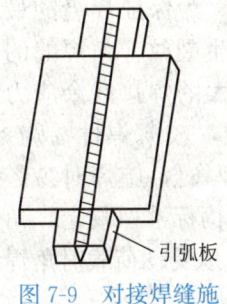

图 7-9　对接焊缝施
焊用引弧板

（图 7-9），起弧灭弧只在这里发生，焊完后将引弧板切除，并将板边沿受力方向修磨平整。凡要求等强的对接焊缝施焊时均应采用引弧板，特殊情况无法采用引弧板时，焊缝的计算长度小于实际长度。

（3）变截面钢板的拼接

在对接焊缝的拼接处，当焊件的宽度不同或厚度相差 4 mm 以上时，应分别在宽度方向或厚度方向从一侧或两侧做成坡度不大于 1∶2.5（图 7-10），以使截面平缓过渡，使构件传力平顺，减少应力集中。焊缝的计算厚度等于较薄焊件的厚度。

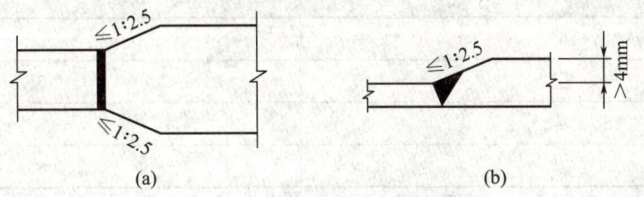

图 7-10　不同宽度或厚度钢板的拼接
（a）不同宽度；（b）不同厚度

（4）承受动荷载的对接焊缝

承受动荷载时，严禁采用断续坡口焊缝；除横焊位置以外，不宜采用 L 形和 J 形坡口；不同板厚的对接焊缝应按图 7-10 的规定做成平缓过渡。承受动荷载需经疲劳验算的连接，当拉应力与焊缝轴线垂直时，严禁采用部分焊透对接焊缝。

2. 角焊缝

角焊缝按其与外力作用方向的不同可分为平行于外力作用方向的侧面角焊缝、垂直于外力作用方向的正面角焊缝（或称端焊缝）和与外力作用方向斜交的斜向角焊缝三种（图 7-11）。

（1）焊脚尺寸及焊缝长度

角焊缝的两个直角边长度 h_f 称为焊脚尺寸（图 7-12）。

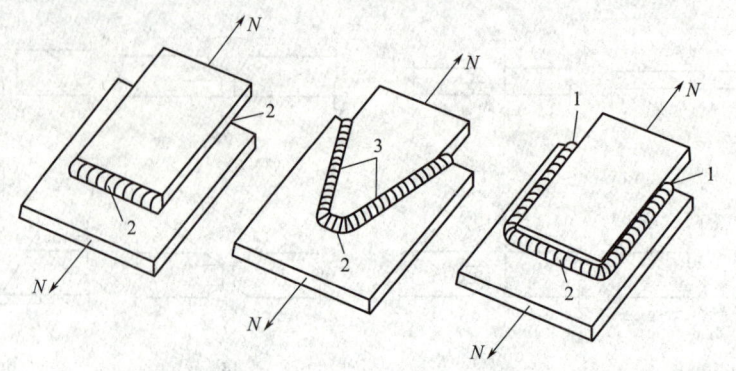

图 7-11 角焊缝的受力形式

1—侧面角焊缝；2—正面角焊缝；3—斜向角焊缝

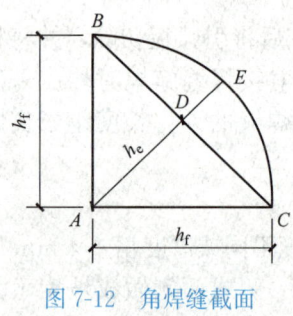

图 7-12 角焊缝截面

焊脚尺寸太小或太大都是不适宜的。为保证焊缝的最小承载力，并且防止焊缝因冷却过快而产生裂纹，角焊缝的焊脚尺寸不能太小。焊缝收缩时将产生较大的焊接残余应力和残余变形，且热影响区扩大易产生脆裂，较薄焊件易烧穿；同时当板件边缘的角焊缝与板件边缘等厚时，施焊时易产生咬边现象，故焊脚尺寸不能太大。《钢结构标准》规定，角焊缝的最小焊脚尺寸宜符合表 7-1 的规定，承受动荷载时角焊缝焊脚尺寸不宜小于 5mm。

角焊缝最小焊脚尺寸　　　　　　　　　　表 7-1

母材厚度 t(mm)	角焊缝最小焊脚尺寸 h_f(mm)
$t \leqslant 6$	3
$6 < t \leqslant 12$	5
$12 < t \leqslant 20$	6
$t > 20$	8

注：1. 采用不预热的非低焊接方法进行焊接时，t 等于焊接连接部位中较厚件厚度，宜采用单道焊缝；采用预热的非低氢焊接方法或低氢焊接方法进行焊接时，t 等于焊接连接部位中较薄件厚度；

2. 焊缝尺寸 h_f 不要求超过焊接连接部位中较薄件厚度的情况除外。

角焊缝的最小计算长度应为 $8h_f$，且不应小于 40mm。断续角焊缝的焊段的最小长度不应小于最小计算长度。

被焊构件中较薄板厚不小于 25mm 时，宜采用开局部坡口的角焊缝。

采用角焊缝焊接连接，不宜将厚板焊接到较薄板上。

（2）搭接连接角焊缝的尺寸及布置

为了防止搭接部位角焊缝在荷载作用下张开，搭接连接角焊缝在传递部件受轴向力时应采用纵向或横向双角焊缝；同时，为了防止接头受轴向力时发生偏转，搭接接头最小搭接长度应为较薄件厚度的 5 倍，且不应小于 25mm（图 7-13）。

为了防止构件因翘曲而贴合不好，只采用纵向角焊缝连接型钢杆件端部时，型钢杆件的宽度不应大于 200mm，否则，应加横向角焊缝或中间塞焊；型钢杆件每一侧纵向角焊

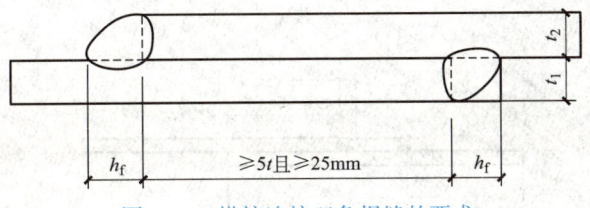

图 7-13　搭接连接双角焊缝的要求

t—t_1 和 t_2 中较小者；h_f—焊脚尺寸，按设计要求

缝的长度不应小于型钢杆件的宽度。

　　型钢杆件搭接连接采用围焊时，在转角处应连续施焊。当角焊缝的端部在焊件的转角处时，采用绕角焊可以避免起落弧的缺陷发生在应力集中较大的转角处，因此，杆件端部搭接角焊缝宜使用绕角焊，即绕过转角加焊一定长度，并且施焊时必须在转角处连续焊，不能断弧。作绕角焊时，绕焊长度不应小于 $2h_f$，并应连续施焊（图 7-14）。

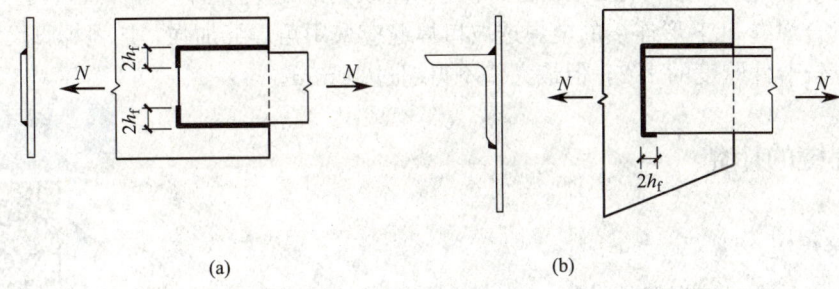

图 7-14　角焊缝的绕角焊

　　搭接焊缝沿母材棱边的最大焊脚尺寸，当板厚不大于 6mm 时，应为母材厚度，当板厚大于 6mm 时，应为母材厚度减去 1～2mm（图 7-15）。

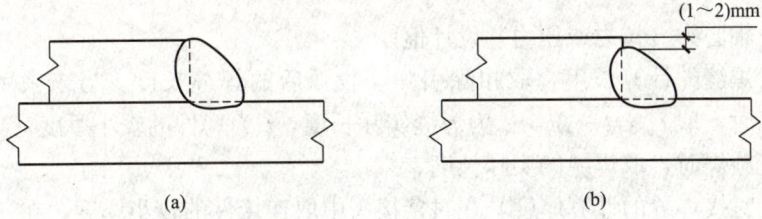

图 7-15　搭接焊缝沿母材棱边的最大焊脚尺寸

（a）母材厚度≤6mm 时；（b）母材厚度>6mm 时

　　用搭接焊缝传递荷载的套管连接可只焊一条角焊缝，其管材搭接长度 L 不应小于 5(t_1+t_2)，且不应小于 25mm（图 7-16）。

　　（3）断续角焊缝

　　断续角焊缝的焊段长度不得小于 $10h_f$ 或 50mm。焊段净距，对受压构件不应大于 15t，对受拉构件不应大于 30t（t 为较薄焊件厚度）。

　　必须注意，断续角焊缝是应力集中的根源，故不宜用于重要结构或重要的焊接连接，但在次要构件或次要焊接连接中，可以采用断续角焊缝，但腐蚀环境中不宜采用断续角焊缝。

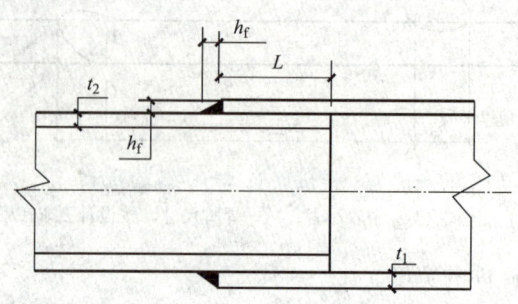

图 7-16　管材套管连接的搭接焊缝最小长度

h_f—焊脚尺寸，按设计要求

（4）承受动荷载的角焊缝

承受动荷载时，严禁采用断续坡口焊缝和断续角焊缝，焊脚尺寸不得小于 5mm。对接与角接组合焊缝和 T 形连接的全焊透坡口焊缝应采用角焊缝加强，加强焊脚尺寸不应大于连接部位较薄件厚度的 1/2，但最大值不得超过 10mm。

7.2.3　焊缝的计算

1. 对接焊缝

（1）轴心受力对接焊缝的计算

微课

对接焊缝的计算

对接焊缝受垂直于焊缝长度方向的轴心力（拉力或压力）（图 7-17a）时，其焊缝强度按下式计算：

$$\sigma = \frac{N}{A_w} = \frac{N}{l_w h_e} \leqslant f_t^w \ 或 \ f_c^w \tag{7-1}$$

式中　N——轴心力（拉力或压力）设计值。

　　l_w——焊缝的计算长度，取扣除引弧、收弧后的焊缝长度。当未采用引弧板施焊时，取 $l_w = l - 2t$，l 为焊缝实际长度，t 为焊件的较小厚度；当采用引弧板施焊时，取焊缝的实际长度。

　　h_e——对接焊缝的计算厚度，在对接接头中取连接件的较小厚度，在 T 形接头中取腹板厚度。

　　A_w——焊缝的计算截面面积，$A_w = l_w h_e$。

f_t^w、f_c^w——对接焊缝的抗拉、抗压强度设计值，按表 7-2 采用。

如果采用直焊缝不能满足强度要求时，可采用斜焊缝（图 7-17b）。此时焊缝强度按下式计算：

$$\sigma = \frac{N \sin\theta}{l_w h_e} \leqslant f_t^w \tag{7-2}$$

$$\tau = \frac{N \cos\theta}{l_w h_e} \leqslant f_v^w \tag{7-3}$$

式中　σ、τ——分别为焊缝的正应力和剪应力。

计算表明，当满足 $\tan\theta \leqslant 1.5$ 时，斜焊缝的强度不低于母材强度，可不再进行验算。此处 θ 为焊缝与作用力间的夹角。

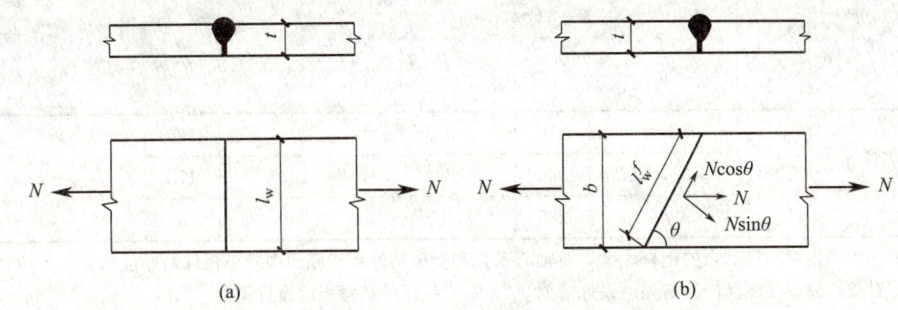

图 7-17 轴心受力对接焊缝

焊缝的强度设计值   表 7-2

焊接方法和 焊条型号	构件钢材		对接焊缝强度设计值				角焊缝强度设计值
	牌号	厚度或直径 （mm）	抗压 f_c^w	焊缝质量为下列 等级时,抗拉 f_t^w		抗剪 f_v^w	抗拉、抗压和抗剪 f_f^w
				一级、二级	三级		
自动焊、半自动焊 和 E43 型焊 条手工焊	Q235	≤16	215	215	185	125	160
		>16,≤40	205	205	175	120	
		>40,≤100	200	200	170	115	
自动焊、半自动焊和 E50、E55 型焊条 手工焊	Q345	≤16	305	305	260	175	200
		>16,≤40	295	295	250	170	
		>40,≤63	290	290	245	165	
		>63,≤80	280	280	240	160	
		>80,≤100	270	270	230	155	
	Q390	≤16	345	345	295	200	200 (E50) 220 (E55)
		>16,≤40	330	330	280	190	
		>40,≤63	310	310	265	180	
		>63,≤100	295	295	250	170	
自动焊、半自动焊 和 E55、E60 型 焊条手工焊	Q420	≤16	375	375	320	215	220 (E55) 240 (E60)
		>16,≤40	355	355	300	205	
		>40,≤63	320	320	270	185	
		>63,≤100	305	305	260	175	
自动焊、半自动焊 和 E55、E60 型 焊条手工焊	Q460	≤16	410	410	350	235	220 (E55) 240 (E60)
		>16,≤40	390	390	330	225	
		>40,≤63	355	355	300	205	
		>63,≤100	340	340	290	195	

续表

焊接方法和焊条型号	构件钢材		对接焊缝强度设计值				角焊缝强度设计值
	牌号	厚度或直径（mm）	抗压 f_c^w	焊缝质量为下列等级时，抗拉 f_t^w		抗剪 f_v^w	抗拉、抗压和抗剪 f_f^w
				一级、二级	三级		
自动焊、半自动焊和 E50、E55 型焊条手工焊	Q345GJ	>16,≤35	310	310	265	180	200
		>35,≤50	290	290	245	170	
		>50,≤100	285	285	240	165	

注：1. 表中厚度系指计算点的钢材厚度，对轴心受拉和受压构件系指截面中较厚板件的厚度；

2. 对接焊缝在受压区的抗弯强度设计值取 f_c^w，在受拉区的抗弯强度设计值取 f_t^w；

3. 计算下列情况的连接时，表中规定的强度设计值应乘以相应折减系数；几种情况同时存在时，其折减系数应连乘：①施工条件较差的高空安装焊缝应乘以折减系数 0.9；②进行无垫板的单面施焊对接焊缝的连接计算应乘以折减系数 0.85。

应予指出，对质量等级为一级或二级的焊缝，不需要进行抗拉强度验算，只有焊缝质量等级为三级时才需进行抗拉强度验算。其原因是，质量等级为一级或二级的焊缝的内部缺陷很少，焊缝与母材强度相等。而焊缝质量等级为三级时，焊缝内部存在较多的缺陷，焊缝强度低于母材强度。

（2）弯矩、剪力共同作用时对接焊缝的计算

对接焊缝在弯矩和剪力共同作用下，最大正应力和最大剪应力不在同一点（图 7-18），应分别进行验算。

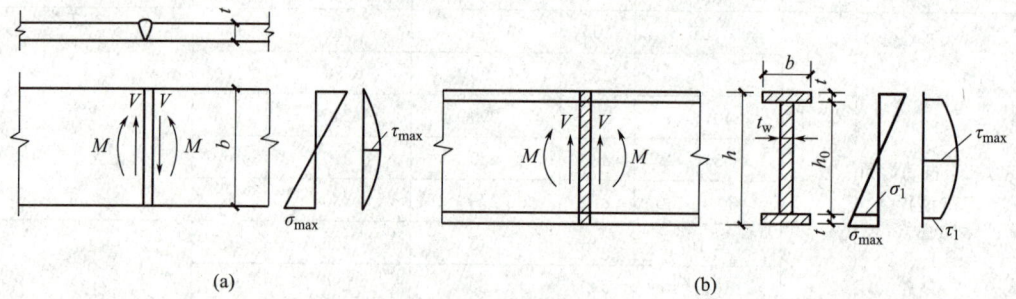

图 7-18　对接焊缝受弯矩和剪力共同作用

（a）矩形焊缝截面；（b）工字形焊缝截面

$$\sigma_{max} = \frac{M}{W_w} \leqslant f_t^w \text{ 或 } f_c^w \tag{7-4}$$

$$\tau_{max} = \frac{V S_w}{I_w t_w} \leqslant f_v^w \tag{7-5}$$

式中　σ_{max}、τ_{max}——焊缝最大正应力和最大剪应力；

M、V——焊缝承受的弯矩和剪力设计值；

I_w、W_w——焊缝计算截面的惯性矩和抵抗矩；

S_w——计算剪应力处以上（或以下）焊缝计算截面对中和轴的面积矩；

t_w——计算剪应力处焊缝计算截面的宽度；

f_v^w——对接焊缝的抗剪强度设计值，按表 7-2 采用。

由图 7-16 知，矩形焊缝截面最大正（或剪）应力处剪（或正）应力为零，故可按式（7-4）、式（7-5）分别进行验算。对于工字形或 T 形焊缝截面，除按式（7-4）和式（7-5）验算外，在同时承受较大正应力 σ_1 和较大剪应力 τ_1 处（图 7-18 中梁腹板横向对接焊缝的端部），还应按下式验算其折算应力：

$$\sqrt{\sigma_1^2 + 3\tau_1^2} \leqslant 1.1 f_t^w \tag{7-6}$$

$$\sigma_1 = \sigma_{\max} \frac{h_0}{h} \tag{7-7}$$

$$\tau_1 = \frac{V S_{w1}}{I_w t_w} \tag{7-8}$$

式中系数 1.1 是考虑要验算折算应力的地方只是局部区域，在该区域同时遇到材料最坏的概率是很小的，因此将强度设计值提高 10%。

2. 角焊缝

角焊缝的受力状态很复杂。图 7-19 为直角角焊缝的截面，h_e 为直角角焊缝的有效厚度（喉部尺寸）。试验表明，侧焊缝的破坏截面以 45°喉部截面居多；而端焊缝则多数不在该截面破坏，并且端焊缝的破坏强度是侧焊缝的 1.35～1.55 倍。因此，偏于安全地认为，无论侧焊缝还是端焊缝，破坏都发生在有效截面上，按应力均布并认为都是剪坏，根据试验取最低平均破坏应力来确定其设计强度。直角角焊缝的破坏截面在 45°喉部截面处，该截面（不考虑熔深和凸度）为计算时采用的截面，称为有效截面，其截面高度为 h_e，截面面积为 $h_e l_w$。

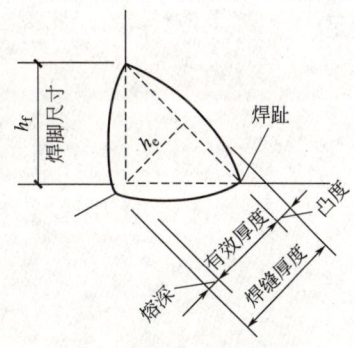

图 7-19　直角角焊缝截面

（1）在通过焊缝形心的拉力、压力或剪力作用下

当力垂直于焊缝长度方向时

$$\sigma_f = \frac{N}{h_e \sum l_w} \leqslant \beta_f f_f^w \tag{7-9}$$

当力平行于焊缝长度方向时

$$\tau_f = \frac{N}{h_e \sum l_w} \leqslant f_f^w \tag{7-10}$$

式中　N——轴心力（拉力、压力或剪力）；

$\quad\sigma_f$——按焊缝有效截面计算的垂直于焊缝长度方向的应力；

$\quad\tau_f$——按焊缝有效截面计算的沿焊缝长度方向的剪应力；

$\quad\beta_f$——端焊缝的强度设计值增大系数，对承受静荷载和间接承受动荷载的结构，$\beta_f = 1.22$，对直接承受动荷载的结构，$\beta_f = 1.0$；

$\quad h_e$——直角角焊缝的计算厚度，当两焊件间隙 $b \leqslant 1.5$mm 时取 $h_e = 0.7 h_f$，当 1.5mm$< b \leqslant 5$mm 时，$h_e = 0.7(h_f - b)$（h_f 为焊脚尺寸）；

$\quad l_w$——焊缝的计算长度，考虑到角焊缝的两端不可避免地会有弧坑等缺陷，所以角焊缝的计算长度等于其实际长度减去 $2h_f$；

f_f^w——角焊缝的强度设计值，按表 7-2 采用。

确定焊缝计算长度时，需要注意以下问题：

① 当角焊缝的焊缝长度过短时，焊件局部受热严重，且施焊时起落弧坑相距过近，加之其他缺陷的存在，就可能使焊缝不够可靠。因此，《钢结构标准》规定角焊缝的最小计算长度应大于 $8h_f$，且不小于 40 mm。

② 由于角焊缝的应力分布沿长度方向是不均匀的，两端大，中间小。当侧焊缝长度太长时，焊缝两端应力可能达到极限而破坏，而焊缝中部的应力还较低，这种应力分布不均匀对承受动荷载的结构尤为不利。因此，《钢结构标准》规定，角焊缝的搭接焊缝连接中，当焊缝计算长度 l_w 超过 $60h_f$ 时，焊缝的承载力设计值应乘以折减系数 α_f，$\alpha_f = 1.5 - \dfrac{l_w}{120h_f}$，并不小于 0.5。

（2）在弯矩、剪力和轴心力共同作用下

在弯矩、剪力和轴心力共同作用下，焊缝的 A 点为最危险点（图 7-20）。其强度应满足

$$\sqrt{\left(\frac{\sigma_f^N + \sigma_f^M}{\beta_f}\right)^2 + \tau_f^2} \leqslant f_f^w \tag{7-11}$$

$$\sigma_f^N = \frac{N}{A_w} = \frac{N}{2h_e l_w} \tag{7-12}$$

$$\tau_f^V = \frac{V}{A_w} = \frac{V}{2h_e l_w} \tag{7-13}$$

$$\sigma_f^M = \frac{M}{W_w} = \frac{6M}{2h_e l_w^2} \tag{7-14}$$

式中　σ_f^N——由轴心力 N 产生的垂直于焊缝长度方向的应力；

τ_f^V——由剪力 V 产生的平行于焊缝长度方向的应力；

σ_f^M——由弯矩 M 引起的垂直于焊缝长度方向的应力；

A_w——角焊缝的有效截面面积；

W_w——角焊缝的有效截面模量。

微课

角焊缝的计算

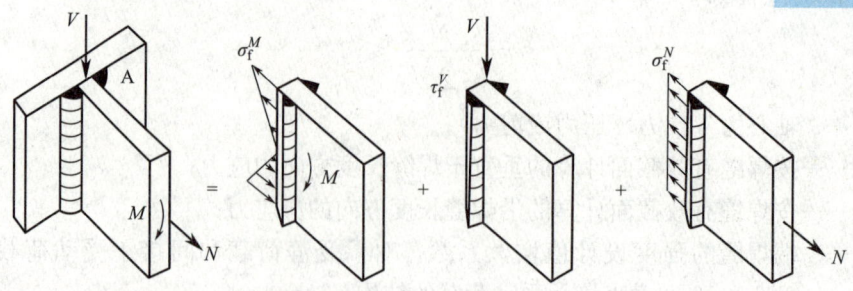

图 7-20　弯矩、剪力和轴心力共同作用时 T 形接头角焊缝

（3）角钢连接角焊缝的计算

角钢与连接板用角焊缝连接可以采用两面侧焊缝、三面围焊缝和 L 形围焊缝三种形式

（图 7-21）。为避免偏心受力，应使焊缝传递的合力作用线与角钢杆件的轴线相重合。

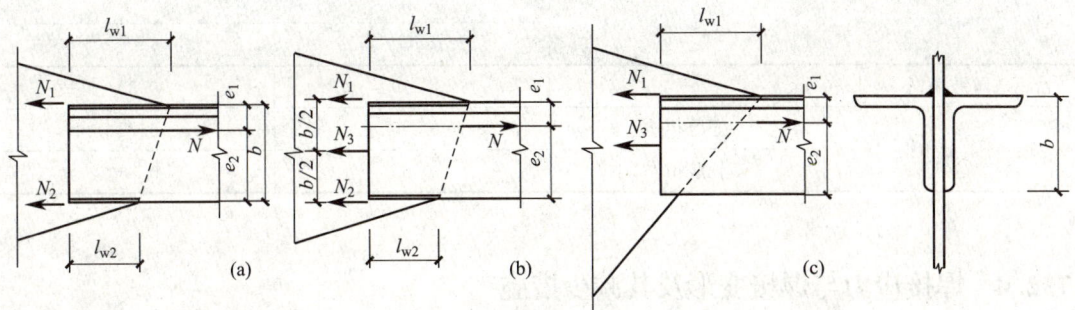

图 7-21 角钢与钢板的角焊缝连接

（a）两面侧焊缝；（b）三面围焊缝；（c）L形围焊缝

1）两面侧焊缝连接

由平衡条件可得角钢肢背焊缝、肢尖焊缝承受的内力 N_1、N_2 分别为：

$$N_1 = k_1 N \tag{7-15}$$

$$N_2 = k_2 N \tag{7-16}$$

式中 k_1、k_2——角钢肢背与肢尖焊缝的内力分配系数，按表 7-3 采用。

角钢肢背和肢尖焊缝所需长度分别为：

$$\sum l_{w1} = \frac{N_1}{0.7 h_{f1} f_f^w} \tag{7-17}$$

$$\sum l_{w2} = \frac{N_2}{0.7 h_{f2} f_f^w} \tag{7-18}$$

式中 h_{f1}、h_{f2}——肢背和肢尖焊缝的焊脚尺寸。

2）三面围焊缝连接

采用三面围焊缝连接时（设截面为双角钢的 T 形截面），端焊缝长度 l_w 为已知，按构造要求选取端焊缝的焊脚尺寸 h_f，则端焊缝、肢背侧面焊缝、肢尖侧面焊缝所承受的内力 N_3、N_1、N_2 分别为：

$$N_3 = 2 h_e l_w \beta_f f_f^w \tag{7-19}$$

$$N_1 = k_1 N - \frac{N_3}{2} \tag{7-20}$$

$$N_2 = k_2 N - \frac{N_3}{2} \tag{7-21}$$

求得 N_1、N_2 后，即可按式（7-17）、式（7-18）分别计算角钢肢背和肢尖的侧面焊缝长度。

3）L形围焊缝连接

L形围焊中由于角钢肢尖无焊缝，在式（7-21）中，令 $N_2 = 0$，则有

$$N_3 = 2 k_2 N \tag{7-22}$$

$$N_1 = N - N_3 = (1 - 2 k_2) N \tag{7-23}$$

求得 N_1、N_3 后，即可按式（7-17）、式（7-18）分别计算角钢肢背侧面焊缝长度和正面角焊缝长度。

角钢侧面角焊缝内力分配系数 表 7-3

角钢类型	连接情况	分配系数	
		角钢肢背 k_1	角钢肢尖 k_2
等肢角钢	—	0.70	0.30
不等肢角钢	短肢相连	0.75	0.25
	长肢相连	0.65	0.35

7.2.4 焊接应力与焊接变形及其减少措施

焊接过程是一个局部热源（焊条端产生的电弧）不断移动的过程，在施焊位置及其邻近区域温度最高，可达到 1600℃ 以上，而且加热速度非常快，加热极不均匀，而在这以外的区域温度却急剧下降，因而焊件上的温度梯度极大；此外，由于焊件冷却一般是在自然条件下连续进行的，先焊的区域先冷却达到常温，后焊的区域后冷却，先后施焊的区域表现出明显的热不均匀性。这将使得焊缝及其附近热影响区金属的应力状态及金属组织将发生明显变化。

在施焊过程中，焊件由于受到不均匀的电弧高温作用所产生的变形和应力，称为热变形和热应力。而冷却后，焊件中所存在的反向应力和变形，称为焊接应力和焊接变形。由于这种应力和变形是焊件经焊接并冷却至常温以后残留于焊件中的，故又称为焊接残余应力和残余变形。

焊接应力和焊接变形是焊接结构的主要缺点。焊接应力会使钢材抗冲击断裂能力及抗疲劳破坏能力降低，尤其是低温下受冲击荷载的结构，焊接应力的存在更容易引起低温工作应力状态下的脆断。焊接变形会使结构构件不能保持正确的设计尺寸及位置，影响结构正常工作，严重时还可使各个构件无法安装就位。

为减少或消除焊接应力与焊接变形的不利影响，应从设计、制作等方面采取相应的措施。

设计方面的措施：①选用适宜的焊脚尺寸和焊缝长度，最好采用细长焊缝，不用粗短焊缝。②焊缝应尽可能布置在结构的对称位置上。③对接焊缝的拼接处，应做成平缓过渡。④不宜采用带锐角的板料作为肋板，板料的锐角应切掉，以免焊接时锐角处板材被烧损，影响连接质量。⑤焊缝不应过于集中，以防因焊接变形受到过大的约束而产生过大的残余应力导致裂纹。⑥尽量避免三向焊缝相交。

制作方面的措施：① 焊前预热或焊后热处理。对于小尺寸焊件，焊前预热，或焊后回火加热至 60℃ 左右，然后缓慢冷却，可以消除焊接应力与焊接变形。② 选择合理的施焊次序。例如钢板对接时采用分段退焊，厚焊缝采用分层施焊，工字形截面按对角跳焊等等。③ 施焊前给构件施加一个与焊接变形方向相反的预变形，使之与焊接所引起的变形相互抵消，从而达到减小焊接变形的目的。

【例 7-1】 两钢板采用对接焊缝链接，钢板宽度 $b=550\text{mm}$，厚度 $t=22\text{mm}$，承受轴心拉力设计值为 $N=2110\text{kN}$（图 7-17a）。钢材为 Q235，手工焊，焊条 E43 型，焊缝质量

规范链接

7-1

标准三级。试设计该连接。

【解】　查表 7-2 得焊缝抗拉强度设计值 $f_t^w = 175 \text{N/mm}^2$

先按直焊缝连接计算，不采用引弧板，则焊缝计算长度 $l_w = 550 - 2 \times 22 = 506 \text{mm}$，$h_e = t = 22 \text{mm}$。由式（7-1）得焊缝正应力为：

$$\sigma = \frac{N}{l_w h_e} = \frac{2110 \times 10^3}{506 \times 22} = 189.5 \text{ N/mm}^2 > f_t^w = 175 \text{ N/mm}^2$$

不满足要求。

考虑采用引弧板，此时焊缝计算长度 $l_w = 550 \text{mm}$

$$\sigma = \frac{N}{l_w h_e} = \frac{2110 \times 10^3}{550 \times 22} = 174.4 \text{ N/mm}^2 < f_t^w = 175 \text{N/mm}^2$$

满足要求。

【例 7-2】　某简支梁，跨度 8m，截面和荷载设计值（含梁自重）如图 7-22 所示。钢材为 Q235，采用 E43 型焊条，手工焊，三级质量标准，施焊时采用引弧板。在距支座 2.4m 处有翼缘和腹板的拼接连接。试对该拼接的对接焊缝进行设计。

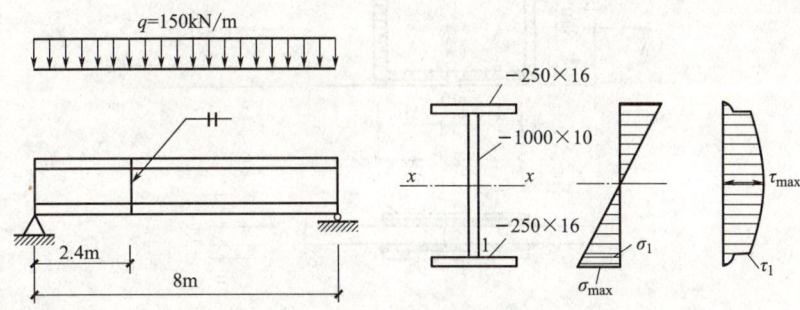

图 7-22　例 7-2 附图

【解】　因板厚为 16mm，查表得 $f_t^w = 185 \text{N/mm}^2$，$f_v^w = 125 \text{N/mm}^2$

1. 计算距支座 2.4m 处的内力

经计算得 $M = 1008 \text{kN·m}$，$V = 240 \text{kN}$

2. 计算焊缝计算截面的几何特征值

$$I_w = (250 \times 1032^3 - 240 \times 1000^3)/12 = 2898 \times 10^6 \text{ mm}^4$$

$$W_w = 2898 \times 10^6 / 516 = 5.6163 \times 10^6 \text{ mm}^3$$

$$S_{w1} = 250 \times 16 \times 508 = 2.032 \times 10^6 \text{ mm}^3$$

$$S_w = 2.032 \times 10^6 + 10 \times 500 \times 500/2 = 3.282 \times 10^6 \text{ mm}^3$$

3. 计算焊缝强度

$$\sigma_{max} = \frac{M}{W_w} = \frac{1008 \times 10^6}{5.6163 \times 10^6} = 179.5 \text{ N/mm}^2 < f_t^w = 185 \text{N/mm}^2$$

正应力满足要求。

$$\tau_{max} = \frac{V S_w}{I_w t_w} = \frac{240 \times 10^3 \times 3.282 \times 10^6}{2898 \times 10^6 \times 10} = 27.2 \text{N/mm}^2 < f_v^w = 125 \text{N/mm}^2$$

剪应力满足要求。

$$\sigma_1 = \sigma_{max} \frac{h_0}{h} = 179.5 \times \frac{1000}{1032} = 173.9 \text{ N/mm}^2$$

$$\tau_1 = \frac{VS_{w1}}{I_w t_w} = \frac{240 \times 10^3 \times 2.032 \times 10^6}{2898 \times 10^6 \times 10} = 16.8 \text{ N/mm}^2$$

$$\sqrt{\sigma_1^2 + 3\tau_1^2} = \sqrt{173.9^2 + 3 \times 16.8^2} = 176.3 \text{ N/mm}^2 < 1.1 f_t^w = 1.1 \times 185 = 203.5 \text{N/mm}^2$$

折算应力满足要求。

故翼缘和腹板的拼接连接采用对接焊缝，施焊时采用引弧板。

【例 7-3】 已知被连接板件的截面尺寸为 $200\text{mm} \times 400\text{mm}$，板件尺寸及其连接形式如图 7-23 所示，承受轴心拉力的设计值 $N = 540\text{kN}$（静力荷载）。板件和拼接连接板均采用 Q235 钢，手工焊，直角角焊缝，三面围焊，焊条为 E43 型。试确定拼接连接板尺寸和连接焊缝尺寸。

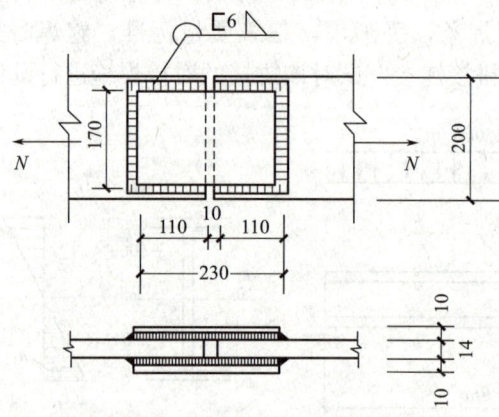

图 7-23　例 7-3 附图

【解】　查得焊缝抗拉强度设计值 $f_t^w = 160\text{N/mm}^2$

（1）拼接连接板的截面选择

根据拼接连接板和被连接板件的等强度条件和焊接构造要求，拼接连接板的宽度采用 170mm，则可得到拼接连接板的厚度为

$$t = \frac{200 \times 14}{2 \times 170} = 8.2 \text{ mm}, \text{取 } t = 10\text{mm}$$

（2）连接焊缝尺寸及拼接连接板的长度计算

端焊缝的长度 $l_{w1} = 170\text{mm}$。根据构造要求，取角焊缝的焊脚尺寸 $h_f = 6\text{mm}$，则

$$h_e = 0.7 \times h_f = 0.7 \times 6 = 4.2\text{mm}$$

正面角焊缝所承担的拉力为

$$N_1 = h_e \sum l_{w1} \beta_f f_f^w = 4.2 \times 2 \times 170 \times 1.22 \times 160 = 278746\text{N}$$

连接一侧的侧面角焊缝长度为

$$l_{w2} = \frac{N - N_1}{4 h_e f_f^w} + h_f = \frac{540 \times 10^3 - 278746}{4 \times 4.2 \times 160} + 8 = 105.1 \text{ mm}, \text{取 } l_{w2} = 110\text{mm}$$

上式中 h_f 为需要增加的焊口长度。

两被连接件间的间隙取 10mm，则拼接连接板的长度为 $2l_{w2} + 10 = 2 \times 110 + 10 = 230\text{mm}$。

【例7-4】 在图7-24所示角钢和节点板采用两侧面焊缝的连接中，$N = 670$kN（静荷载设计值），角钢为 $2 \llcorner 110 \times 10$，节点板厚度 $t_1 = 12$mm，钢材为 Q235，焊条 E43 型，手工焊。试确定所需角焊缝的焊脚尺寸 h_f 和焊缝长度。

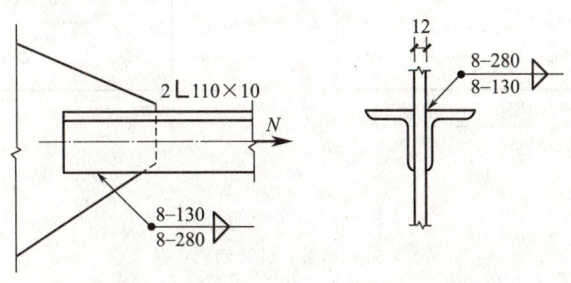

图 7-24 例 7-4 附图

【解】 查表得 $f_f^w = 160$N/mm²

根据构造要求，取角钢肢背、肢尖角焊缝的焊脚尺寸 $h_{f1} = h_{f2} = 8$mm

焊缝受力

$$N_1 = k_1 N = 0.7 \times 670 = 469 \text{kN}$$

$$N_2 = k_2 N = 0.3 \times 670 = 201 \text{kN}$$

所需焊缝长度

$$l_{w1} = \frac{N_1}{2h_e f_f^w} + 2h_f = \frac{469 \times 10^3}{2 \times 0.7 \times 8 \times 160} + 2 \times 8 = 277.7 \text{mm，取 } 280 \text{mm}$$

$$l_{w2} = \frac{N_2}{2h_e f_f^w} + 2h_f = \frac{201 \times 10^3}{2 \times 0.7 \times 8 \times 160} + 2 \times 8 = 128.2 \text{mm，取 } 130 \text{mm}$$

上述二式中 $2h_f$ 为需要增加的焊口长度。

所以肢背侧焊缝长度为 280mm，肢尖侧焊缝的长度为 130mm。

7.3 螺栓连接

7.3.1 普通螺栓连接

1. 普通螺栓连接的构造

钢结构采用的普通螺栓形式为六角头型，受力螺栓一般采用 M16、M20、M24、M27、M30 等。螺栓代号中，字母 M 表示螺栓，数字表示公称直径的毫米数。

螺栓的排列有并列和错列两种基本形式（图7-25）。并列布置简单，但栓孔对截面削弱较大；错列布置紧凑，可减少截面削弱，但排列较繁杂。

螺栓在构件上的排列应同时考虑受力要求、构造要求及施工要求。从受力角度出发，螺栓端距不能太小，否则孔前钢板有被剪坏的可能；螺栓端距也不能过大，螺栓端距过大

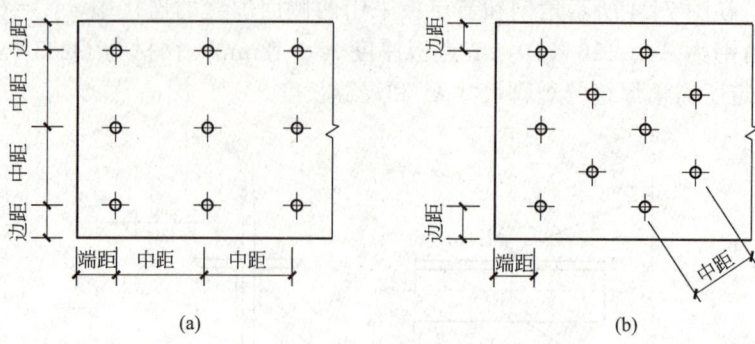

图 7-25　螺栓的排列

(a) 并列布置；(b) 错列布置

不仅会造成材料的浪费，对受压构件而言还会发生压屈鼓肚现象。从构造角度考虑，螺栓的栓距及线距不宜过大，否则被连接构件间的接触不紧密，潮气就会侵入板件间的缝隙内，造成钢板锈蚀。从施工角度来说，布置螺栓还应考虑拧紧螺栓时所必需的施工空隙。据此，《钢结构标准》规定，螺栓连接宜采用紧凑布置，其连接中心宜与被连接构件截面的重心一致，同时规定了螺栓最小和最大容许间距，如表 7-4。

螺栓的孔距、边距和端距容许值　　　　　　　　　　表 7-4

名称	位置和方向			最大容许间距 （取两者的较小值）	最小容许间距
中心间距	外排（垂直内力方向或顺内力方法）			$8d_0$ 或 $12t$	$3d_0$
	中间排	垂直内力方向		$16d_0$ 或 $24t$	
		顺内力方向	构件受压力	$12d_0$ 或 $18t$	
			构件受拉力	$16d_0$ 或 $24t$	
	沿对角线方向				
中心至构件边缘距离	顺内力方向			$4d_0$ 或 $8t$	$2d_0$
	垂直内力方向	剪切边或手工切割边			$1.5d_0$
		轧制边、自动气割或锯割边	高强度螺栓		
			其他螺栓或铆钉		$1.2d_0$

注：1. d_0 为螺栓或铆钉的孔径，对槽孔为短向尺寸，t 为外层较薄板件的厚度；

　　2. 钢板边缘与刚性构件（如角钢，槽钢等）相连的高强度螺栓的最大间距，可按中间排的数值采用；

　　3. 计算螺栓孔引起的截面削弱时可取 $d+4mm$ 和 d_0 的较大者。

　　每一杆件在节点上以及拼接接头的一端，永久性的螺栓数不宜少于两个。对组合构件的缀条，其端部连接可采用一个螺栓。

　　《钢结构通规》规定，**对直接承受动力荷载的普通螺栓受拉连接应采用双螺母或其他防止螺母松动的有效措施。**

规范链接

7-2

2. 普通螺栓连接的计算

　　按受力形式不同，普通螺栓连接可分为三类，即：外力与栓杆垂直的受剪螺栓连接、外力与栓杆平行的受拉螺栓连接以及同时受剪和受拉的螺栓连接（图 7-26）。受剪螺栓连接依靠栓杆抗剪和栓杆对孔壁的承压传力。受拉螺栓连接依靠栓杆抗拉传力。

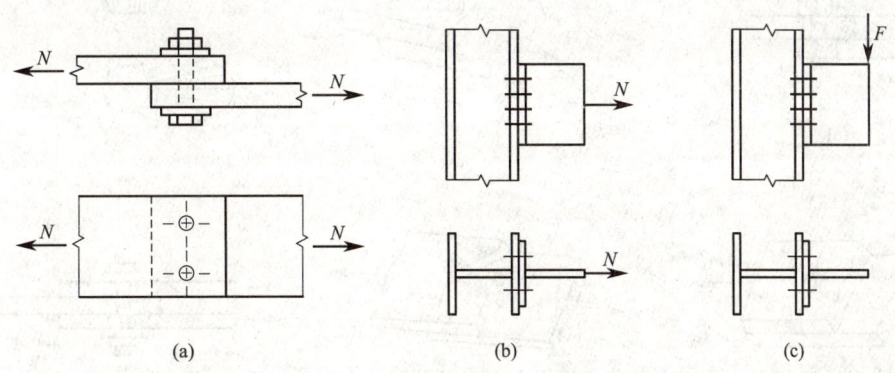

图 7-26 普通螺栓连接分类

（a）受剪螺栓连接；（b）受拉螺栓连接；（c）同时受剪和受拉的螺栓连接

（1）受剪螺栓连接

1）受力性能

受剪螺栓连接在受力后，当外力不大时，由被连接构件之间的摩擦力来传递外力。当外力继续增大而超过极限摩擦力后，构件之间将出现相对滑移，螺杆开始接触构件的孔壁而受剪，孔壁则受压。当连接处于弹性阶段时，螺栓群中的各螺栓受力不相等，两端的螺栓较中间的受力为大（图 7-27）。外力继续增大，使连接超过弹性阶段而进入塑性阶段时，各螺栓承担的荷载逐渐接近，最后趋于相等直到破坏。因此，当外力作用于螺栓群中心时，可以认为所有螺栓受力是相等的。

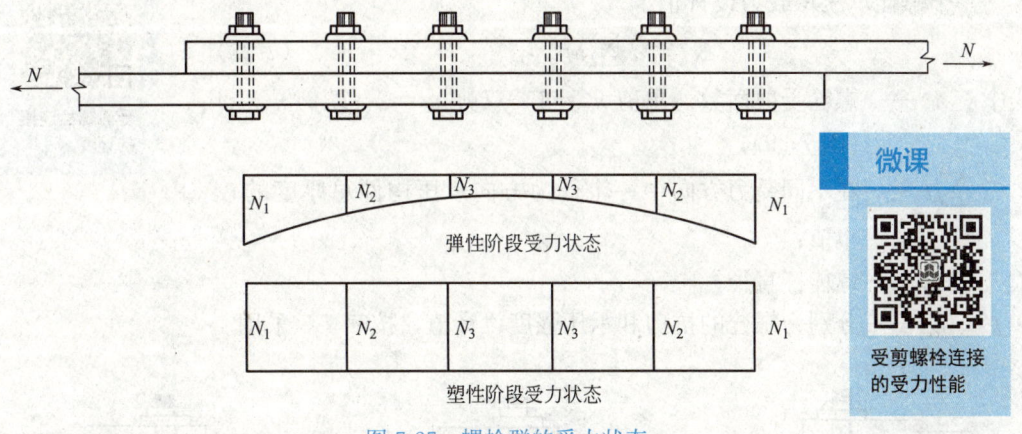

图 7-27 螺栓群的受力状态

受剪螺栓连接达到极限承载力时，可能出现以下五种破坏形式（图 7-28）：①栓杆受剪破坏；②孔壁挤压破坏；③杆件沿净截面处被拉断；④构件端部冲剪破坏；⑤螺栓受弯破坏。

为保证螺栓连接能安全承载，对于①、②类型的破坏，通过计算单个螺栓承载力来控制；对于③类型的破坏，则由验算构件净截面强度来控制；对于④、⑤类型的破坏，通过保证螺栓间距及边距不小于规定值来控制。

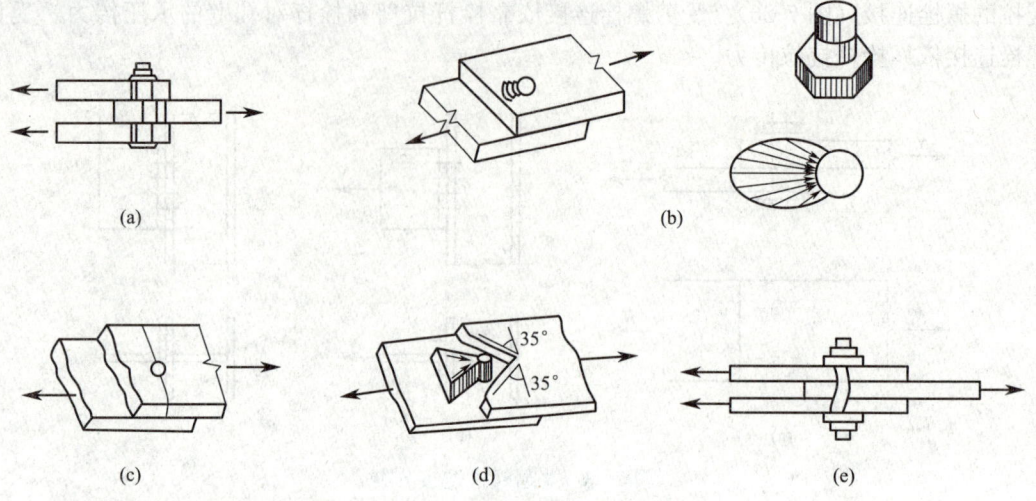

图 7-28　螺栓连接的破坏形式

（a）受剪破坏；（b）挤压破坏；（c）受拉破坏；（d）冲剪破坏；（e）受弯破坏

2）单个螺栓的承载力

《钢结构标准》规定，普通螺栓以螺栓最后被剪断或孔壁被挤压破坏为极限承载能力。

受剪螺栓中，假定栓杆剪应力沿受剪面均匀分布，孔壁承压应力换算为沿栓杆直径投影宽度内板件面上均匀分布的应力。

一个螺栓受剪承载力设计值

$$N_v^b = n_v \frac{\pi d^2}{4} f_v^b \qquad (7\text{-}24)$$

一个螺栓承压承载力设计值

$$N_c^b = d \sum t f_c^b \qquad (7\text{-}25)$$

式中　n_v——螺栓受剪面数。单剪 $n_v = 1$，双剪 $n_v = 2$，四剪 $n_v = 4$（图 7-29）；

　　　$\sum t$——在不同受力方向中一个受力方向承压构件总厚度的较小值；

　　　d——螺栓杆直径；

　　　f_v^b、f_c^b——分别为螺栓的抗剪和承压强度设计值，按表 7-5 采用。

微课

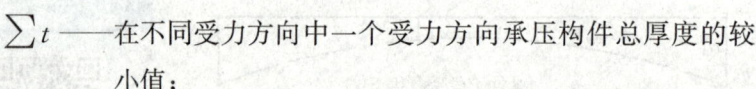

受剪螺栓连接的计算

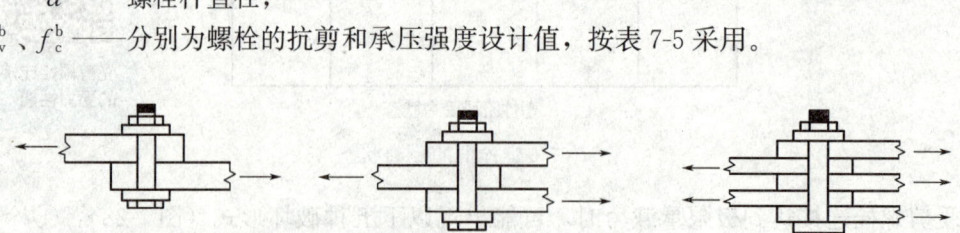

图 7-29　螺栓受剪面数

（a）单剪；（b）双剪；（c）四剪

单个受剪螺栓的承载力设计值应取 N_v^b、N_c^b 中的较小值，即 $N_{\min}^b = \min (N_v^b、N_c^b)$。

螺栓连接的强度设计值　　　　　　　　表 7-5

螺栓的性能等级、锚栓和构件钢材的牌号		强度设计值										高强度螺栓的抗拉强度
		普通螺栓						锚栓	承压型连接或网架用高强度螺栓			
		C级螺栓			A级、B级螺栓							
		抗拉 f_t^b	抗剪 f_v^b	承压 f_c^b	抗拉 f_t^b	抗剪 f_v^b	承压 f_c^b	抗拉 f_t^a	抗拉 f_t^b	抗剪 f_v^b	承压 f_c^b	f_u^b
普通螺栓	4.6级、4.8级	170	140	—	—	—	—	—	—	—	—	—
	5.6级	—	—	—	210	190	—	—	—	—	—	—
	8.8级	—	—	—	400	320	—	—	—	—	—	—
锚栓	Q235	—	—	—	—	—	—	140	—	—	—	—
	Q345	—	—	—	—	—	—	180	—	—	—	—
	Q390	—	—	—	—	—	—	185	—	—	—	—
承压型连接高强度螺栓	8.8级	—	—	—	—	—	—	—	400	250	—	830
	10.9级	—	—	—	—	—	—	—	500	310	—	1040
螺栓球节点用高强度螺栓	9.8级	—	—	—	—	—	—	—	385			
	10.9级	—	—	—	—	—	—	—	430			
构件钢材牌号	Q235	—	—	305	—	—	405	—	—	—	470	—
	Q345	—	—	385	—	—	510	—	—	—	590	—
	Q390	—	—	400	—	—	530	—	—	—	615	—
	Q420	—	—	425	—	—	560	—	—	—	655	—
	Q460	—	—	450	—	—	595	—	—	—	695	—
	Q345GJ	—	—	400	—	—	530	—	—	—	615	—

注：1. A级螺栓用于 $d \leqslant 24$mm 和 $L \leqslant 10d$ 或 $L \leqslant 150$mm（按较小值）的螺栓；B级螺栓用于 $d > 24$mm 和 $L > 10d$ 或 $L > 150$mm（按较小值）的螺栓；d 为公称直径，L 为螺栓公称长度；

2. A级、B级螺栓孔的精度和孔壁表面粗糙度，C级螺栓孔的允许偏差和孔壁表面粗糙度，均应符合现行国家标准《钢结构工程施工质量验收标准》GB 50205 的要求；

3. 用于螺栓球节点网架的高强度螺栓，M12～M36 为 10.9 级，M39～M64 为 9.8 级。

3）受剪螺栓连接受轴心力作用时的计算

受剪螺栓连接受轴心力作用时，假定每个螺栓受力相等，则连接一侧所需螺栓数 n 为：

$$n \geqslant \frac{N}{N_{min}^b} \tag{7-26}$$

除对螺栓的受剪承载力进行验算外，尚应对构件净截面强度进行验算。构件开孔处净截面强度应满足：

$$\sigma = \frac{N}{A_n} \leqslant 0.7 f_u \tag{7-27}$$

式中　A_n——连接件或构件在所验算截面处的净截面面积；

　　　N——连接件或构件验算截面处的轴心力设计值；

f_u——钢材的抗拉强度最小值。

必须指出，净截面强度验算截面应选择最不利截面，即内力最大或净截面面积较小的截面。

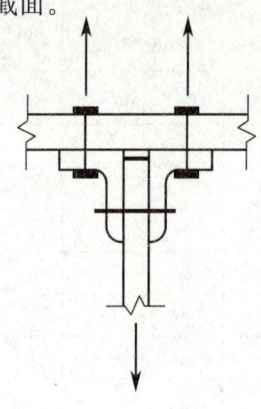

图 7-30 受拉螺栓连接

（2）受拉螺栓连接

如图 7-30 所示，受拉螺栓连接受轴心力作用时，由于受拉螺栓的最不利截面在螺栓削弱处，因此，计算时应根据螺纹削弱处的有效直径 d_e 或有效面积 A_e 来确定其承载力。一个受拉螺栓的承载力设计值为

$$N_t^b = A_e f_t^b = \frac{1}{4}\pi d_e^2 f_t^b \qquad (7\text{-}28)$$

式中　d_e、A_e——分别为螺栓螺纹处的有效直径和有效面积，见表 7-6；

　　　　f_t^b——螺栓抗拉强度设计值。

假定各个螺栓所受拉力相等，则连接所需螺栓数目为

$$n = \frac{N}{N_t^b} \qquad (7\text{-}29)$$

螺栓的有效面积　　　　　　　　　　　　　　　　表 7-6

螺栓直径 d(mm)	螺距 P(mm)	螺栓有效直径 d_e(mm)	螺栓有效面积 A_e(mm²)	螺栓直径 d(mm)	螺距 P(mm)	螺栓有效直径 d_e(mm)	螺栓有效面积 A_e(mm²)
16	2.0	14.1236	156.7	30	3.5	26.7163	560.6
18	2.5	15.6545	192.5	33	3.5	29.7163	693.6
20	2.5	17.6545	244.8	36	4.0	32.2472	816.7
22	2.5	19.6545	303.4	39	4.0	35.2472	975.8
24	3.0	21.1854	352.5	42	4.5	37.7781	1121
27	3.0	24.1854	459.4	45	4.5	40.7781	1306

（3）同时承受剪力和拉力的螺栓连接

当螺栓同时承受剪力和杆轴方向拉力时（图 7-31），连接中最危险螺栓所承受的剪力和拉力应满足下式条件：

$$\sqrt{\left(\frac{N_v}{N_v^b}\right)^2 + \left(\frac{N_t}{N_t^b}\right)^2} \leqslant 1 \qquad (7\text{-}30)$$

式中　N_v、N_t——单个螺栓所承受的剪力和拉力；

　　　　N_v^b、N_t^b——单个螺栓的抗剪和抗拉承载力设计值。

同时，为防止因板件过薄而引起承压破坏，还应满足

$$N_v \leqslant N_c^b \qquad (7\text{-}31)$$

式中　N_c^b——单个螺栓的承压承载力设计值。

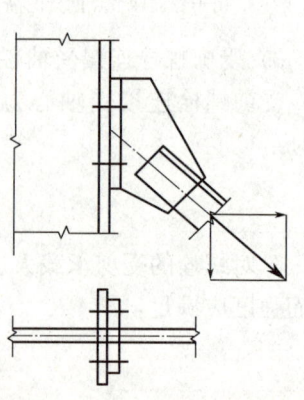

图 7-31 同时承受剪力和拉力的螺栓连接

7.3.2　高强度螺栓连接

1. 高强度螺栓连接的受力性能

高强度螺栓连接受剪力时，按其传力方式又可分为摩擦型和承压型两种。前者仅靠被连接板件间的强大摩擦阻力传递剪力，以摩擦阻力刚被克服作为连接承载力的极限状态。其对螺栓孔的质量要求不高（Ⅱ类孔），但为了增大被连接板件接触面间的摩阻力，对连接的各接触面应进行处理。承压型高强度螺栓是靠被连接板件间的摩擦力和螺栓杆共同传递剪力，以螺栓受剪或钢板承压破坏为承载能力极限状态，其破坏形式同普通螺栓连接。承压型高强度螺栓连接承载力比摩擦型高，可节约螺栓。但因其剪切变形比摩擦型大，故只适用于承受静力荷载和对结构变形不敏感的结构中，不得用于直接承受动力荷载的结构中。

高强度螺栓的预拉力是通过拧紧螺母实现的。一般采用扭矩法、转角法和扭断螺栓尾部法来控制预拉力。高强度螺栓的设计预拉力值由材料强度和螺栓有效截面确定，每个高强度螺栓的预拉力设计值见表7-7。

每个高强度螺栓的预拉力设计值 P（kN）　　　　　表7-7

螺栓的性能等级	螺栓公称直径(mm)					
	M16	M20	M22	M24	M27	M30
8.8级	80	125	150	175	230	280
10.9级	100	155	190	225	290	355

2. 摩擦型高强度螺栓连接的计算

高强度螺栓的排列要求与普通螺栓相同。

摩擦型高强度螺栓连接的受力形式有受剪、受拉或同时受剪受拉几种情况。

（1）高强度螺栓连接的受剪计算

一个摩擦型高强度螺栓的抗剪承载力设计值为：

$$N_v^b = 0.9 n_f \mu P \qquad (7-32)$$

式中　n_f——一个螺栓的传力摩擦面数目；

μ——摩擦面的抗滑移系数，按表7-8采用；

P——高强度螺栓预拉力设计值。

摩擦面的抗滑移系数 μ　　　　　表7-8

连接处构件接触面的处理方法	构件的钢材牌号		
	Q235 钢	Q345 钢或 Q390 钢	Q420 钢或 Q460 钢
喷硬质石英砂或铸钢棱角砂	0.45	0.45	0.45
抛丸(喷砂)	0.40	0.40	0.40
钢丝刷清除浮锈或未经处理的干净轧制面	0.30	0.35	—

注：1. 钢丝刷除锈方向应与受力方向垂直；
　　2. 当连接构件采用不同钢材牌号时，μ 按相应较低强度者取值；
　　3. 采用其他方法处理时，其处理工艺及抗滑移系数值均需经试验确定。

高强度螺栓连接一侧所需螺栓数 n 为

$$n = \frac{N}{N_v^b} \qquad (7\text{-}33)$$

式中　N——连接所受轴心拉力设计值。

由于摩擦阻力作用，一部分剪力已由第一列螺栓孔前接触面传递（图 7-32）。《钢结构标准》规定，孔前传力占螺栓传力的 50%，因此 Ⅰ-Ⅰ 截面处拉力为：

$$N' = N\left(1 - \frac{0.5n_1}{n}\right) \qquad (7\text{-}34)$$

式中　n_1——计算截面上的螺栓数；
　　　n——连接一侧的螺栓数。

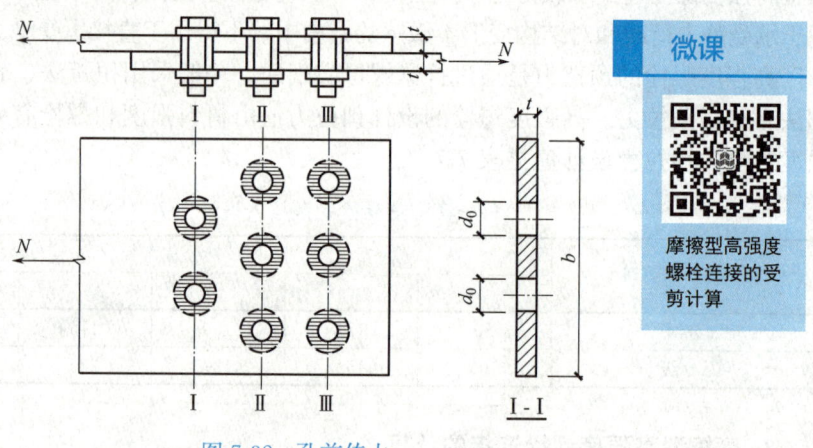

图 7-32　孔前传力

高强度螺栓摩擦型连接的构件净截面强度应满足：

$$\sigma = \frac{N'}{A_n} \leqslant 0.7f_u \qquad (7\text{-}35)$$

（2）高强度螺栓连接的受拉计算

对螺栓杆轴方向受拉的连接，高强度螺栓在外力作用前，已经有很大的预拉力 P，为避免拉力大于螺栓预拉力时，卸荷后产生松弛现象，应使板件接触面间始终被挤压很紧。《钢结构标准》规定，每个摩擦型高强螺栓的抗拉设计承载力不得大于 $0.8P$，于是，一个抗拉高强螺栓的承载力设计值为：

$$N_t^b = 0.8P \qquad (7\text{-}36)$$

（3）高强度螺栓连接同时受剪、受拉的计算

如图 7-33 所示，高强度螺栓摩擦型连接同时承受摩擦面间的剪力和螺栓杆轴方向的外拉力时，承载力应符合下式要求：

$$\frac{N_v}{N_v^b} + \frac{N_t}{N_t^b} \leqslant 1.0 \qquad (7\text{-}37)$$

式中　N_v、N_t——分别为某个高强度螺栓所承受的剪力和拉力；

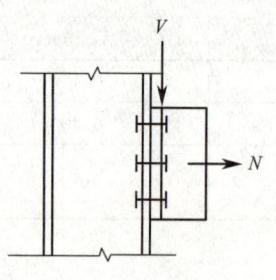

图 7-33　高强螺受拉受剪工作

$N_{\mathrm{v}}^{\mathrm{b}}$、$N_{\mathrm{t}}^{\mathrm{b}}$——一个高强度螺栓的受剪、受拉承载力设计值。

3. 承压型高强度螺栓连接

在抗剪连接中，每个承压型高强度螺栓的承载力设计值的计算方法与普通螺栓相同，但当剪切面在螺纹处时，其受剪承载力设计值应按螺纹处的有效面积进行计算。

在杆轴方向受拉的连接中，每个承压型高强度螺栓的承载力设计值为 $N_{\mathrm{t}}^{\mathrm{b}}=0.8P$。

同时承受剪力和杆轴方向拉力的承压型高强度螺栓，应符合下式要求

$$\sqrt{\left(\frac{N_{\mathrm{v}}}{N_{\mathrm{v}}^{\mathrm{b}}}\right)^2+\left(\frac{N_{\mathrm{t}}}{N_{\mathrm{t}}^{\mathrm{b}}}\right)^2}\leqslant 1 \tag{7-38}$$

$$N_{\mathrm{v}}\leqslant N_{\mathrm{c}}^{\mathrm{b}}/1.2 \tag{7-39}$$

式中　N_{v}、N_{t}——每个承压型高强度螺栓所承受的剪力和拉力；

$N_{\mathrm{v}}^{\mathrm{b}}$、$N_{\mathrm{t}}^{\mathrm{b}}$、$N_{\mathrm{c}}^{\mathrm{b}}$——每个承压型高强度螺栓的受剪、受拉和承压承载力设计值。

【例 7-5】　如图 7-34 所示，两截面为 $14\mathrm{mm}\times400\mathrm{mm}$ 的钢板，采用双盖板和 C 级普通螺栓拼接，螺栓 M20，钢材 Q235，承受轴心拉力设计值 $N=890\mathrm{kN}$，试设计此连接。

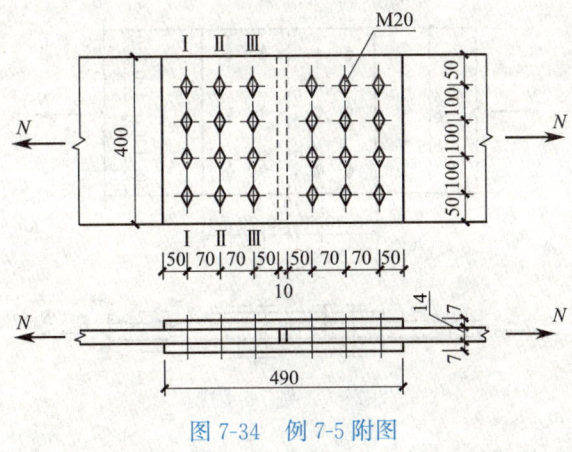

图 7-34　例 7-5 附图

【解】　查得 $f_{\mathrm{v}}^{\mathrm{b}}=140\mathrm{N/mm}^2$，$f_{\mathrm{c}}^{\mathrm{b}}=305\mathrm{N/mm}^2$，$f_{\mathrm{u}}=370\mathrm{N/mm}^2$

1. 确定连接盖板截面

采用双盖板拼接，截面尺寸选 $7\mathrm{mm}\times400\mathrm{mm}$，与被连接钢板截面面积相等，钢材亦采用 Q235。

2. 确定所需螺栓数目和螺栓排列布置

单个螺栓受剪承载力设计值

$$N_{\mathrm{v}}^{\mathrm{b}}=n_{\mathrm{v}}\frac{\pi d^2}{4}f_{\mathrm{v}}^{\mathrm{b}}=2\times\frac{\pi\times20^2}{4}\times140=87964\mathrm{N}$$

单个螺栓承压承载力设计值

$$N_{\mathrm{c}}^{\mathrm{b}}=d\sum tf_{\mathrm{c}}^{\mathrm{b}}=20\times14\times305=85400\mathrm{N}$$

$$N_{\mathrm{min}}^{\mathrm{b}}=(N_{\mathrm{v}}^{\mathrm{b}},N_{\mathrm{c}}^{\mathrm{b}})=85400\mathrm{N}$$

则连接一侧所需螺栓数目为

$$n = \frac{N}{N_{\min}^b} = \frac{890 \times 10^3}{85400} \approx 10$$

从方便螺栓排列考虑，取 $n = 12$，采用图 7-34 所示的并列布置。连接盖板尺寸采用 2-7mm$\times$400mm$\times$490mm。经计算，螺栓的中距、边距和端距均满足构造要求。

3. 验算连接板件的净截面强度

连接钢板在截面 Ⅰ-Ⅰ 受力最大为 N，连接盖板则是截面 Ⅲ-Ⅲ 受力最大为 N，但因两者钢材、截面均相同，故只验算连接钢板。取螺栓孔径 $d_0 = 22$mm。

$$A_n = (b - n_1 d_0)t = (400 - 4 \times 22) \times 14 = 4368 \text{mm}^2$$

$$\sigma = \frac{N}{A_n} = \frac{890 \times 10^3}{4368} = 203.8 \text{N/mm}^2 < f_u = 370 \text{N/mm}^2$$

连接板件的净截面强度满足要求。

【例7-6】 一高强度螺栓的拼接连接，连接一侧承受轴心拉力设计值 $N = 550$kN，钢板截面 340mm$\times$12mm（图 7-35），钢材为 Q235 钢，采用 10.9 级的 M22 高强度螺栓，连接处构件接触面用钢丝刷清理浮锈。试设计该连接。

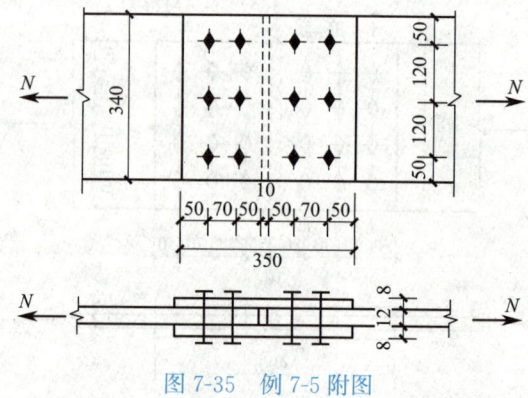

图 7-35 例 7-5 附图

【解】 查表得 $f_u = 370N/mm^2$，$\mu = 0.3$，$P = 190$kN

1. 计算螺栓数量

一个摩擦型高强度螺栓的抗剪承载力设计值为

$$N_v^b = 0.9 n_f \mu P = 0.9 \times 2 \times 0.3 \times 190 = 102.6 \text{kN}$$

连接一侧所需螺栓数为

$$n = N/N_v^b = 550/102.6 \approx 5$$

取 $n = 6$，螺栓排列采用并列，如图 7-35 所示。

2. 构件净截面强度验算

钢板第一列螺栓孔处的截面最危险：

$$N' = N\left(1 - \frac{0.5 n_1}{n}\right) = 550 \times \left(1 - 0.5 \times \frac{3}{6}\right) = 412.5 \text{kN}$$

$$\sigma = \frac{N'}{A_n} = \frac{412.5 \times 10^3}{340 \times 12 - 3 \times 23.5 \times 12} = 127.55 \text{N/mm}^2 < 0.7 f_u = 0.7 \times 370 = 259 \text{N/mm}^2$$

满足要求。

◆ 单元小结

1. 钢结构的连接方法通常有焊缝连接、螺栓连接和铆钉连接三种。铆钉连接在房屋建筑中已基本不采用。焊缝连接所采用的焊缝主要有对接焊缝和角焊缝两种形式。螺栓连接分为普通螺栓连接和高强度螺栓连接。

2. 焊缝连接的计算公式如下。

(1) 对接焊缝受垂直于焊缝长度方向的轴心力时，其焊缝强度按下式计算：

$$\sigma = \frac{N}{A_w} = \frac{N}{l_w h_e} \leqslant f_t^w \text{ 或 } f_c^w$$

对于斜焊缝，其焊缝强度按下式计算：

$$\sigma = \frac{N\sin\theta}{l_w h_e} \leqslant f_t^w$$

$$\tau = \frac{N\cos\theta}{l_w h_e} \leqslant f_v^w$$

(2) 对接焊缝承受弯矩和剪力共同作用时，对矩形焊缝截面，最大正应力和最大剪应力应分别按下列公式进行验算：

$$\sigma_{max} = \frac{M}{W_w} \leqslant f_t^w \text{ 或 } f_c^w$$

$$\tau_{max} = \frac{VS_w}{I_w t_w} \leqslant f_v^w$$

对于工字形或 T 形焊缝截面还应按下式验算其折算应力：

$$\sqrt{\sigma_1^2 + 3\tau_1^2} \leqslant 1.1 f_t^w$$

(3) 角焊缝承受通过焊缝形心的拉力、压力或剪力作用时：
当力垂直于焊缝长度方向时

$$\sigma_f = \frac{N}{h_e \sum l_w} \leqslant \beta_f f_f^w$$

当力平行于焊缝长度方向时

$$\tau_f = \frac{N}{h_e \sum l_w} \leqslant f_f^w$$

(4) 角焊缝承受弯矩、剪力和轴心力共同作用时：
最危险点的强度应满足

$$\sqrt{\left(\frac{\sigma_f^N + \sigma_f^M}{\beta_f}\right)^2 + \tau_f^2} \leqslant f_f^w$$

(5) 角钢与连接板用角焊缝连接可以采用两面侧焊缝、三面围焊缝和 L 形围焊缝三种形式。

两面侧焊缝连接时，角钢肢背焊缝、肢尖焊缝承受的内力 N_1、N_2 分别为：

$$N_1 = k_1 N$$

$$N_2 = k_2 N$$

采用三面围焊缝连接时，端焊缝、肢背侧面焊缝、肢尖侧面焊缝所承受的内力 N_3、N_1、N_2 分别为：

$$N_3 = 2h_e l_w \beta_f f_f^w$$

$$N_1 = k_1 N - \frac{N_3}{2}$$

$$N_2 = k_2 N - \frac{N_3}{2}$$

采用 L 形围焊时，端焊缝、肢背侧面焊缝所承受的内力 N_3、N_1 分别为

$$N_3 = 2k_2 N$$

$$N_1 = (1 - 2k_2) N$$

3. 焊接应力与焊接变形将对结构产生不利影响，应从设计、制作等方面采取相应的措施。

4. 普通螺栓连接按下述公式计算：

（1）受剪螺栓连接

一个螺栓受剪承载力设计值为 $N_v^b = n_v \dfrac{\pi d^2}{4} f_v^b$

一个螺栓承压承载力设计值 $N_c^b = d \sum t f_c^b$

单个受剪螺栓的承载力设计值 $N_{min}^b = \min(N_v^b、N_c^b)$

连接一侧所需螺栓数为 $n \geqslant \dfrac{N}{N_{min}^b}$

（2）受拉螺栓连接受轴心力作用时，一个受拉螺栓的承载力设计值为 $N_t^b = A_e f_t^b = \dfrac{1}{4} \pi d_e^2 f_t^b$

连接所需螺栓数目为 $n = \dfrac{N}{N_t^b}$

（3）当螺栓同时承受剪力和杆轴方向拉力时，连接中最危险螺栓所承受的剪力和拉力应满足 $\sqrt{\left(\dfrac{N_v}{N_v^b}\right)^2 + \left(\dfrac{N_t}{N_t^b}\right)^2} \leqslant 1$。

5. 高强度螺栓连接按下列公式计算：

（1）摩擦型高强度螺栓连接

1）一个摩擦型高强度螺栓的抗剪承载力设计值为 $N_v^b = 0.9 n_f \mu P$

连接一侧所需螺栓数为 $n = \dfrac{N}{N_v^b}$

2）一个抗拉高强度螺栓的承载力设计值为 $N_t^b = 0.8P$

3）同时承受摩擦面间的剪力和螺栓杆轴方向的外拉力时，承载力应符合下式要求：

$$\frac{N_v}{N_v^b} + \frac{N_t}{N_t^b} \leqslant 1.0$$

（2）承压型高强度螺栓连接

在杆轴方向受拉的连接中，每个承压型高强度螺栓的承载力设计值为 $N_t^b = 0.8P$。

同时承受剪力和杆轴方向拉力的承压型高强度螺栓，应符合下式要求

$$\sqrt{\left(\frac{N_v}{N_v^b}\right)^2 + \left(\frac{N_t}{N_t^b}\right)^2} \leqslant 1$$

$$N_v \leqslant N_c^b / 1.2$$

思考题

微课

教学单元7小结

1. 钢结构的连接方法有哪几种？各有何特点？
2. 焊缝连接有哪些基本形式？有何优缺点？
3. 对接焊缝的截面形式有哪些？有哪些主要构造要求？
4. 角焊缝的受力特点是什么？主要构造要求有哪些？
5. 什么是焊接应力与焊接变形？减小焊接应力和焊接变形的措施有哪些？
6. 普通螺栓连接中螺栓的排列方式有哪些？螺栓排列应考虑哪些问题？
7. 普通螺栓抗剪连接可能发生的破坏形式有哪几种？分别如何防止？
8. 高强度螺栓连接的受力机理是什么？与普通螺栓连接有何区别？

习题

1. 如图 7-36 所示焊接连接，采用三面围焊，承受的轴心拉力设计值为 $N = 850\text{kN}$。钢材为 Q235B，焊条为 E43 型。试验算此连接焊缝是否满足要求。

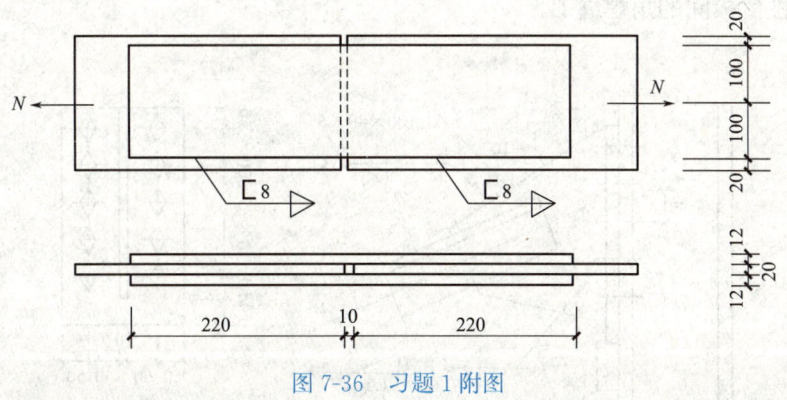

图 7-36　习题1附图

2. 试设计图 7-37 所示对接焊缝。已知钢板截面为 -500×10，采用 Q235 钢材，E43 型焊条，手工电弧焊，施焊时不用引弧板，焊缝质量三级，钢板承受轴心拉力设计值 $N = 826\text{kN}$。

3. 如图 7-38 所示，由三块钢板焊成的工字形截面梁，已知工字形截面尺寸为：翼缘

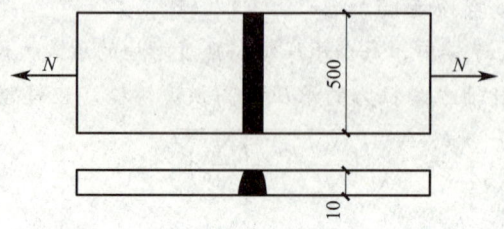

图 7-37　习题 2 附图

宽 $b=100\text{mm}$，厚度 $t=12\text{mm}$；腹板高度 $h_0=200\text{mm}$，厚度 $t_w=8\text{mm}$。截面上作用的轴心拉力 $N=252\text{kN}$，弯矩设计值 $M=47\text{kN·m}$，剪力设计值 $V=246\text{kN}$。钢材 Q345，手工焊，焊条 E50 型，施工时采用引弧板，三级质量标准。试验算对接焊缝强度。

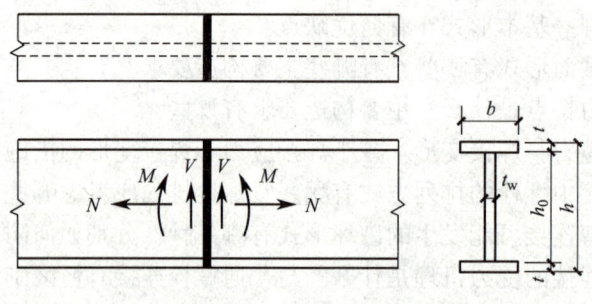

图 7-38　习题 3 附图

4. 一双盖板的钢板对接接头，已知钢板截面为 -360×12，承受轴心拉力设计值 890kN（静荷载），Q235 钢材，手工电弧焊，E43 型焊条。试设计该连接。

5. 图 7-39 为某双角钢与节点板间的连接。已知轴心拉力设计值 $N=370\text{kN}$，钢材为 Q235，手工电弧焊，焊条 E43 型，二级质量标准。试设计节点板与双角钢的角焊缝 A 以及节点板与柱侧板间的角焊缝 B。

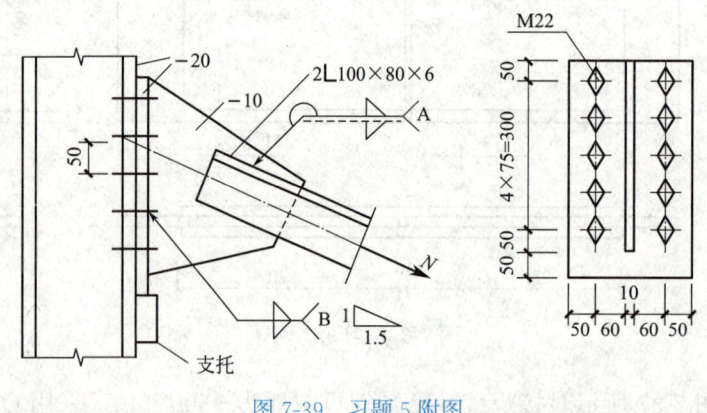

图 7-39　习题 5 附图

6. 图 7-40 所示普通螺栓连接，钢材采用 Q235，B 级螺栓。试确定此连接所能承受的最大轴心拉力设计值。

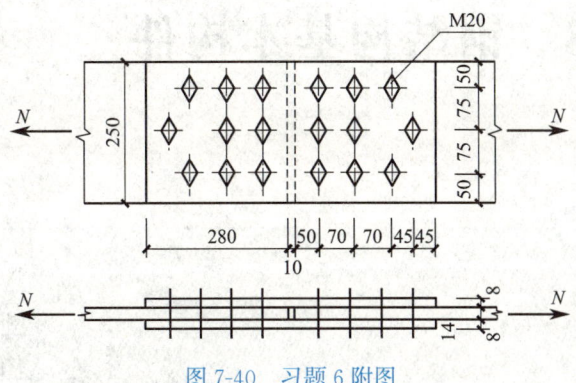

图 7-40 习题 6 附图

7. 如图 7-41 所示，双盖板 C 级螺栓连接。已知钢材采用 Q235，螺栓为 M22，轴心拉力设计值 $N = 400$kN。试进行该连接的强度验算。

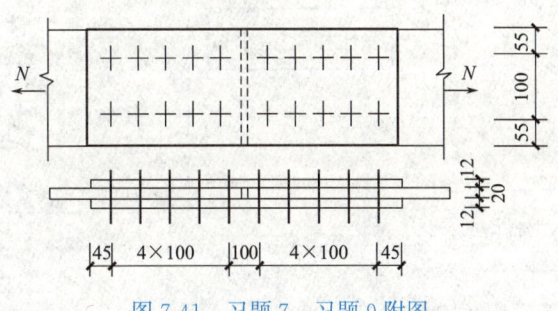

图 7-41 习题 7、习题 9 附图

8. 试设计用摩擦型高强度螺栓连接的钢板拼接。采用双盖板，钢板截面为 340mm×20mm，盖板采用两块 300mm×10mm 的钢板。钢材 Q345，螺栓 8.8 级，M22，采用喷砂处理，承受轴心拉力设计值 $N = 180$kN。

9. 如图 7-41 所示双盖板连接，改为摩擦型高强度螺栓连接。构件材料为 Q235 钢，螺栓采用 M20，孔径为 21.5mm，强度等级为 8.8 级，接触面喷砂处理。试确定此连接所能承受的最大拉力 N。

参考答案

教学单元7习题

拓展阅读

经典书籍推介

教学单元8　钢结构基本构件

思维导图

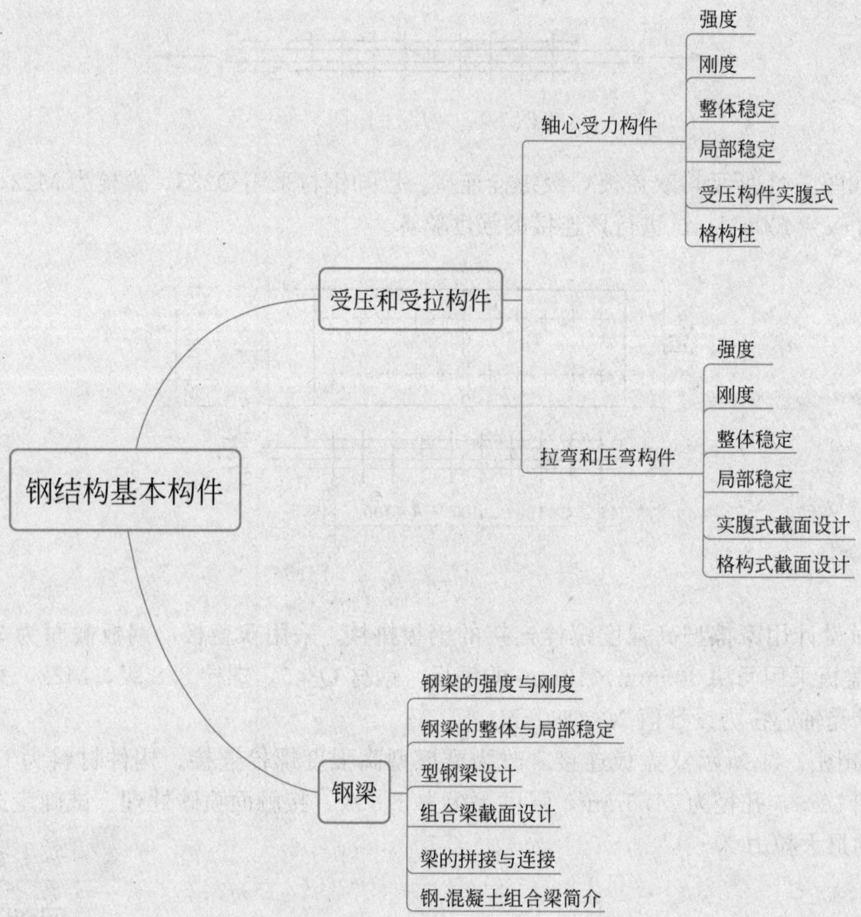

钢结构基本构件
- 受压和受拉构件
  - 轴心受力构件
    - 强度
    - 刚度
    - 整体稳定
    - 局部稳定
    - 受压构件实腹式
    - 格构柱
  - 拉弯和压弯构件
    - 强度
    - 刚度
    - 整体稳定
    - 局部稳定
    - 实腹式截面设计
    - 格构式截面设计
- 钢梁
  - 钢梁的强度与刚度
  - 钢梁的整体与局部稳定
  - 型钢梁设计
  - 组合梁截面设计
  - 梁的拼接与连接
  - 钢-混凝土组合梁简介

引入案例

　　2020年新冠疫情暴发，4万多名不同行业、不同单位的建设者协同作战，10天左右的时间雷神山和火神山方舱医院拔地而起。两座医院的建设，均采用了行业最前沿的钢结构装配式建筑技术，在时间紧、任务重的情况下，建造者们大胆创新，最大限度地拼装工业化成品，在外部拼接后进行整体吊装，将现场施工和整体吊装穿插进行，大幅减少了现场作业的用时和工作量。

知识目标:

1. 掌握各构件的强度、刚度、整体稳定、局部稳定计算方法。

2. 熟悉影响构件整体稳定的因素及其措施。

3. 了解各类钢结构基本构件的截面形式及构造要求。

能力目标:

具备设计计算并验算钢结构基本构件的能力。

育人目标:

培养学生认真严谨的工作态度、团队协作精神、专业荣誉感与职业使命感,让学生更深刻地认识工匠精神的实质,为其今后从事相关专业工作打下坚实的基础。

8.1　受压和受拉构件

8.1.1　轴心受力构件

轴心受力构件是指承受轴心拉力或轴心压力的构件。其应用遍及平面和空间桁架(屋架、网架等)的杆件,以及工作平台柱等。轴心受力构件设计按承载能力极限状态,轴心受拉构件的承载力由截面强度决定,而轴心受压构件则由截面强度、构件稳定性和局部稳定性决定。按正常使用极限状态,其刚度则用容许长细比进行控制。

1. 轴心受力构件的类型

轴心受力构件是指只承受通过构件截面形心轴线的轴向力作用的构件。当这种轴向力为拉力时,称为轴心受拉构件,或简称轴心拉杆(图 8-1a)。当轴向力为压力时,称为轴心受压构件或简称轴心压杆(图 8-1b)。

钢结构中的桁架、网架和塔架等由杆件组成的构件,一般都将节点假设为铰接。因此,若荷载作用在节点上,则所有杆件均作为承受轴心力的轴心拉杆或轴心压杆(图 8-1c)。

支撑屋盖、楼盖或工作平台的竖向受压构件通常称为柱(图 8-1d),柱通常由三部分组成:柱头、柱身、柱脚,柱头支撑上部结构并将其荷载传递给柱身,柱脚则把荷载由柱身传递给基础。这些柱具有轴心受压构件的性质,习惯上称为轴心受压柱。柱和压杆在受力性质和计算方法上相同。

2. 轴心受力构件的截面

轴心受力构件的截面形式一般可分为型钢截面和组合截面两大类(图 8-2)。

型钢截面有图 8-2(a)所示的圆钢、圆管、角钢、槽钢、工字钢、H 型钢、T 型钢等。型钢价格低,制造工作量少,故使用成本较低。

组合截面是由型钢或钢板连接而成,按其形式还可分为实腹式组合截面(图 8-2b)和格构式组合截面两种(图 8-2c)。由于组合截面的形状和尺寸几乎不受限制,因此可根据

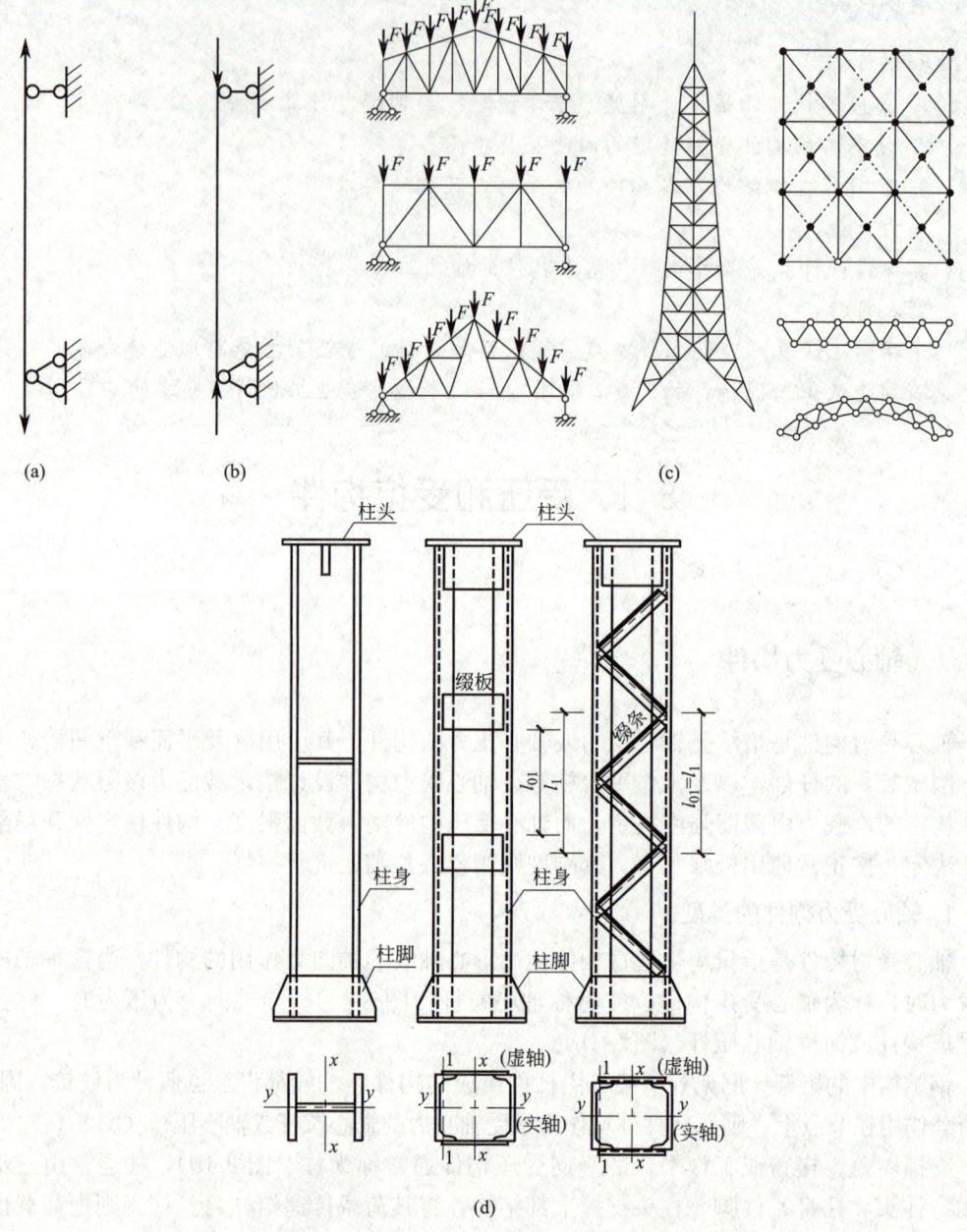

图 8-1 轴心受力构件类型

轴心受力构件的受力大小选用合适的截面。格构式组合截面由于材料集中于分肢，故它与实腹式截面相比，在用料相同的条件下可增大截面惯性矩，提高刚度，节约用钢，但制造比较费工。受力不大但却较长的构件，为提高刚度，可采用三肢或四肢组成较宽大的格构式截面。

3. 轴心受力构件的强度计算

从钢材的应力-应变关系可知，当轴心受力构件的截面平均应力达到钢材的抗拉强度

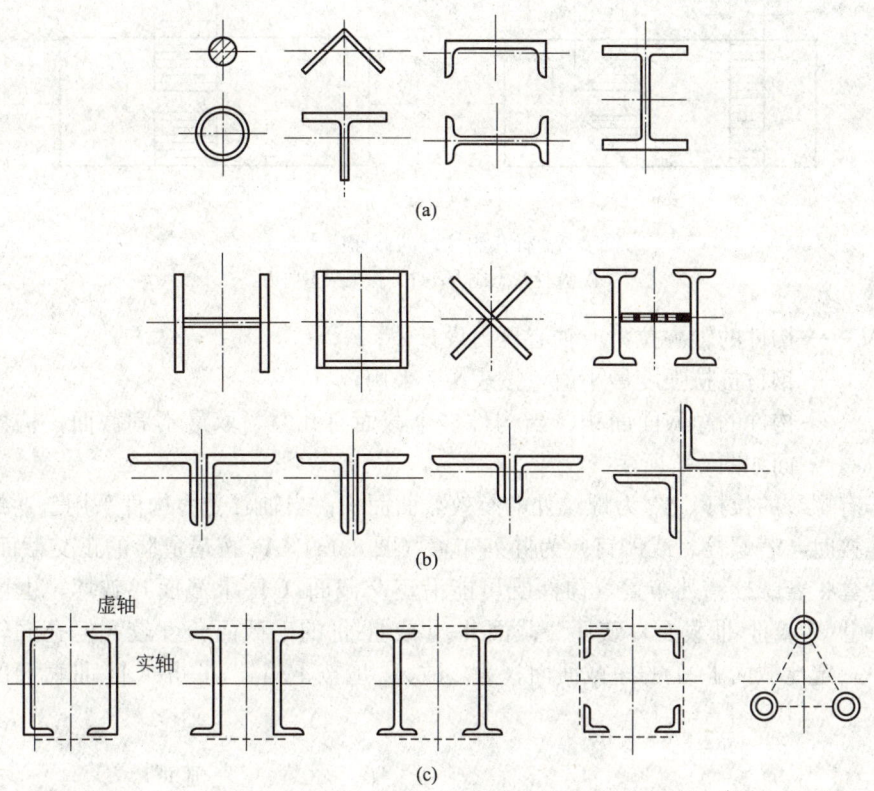

图 8-2 轴心受力构件截面形式

f_u 时，构件达到强度极限承载力。但当构件的平均应力达到钢材的屈服强度 f_y 时，由于构件塑性变形的发展，将使构件的变形过大以至达到不适宜继续承载的状态，因此，轴心受力构件是以截面的平均应力达到钢材的屈服强度作为强度计算的准则。

对于无孔洞等削弱的轴心受力构件，以全截面平均应力达到屈服强度为强度极限状态，应按式（8-1）进行毛截面强度验算：

$$\sigma = \frac{N}{A} \leqslant f \tag{8-1}$$

式中　N——构件的轴心拉力或轴心压力设计值；

　　　f——钢材抗拉强度设计值或抗压强度设计值，按表 1-7 采用；

　　　A——构件毛截面面积。

对于有孔洞等削弱的轴心受力构件，即当构件截面有局部削弱时，截面上的应力呈不均匀分布，在孔洞附近有应力集中现象，在弹性阶段孔壁边缘的最大应力 σ_{max} 可能是构件毛截面平均应力 σ_a 的 3 倍（图 8-3a）。当拉力继续增加，孔壁边缘的最大应力达到材料的屈服强度以后，应力不再继续增加而只发展塑性变形，截面上的应力产生塑性重分布，最后达到均匀分布（图 8-3b），故而对于有孔洞削弱的轴心受力构件，仍以其净截面的平均应力达到其屈服强度为强度极限状态，应按下式进行净截面强度验算：

$$\sigma = \frac{N}{A_n} \leqslant \frac{f_u}{\gamma_{Ru}} \approx 0.7 f_u \tag{8-2}$$

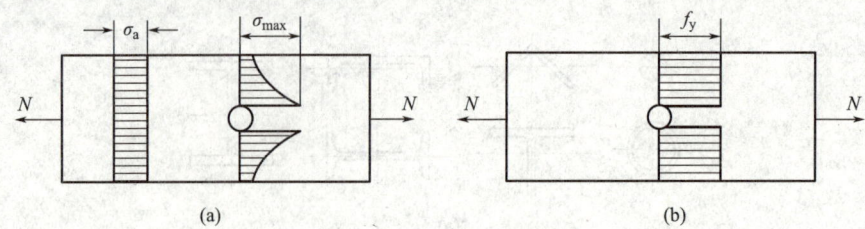

图 8-3　有孔洞拉杆的截面应力分布

（a）弹性状态应力；（b）极限状态应力

式中　N——构件的轴心拉力或轴心压力设计值；

　　　f_u——钢材抗拉强度最小值，按表 1-7 采用；

　　　A_n——构件的净截面面积，当构件多个截面有孔时，取最不利截面，构件的净截面如图 8-4 所示。

　　对于有螺纹的拉杆，A_n 为螺纹处的有效截面面积；当轴心受力构件采用普通螺栓（或铆钉）连接时，若螺栓（或铆钉）为并列布置（图 8-4a），A_n 按最危险的正交截面（Ⅰ-Ⅰ截面）计算；若螺栓错列布置，构件既可能沿正交截面（Ⅰ-Ⅰ截面）破坏，也可能沿齿状截面（Ⅱ-Ⅱ或Ⅲ-Ⅲ截面）破坏。截面Ⅱ-Ⅱ或Ⅲ-Ⅲ的毛截面长度较大但孔洞较多，其净截面不一定比截面Ⅰ-Ⅰ的净截面面积大，故 A_n 应按Ⅰ-Ⅰ、Ⅱ-Ⅱ或Ⅲ-Ⅲ截面的较小面积计算。

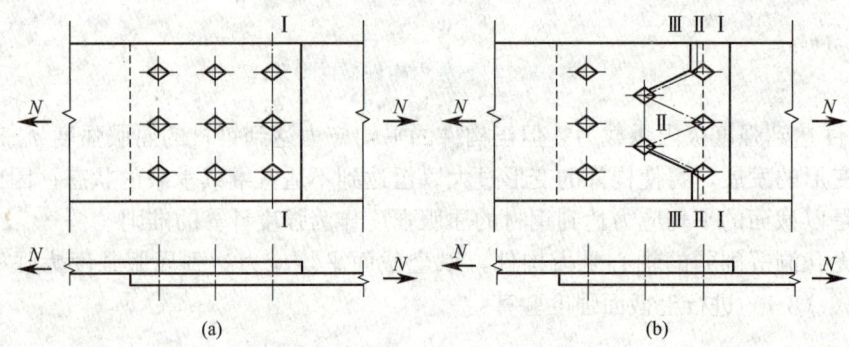

图 8-4　净截面面积的计算

（a）螺栓（或铆钉）并列布置；（b）螺栓（或铆钉）错列布置

　　对于高强度螺栓摩擦型连接的构件，可以认为连接传力所依靠的摩擦力均匀分布于螺孔四周，故在孔前接触面已传递一半的力（图 8-5），而最外列螺栓处危险截面的净截面应按式（8-3）计算：

$$\sigma = \left(1 - 0.5\,\frac{n_1}{n}\right)\frac{N}{A_n} \leqslant 0.7 f_u \tag{8-3}$$

式中　N——构件的轴心拉力或轴心压力设计值；

　　　A_n——构件的净截面面积，当构件多个截面有孔时，取最不利截面；

　　　n——在节点或者拼接处，构件一端连接的高强度螺栓数目；

　　　n_1——计算截面（最外列螺栓处）上的高强度螺栓数目；

　　0.5——孔前传力系数。

需要注意，对于高强度螺栓摩擦型连接的构件，除按式（8-3）验算净截面强度外，还应按式（8-1）验算毛截面强度。

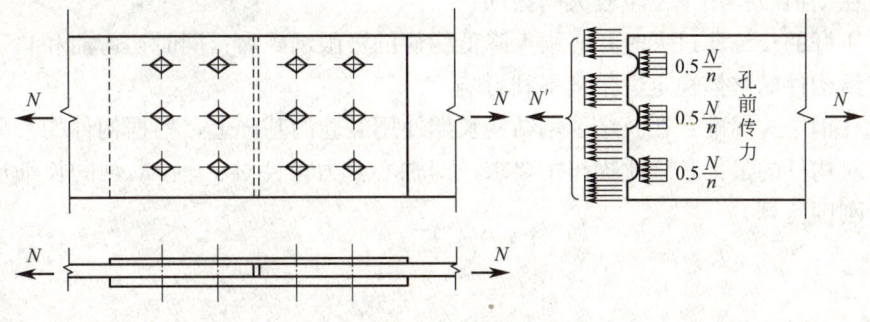

图 8-5　轴心力作用下的摩擦型高强度螺栓连接

轴心受压构件，当端部连接及中部拼接处组成截面的各板件都有连接件直接传力时，截面强度应按式（8-1）计算，但含有虚孔的构件尚需在孔心所在截面按式（8-2）计算。

轴心受拉构件和轴心受压构件，当其组成板件在节点或拼接处并非全部直接传力时，应对危险截面的面积乘以有效截面系数 η，不同构件截面形式和连接方式的 η 值应符合表 8-1 的规定。

轴心受力构件节点或拼接处危险截面有效截面系数 η 　　　　表 8-1

截面形式	连接方式	η	图例
角钢	单肢连接	0.85	
工字形、H形	翼缘连接	0.90	
	腹板连接	0.70	

4. 轴心受力构件的刚度计算

按正常使用极限状态的要求，轴心受力构件均应具有一定的刚度，以保证构件不会发生过大的变形，轴心受拉或受压构件的刚度均是以其长细比 λ 来衡量，构件的长细比越小，表示构件的刚度越大，反之刚度越小；但当构件的长细比过大时，也会产生下列不利影响：

（1）在运输和安装过程中产生弯曲或过大的变形；

（2）使用期间因其自重而明显下挠；

（3）在动荷载作用下发生较大的振动；

（4）压杆的长细比过大时，会极大降低构件的极限承载力；同时初弯曲和自重产生的挠度也将给构件的整体稳定性带来不利影响。

因此《钢结构标准》在总结了钢结构长期使用经验的基础上，根据构件的重要性和荷载情况，对构件的最大长细比提出了要求，即轴心受力构件对 x 轴、y 轴的长细比 λ_x、λ_y 均应进行刚度验算。

$$\lambda_x = \frac{l_{0x}}{i_x}, \lambda_y = \frac{l_{0y}}{i_y} \tag{8-4}$$

$$\lambda_{max} = \max(\lambda_x, \lambda_y) = \left(\frac{l_0}{i}\right)_{max} \leqslant [\lambda] \tag{8-5}$$

$$i = \sqrt{\frac{I}{A}} \tag{8-6}$$

式中　λ_{max}——构件最不利方向的最大长细比；

　　　　i——截面的回转半径；

　λ_x、λ_y——截面对主轴 x 轴、y 轴的回转半径；

　　　　l_0——构件的计算长度；

l_{0x}、l_{0y}——构件对主轴 x 轴、y 轴的计算长度；

　　　$[\lambda]$——构件的容许长细比。$[\lambda]$ 是按构件的受力性质、构件类别和荷载性质确定的，对于受压构件，长细比尤为重要。受压构件因刚度不足，一旦发生弯曲变形后，因变形而增加的附加弯矩远比受拉构件严重，长细比过大，会极大降低稳定承载力，因而容许长细比的限制更严，表 8-2 和表 8-3 分别为受拉构件和受压构件的容许长细比。

受拉构件的容许长细比 $[\lambda]$　　　　　　　　　　表 8-2

构件名称	承受静力荷载或间接承受动力荷载的结构			直接承受动力荷载的结构
	一般建筑结构	对腹杆提供平面外支点的弦杆	有重级工作制超重机的厂房	
桁架的杆件	350	250	250	250
吊车梁或吊车桁架以下的柱间支撑	300	—	200	—
其他拉杆、支撑、系杆等（张紧的圆钢除外）	400	—	350	—

注：1. 承受静力荷载的结构中，可仅计算受拉构件在竖向平面内的长细比；

　　2. 在直接或间接承受动力荷载的结构中，计算单角钢受拉构件的长细比时，应采用角钢的最小回转半径；但在计算交叉杆件平面外的长细比时，应采用与角钢肢边平行的回转半径；

　　3. 在设有夹钳或刚性料耙等硬钩吊车的厂房中，支撑（表中第 2 项除外）的长细比不宜超过 300；

　　4. 受拉构件在永久荷载与风荷载组合作用下受压时，其长细比不宜超过 250；

　　5. 跨度大于或等于 60m 的桁架，其受拉弦杆和腹杆的长细比不宜超过 300（承受静力荷载或间接承受动力荷载）或 250（直接承受动力荷载）；

　　6. 柱间支撑按拉杆设计时，竖向荷载作用下柱子的轴力应按无支撑时考虑。

受压构件的容许长细比 $[\lambda]$ 表 8-3

构件名称	容许长细比
轴心受压柱、桁架和天窗架中的杆件	150
柱的缀条、吊车梁或吊车桁架以下的柱间支撑	
支撑（吊车梁或吊车桁架以下的柱间支撑除外）	200
用于减少受压构件长细比的杆件	

注：1. 桁架（包括空间桁架）的受压腹杆，当其内力等于或小于承载能力的 50% 时，容许长细比值可取 200；

2. 计算单角钢受压构件的长细比时，应采用角钢的最小回转半径；但在计算单角钢交叉受压杆件平面外的长细比时，可采用与角钢肢边平行轴的回转半径；

3. 跨度等于或大于 60m 的桁架，其受压弦杆和端压杆的容许长细比值宜取 100，其他受压腹杆可取 150（承受静力荷载或间接承受动力荷载）或 120（直接承受动力荷载）。

设计轴心受拉构件时，应根据结构用途、构件受力大小和材料供应情况选用合理的截面形式，并对所选截面进行强度和刚度计算。设计轴心受压构件时，除使截面满足强度和刚度要求外尚应满足构件整体稳定和局部稳定要求。一般情况下，由整体稳定控制其承载力。轴心受压构件丧失整体稳定常常是突发性的，容易造成严重后果，应予以特别重视。

【例题 8-1】 如图 8-6 所示的中级工作制吊车的厂房屋架的双角钢拉杆，截面为 2∟ 100×10，$i_x = 3.05\text{cm}$，$i_y = 4.52\text{cm}$，角钢上有交错排列的普通螺栓孔，孔径 $d = 20\text{mm}$，钢材为 Q235 钢，$f = 215\text{N/mm}^2$。试计算此拉杆所能承受的最大拉力和容许达到的最大计算长度。

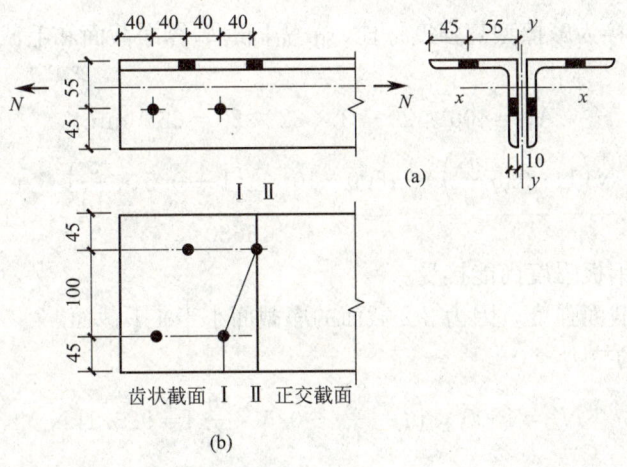

图 8-6 例题 8-1 附图

解：（1）最大拉力计算

在确定危险截面之前先把它按中面展开，如图 8-6（b）所示。

正交净截面面积为：
$$A_n = 2 \times (4.5 + 10 + 4.5 - 2) \times 1.0 = 34.0\text{cm}^2$$

齿状净截面面积为：
$$A_n = 2 \times (4.5 + \sqrt{10^2 + 4^2} + 4.5 - 2 \times 2) \times 1.0 = 31.5\text{cm}^2$$

危险截面是齿状截面，此拉杆所能承受的最大拉力为：
$$N = fA_n = 31.5 \times 100 \times 215 = 677\text{kN}$$

（2）容许的最大计算长度计算

对 x 轴　　$l_{ox} = i_x[\lambda] = 350 \times 30.5 = 10675\text{mm}$

对 y 轴　　$l_{oy} = i_y[\lambda] = 350 \times 45.2 = 15820\text{mm}$

【例题 8-2】　一块 $400\text{mm} \times 20\text{mm}$ 的钢板用两块 $400\text{mm} \times 12\text{mm}$ 的拼接板及摩擦型高强度螺栓进行连接，螺栓孔径 22mm，排列如图 8-7 所示，钢板轴心受拉，轴心拉力设计值 $N = 1600\text{kN}$，为 Q235 钢，$f = 205\text{N/mm}^2$，试验算该连接的强度。

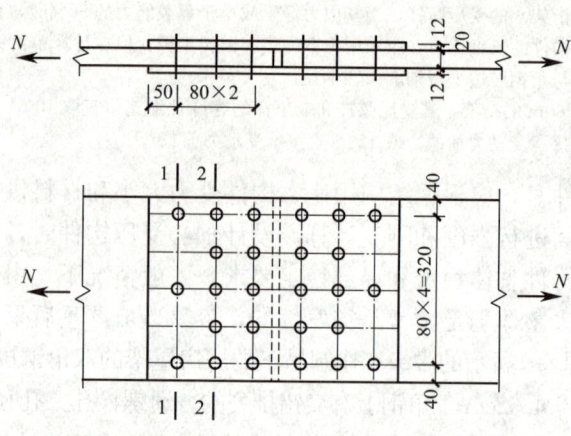

图 8-7　例题 8-2 附图

解：由于该连接为摩擦型高强度螺栓，故需同时验算净截面和毛截面强度。

1-1 截面钢板

$$A_n = 400 \times 20 - 3 \times 22 \times 20 = 6680\text{mm}^2$$

$$\sigma = \frac{N'}{A_n} = \frac{N\left(1 - 0.5 \dfrac{n_1}{n}\right)}{A_n} = \frac{1600 \times 10^3 \times \left(1 - 0.5 \times \dfrac{3}{13}\right)}{6680} = 212\text{N/mm}^2$$

所以 1-1 截面钢板强度尚能接受。

需要验算 2-2 截面强度，因为 2-2 截面的净截面小于 1-1 截面。

2-2 截面传递的拉力

$$N' = 1600 \times \left(1 - \frac{3}{13} - 0.5 \times \frac{5}{13}\right) = 923.1\text{kN}$$

2-2 截面

$$A_n = 400 \times 20 - 5 \times 22 \times 20 = 5800\text{mm}^2$$

$$\sigma = \frac{N'}{A_n} = \frac{923.1 \times 10^3}{5800} = 159.2\text{N/mm}^2 < f，强度足够。$$

毛截面强度验算

$$\sigma = \frac{N}{A} = \frac{1600 \times 10^3}{400 \times 20} = 200\text{N/mm}^2$$

毛截面强度满足要求。

5. 轴心受压构件的整体稳定

钢材强度高，组成结构的构件相对较细长，所用板件也较薄，设计中常不是由强度而是由稳定控制，稳定问题对钢结构是一个极其重要的问题，在钢结构工程史上，对稳定认识不足，故因失稳导致破坏的案例较为常见。近几十年来，基于结构形式的不断发展和较高强度钢材的应用，构件趋于更超轻型，故而更易出现失稳现象，因而更有必要掌握结构稳定性以及相应的结构稳定知识。轴心受压构件的承载能力是由稳定条件决定的；轴心受拉构件在拉力作用下，构件总有拉直绷紧的倾向，其平衡状态总是稳定的，因此不存在稳定问题。

小问题 👆

钢结构构件设计时，考虑的强度和稳定性区别是什么？

（1）理想轴心受压构件整体失稳的形式

理想轴心受压构件即无缺陷的轴心受压构件，假定构件完全挺直（本身为绝对直杆、材料均质、各向同性），荷载沿构件形心轴作用（无荷载偏心），在受荷之前构件无初始应力、初弯曲和初偏心等缺陷，截面沿构件是均匀的。

理想轴心受压构件当轴向压力 N 较小时，构件只产生轴向压缩变形，保持直线平衡状态。此时若有干扰力使构件产生微小弯曲，则当去除干扰力后，构件将恢复到原来的直线平衡状态，这种直线平衡状态下构件的外力和内力间的平衡是稳定的；当轴心压力 N 逐渐增加到一定大小，若有干扰力使构件发生微弯，当去除干扰力后，构件则保持微弯状态而不能恢复到原来的直线平衡状态，这种从直线平衡状态过渡到微弯平衡状态的现象称为平衡状态的分枝，此时构件的外力和内力间的平衡是随遇的，称为随遇平衡或中性平衡；若轴向压力 N 再稍微继续增加，则杆件产生较大的弯曲变形，随即产生破坏，此时的平衡是不稳定，即构件失稳或称构件屈曲。根据构件的截面形式和尺寸，理想的轴心压杆失稳根据其屈曲变形常发生弯曲屈曲、扭转屈曲和弯扭屈曲三种形式的失稳现象。

1）弯曲屈曲

只发生弯曲变形，构件的截面只绕一个主轴旋转，构件的纵轴由直线变为曲线，这是双轴对称截面构件最常见的屈曲形式，也是钢结构中最基本、最简单的屈曲形式，即工字形、H 形、箱形截面只发生弯曲屈曲。两端铰接工字形截面构件发生绕弱轴的弯曲屈曲（图 8-8a）。

2）扭转屈曲

失稳时构件除支承端外的各截面均绕纵轴扭转，这是少数双轴对称截面压杆可能发生的屈曲形式。长度较小的十字形截面构件可能发生扭转屈曲情况（图 8-8b）。

3）弯扭屈曲

单轴对称截面构件绕对称轴屈曲时，在发生弯曲变形的同时必然伴随着扭转。如 T 形截面构件发生弯扭屈曲（图 8-8c）。同理，截面没有对称轴的轴心受压构件，其屈曲形态也属弯扭屈曲。

总之，产生哪种形式的屈曲与杆件截面的形式和尺寸、杆件的长度以及杆件端部的支撑情况有关。对于一般双轴对称截面的轴心压杆，其屈曲形式一般为弯曲屈曲；只有某些特殊截面如薄壁十字形截面，在一定条件下才可能产生扭转屈曲；单轴对称截面如角钢、

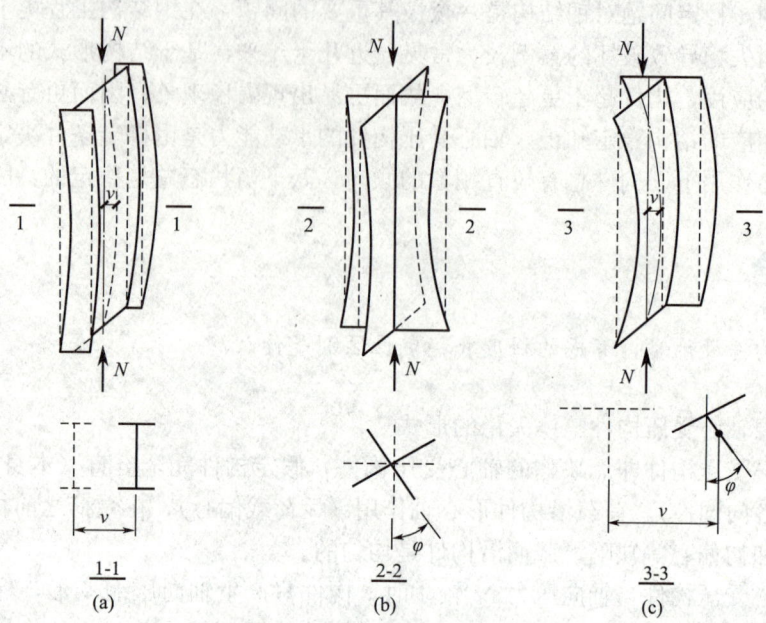

图 8-8　轴心受压构件的三种屈曲形式

（a）弯曲屈曲；（b）扭转屈曲；（c）弯扭屈曲

槽钢和 T 形钢或双板 T 形截面等，因其截面只有一个对称轴，截面的形心与剪心不重合，故当杆件绕截面的对称轴弯曲的同时，必然会伴随扭转变形产生弯扭屈曲。

（2）实际轴心受压构件的整体稳定计算

1）轴心受压构件的柱子曲线

压杆失稳时临界应力 σ_{cr} 与长细比 λ 之间的关系曲线称为柱子曲线，《钢结构标准》所采用的轴心受压构件柱子曲线是按最大强度准则确定的。轴心受压构件柱子曲线的截面分类见表 8-4 和表 8-5。

轴心受压构件的截面分类（板厚 $t < 40\text{mm}$）　　表 8-4

截面形式	对 x 轴	对 y 轴
（圆形截面） 轧制	a 类	b 类
（工字形截面） 轧制 $b/h \leqslant 0.8$	a 类	b 类

续表

截面形式			对 x 轴	对 y 轴
轧制 $b/h>0.8$	焊接,翼缘为焰切边	焊接	b 类	b 类
轧制		轧制等边角钢		
轧制,焊接(板件宽厚比大于 20)	轧制或焊接	轧制截面和翼缘为焰切边的焊接截面	b 类	b 类
焊接			b 类	b 类
格构式		焊接,板件边缘焰切	b 类	b 类
焊接,翼缘为轧制或剪切边			b 类	c 类
焊接,板件边缘轧制或剪切	焊接,板件宽厚比≤20		c 类	c 类

轴心受压构件的截面分类（板厚 $t \geqslant 40\text{mm}$）　表 8-5

截面形式			对 x 轴	对 y 轴
	轧制工字形或 H 形截面	$t < 80\text{mm}$	b 类	c 类
		$t \geqslant 80\text{mm}$	c 类	d 类
	焊接工字形截面	翼缘为焰切边	b 类	b 类
		翼缘为轧制或剪切边	c 类	d 类
	焊接箱形截面	板件宽厚比大于 20	b 类	b 类
		板件宽厚比小于等于 20	c 类	c 类

2）轴心受压构件的整体稳定计算

由于常见轴心压杆的屈曲形式主要是弯曲屈曲，因而弯曲屈曲也是确定轴心压杆稳定承载力的主要依据。

除考虑屈曲后强度的实腹式构件外，轴心受压构件的整体稳定计算应满足：

$$\sigma = \frac{N}{A} \leqslant \frac{N_{cr}}{A f_y} \cdot \frac{f_y}{\gamma_R} = \frac{\sigma_{cr}}{f_y} \cdot \frac{f_y}{\gamma_R} = \frac{\sigma_{cr}}{\gamma_R} = \varphi f \tag{8-7}$$

《钢结构标准》中轴心受压构件的整体稳定计算采用下式的形式：

$$\frac{N}{\varphi A f} \leqslant 1.0 \tag{8-8}$$

式中　σ_{cr}——构件的极值点尖稳临界应力；

$\quad\quad\gamma_R$——抗力分项系数；

$\quad\quad N$——轴心压力设计值；

$\quad\quad A$——构件的毛截面面积；

$\quad\quad f$——钢材的抗压强度设计值，按表 1-7 采用；

$\quad\quad\varphi$——轴心受压构件的整体稳定系数，可根据表 8-4、表 8-5 的截面分类和构件的长细比由附录 3 查得，取截面两主轴稳定系数中的较小值。

3）轴心受压构件整体稳定计算的长细比

轴心受压构件整体稳定计算的关键参数是构件的长细比，下面详细讲述各种屈曲形式构件长细比的计算方法。

① 截面为双轴对称或极对称的构件长细比

$$\lambda_x = \frac{l_{0x}}{i_x} \tag{8-9}$$

$$\lambda_y = \frac{l_{0y}}{i_y} \tag{8-10}$$

式中 l_{0x}、l_{0y}——构件对主轴 x 轴和 y 轴的计算长度；

i_x、i_y——构件对主轴 x 轴和 y 轴的回转半径。

对于图 8-9 列出的三种双轴对称十字形截面，只要局部稳定有保证，对双轴对称十字形截面构件，λ_x 或 λ_y 的取值不得小于 $5.07\dfrac{b}{t}$（其中 $\dfrac{b}{t}$ 为悬伸板件宽厚比），也就不会出现扭转问题。

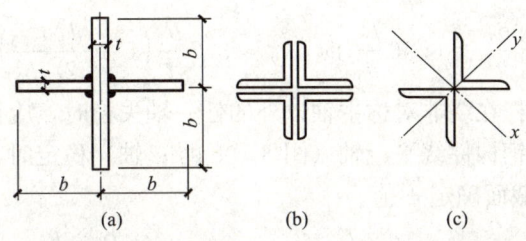

图 8-9 双轴对称十字形截面构件

② 截面单轴对称的构件长细比

截面为单轴对称的构件，绕非对称轴的长细比 λ_x 仍按前述公式计算，但绕对称轴应取计算扭转效应的换算长细比 λ_{yz} 代替 λ_y。

单角钢截面和双角钢组合 T 形截面（图 8-10）绕对称轴的换算长细比 λ_{yz} 可采用下列简化方法确定。

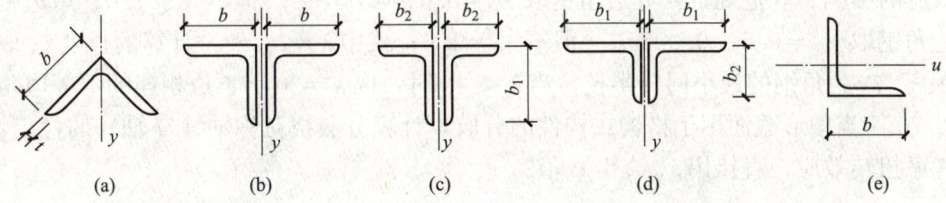

图 8-10 单角钢截面和双角钢组合 T 形截面

等边单角钢截面（图 8-10a）

$$当\ \frac{b}{t}\leqslant 0.54\frac{l_{0y}}{b}\ 时,\ \lambda_{yz}=\lambda_y\left(1+\frac{0.85b^4}{l_{0y}^2 t^2}\right) \tag{8-11}$$

$$当\ \frac{b}{t}> 0.54\frac{l_{0y}}{b}\ 时,\ \lambda_{yz}=4.78\frac{b}{t}\left(1+\frac{l_{0y}^2 t^2}{13.5b^4}\right) \tag{8-12}$$

式中 b、t——分别为角钢肢宽度和厚度。

等边双角钢截面（图 8-10b）

$$当\ \frac{b}{t}\leqslant 0.58\frac{l_{0y}}{b}\ 时,\ \lambda_{yz}=\lambda_y\left(1+\frac{0.475b^4}{l_{0y}^2 t^2}\right) \tag{8-13}$$

$$当\ \frac{b}{t}> 0.58\frac{l_{0y}}{b}\ 时,\ \lambda_{yz}=3.9\frac{b}{t}\left(1+\frac{l_{0y}^2 t^2}{18.6b^4}\right) \tag{8-14}$$

长肢相拼的不等边双角钢（图 8-10c）

$$当 \frac{b_2}{t} \leqslant 0.48 \frac{l_{0y}}{b_2} 时, \lambda_{yz} = \lambda_y \left(1 + \frac{1.09b_2^4}{l_{0y}^2 t^2}\right) \tag{8-15}$$

$$当 \frac{b_2}{t} > 0.48 \frac{l_{0y}}{b_2} 时, \lambda_{yz} = 5.1 \frac{b_2}{t} \left(1 + \frac{l_{0y}^2 t^2}{17.4b_2^4}\right) \tag{8-16}$$

短肢相拼的不等边双角钢（图 8-10d）

$$当 \frac{b_1}{t} \leqslant 0.56 \frac{l_{0y}}{b_1} 时, \lambda_{yz} = \lambda_y \tag{8-17}$$

$$当 \frac{b_1}{t} > 0.56 \frac{l_{0y}}{b_1} 时, \lambda_{yz} = 3.7 \frac{b_1}{t} \left(1 + \frac{l_{0y}^2 t^2}{52.7b_1^4}\right) \tag{8-18}$$

单轴对称的轴心压杆在绕非对称主轴以外的任一轴失稳时，应按照弯扭屈曲计算其稳定性。当计算等边单角钢构件绕平行轴（图 8-10e 的 u 轴）稳定时，可用下式计算其换算长细比 λ_{uz}，并按 b 类截面确定 φ 值。

$$当 \frac{b}{t} \leqslant 0.69 \frac{l_{0u}}{b} 时, \lambda_{uz} = \lambda_u \left(1 + \frac{0.25b^4}{l_{0u}^2 t^2}\right) \tag{8-19}$$

$$当 \frac{b}{t} > 0.69 \frac{l_{0u}}{b} 时, \lambda_{uz} = 5.4 \frac{b}{t} \tag{8-20}$$

式中 $\lambda_u \leqslant \frac{l_{0u}}{i_u}$，$l_{0u}$ 为构件对 u 轴的计算长度；i_u 为构件对 u 轴的回转半径。

无任何对称轴且又非极对称的截面（单面连接的不等边单角钢除外）不宜用作轴心受压构件。对单面连接的单角钢轴心受压构件，考虑强度设计值折减系数 γ_R 后，可不考虑弯扭效应的影响。规范规定：等边角钢取 $\gamma_R = 0.6 + 0.0015\lambda$，但不大于 1.0；短边相连的不等边角钢取 $\gamma_R = 0.5 + 0.0025\lambda$，但不大于 1.0；式中 $\lambda = l_0/i_0$，计算的长度 l_0 取节点中心距离，i_0 为角钢的最小回转半径，当 $\lambda < 20$ 时，取 $\lambda = 20$。长边相连的不等边角钢取 $\gamma_R = 0.70$。当槽形截面用于格构式构件的分肢，计算分肢绕对称轴（y 轴）的稳定性时，不必考虑扭转效应，直接用 λ_y 查出 φ 值。

6. 轴心受压构件的局部稳定

轴心压力作用下，腹板及翼缘的板件如果太宽太薄，就可能在构件丧失整体稳定之前不能维持平衡状态而产生凹凸鼓曲变形，称为板件屈曲。由于板件只是构件的一部分，也称为局部失稳或局部屈曲。

组成构件的翼缘、腹板局部失稳后，构件仍然可能维持整体的平衡状态，但由于部分板件屈服后退出工作，使构件的有效截面减小，会加速构件整体失稳而丧失承载力。即构件失稳后，由于鼓曲部分退出工作，使构件应力分布变化，可能导致构件提早破坏，因此《钢结构标准》要求设计中需保证构件的局部稳定。

（1）确定板件宽厚比和高厚比限值的准则

为了保证实腹式轴心受压构件的局部稳定，一般采用限制其板件的宽厚比和高厚比的方法来实现。确定板件的宽厚比和高厚比限值遵循的原则有两种：一种是使构件应力达到屈服前其板件不发生局部屈曲，即局部屈曲临界应力不低于屈服应力；另一种是使构件整体屈曲前其板件不发生局部屈曲，即局部屈曲临界应力不低于整体屈曲临界应力，常称为等稳定性准则。后一种准则与构件的长细比有关，对于中等或较长构件似乎更合理，前一准则对短柱比较合适。《钢结构标准》规定在制定轴心受压构件宽厚比和高厚比限值时，主要采用后一准则，在长细比很小时可参照前一准则予以调整。

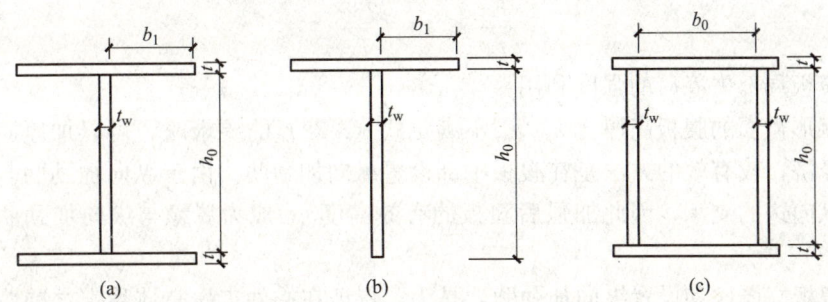

图 8-11 轴心受压构件板件宽（高）厚比

(a) 工字形；(b) T 形；(c) 箱形

(2) 轴心受压构件板件翼缘容许的高厚比的限值

轴心受压板件主要是限制板件宽厚比不能过大，保证局部稳定应力不低于构件整体稳定临界力。下面以工字形截面的板件为例作简要介绍。由于工字形截面的腹板一般较翼缘板薄，腹板对翼缘板几乎没有嵌固作用，故而翼缘可视为三边简支、一边自由的均匀受压板，为便于使用，《钢结构标准》规定，在轴心受压构件中，翼缘板自由外伸宽度 b 与其厚度 t 之比应符合下列要求：

翼缘宽厚比

$$\frac{b}{t} \leqslant (10 + 0.1\lambda)\sqrt{\frac{235}{f_y}} \tag{8-21}$$

式中 λ——构件两个方向长细比的较大值，当 $\lambda < 30$ 时，取 $\lambda = 30$；当 $\lambda > 100$ 时，取
　　　　$\lambda = 100$；翼缘板自由外伸宽度 b 的取值为：对焊接构件，取腹板边至翼缘板
　　　　距离；对轧制构件，取内圆弧点至翼缘板边缘的距离。

式 (8-21) 同样适用于计算 T 形、H 形截面翼缘板的容许宽厚比。

(3) 轴心受压构件板件腹板容许的高厚比的限值

腹板可视为四边支承板，当腹板发生屈曲时，翼缘板作为腹板纵向边的支承，对腹板起一定的弹性嵌固作用，这种嵌固作用可使腹板的临界应力提高，为便于使用，《钢结构标准》规定如下：

1) 工字形截面和 H 形截面（图 8-11a）

在轴心受压构件中，腹板计算高度 h_0 与其厚度 t_w 之比应符合下列要求；

腹板高厚比　　　$$\frac{h_0}{t_w} \leqslant (25 + 0.5\lambda)\sqrt{\frac{235}{f_y}} \tag{8-22}$$

2) T 形截面（图 8-11b）

T 形截面的轴心受压构件其腹板高度 h_0 与其厚度 t_w 之比，不应超过下列要求：

热轧剖分 T 型钢　　　$$\frac{h_0}{t_w} \leqslant (15 + 0.2\lambda)\sqrt{\frac{235}{f_y}} \tag{8-23}$$

焊接 T 形钢　　　$$\frac{h_0}{t_w} \leqslant (13 + 0.17\lambda)\sqrt{\frac{235}{f_y}} \tag{8-24}$$

3）箱形截面（图 8-11c）

箱形截面轴心受压构件腹板计算高度 h_0 与其厚度 t_w 之比，应符合下列要求：

$$\frac{h_0}{t_w} \leqslant 40 \sqrt{\frac{235}{f_y}} \qquad (8-25)$$

（4）腹板局部失稳后的强度利用

当工字形截面的腹板高厚比 h_0/t_w 不满足式（8-22）的要求时，可以加厚腹板，但此法不一定经济，较有效的方法是在腹板中部设置纵向加劲肋。由于纵向加劲肋与翼缘板构成了腹板纵向边的支承，因此加强后腹板的有效高度 h_0 成为翼缘与纵向加劲肋之间的距离，如图 8-12 所示。

限制腹板高厚比和设置纵向加劲肋，是为了保证在构件丧失整体稳定之前腹板不会出现局部屈曲。实际上，四边支承理想平板在屈曲后还有很大的承载能力，一般称之为屈曲后强度。板件的屈曲后强度主要来自于平板中面的横向张力，因而板件屈曲后还能继续承载。屈曲后继续施加的荷载大部分将由边缘部分的腹板来承受，此时板内的纵向压力出现不均匀分布，如图 8-13（a）所示。

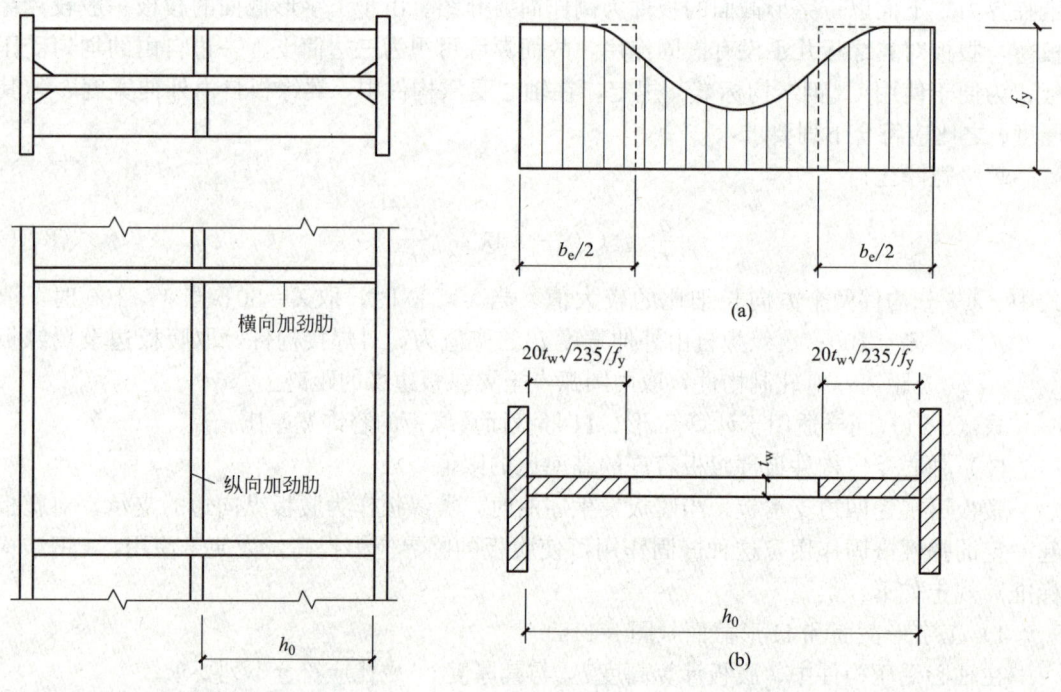

图 8-12 实腹柱的腹板加劲肋

图 8-13 腹板屈曲后的有效截面

工程中，当构件受力较小主要由刚度控制时或为了避免加劲肋施工的困难，可以利用腹板的屈曲后强度。

《钢结构标准》对腹板屈曲后强度的应用，近似以图 8-13（a）中虚线所示的应力图形来代替板件屈曲后纵向压应力的分布，即引入等效宽度 b_e 和有效截面 $b_e t_w$ 的概念。考虑腹板截面部分退出工作，实际平板可由一应力等于 f_y 但宽度只有 b_e 的等效平板来代替。计算时，腹板截面面积仅考虑两侧宽度各为 $20 t_w \sqrt{235/f_y}$（相当于 $b_e/2$）的部分，如

图 8-13（b）所示，但计算构件的稳定系数 φ 时仍可用全截面。

 **小问题**

为什么热轧型钢在整个计算工作中不需要对局部的稳定性开展计算工作？

7. 实腹式轴心受压构件的截面设计

实腹式轴心受压构件的截面设计时，首先选定合适的截面形式，再初步选择截面尺寸，然后进行强度、刚度、整体稳定和局部稳定等的验算。

具体步骤如下：

（1）选择合适的截面形式

进行截面选择时，一般应根据内力大小、两个方向的计算长度、制造工作量、材料供应量等情况综合进行考虑。

（2）选择截面尺寸

假定构件截面的长细比 λ，求出需要的截面面积 A，即一般取 $\lambda = 60 \sim 100$，当计算长度小而轴心压力较大时，取较小值；反之取较大值。根据截面分类、钢材类别和 λ，可查附录 3 得整体稳定系数 φ，根据 $A = N / \varphi f$ 初选截面面积。

（3）确定两个主轴所需要的回转半径

$$i_x = \frac{l_{0x}}{\lambda} \quad i_y = \frac{l_{0y}}{\lambda}$$

（4）由已知截面面积 A 和两个主轴的回转半径 i_x、i_y'，优先选用轧制型钢，如普通工字钢、H 型钢等。若现有型钢规格不满足所需截面尺寸，可以采用组合截面，这时需先初步确定截面的轮廓尺寸，一般是根据回转半径确定所需截面的高度 h 和宽度 b，即：

$$h \approx \frac{i_x}{\alpha_1} \quad b \approx \frac{i_y}{\alpha_2}$$

式中 α_1、α_2 为系数，表示 h、b 与回转半径 i_x、i_y 之间的近似数值关系，各种常用截面回转半径的近似值可查表 8-6。

各种截面回转半径的近似值　　　　　　　　　　　　　表 8-6

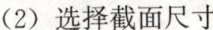

截面							
$i_x = a_1 h$	0.43h	0.38h	0.38h	0.40h	0.30h	0.28h	0.32h
$i_y = a_2 b$	0.24b	0.44b	0.60b	0.40b	0.215b	0.24b	0.20b

（5）由所需要的 A、h、b 等，再按构造要求、局部稳定及钢材规格等，确定截面的初选尺寸。

（6）构件强度、刚度、整体稳定验算和局部稳定验算。

① 构件强度验算：截面没有削弱时，强度一般能满足要求；当截面有削弱时，需按

式（8-2）进行构件强度验算。

② 构件刚度验算：实腹式轴心受压构件的长细比应符合《钢结构标准》所规定的容许长细比要求，即计算出构件的真实长细比需满足 $\lambda \leqslant [\lambda]$。

③ 构件整体稳定验算：轴心受压构件的整体稳定可按式（8-18）验算。

④ 构件局部稳定验算：轴心受压构件的局部稳定是以限制其组成板件的宽厚比来保证的。对于热轧型钢截面，由于其板件的宽厚比较小，一般能满足要求，可以不验算。对于组合截面，则应根据规定对板件的宽厚比进行验算。

以上几方面验算若不能满足要求或者太富余，需调整截面重新验算。

（7）构造要求

当实腹式轴心受压构件腹板计算高度与厚度之比 $\dfrac{h_0}{t_w} > 80\sqrt{\dfrac{235}{f_y}}$ 时，为提高构件的抗扭刚度，防止腹板在施工与运输过程中发生扭转变形，应设置横向加劲肋，横向加劲肋的间距不得大于 $3h_0$，其外伸宽度 b_s 不小于 $(h_0/30+40)\text{mm}$，厚度 t_s 应大于外伸宽度 b_s 的 $1/15$。

为了保证构件截面几何形状不变，提高构件抗扭刚度，以及传递必要的内力，对大型实腹式构件，在受有较大水平集中力处和每个运送单元的两端，构件较长时应设置中间横隔（图 8-14），横隔的间距不得大于构件截面较大宽度的 9 倍或 8m。横隔与横向加劲肋的区别在于，横隔和翼缘同宽，而横向加劲肋通常较短。

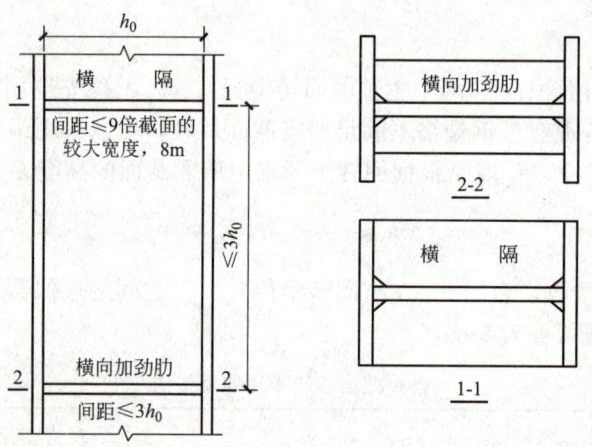

图 8-14　实腹式构件的横向加劲肋和横隔

实腹式轴心受压构件的翼缘与腹板的连接焊缝（纵向焊缝）受力较小，不必计算，可按构造要求确定焊缝尺寸 $h_f = 4 \sim 8\text{mm}$。

【**例题 8-3**】 试验算图 8-15 所示的焊接组合工字形截面柱。翼缘为剪切边，承受轴心压力设计值 $N = 3000\text{kN}$，钢材为 Q235 钢，截面无孔洞削弱，容许长细比 $[\lambda] = 150$，$f = 215\text{N/mm}^2$。

解： 由图 8-15（b）、（c）可知其长度 $l_{0x} = 10\text{cm}$，$l_{0y} = 5\text{m}$。

（1）由于截面无削弱，强度满足，可不必验算。

（2）计算截面的几何特征

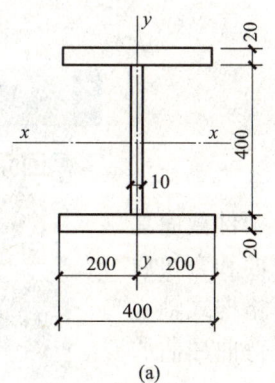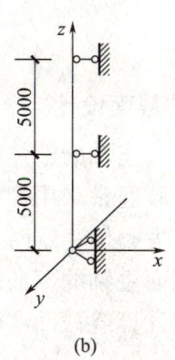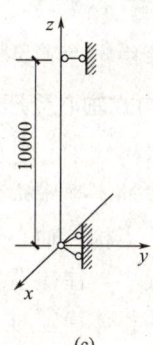

图 8-15 例题 8-3 附图

截面面积 $A = 400 \times 20 \times 2 + 400 \times 10 = 2 \times 10^4 \text{mm}^2$

截面惯性矩

$$I_x = \left(\frac{1}{12} \times 400 \times 20^3 + 400 \times 20 \times 210^2\right) \times 2 + \frac{1}{12} \times 10 \times 400^3 = 7.595 \times 10^8 \text{mm}^4$$

$$I_y = \frac{1}{12} \times 20 \times 400^3 \times 2 + \frac{1}{12} \times 400 \times 10^3 = 2.134 \times 10^8 \text{mm}^4$$

截面回转半径

$$i_x = \sqrt{\frac{I_x}{A}} = \sqrt{\frac{7.595 \times 10^8}{2 \times 10^4}} = 194.87 \text{mm}$$

$$i_y = \sqrt{\frac{I_y}{A}} = \sqrt{\frac{2.134 \times 10^8}{2 \times 10^4}} = 103.30 \text{mm}$$

（3）验算刚度

$$\lambda_x = \frac{l_{0x}}{i_x} = \frac{10000}{194.87} = 51.32 < [\lambda] = 150$$

$$\lambda_y = \frac{l_{0y}}{i_y} = \frac{5000}{103.30} = 48.40 < [\lambda] = 150$$

故刚度满足要求。

（4）验算整体稳定

由表 8-4 知，对 x 轴属于 b 类截面，对 y 轴属于 c 类截面，查附表 3-3 得

$\varphi_x = 0.850$，$\varphi_y = 0.785$，取 $\varphi_{\min} = \varphi_y = 0.785$，得：

$$\frac{N}{\varphi A} = \frac{3000 \times 10^3}{0.785 \times 2 \times 10^4} = 191.1 \text{N/mm}^2 < f = 215 \text{N/mm}^2$$

故整体稳定性满足要求。

（5）验算局部稳定

翼缘自由外伸段宽厚比

$$\frac{b}{t} = \frac{200 - 10/2}{20} = 9.75 < (10 + 0.1\lambda)\sqrt{\frac{235}{f_y}} = (10 + 0.1 \times 51.32)\sqrt{\frac{235}{235}} = 15.13$$

腹板高厚比

$$\frac{h_0}{t_w} = \frac{400}{10} = 40 < (25 + 0.5\lambda)\sqrt{\frac{235}{f_y}} = (25 + 0.5 \times 51.32)\sqrt{\frac{235}{235}} = 50.66$$

故局部稳定性满足要求。

8. 格构式轴心受压构件的截面设计

（1）格构式轴心受压构件对实轴的整体稳定性

微课

格构式轴心受压构件的截面设计

格构式轴心受压构件的分肢通常采用槽钢和工字钢，构件截面具有对称轴，当构件轴心受压丧失整体稳定时，发生扭转屈曲和弯扭屈曲的概率很小，往往发生绕截面主轴的弯曲屈曲，故计算格构式轴心受压构件的整体稳定时，只需计算绕截面实轴和虚轴抵抗弯曲屈曲的能力。

格构式轴心受压构件可直接用对实轴的长细比 λ 查附录3得到 φ，再用式（8-8）计算对实轴的稳定承载力。

（2）格构式轴心受压构件对虚轴的整体稳定性

格构式轴心受压构件绕虚轴弯曲屈曲时，由于两个分肢不是实体相连，连接两分肢缀件的抗剪刚度比实腹柱构件的腹板弱，构件在微弯平衡状态下，除弯曲变形外，尚需考虑剪切变形的影响，故稳定承载力有所降低，因此格构式轴心受压构件绕虚轴整体失稳计算时，常采用加大长细比的办法来考虑剪切变形的影响，加大后的长细比称作换算长细比 λ_{0x}，此时构件绕虚轴的稳定系数 φ_x 应采用换算长细比 λ_{0x} 替代 λ_x 来确定。换算长细比的计算公式如下：

1）双肢组合构件（图8-16a）

当缀件为缀板时　　$\lambda_{0x} = \sqrt{\lambda_x^2 + \lambda_1^2}$ 　　　　　　　　　　　　　　（8-26）

当缀件为缀条时　　$\lambda_{0x} = \sqrt{\lambda_x^2 + 27\dfrac{A}{A_{1x}}}$ 　　　　　　　　　　（8-27）

2）四肢组合构件（图8-16b）

当缀件为缀板时　　$\lambda_{0x} = \sqrt{\lambda_x^2 + \lambda_1^2}; \lambda_{0y} = \sqrt{\lambda_y^2 + \lambda_1^2}$ 　　（8-28）

当缀件为缀条时　　$\lambda_{0x} = \sqrt{\lambda_x^2 + 40\dfrac{A}{A_{1x}}}; \lambda_{0y} = \sqrt{\lambda_y^2 + 40\dfrac{A}{A_{1y}}}$ 　（8-29）

式中　λ_{0x}、λ_{0y}——构件对虚轴 x、y 的换算长细比；

　　　λ_x、λ_y——整个构件对 x、y 的长细比；

　　　　λ_1——分肢对最小刚度轴 1-1 的长细比，其计算长度取值：焊接时，为相邻两缀板的净距离；螺栓连接时，为相邻两缀板边缘螺栓的距离；

　　　　A——整个柱的毛截面面积；

　　A_{1x}、A_{1y}——构件截面中垂直于 x、y 轴的各斜缀条毛截面面积之和。

（3）格构式轴心受压构件分肢的稳定

对于格构式构件，除验算整个构件对其实轴和虚轴两个方向的稳定性外，还应考虑其分肢的稳定性（即格构式轴压构件的局部稳定）。在理想情况下，轴心受压构件两分肢的受力是相同的，即各承担所受轴力的一半；但在实际情况下，由于初弯曲和初偏心等初始缺陷，两分肢的受力是不等的；同时分肢本身又具有初弯曲等缺陷，这些因素都对分肢的稳定性不利，故而不容忽视。

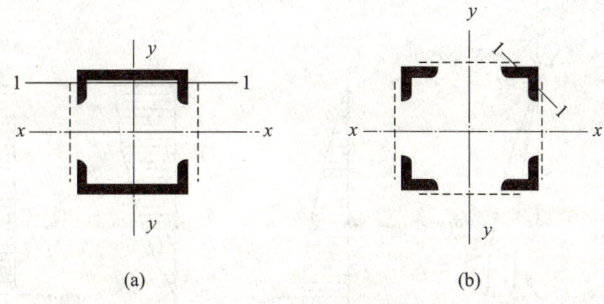

图 8-16 格构式组合构件截面

(a) 双肢组合构件；(b) 四肢组合构件

《钢结构标准》中并未给出分肢稳定的验算方法，而是基于不让分肢先于构件整体失去承载能力的原则，将格构式轴心受压构件的分肢看作独立的轴心受压构件。为了保证格构柱发生整体失稳之前分肢不出现失稳，《钢结构标准》规定单肢稳定性不应低于构件的整体稳定性。对格构式轴心受压构件：当缀件为缀条时，其分肢的长细比 λ_1 不应大于构件两方向长细比（对虚轴取换算长细比）的较大值 λ_{max} 的 0.7 倍；当缀件为缀板时，λ_1 不应大于 40，并不应大于 λ_{max} 的 0.5 倍（当 $\lambda_{max} < 50$ 时，取 $\lambda_{max} = 50$），即：

$$缀条式格构柱的分肢长细比 \quad \lambda_1 \leqslant 0.7\lambda_{max}(\lambda_y, \lambda_{0x}) \tag{8-30}$$

$$缀板式格构柱的分肢长细比 \quad \lambda_1 \leqslant 0.5\lambda_{max} \text{ 且不大于 } 40 \tag{8-31}$$

式中 λ_{max} ——构件两方向长细比（对虚轴取换算长细比）的较大值，当 $\lambda_{max} < 50$ 时，取 $\lambda_{max} = 50$。

（4）格构式轴心受压构件的缀材设计

格构式轴心受压构件中，缀材用以连接构件的分肢，且承担抵抗格构式轴心受压构件绕虚轴发生弯曲失稳时产生的横向剪力的作用。

1）缀件剪力计算

轴心受压屈曲时将产生横向剪力，由缀材承担此剪力（图 8-17），即格构式轴心受压构件绕虚轴弯曲时将产生剪力 $V = dM/dz$，其中 $M = NY$（Y 为总挠度）。

构件轴心受压构件按下式计算剪力：

$$V = \frac{Af}{85}\sqrt{\frac{f_y}{235}} \tag{8-32}$$

式中 A ——构件的毛截面面积；

f ——钢材的抗压强度设计值；

f_y ——钢材的屈服强度。

为便于设计，偏安全的认为剪力沿构件全长不变，即为定值，且方向有正有负（图 8-17d 实线），即图中的矩形部分。对格构式轴心受压构件，剪力 V 应由承受该剪力的缀材面（包括用整体板连接的面）分担，即对于双肢格构柱，剪力 V 由两侧缀件平均分担，每侧承担 $V_1 = \dfrac{V}{2}$。

2）缀条设计

① 斜缀条承受的轴向力

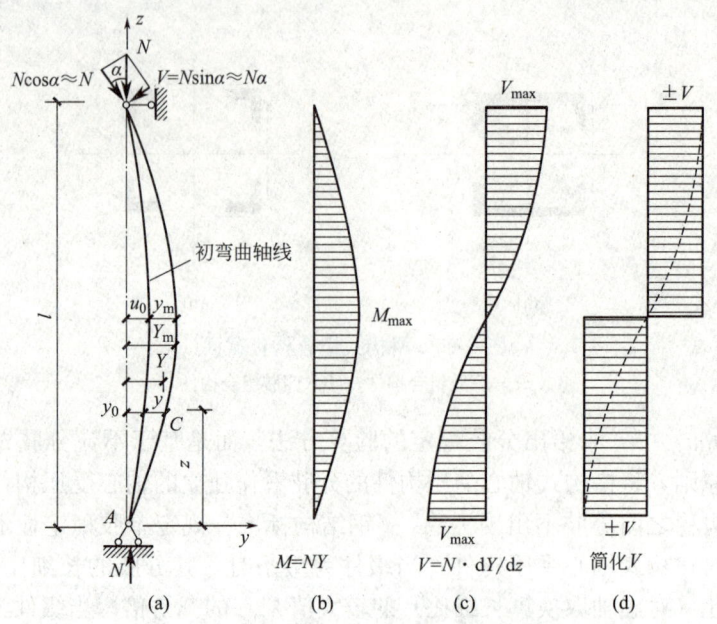

图 8-17　格构式轴心受压构件的弯矩与剪力

缀条的布置一般采用单系缀条（图 8-18a），也可采用交叉缀条（图 8-18b）。

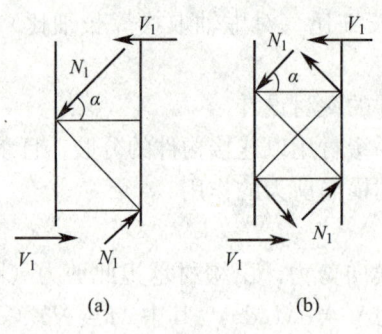

图 8-18　缀条的内力

（a）单系缀条；（b）交叉缀条

对于缀条式构件，缀条可视为以柱肢为弦杆的平行弦桁架的腹板，内力与桁架腹板的计算方法相同。在横向剪力作用下，一个斜缀条承受的轴向力按下式计算：

$$N_{d1} = \frac{V_1}{n\cos\alpha} \tag{8-33}$$

式中　V_1——分配到一个缀条面的剪力，对于双肢格构柱，$V_1 = \dfrac{V}{2}$；

n——承受剪力 V_1 的斜缀条数，单缀条体系，取 $n=1$；双缀条体系，取 $n=2$；

α——斜缀条与水平方向的夹角。

② 斜缀条整体稳定计算

由于构件屈曲时，其弯曲变形方向可能向左或向右，即剪力的方向不定（方向可为正或负），所以斜缀条可能受拉也可能受压，一般应按不利情况进行轴压构件设计，即应按轴心压杆选择截面。由于角钢只有一个边和柱肢相连，即缀条一般采用单角钢，与柱单面连接，构造上要求缀条不应采用小于 L45×45×4 或 L56×36×4 的角钢。角钢通过焊缝单面连接于柱身槽钢或工字钢的翼缘上，角钢截面的两主轴均不与所连接的角钢边平行，使角钢呈双向压弯状态，受力性能复杂，因而考虑到受力时的偏心和受压时的弯扭，当按轴心受力构件计算（不考虑扭转效应）强度和稳定性时，应按钢材强度设计值乘以折减系数 γ_0 的方法进行计算。斜缀条整体稳定计算公式为：

$$\frac{N_{d1}}{\varphi A} \leqslant \gamma_0 f \tag{8-34}$$

式中　φ ——缀条稳定系数，由对单角钢最小刚度轴的长细比按 b 类截面查附录 3 确定；

　　　A ——单缀条毛截面面积；

　　　γ_0 ——单面连接单角钢的折减系数：①按轴心受力计算构件的强度和连接时 $\gamma_0 = 0.5$；②按轴心受力计算构件的稳定性时，等边角钢 $\gamma_0 = 0.6 + 0.0015\lambda$，且 $\gamma_0 \leqslant 1.0$；短边相连不等边角钢 $\gamma_0 = 0.5 + 0.0025\lambda$，且 $\gamma_0 \leqslant 1.0$；长边相连不等边角钢：$\gamma_0 = 0.7$；

　　　λ ——缀条长细比：对中间无联系的单角钢压杆，应按最小回转半径计算，当 $\lambda <$ 20 时，取 $\lambda = 20$；交叉缀条体系（图 8-18b）的横缀条按受压力 $N_{d2} = V_1$ 计算；为了减小分肢的计算长度，单肢缀条（图 8-18a）也可加横缀条，不承受剪力的横缀条主要用来减小分肢的计算长度，其截面尺寸一般与斜缀条相同，也可按容许长细比 $[\lambda] = 150$ 确定。

③ 缀条与分肢连接焊缝计算

缀条的轴线与分肢的轴线应尽可能交于一点，设有横缀条时，还可加设节点板（图 8-19），有时为了保证必要的焊缝长度，节点处缀条轴线交汇处可外移至分肢形心轴线以外，但不应超出分肢翼缘的外侧，为了减小斜缀条两端受力角焊缝的搭接长度，缀条与分肢可采用三面围焊相连。

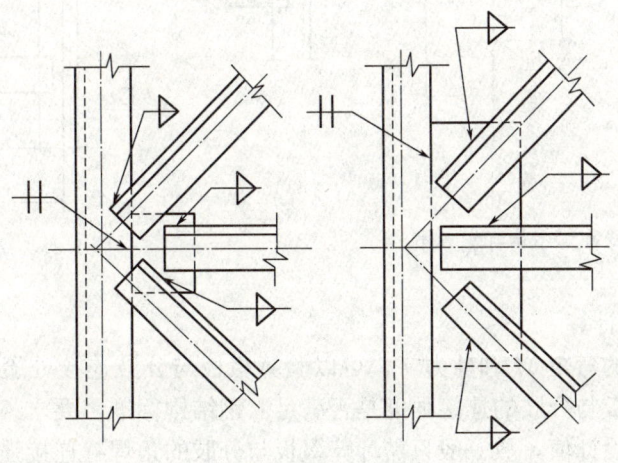

图 8-19　缀条与分肢的连接

缀条通过两条侧缝与分肢相连，角钢肢背和肢尖焊缝按下式计算：

$$\text{肢背焊缝} \qquad \tau_{f1} = \frac{K_1 N_{d1}}{0.7 h_{f1} l_{w1}} \leqslant \gamma_0 f_f^w \tag{8-35}$$

$$\text{肢尖焊缝} \qquad \tau_{f2} = \frac{K_2 N_{d1}}{0.7 h_{f2} l_{w2}} \leqslant \gamma_0 f_f^w \tag{8-36}$$

3）缀板计算

缀板通常由钢板制成，必要时也可采用型钢截面。缀板的截面除按内力计算确定外，还必须满足刚度的要求。

① 缀板受力计算

计算缀板内力时，假定缀板与分肢刚接，缀板与分肢构成一多层刚接体系，分肢视为框架柱，缀板视为横梁。当缀板和柱肢组成的多层框架整体绕曲时，假定各层分肢中点与缀板中点为反弯点（图 8-20a），在分肢与缀板的反弯点处取出隔离体（图 8-20b），对 O 点取矩，由平衡条件可以计算出缀板受到的剪力 T 和弯矩 M。

$$T \cdot \frac{a}{2} = \frac{V_1}{2} \cdot l_1 \tag{8-37}$$

$$\text{即} \qquad T = \frac{V_1 l_1}{a} \tag{8-38}$$

$$M = T \cdot \frac{a}{2} = \frac{V_1 l_1}{2} \tag{8-39}$$

式中　l_1——缀板中心线间的距离；

　　　a——肢件轴线间的距离。

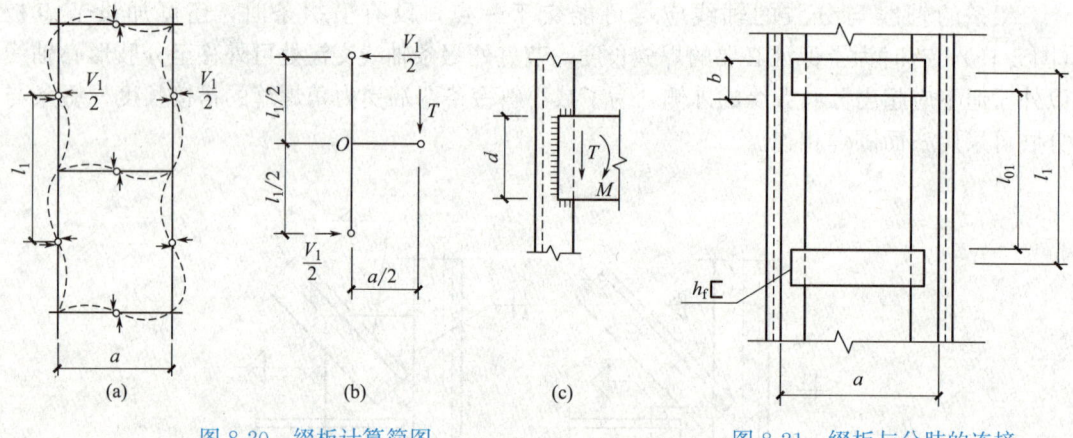

图 8-20　缀板计算简图　　　　　图 8-21　缀板与分肢的连接

② 缀板承载力计算

根据缀板受到的弯矩 M 和剪力 T，可以验算缀板与分肢连接处缀板的抗弯承载力和抗剪承载力以及缀板与分肢的连接强度是否满足《钢结构标准》要求。由于角焊缝强度设计值低于缀板强度设计值，故一般只需计算缀板与分肢的角焊缝连接强度。

③ 缀板与分肢连接焊缝计算

缀板采用三面围焊和柱分肢连接（图 8-21），缀板在分肢上的搭接长度一般取 20～30mm，计算时可偏安全地仅考虑端部的竖向焊缝（计算长度取 b），不考虑绕角部分，也不扣除考虑两端缺陷的 $2h_f$。连接焊缝的强度可按下列计算：

$$\sqrt{\left(\frac{\sigma_f^M}{\beta_f}\right)^2+(\tau_f^V)^2}\leqslant f_f^w \tag{8-40}$$

$$\sigma_f^M=\frac{M}{0.7h_fb^2/6} \tag{8-41}$$

$$\tau_f^V=\frac{T}{0.7h_fb} \tag{8-42}$$

式中　h_f——焊缝焊脚尺寸；

　　　f_f^w——焊缝强度设计值；

　　　β_f——正面角焊缝强度设计值增大系数，对承受静力荷载及间接承受动力荷载的结构，取 $\beta_f=1.22$；对直接承受动力荷载的结构，取 $\beta_f=1.0$；

　　　b——缀板截面高度。

④ 缀板线刚度应满足的条件

缀板的尺寸由刚度条件确定，为了保证缀板的刚度，《钢结构标准》规定：缀板柱中同一截面处缀板（或型钢横杆）的线刚度之和不得小于柱较大分肢线刚度的 6 倍，即：

$$\frac{2I_b}{a}=6\frac{I_I}{l_1} \tag{8-43}$$

式中　I_b——缀板截面惯性矩；

　　　I_I——分肢截面惯性矩。

在设计时，若使缀板宽度 $d\geqslant\dfrac{2a}{3}$（图8-19），缀板厚度 $t_b\geqslant\dfrac{a}{40}$ 及 $t_b\geqslant6\text{mm}$，构件端部第一缀板应适当加宽，一般取 $d=a$，通常可满足缀板线刚度的要求。

（5）格构式轴心受压构件的截面设计方法

格构式轴心受压构件设计时，首先根据使用要求、轴向力 N 的大小、两主轴方向的计算长度等条件选择合适的柱肢截面和缀材形式，再初步选择分肢的截面尺寸和两分肢轴线的间距，然后验算强度、刚度、整体稳定和分肢稳定等，之后进行缀件及其与柱肢的连接计算，最后检查是否满足构造要求。其具体设计步骤如下：

1）截面形式的选择

一般根据其使用要求、材料供应、轴向力 N 的大小、两主轴方向的计算长度等条件来选择截面形式。对于中小型柱可采用缀板柱或缀条柱；大型柱宜采用缀条柱；常采用的形式是用两根槽钢或工字钢作为肢件的双轴对称截面，有时也采用四个角钢作为肢件。

2）分肢截面的确定

对按实轴（y 轴）的整体稳定性验算选择分肢截面，其方法与实腹式轴心受压构件的计算相同。由实轴稳定计算确定分肢截面的具体步骤为：先假定长细比 $\lambda_y=60\sim100$，当 N 较大而 l_{0y} 较小时取较小值，反之取较大值；根据 λ_y 及钢号和截面类别查附录得整体稳定系数 φ_y，按 $A=\dfrac{N}{\varphi_yf}$ 求得所需截面面积 A；按 $i_y=\dfrac{l_{0y}}{\lambda_y}$ 求绕实轴所需要的回转半径 i_y（若分肢为组合截面时，则还应由 i_y 按附录的近似值求所需截面宽度 $b=\dfrac{i_y}{a_2}$）；根据所需的

A 和 i_y（或 b）初选分肢型钢规格（或截面尺寸），并进行实轴整体稳定和刚度验算，必要时还应进行强度验算和板件宽厚比验算。若验算结果不完全满足要求，应重新假定义 λ_y，再试选截面直至满足要求为止。

3）两分肢轴线距离的确定

对按虚轴（x 轴）的整体稳定性确定两分肢的距离，由对实轴计算选定的截面，计算出 λ_y，再由等稳定条件，使两方向的长细比相等，即 $\lambda_{0x}=\lambda_y$，代入公式后可得对虚轴需要的长细比为：

对双肢缀条柱构件，由 $\lambda_{0x}=\sqrt{\lambda_x^2+27\dfrac{A}{A_{1x}}}=\lambda_y$，得 $\lambda_x=\sqrt{\lambda_y^2-27\dfrac{A}{A_{1x}}}$

对双肢缀板柱构件，由 $\lambda_{0x}=\sqrt{\lambda_x^2+\lambda_1^2}=\lambda_y$，得 $\lambda_x=\sqrt{\lambda_y^2-\lambda_1^2}$

对缀条柱应预先确定斜缀条的截面面积 A_1，可按 $A_1\approx0.1A$ 初选斜缀条的角钢型号（即保证不低于按构造要求最小用钢型号 L$45\times45\times4$ 或 L$56\times36\times4$ 来确定的斜缀条面积）；对缀板柱先假定分肢长细比 λ_1，近似取 $\lambda_1\leqslant0.5\lambda_y$，且 $\lambda_1\leqslant40$ 进行计算。计算得出 λ_x 后，即可得到对虚轴的回转半径 $i_x=\dfrac{l_{0x}}{\lambda_x}$，再由截面回转半径近似值的计算公式可得柱在缀材方向的宽度 $h\approx\dfrac{\lambda_x}{a_1}$。一般 h 宜取 10mm 的倍数，且两肢净距宜大于 100mm。

4）截面的验算

截面初步选定后需作如下验算：

① 验算强度；

② 验算刚度；

③ 验算对实轴的整体稳定；

④ 验算对虚轴的整体稳定，不满足时应修改柱宽度 b 再进行验算。

5）缀材及其连接的设计。

6）构造要求

① 为提高格构柱的抗扭刚度，保证运输和安装过程中截面几何形状不变，以及传递必要的内力，应每隔一段距离设置横隔；横隔的间距不得大于柱子较大宽度的 9 倍或 8m，且每个运输单元的端部均应设置横隔（图 8-22）。

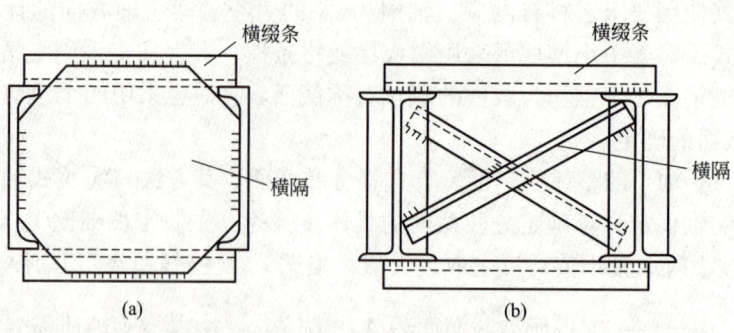

图 8-22　格构式构件的横隔
（a）横隔为钢板；（b）横隔为交叉角钢

② 当柱身某处受有较大的水平集中力作用时，也应在该处设置横隔，以免柱肢局部受弯。

【**例题 8-4**】 如图 8-23 所示为一管道支架，其格构式轴心受压支柱的轴心压力（包括自重）设计值 $N = 1450\text{kN}$，柱高 6m，两端铰接，材料为 Q355 钢，$f = 310\text{N/mm}^2$，$f_y = 355\text{N/mm}^2$，$f_v = 180\text{N/mm}^2$，$f_r = 200\text{N/mm}^2$，截面无孔洞削弱。请设计：①缀条柱；②缀板柱。钢材为 Q355 钢，焊条为 E50 型。

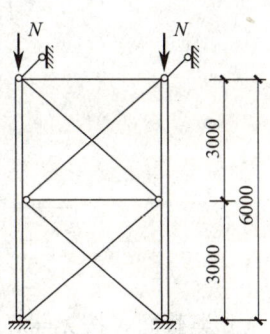

图 8-23　例题 8-4 附图

解：（1）缀条柱

1）按实轴（y 轴）的稳定条件确定分肢截面尺寸

假定 $\lambda_y = 40$，按 Q355 钢 b 类截面，根据 $\lambda = \lambda_y \sqrt{\dfrac{f_y}{235}} = 40 \times \sqrt{\dfrac{355}{235}} = 49.16$，查附录 3 得 $\varphi = 0.860$。所需截面面积和回转半径分别为：

$$A = \frac{N}{\varphi f} = \frac{1450 \times 10^3}{0.863 \times 310 \times 10^2} = 54.2\text{cm}^2$$

$$i_y = \frac{l_{0y}}{\lambda} = \frac{300}{40} = 7.5\text{cm}$$

查型钢表，试选 2⊏18b 截面形式。实际 $A = 2 \times 29.3 = 58.6\text{cm}^2$，$i_x = 6.84\text{cm}$，$i_y = 1.95\text{cm}$，$x_0 = 1.84\text{cm}$，$I_y = 111\text{cm}^4$。

验算绕实轴稳定

$$\lambda_y = \frac{l_{0y}}{i_y} = \frac{300}{6.84} = 43.86 < [\lambda] = 150$$

满足刚度要求。

b 类截面，根据 $\lambda = \lambda_y \sqrt{\dfrac{f_y}{235}} = 43.86 \times \sqrt{\dfrac{355}{235}} = 53.91$，查表得 $\varphi = 0.838$。

$\dfrac{N}{\varphi A} = \dfrac{1450 \times 1000}{0.838 \times 58.6 \times 100} = 295\text{N/mm}^2 < f = 310\text{N/mm}^2$，满足要求。

2）按绕虚柱（x 轴）的稳定条件确定分肢间距

由于柱子轴力不大，缀条可采用角钢 L45×5，两个斜缀条毛截面面积之和为：

$$A_{1x} = 2 \times 4.29 = 8.58\text{cm}^2$$

由等稳定条件 $\lambda_{0x} = \lambda_y$ 得：

$$\lambda_x = \sqrt{\lambda_y^2 - 27\frac{A}{A_{1x}}} = \sqrt{48.86^2 - 27 \times \frac{58.6}{8.58}} = 41.7$$

$$i_x = \frac{l_{0x}}{\lambda_x} = \frac{600}{41.7} = 14.39\text{cm}$$

$$h \approx \frac{14.39}{0.44} = 32.7\text{cm}, \ \text{取} \ h = 30\text{cm}$$

两槽钢翼缘间净距 $300 - 2 \times 70 = 160\text{mm} > 100\text{mm}$，满足构造要求。

验算虚轴稳定

$$I_x = 2 \times (111 + 29.3 \times 13.16^2) = 10371 \text{cm}^4$$

$$i_x = \sqrt{\frac{I_x}{A}} = \sqrt{\frac{10371}{58.6}} = 13.3 \text{cm}$$

$$\lambda_x = \frac{l_{0x}}{i_x} = \frac{600}{13.3} = 45.11$$

$$\lambda_{0x} \sqrt{\lambda_x^2 + 27 \frac{A}{A_{1x}}} = \sqrt{45.11^2 + 27 \times \frac{58.6}{8.58}} = 47.11 < [\lambda] = 150$$

b 类截面，按 $\lambda = \lambda_{0x} \sqrt{\dfrac{f_y}{235}} = 47.11 \times \sqrt{\dfrac{355}{235}} = 57.9$，查附表 3-2 得 $\varphi = 0.818$，则：

$$\frac{A}{\varphi A} = \frac{1450 \times 1000}{0.818 \times 58.6 \times 100} = 302 \text{N/mm}^2 \text{ 满足要求。}$$

3）分肢稳定

$$\lambda_1 = \frac{l_{01}}{i_1} = \frac{2 \times 26.5}{1.95} = 27.18 < 0.7\lambda_{max} = 0.7 \times 46.47 = 32.53，\text{满足规范规定，所以无}$$

需验算分肢刚度、强度和整体稳定。分肢采用型钢，也不必验算其局部稳定。因此可认为所选截面满足要求。

4）缀条设计

缀条已初步确定为 L45×5，$A_{d1} = 4.29 \text{cm}^2$，$i_{min} = i_y = 0.88 \text{cm}$。采用人字形单缀条体系，$\alpha = 45°$，分肢 $l_{01} = 53 \text{cm}$，斜缀条长度 $l_d = \dfrac{26.2}{\cos 45°} = 37.22 \text{cm}$。

柱的剪力

$$V = \frac{Af}{85} \sqrt{\frac{f_y}{235}} = \frac{58.6 \times 100 \times 315}{85} \times \sqrt{\frac{355}{235}} = 26691 \text{N}$$

$$V_1 = V/2 = 26691/2 = 13346 \text{N}$$

斜缀条内力

$$N_{d1} = \frac{V_1}{\cos 45°} = 18876 \text{N}$$

$$\lambda_1 = \frac{l_{01}}{i_{min}} = \frac{37.22}{0.88} = 42.3 < [\lambda] = 150$$

b 类截面，按 $\lambda = \lambda_1 \sqrt{\dfrac{f_y}{235}} = 42.3 \times \sqrt{\dfrac{355}{235}} = 51.99$，查附表 3-2 得 $\varphi = 0.847$。强度设计值折减系数 $\gamma_0 = 0.6 + 0.0015\lambda_1 = 0.6 + 0.0015 \times 42.3 = 0.664$

斜缀条稳定验算

$$\frac{N_{d1}}{\varphi A} = \frac{18876}{0.847 \times 4.29 \times 100} = 51.95 \text{N/mm}^2 < \gamma_0 f = 0.664 \times 310 = 206 \text{N/mm}^2$$

缀条无孔洞削弱，不必验算强度。缀条的连接角焊缝采用两面侧焊，按构造要求取 $h_f = 4 \text{mm}$；单面连接的单角钢按轴心受力计算连接时，$\beta = 0.85$，则：

肢背焊缝所需长度

$$l_{w1} = \frac{k_1 N_{d1}}{0.7 h_f \gamma_0 f_f^w} + 2h_f = \frac{0.7 \times 18876}{0.7 \times 0.4 \times 0.85 \times 200 \times 100} + 0.8 = 3.58 \text{cm}$$

肢尖焊缝所需长度

$$l_{w2}=\frac{k_1 N_{d1}}{0.7h_f\gamma_0 f_f^w}+2h_f=\frac{0.3\times 18876}{0.7\times 0.4\times 0.85\times 200\times 100}+0.8=1.99\text{cm}$$

肢背与肢尖焊缝长度均取 4cm。

5）横隔

柱截面最大宽度为 30cm，要求横隔间距小于等于 $9\times 0.30=2.7\text{m}$ 和 8m。柱高 6m，上下两端有柱头柱脚，中间三分点处设两道钢板横隔，与斜缀条节点配合设置。

（2）缀板柱

1）按实轴（y 轴）的稳定条件确定分肢截面尺寸

同缀条柱，选用 2⊏18b 截面形式，$\lambda_y=43.86$。

按绕虚轴（x 轴）的稳定条件确定分肢间距

取 $\lambda_1=22$，满足 $\lambda_1\leqslant 0.5\lambda_{max}=0.5\times 50=25$，且不大于 40 的分肢稳定要求。按等稳定原则 $\lambda_{0x}=\lambda_y$ 得：

$$\lambda_x=\sqrt{\lambda_y^2-\lambda_1^2}=\sqrt{43.86^2-22^2}=37.94$$

$$i_x=\frac{l_{0x}}{\lambda_x}=\frac{600}{37.94}=15.81\text{cm}$$

$$h\approx\frac{15.81}{0.44}=35.93\text{cm}，取 h=32\text{cm}$$

两槽钢翼缘间净距 $=320-2\times 70=180\text{mm}>100\text{mm}$，满足构造要求。

验算虚轴稳定

缀板净距 $l_{01}=\lambda_1 i_1=22\times 1.95=42.9\text{cm}$，取 43cm

$$\lambda_1=\frac{l_{01}}{i_1}=\frac{43}{1.95}=22.05$$

$$I_x=2\times(111+29.3\times 14.16^2)=11972\text{cm}^4$$

$$i_x=\sqrt{\frac{I_x}{A}}=\sqrt{\frac{11972}{58.6}}=14.29\text{cm}$$

$$\lambda_x=\frac{l_{0x}}{i_x}=\frac{600}{14.29}=41.99$$

$$\lambda_{0x}=\sqrt{\lambda_x^2+\lambda_1^2}=\sqrt{41.99^2+22.05^2}=47.43<[\lambda]=150$$

b 类截面，按 $\lambda=\lambda_{0x}\sqrt{\frac{f_y}{235}}=47.43\times\sqrt{\frac{355}{235}}=58.29$，查附表 3-2 得 $\varphi=0.817$。

$$\frac{N}{\varphi A}=\frac{1450\times 1000}{0.817\times 58.6\times 100}=303\text{N/mm}^2<f=310\text{N/mm}^2，满足要求。$$

$\lambda_1=22.05<0.5\lambda_{max}=0.5\times 50=25$ 和 40，满足规范规定。

所以无需验算分肢刚度、强度、稳定；分肢采用型钢，也不必验算其局部稳定，因此可认为所选截面满足要求。

2）缀板设计

初选缀板尺寸：纵向高度 $h_b\geqslant\frac{2}{3}a=\frac{2}{3}\times 28.32=18.88\text{cm}$（图中 $c=a=28.32\text{cm}$），

厚度 $t_b \geqslant \dfrac{a}{40} = \dfrac{28.32}{40} = 0.71\text{cm}$，取 $h_b \times t_b = 200\text{mm} \times 8\text{mm}$。

相邻缀板净距 $l_{01} = 43\text{cm}$，相邻缀板中心距 $l_1 = l_{01} + h_b = 43 + 20 = 63\text{cm}$。

缀板线刚度之和与分肢线刚度的比值为：

$$\frac{\sum I_b/a}{I_1/l_1} = \frac{2 \times (0.8 \times 20^3/12)28.32}{111/63} = 21.38 > 6，\text{满足缀板的刚度要求。}$$

柱剪力 $V = 26691\text{N}$

每个缀板面剪力 $V_1 = \dfrac{V}{2} = \dfrac{26691}{2} = 13346\text{N}$

弯矩 $M = \dfrac{V_1 l_1}{2} = \dfrac{13346 \times 63}{2} = 420399\text{N} \cdot \text{cm}$

剪力 $T = \dfrac{V_1 l_1}{a} = \dfrac{13346 \times 63}{28.32} = 29689\text{N}$

$$\sigma = \frac{6M}{t_b h_b^2} = \frac{6 \times 420399 \times 10}{0.8 \times 10 \times (20 \times 10)^2} = 78.82\text{N/mm}^2 < f = 310\text{N/mm}^2$$

$$\tau = \frac{1.5T}{l_b h_b} = \frac{1.5 \times 29689}{0.8 \times 20 \times 10^2} = 27.83\text{N/mm}^2 < f_v = 180\text{N/mm}^2$$

满足缀板的强度要求。

3）缀板焊缝计算

采用三面周围角焊缝，计算时可偏安全地仅考虑端部纵向角焊缝，按构造要求取焊脚尺寸 $h_f = 6\text{mm}$，$l_w = 200\text{mm}$，则：

$$A = 0.7 \times 0.6 \times 20 = 8.4\text{cm}^2$$

$$W_f = \frac{1}{6} \times 0.7 \times 0.6 \times 20^2 = 28\text{cm}^3$$

在弯矩 M 和剪力 T 的共同作用下焊缝的应力为：

$$\sqrt{\left(\frac{\sigma_f}{\beta_f}\right) + \tau_f^2} = \sqrt{\left(\frac{420399 \times 10}{1.22 \times 28 \times 1000}\right)^2 + \left(\frac{29689}{8.4 \times 100}\right)^2} = 136\text{N/mm}^2 < f_f^w = 200\text{N/mm}^2$$

满足要求。

8.1.2 拉弯和压弯构件

同时承受弯矩和轴向拉力作用的构件称拉弯构件，同时承受弯矩和轴向压力的构件则称压弯构件。拉弯构件截面出现塑性铰是拉弯构件承载能力的极限状态。但对于格构式拉弯构件，截面边缘开始屈服就基本达到了强度极限。而对于轴向拉力小而弯矩较大的拉弯构件，也可能和受弯构件一样出现弯扭破坏。压弯构件整体破坏是因为杆端弯矩较大而发生的强度破坏，或者因为杆截面有较严重削弱而发生强度破坏。压弯构件的应用较拉弯构件更为广泛，例如桁架上弦杆、框架的柱子等。本节主要讲述压弯构件，兼顾拉弯构件。

在钢结构工程中，若桁架作用有非节点的节间荷载，则受该荷载作用的上弦杆为压弯杆，下弦杆为拉弯杆（图8-24）。

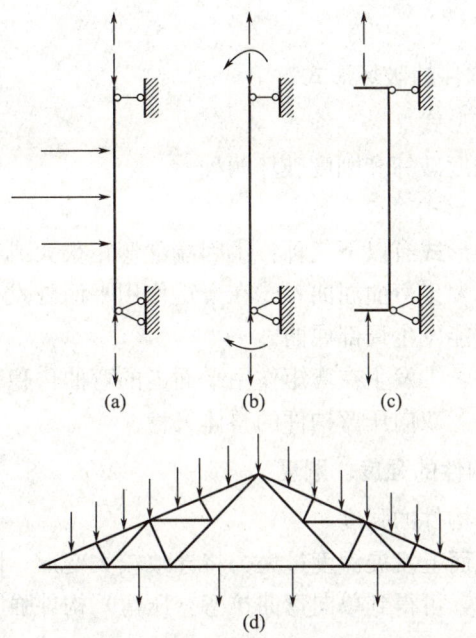

图 8-24　压弯和拉弯构件

单层厂房的框架柱、高层建筑的框架柱，除承受轴心压力或偏心压力外，还可能承受弯矩，也具有压弯构件性质，或称为偏心受压柱。柱和压杆在受力性质和计算方法上是相同的。

压弯构件和拉弯构件按其截面形式分为实腹式构件和格构式构件两种。如图 8-25 所示为常用的截面形式。当构件所受弯矩有正负两种可能，并且大小又比较接近时，宜采用双轴对称截面，否则宜采用单轴对称截面。

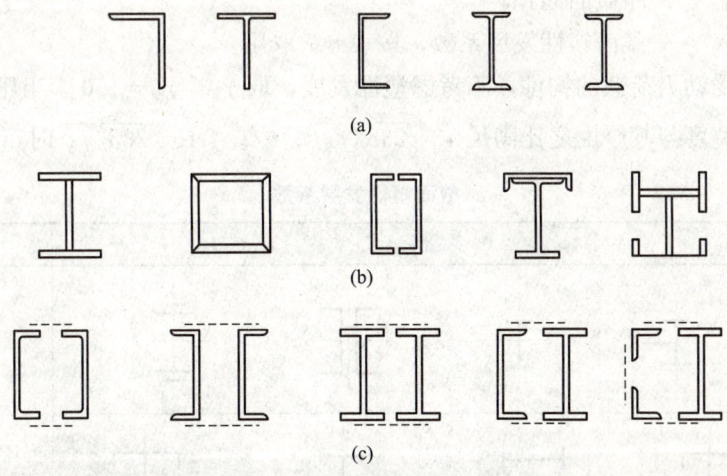

图 8-25　拉弯和压弯构件截面形式

（a）型钢截面；（b）组合截面；（c）格构式截面

对于压弯构件，根据其满足承载能力极限状态的破坏形式，需要计算其强度，验算其整体稳定性，也需验算翼缘板的局部稳定和刚度。拉弯构件需要计算其强度和长细比，不需要计算其整体稳定性。但当拉弯构件所受弯矩较大拉力较小时，已接近受弯构件，需计算其整体稳定及局部稳定。

1. 拉弯构件和压弯构件的破坏形式

（1）拉弯构件的破坏形式

拉弯构件的破坏有强度破坏和刚度破坏两种。

（2）压弯构件的破坏形式

压弯构件整体破坏的形式有以下三种：①因端部弯矩很大或有较大削弱而发生强度破坏；②在弯矩作用平面内发生弯曲屈曲；③在弯矩作用平面外发生弯扭屈曲。组成截面的板件在压应力作用下也可能发生局部屈曲。

整体失稳破坏有三种：①发生在弯矩作用平面内的弯曲失稳破坏；②发生在弯矩作用平面外的弯扭失稳破坏；③双向压弯构件的整体失稳。

2. 拉弯构件和压弯构件的强度、刚度

（1）拉弯构件和压弯构件的强度

考虑到塑性变形在截面上发展深度过大，将导致较大变形，同时考虑剪应力的不利影响，并引入抗力分项系数，可得到单向弯曲拉弯（压弯）构件强度计算公式：

$$\frac{N}{A_n} + \frac{M_x}{\gamma_x W_{nx}} \leqslant f \tag{8-44}$$

双向弯曲的拉弯（压弯）构件强度计算公式为：

$$\frac{N}{A_n} \pm \frac{M_x}{\gamma_x W_{nx}} \pm \frac{M_y}{\gamma_y W_{ny}} \leqslant f \tag{8-45}$$

式中　M_x、M_y——作用在拉弯（压弯）构件截面的 x 轴和 y 轴方向的弯矩；

$\quad\quad W_{nx}$、W_{ny}——对 x 轴和 y 轴的净截面模量；

$\quad\quad A_n$——净截面面积；

$\quad\quad \gamma_x$、γ_y——截面塑性发展系数，按表 8-7 取用。

对直接承受动力荷载的构件，不考虑塑性发展，取 $\gamma_x = \gamma_y = 1.0$。当压弯构件的受压翼缘自由外伸宽度与其厚度之比满足 $13\sqrt{235/f_y} \leqslant b/t \leqslant 15\sqrt{235/f_y}$ 时，应取 $\gamma_x = 1.0$。

截面塑性发展系数　　　　　　　　　表 8-7

项次	截面形式				γ_x	γ_y
1						1.2
2					1.05	1.05

续表

项次	截面形式	γ_x	γ_y
3		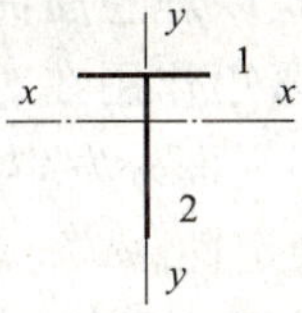 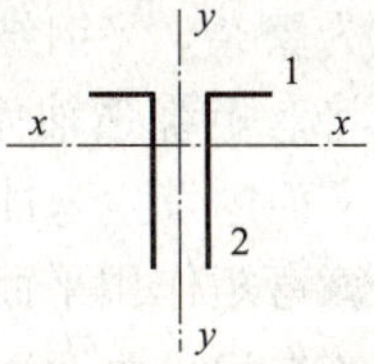 $\gamma_{x1}=1.05$ $\gamma_{x2}=1.2$	1.2
4	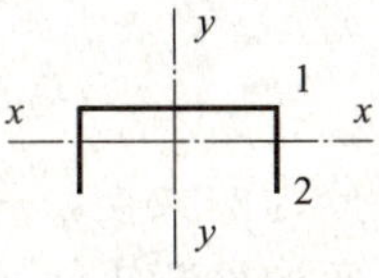	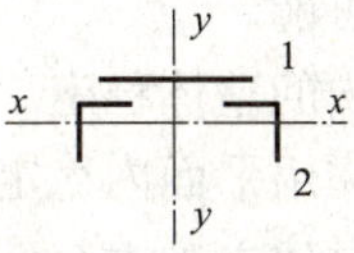	1.05
5		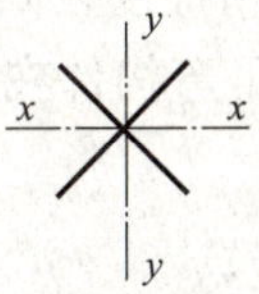 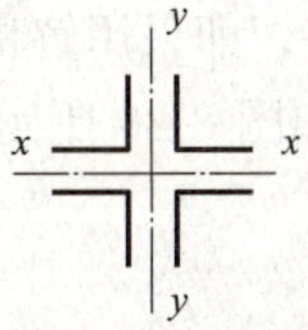 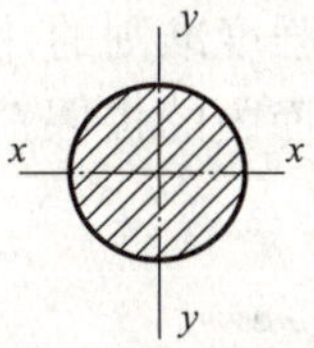 1.2	1.2
6	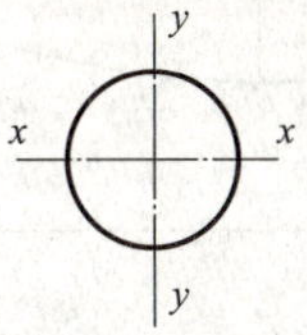	1.15	1.15
7		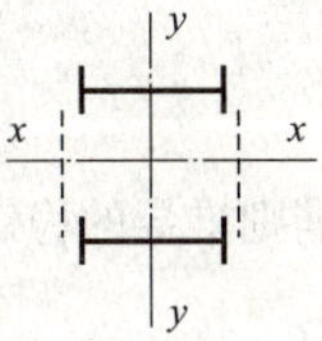 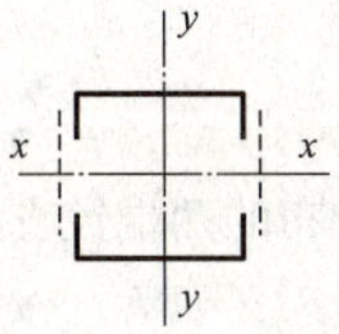 1.0	1.05
8	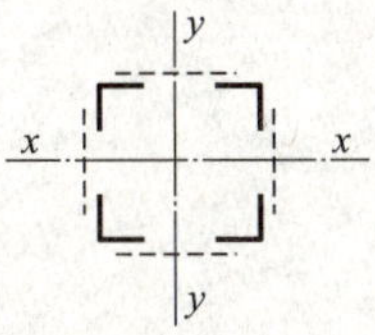	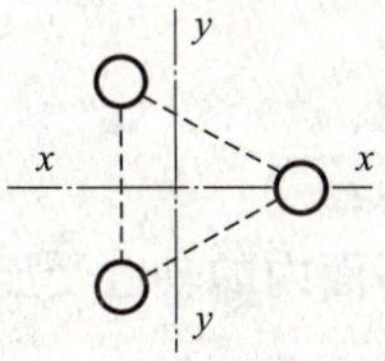	1.0

（2）拉弯构件和压弯构件的刚度

拉弯、压弯构件的刚度以规定它们的容许长细比进行控制，其容许长细比取轴心受力构件的容许长细比。刚度按下述公式计算：

$$\lambda = \frac{l_0}{i} \leqslant [\lambda] \tag{8-46}$$

式中　l_0——构件对主轴的计算长度；

　　　i——截面对主轴的回转半径；

　　$[\lambda]$——构件允许长细比，见表 8-2、表 8-3。

3. 实腹式压弯构件的稳定计算

当实腹式压弯构件在侧向没有足够支撑时，构件可能发生侧扭屈曲破坏。因考虑初始缺陷的侧扭屈曲分析较为繁杂，《钢结构标准》采用的计算公式以理想屈曲理论为依据。对于双轴对称截面一般将弯矩绕强轴作用，单轴对称截面则将弯矩作用在对称轴平面内，则构件可能在弯矩作用平面内发生弯曲失稳，也可能在弯矩作用平面外发生弯扭失稳。所以，压弯构件应分别验算弯矩作用平面内和弯矩作用平面外的稳定性。

单向压弯构件的整体失稳分为弯矩作用平面内和弯矩作用平面外两种情况。双向压弯构件只有弯扭失稳一种可能。

（1）弯矩作用平面内的整体稳定

确定压弯构件弯矩作用平面内稳定承载力的方法较多，分为两大类：一类是边缘屈服准则的计算方法，即通过建立轴力与弯矩的相关公式来求压弯构件弯矩作用平面内的稳定承载力；另一类是最大强度准则的计算方法，即采用解析法或者精确度较高的数值法求解压弯构件在弯矩作用平面内的极限荷载，如图 8-26 所示为单向压弯构件在弯矩作用平面发生挠曲变形。

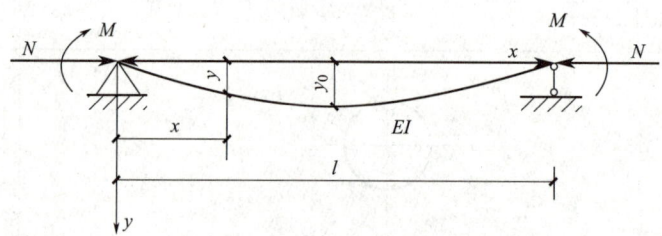

图 8-26　压弯构件受荷挠曲形式

1）边缘屈服准则

对弯矩沿杆长均匀分布的两端铰支压弯构件，按边缘屈服准则推导的稳定承载公式为：

$$\frac{N}{\varphi_x A} + \frac{M_x}{W_{1x}\left(1 - \varphi_x \dfrac{N}{N_{Ex}}\right)} = f_x \tag{8-47}$$

式中　N ——轴心受压力；

　　N_{Ex} ——欧拉临界力；

　　φ_x ——弯矩作用平面内的轴心受压稳定系数；

　　M_x ——最大弯矩；

　　W_{1x} ——弯矩作用平面内最大受压纤维的毛截面模量。

2）最大强度准则

边缘屈服准则适用于格构式构件。对实腹式压弯构件，当受压最大边缘开始屈服时截面有较大的强度储备。若要反映构件实际受力情况，宜采用最大强度准则。《钢结构标准》采用数值计算方法，并在计算弯曲应力时考虑构件截面的塑性发展及二阶弯矩，得出了比较符合实际又能满足工程要求的稳定计算公式：

$$\frac{N}{\varphi_x A} + \frac{M_x}{W_{px}\left(1 - 0.8\dfrac{N}{N_{Ex}}\right)} \leqslant f_y \tag{8-48}$$

式中　W_{1x}——截面塑性模量。

3）规范规定的压弯构件弯矩作用平面内整体稳定的计算公式

式（8-48）仅适用于弯矩沿杆长为均匀分布的两端铰接压弯构件。若弯矩为非均匀分布时，构件的实际承载能力将会比由上式所得的值高。对应用于其他荷载作用时的压弯构件，可用等效弯矩角 $\beta_{mx}M_x$ 来代替公式中的 M_x 考虑这种有利因素。考虑部分塑性深入截面，采用 $W_{px}=\gamma_x W_{1x}$，引入抗力分项系数，得到标准采用的实腹式压弯构件在弯矩作用平面内的稳定计算公式为：

$$\frac{N}{\varphi_x A}+\frac{\beta_{mx}M_x}{\gamma_x W_{1x}\left(1-0.8\dfrac{N}{N'_{Ex}}\right)}\leqslant f \tag{8-49}$$

式中　N'_{Ex}——考虑分项系数的欧拉临界力，为欧拉临界力除以抗力分项系数 γ_R。

$$N'_{Ex}=\frac{\pi^2 EA}{1.1\lambda_x}$$

β_{mx}——等效弯矩系数。

β_{mx} 按下列规定采用：

Ⅰ.框架柱和两端支承的构件

①无横向荷载作用时：当 $\beta_{mx}=0.6+0.4M_1/M_2$，$M_1$、$M_2$ 为端弯矩，使构件产生同向曲率（无反弯点）时取同号，使构件产生反向曲率（有反弯点）时取异号，$|M_1|\geqslant|M_2|$。

②有端弯矩和横向荷载同时作用时：构件产生同向曲率时，$\beta_{mx}=1.0$；构件产生反向曲率时，$\beta_{mx}=0.85$。

③无端弯矩但有横向荷载作用时：$\beta_{mx}=1.0$。

Ⅱ.悬臂构件 $\beta_{mx}=1.0$。

对 T 型钢、双角钢 T 形等单轴对称截面压弯构件，当弯矩作用于对称轴平面且较大翼缘受压时，构件失稳时出现的塑性区除存在前述受压区屈服和受压、受拉区同时屈服两种情况外，还可能在受拉区首先出现屈服从而导致构件丧失承载能力，因而除按式（8-49）验算外，还应对翼缘补充验算。

$$\left|\frac{N}{A}-\frac{\beta_{mx}M_x}{\gamma_x W_{2x}\left(1-1.25\dfrac{N}{N'_{Ex}}\right)}\right|\leqslant f \tag{8-50}$$

式中　W_{2x}——弯矩作用平面内较小翼缘的毛截面模量；

γ_x——与 W_{2x} 相对应的截面塑性发展系数。

式中的 1.25 是经验修正系数。

（2）弯矩作用平面外的整体稳定

压弯构件在弯矩作用平面外没有足够的支承以阻止其产生平面外侧向位移和扭转时，构件可能因弯扭屈曲而发生平面外失稳破坏。对于两端简支的双轴对称实腹式截面压弯构件，根据弹性稳定理论，可得构件发生弯扭失稳时其临界条件为：

$$\left(1-\frac{N}{N_{Ey}}\right)\left(1-\frac{N}{N_{Ey}}\cdot\frac{N_{Ey}}{N_z}\right)-\left(\frac{M_x}{M_{crx}}\right)^2=0 \tag{8-51}$$

式中　N_{Ey}——轴心受压时对弱轴弯曲屈曲临界力，即欧拉临界力；

N_z ——轴心受压时绕纵轴扭转屈曲临界力；

M_{crx} ——对 x 轴的均布弯矩作用时弯扭屈曲临界弯矩。

引入非均匀弯矩作用时的等效弯矩系数 β_{tx}、截面影响系数 η、抗力分项系数 γ_R 后，得到压弯构件在弯矩作用平面外稳定计算公式为：

$$\frac{N}{\varphi_y A} + \eta \frac{\beta_{tx} M_x}{\varphi_b W_{1x}} \leqslant f \tag{8-52}$$

式中　M_x ——所计算构件段范围内的最大弯矩；

β_{tx} ——等效弯矩系数，应根据所计算构件段的荷载和内力情况确定，取值方法与弯矩作用平面内的等效弯矩系数 β_{mx} 相同；

η ——截面影响系数，闭口截面 $\eta = 0.7$，其他截面 $\eta = 1.0$；

φ_y ——弯矩作用平面外的轴心受压构件稳定系数；

φ_b ——均匀弯曲受弯构件的整体稳定系数，按附录 4 取用。

（3）双向弯曲压弯构件的整体稳定

《钢结构标准》规定：对双轴对称的工字形截面（含 H 型钢）和箱形截面的压弯构件，其稳定性按下列公式计算：

$$\frac{N}{\varphi_x A} + \frac{\beta_{mx} M_x}{\gamma_x W_{1x}\left(1 - 0.8\dfrac{N}{N'_{Ex}}\right)} + \frac{\beta_{ty} M_y}{\varphi_{by} W_{1y}} = f \tag{8-53}$$

$$\frac{N}{\varphi_y A} + \frac{\beta_{my} M_y}{\gamma_y W_{1y}\left(1 - 0.8\dfrac{N}{N'_{Ex}}\right)} + \frac{\beta_{tx} M_x}{\varphi_{bx} W_{1x}} = f \tag{8-54}$$

式中　M_x、M_y ——分别为对 x 轴（工字形截面和 H 型钢轴为强轴）和 y 轴的弯矩；

φ_x、φ_y ——分别为对 x 轴和 y 轴的轴心受压构件稳定系数；

φ_{bx}、φ_{by} ——梁的整体稳定系数；

其他符号含义同前。

（4）压弯构件的局部稳定

1）翼缘的宽厚比

各类截面形式的翼缘宽厚比验算同轴心受压构件。

2）腹板的高厚比

对承受不均匀压应力和剪应力的腹板局部稳定，引入系数应力梯度。

$$\alpha_0 = \frac{\sigma_{max} - \sigma_{min}}{\sigma_{max}} \tag{8-55}$$

式中　σ_{max} ——腹板计算高度边缘的最大压应力，计算时不考虑构件的稳定系数和截面塑性发展系数；

σ_{min} ——腹板计算高度另一边缘相应的应力，压应力取正值，拉应力取负值。

① 工字形截面（图 8-27a）

当 $0 \leqslant \alpha_0 \leqslant 1.6$ 时　$\dfrac{h_0}{t_w} \leqslant (16\alpha_0 + 25 + 0.5\lambda)\sqrt{\dfrac{235}{f_y}}$ $\tag{8-56}$

当 $1.6 < \alpha_0 \leqslant 2$ 时　$\dfrac{h_0}{t_w} \leqslant (48\alpha_0 + 26.2 + 0.5\lambda)\sqrt{\dfrac{235}{f_y}}$ $\tag{8-57}$

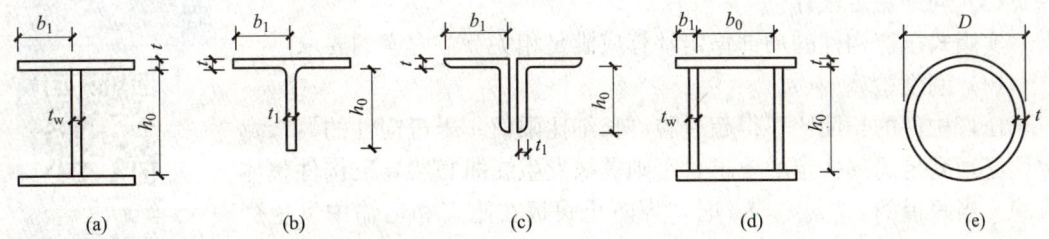

图 8-27 高厚比限值中的截面尺寸示意图

式中 λ 为构件两个方向长细比的较大值，当 $\lambda < 30$ 时，取 $\lambda = 30$；当 $\lambda > 100$ 时，取 $\lambda = 100$。

② T 形截面（图 8-27b、c）

弯矩使腹板自由边受压

$$当 \alpha_0 \leqslant 1.0 时 \quad \frac{h_0}{t_1} \leqslant 15\sqrt{\frac{235}{f_y}} \tag{8-58}$$

$$当 \alpha_0 > 1.0 时 \quad \frac{h_0}{t_1} \leqslant 18\sqrt{\frac{235}{f_y}} \tag{8-59}$$

弯矩使腹板自由边受拉

$$热轧剖分 T 型钢 \quad \frac{h_0}{t_1} \leqslant (15 + 0.2\lambda)\sqrt{\frac{235}{f_y}} \tag{8-60}$$

$$两板焊接的 T 形截面 \quad \frac{h_0}{t_1} \leqslant (13 + 0.17\lambda)\sqrt{\frac{235}{f_y}} \tag{8-61}$$

③ 箱形截面（图 8-27d）

箱形截面的宽厚比限值取工字形截面腹板的 4/5，当小于 $40\sqrt{235/f_y}$ 时，取 $40\sqrt{235/f_y}$。

④ 圆管截面（图 8-27e）

直径与厚度之比的限值与轴心受压构件的规定相同，即

$$\frac{D}{t} \leqslant 100 \times \frac{235}{f_y} \tag{8-62}$$

4. 实腹式压弯构件的截面设计

由于压弯构件的受力较轴心受力构件复杂，计算时需要满足的条件也较多。设计时需首先选定截面的尺寸，然后进行强度、整体稳定、局部稳定和刚度的验算。不满足要求时，适当调整截面尺寸，重新验算，直到全部满足要求为止。

（1）强度验算

强度应按式（8-46）、式（8-47）验算，当截面无削弱且 N、M_x 的取值与整体稳定验算的取值相同而等效弯矩系数为 1.0 时，不必进行强度验算。

（2）整体稳定验算

弯矩作用平面内整体稳定按式（8-55）验算，对单轴对称截面还应按式（8-50）进行补充计算；弯矩作用平面外的整体稳定按式（8-52）计算。

（3）局部稳定验算

实腹式压弯构件的局部稳定计算应满足相关章节内容的要求。

（4）刚度验算

压弯构件的长细比不得超过容许长细比限值。压弯构件的翼缘宽厚比必须满足局部稳定的要求，否则翼缘发生屈曲必然导致构件整体失稳。当腹板的 $h_0/t_w \geqslant 80$ 时，为防止腹板在施工和运输中发生变形，应设置间距不大于 $3h_0$ 的横向加劲肋。另外，设置纵向加劲肋的同时也应设置横向加劲肋。

在大型实腹柱中，为保持截面形状不变，提高构件抗扭刚度，防止施工和运输过程中发生变形，受有较大水平力处和运输单元的端部应设置横隔。横隔间距不得大于柱截面较大宽度的 9 倍和 8m。构件较长时应设置中间横隔，横隔的设置方法同轴心受压构件。

【例题 8-5】 双轴对称焊接工字形截面压弯构件的截面如图 8-28 所示，采用 Q235-BF 钢，已知翼缘板为剪切边，截面无削弱。承受轴心压力的设计值为 850kN，跨中集中力设计值为 180kN。构件长度 10m，两端铰接并在两端各设有一侧向支撑点。试验算此构件的承载力。

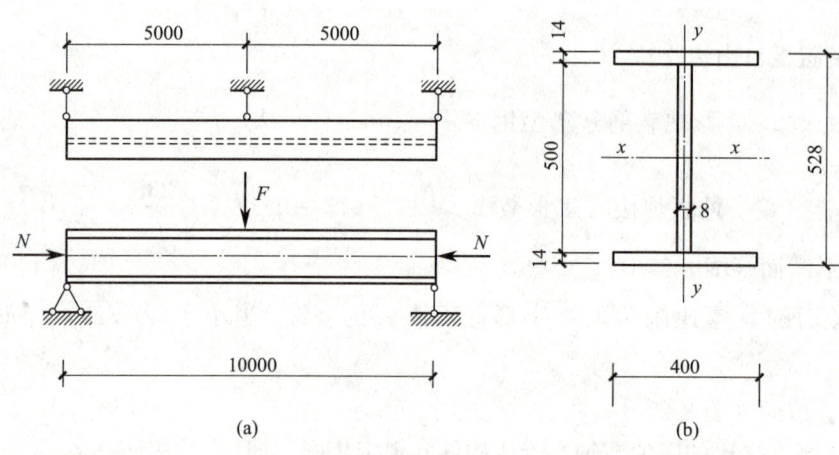

图 8-28　例题 8-5 附图

解：（1）计算截面特性

截面面积 $A = 2bt + h_w t_w = 2 \times 40 \times 1.4 + 50 \times 0.8 = 152\text{cm}^2$

$$I_x = \frac{1}{12}bh^3 - \frac{1}{12}(b - t_w)h_w^3 = \frac{1}{12} \times (40 \times 52.8^3 - 39.2 \times 50^3) = 82327\text{cm}^4$$

$$I_y \approx 2 \times \frac{1}{12}tb^3 = 2 \times \frac{1}{12} \times 1.4 \times 40^2 = 14933\text{cm}^4$$

$$i_x = \sqrt{\frac{I_x}{A}} = \sqrt{\frac{82372}{152}} = 23.27\text{cm}$$

$$i_y = \sqrt{\frac{I_y}{A}} = \sqrt{\frac{14933}{152}} = 9.91\text{cm}$$

弯矩作用平面内受压纤维的毛截面模量为：$W_{1x} = W_x = \dfrac{2I_x}{h} = \dfrac{2 \times 82327}{58.2} = 3118\text{cm}^3$

（2）强度验算

$$M_x = \frac{1}{4}Fl = \frac{1}{4} \times 180 \times 10 = 450 \text{kN} \cdot \text{m}$$

$$\frac{N}{A_n} + \frac{M_x}{\gamma_x W_{nx}} = \frac{850 \times 10^3}{152 \times 10^2} + \frac{450 \times 10^6}{1.05 \times 3118 \times 10^3} = 193.4 \text{N/mm}^2 < f = 215 \text{N/mm}^2$$

（3）弯矩作用平面内稳定验算

弯矩作用平面的计算长度 $l_{0x} = 10\text{m}$，则长细比 $\lambda_x = \dfrac{l_{0x}}{i_x} = \dfrac{10 \times 10^2}{23.27} = 43.0$，查附录得

稳定系数为 $\varphi_x = 0.887$

$$\text{欧拉临界力 } N'_{Ex} = \frac{\pi^2 EA}{\gamma_R \lambda_x^2} = \frac{\pi^2 \times 206 \times 10^3 \times 152 \times 10^2}{1.1 \times 43^2} \times 10^{-3} = 15178 \text{kN}$$

$$\frac{N}{N'_{Ex}} = \frac{850}{15178} = 0.056$$

弯矩作用平面内的等效弯矩系数：无端弯矩但有横向荷载作用时 $\beta_{mx} = 1.0$，受压翼缘

板的自由外伸宽度比为 $\dfrac{b}{t} = \dfrac{(400-8)/2}{14} = 14 > 13\sqrt{\dfrac{235}{f_y}} = 13\sqrt{\dfrac{235}{235}} = 13$

故取截面发展系数 $\gamma_x = 1.0$，则：

$$\frac{N}{\varphi A} + \frac{\beta_{mx} M_x}{\gamma_x W_{1x}\left(1 - 0.8\dfrac{N}{N'_{Ex}}\right)} = \frac{850 \times 10^3}{0.887 \times 152 \times 10^2} + \frac{1.0 \times 450 \times 10^6}{1.0 \times 3118 \times 10^3(1 - 0.8 \times 0.056)}$$

$$= (63.0 + 151.09) = 214.1 \text{N/mm}^2 < f = 215 \text{N/mm}^2$$

满足要求。

（4）弯矩作用平面外整体稳定验算

弯矩作用平面外计算长度 $l_{0y} = 5\text{m}$，长细比 $\lambda_y = \dfrac{l_{0y}}{i_y} = \dfrac{5 \times 10^2}{9.91} = 50.5$，稳定系数 $\varphi_y = 0.772$

受弯构件整体稳定系数近似值为 $\varphi_b = 1.07 - \dfrac{\lambda_y^2}{44000} \cdot \dfrac{f_y}{235} = 1.07 - \dfrac{50.5^2}{44000} \times \dfrac{235}{235} = 1.012 > 1.0$，取 $\varphi_b = 1.0$

构件在相邻侧向支撑点间无横向荷载作用，弯矩作用平面外的等效荷载系数为：

$$\beta_{tx} = 0.65 + 0.35\frac{M_2}{M_1} = 0.65 + 0.35 \times \frac{0}{M_1} = 0.65$$

$$\frac{N}{\varphi_x A} + \frac{\beta_{tx} M_x}{\varphi_b W_{1x}} = \frac{850 \times 10^3}{0.772 \times 152 \times 10^2} + \frac{0.65 \times 450 \times 10^6}{1.0 \times 3118 \times 10^3}$$

$$= 72.4 + 93.8 = 166.2 \text{N/mm}^2 < f = 215 \text{N/mm}^2$$

满足要求。

（5）局部稳定验算

1）受压翼缘板

$$\frac{b}{t} = 14 < 15\sqrt{\frac{235}{f_y}} = 15$$

满足要求。

2）腹板

腹板计算高度边缘的最大压应力

$$\sigma_{\max} = \frac{N}{A} + \frac{M_x}{I_x} \cdot \frac{h_0}{2}$$

$$= \frac{850 \times 10^3}{152 \times 10^2} + \frac{450 \times 10^6}{82327 \times 10^4} \times \frac{500}{2}$$

$$= 55.9 + 136.7 = 192.6 \text{N/mm}^2$$

腹板计算高度另一边缘相应的应力为 $\sigma_{\min} = \frac{N}{A} - \frac{M_x}{I_x} \cdot \frac{h_0}{2} = 55.9 - 136.7 = -80.8\text{N/mm}^2$

则应力梯度为 $\alpha_0 = \frac{\sigma_{\max} - \sigma_{\min}}{\sigma_{\max}} = \frac{192.6 - (-80.8)}{192.6} = 1.42$

腹板的计算高度与其厚度比的容许值为

$$\left[\frac{h_0}{t_w}\right] = (16\alpha_0 + 0.5\lambda_x + 25)\sqrt{\frac{235}{f}} = (16 \times 1.42 + 0.5 \times 43 + 25) \times \sqrt{\frac{235}{235}} = 69.22$$

$$\frac{h_0}{t_w} = \frac{500}{8} = 62.5 < \left[\frac{h_0}{t_w}\right] = 69.22$$

满足要求。

（6）刚度验算

构件的最大长细比为：

$$\lambda_{\max} = \max(\lambda_x, \lambda_y) = \lambda_y = 50.5 < [\lambda] = 150$$

通过上述验算可知，构件截面合适。

5. 格构式压弯构件的截面设计

（1）弯矩绕实轴作用的格构式构件

当弯矩作用在与缀材面相垂直的主平面内时，构件绕实轴产生弯曲失稳，它的受力性能与实腹式压弯构件完全相同。因此，弯矩绕实轴作用的格构式压弯构件，弯矩作用平面内的整体稳定计算与实腹式压弯构件相同，但需将式中的 x 轴改为 y 轴；在计算弯矩作用平面外的整体稳定时，与实腹式箱形截面类似，但也需将式中的 x 轴改为 y 轴；长细比应取换算长细比计算，整体稳定系数 $\varphi_b = 1.0$。

（2）弯矩绕虚轴作用的格构式构件

1）弯矩作用平面内的整体稳定性计算

弯矩绕虚轴作用的格构式压弯构件，因截面中部空心，不能考虑塑性的深入发展，弯矩作用平面内的整体稳定计算宜采用边缘屈服准则。引入等效弯矩系数 β_{mx}，并且考虑抗力分项系数后，得：

$$\frac{N}{\varphi_x A} + \frac{\beta_{mx} M_x}{W_{1x}\left(1 - \varphi_x \dfrac{N}{N'_{Ex}}\right)} \leqslant f \tag{8-63}$$

式中 $W_{1x} = I_x / y_0$，I_x 为对 x 轴（虚轴）的毛截面惯性矩；y_0 为由 x 轴到压力较大分肢轴线的距离或者到压力较大分肢腹板边缘的距离，两者取较大值。

φ_x 和 N'_{Ex} 均由对虚轴（x 轴）的换算长细比 λ_{0x} 确定。

2）分肢的稳定计算

对于弯矩绕虚轴作用的压弯构件，弯矩作用平面外的整体稳定性由分肢的稳定计算来保证，故不必再计算整个构件在平面外的整体稳定性。两分肢的轴心力应按下列公式计算（图 8-29），即：

$$分肢 1：N_1 = N\frac{y_2}{a} + \frac{M}{a} \tag{8-64}$$

$$分肢 2：N_2 = N - N_1 \tag{8-65}$$

缀条式压弯构件的分肢应按轴心压杆计算。分肢计算长度，在缀材平面内取缀条体系的节间长度；在缀条平面外取整个构件两侧向支撑点间的距离。进行缀板式压弯构件的分肢计算时，除轴心力外，还应该考虑由剪力作用引起的局部弯矩，并按实腹式压弯构件验算单肢的稳定性。

3）缀材的计算

计算格构式压弯构件的缀材时，应取压弯构件实际剪力和计算所得剪力两者中的较大值。其计算方法与格构式轴心受压构件相同。

（3）双向受弯的格构式压弯构件

弯矩作用在两个主平面内的双肢格构式压弯构件如图 8-30 所示，其稳定性按下列规定计算。

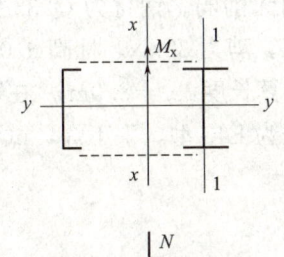

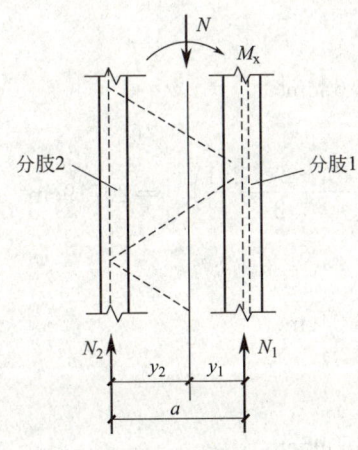

图 8-29 分肢的内力计算

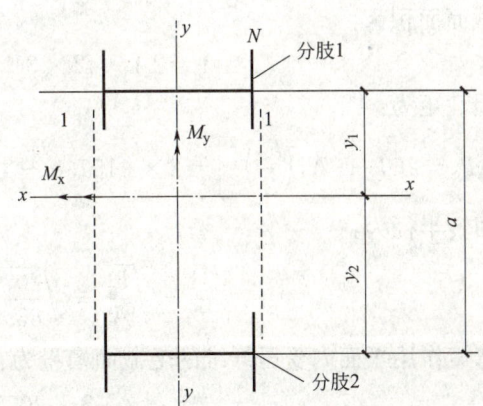

图 8-30 双向受弯格构柱

1）整体稳定计算

采用由边缘屈服准则导出的弯矩绕虚轴作用的格构式压弯构件平面内整体稳定计算式

进行计算，即：

$$\frac{N}{\varphi_x A} + \frac{\beta_{mx} M_x}{W_{1x}\left(1 - \varphi_x \dfrac{N}{N'_{Ex}}\right)} + \frac{\beta_{ty} M_x}{W_{1y}} \leqslant f \tag{8-66}$$

式中　φ_x 和 N'_{Ex} 均由换算长细比确定；W_{1y} 为在 M_y 作用下，对于较大受压纤维的毛截面模量。

2）分肢的稳定计算

计算时首先将分肢所受轴力和绕虚轴按桁架弦杆一样计算换算成分肢所受的轴心压力，即：

$$N_1 = N\frac{y_2}{a} + \frac{M_x}{a} \tag{8-67}$$

$$N_2 = N - N_1 \tag{8-68}$$

其次，将绕实轴作用的弯矩以对应分肢惯性矩成正比的原则进行分配，得到分肢 1 和分肢 2 所承受的弯矩为：

$$M_{y1} = \frac{I_1/y_1}{I_1/y_1 + I_2/y_2} M_y \tag{8-69}$$

$$M_{y2} = M_y - M_{y2} \tag{8-70}$$

式中　I_1、I_2——分肢 1 与分肢 2 对 y 轴的惯性矩；

y_1、y_2——M_y 作用的主轴平面至分肢 1 和分肢 2 轴线的距离。

【例题 8-6】 有一单向压弯格构式双肢缀条柱，截面无削弱。钢材为 Q235 钢，承受轴心压力的设计值为 400kN，跨中集中力设计值为 120kN，剪力 30kN，柱高 6.0m，在弯矩作用平面内，上端为有侧移的弱支撑，下端固定，其计算长度 $l_{0x} = 8.0$m。在弯矩作用平面外，柱两端铰接，其计算长度 $l_{0y} = H = 6.0$m，焊条为 E43 型，手工焊，试验算此构件的承载力。

解：（1）计算截面特性

截面面积为：

$$A = 2A_1 = 2 \times 31.84 = 63.68 \text{cm}^2$$

惯性矩为：

$$I_x = 2\left[I_1 + A_1\left(\frac{b_0}{2}\right)^2\right] = 2 \times \left[157.8 + 31.84 \times \left(\frac{40 - 2 \times 2.1}{2}\right)^2\right] = 20719 \text{cm}^2$$

回转半径为：

$$i_x = \sqrt{\frac{I_x}{A}} = \sqrt{\frac{20719}{63.68}} = 18.04 \text{cm}$$

弯矩作用平面内受压纤维的毛截面模量为：

$$W_x = \frac{2I_x}{b} = \frac{2 \times 20719}{40} = 1035.95 \text{cm}^3$$

$$W_{1x} = \frac{I_x}{y_0} = \frac{I_x}{b/2} = W_x = 1035.95 \text{cm}^3$$

（2）弯矩作用平面内整体稳定性验算

$$\frac{N}{\varphi_x A} + \frac{\beta_{mx} M_x}{W_{1x}\left(1 - \varphi_x \dfrac{N}{N'_{Ex}}\right)} \leqslant f = 215 \text{N/mm}$$

则长细比为：

$$\lambda_y = \frac{l_{0x}}{i_x} = \frac{8.0 \times 10^2}{18.04} = 44.3$$

垂直于 x 轴的缀条角钢 45×4 毛截面积之和为：

$$A_{1x} = 2 \times 3.49 = 6.98 \text{mm}^2$$

换算长细比为：

$$\lambda_{0x} = \sqrt{\lambda_x^2 + 27 \times \frac{A}{A_{1x}}} = \sqrt{44.3^2 + 27 \times \frac{63.68}{6.98}} = 47$$

查表得稳定系数为：

$$\varphi_x = 0.870$$

欧拉临界力为：

$$N'_{Ex} = \frac{\pi^2 EA}{\gamma_R \lambda_x^2} = \frac{\pi^2 \times 206 \times 10^3 \times 63.68 \times 10^2}{1.1 \times 47^2} \times 10^{-3} = 5328 \text{kN}$$

$$\varphi_x \frac{N}{N'_{Ex}} = 0.870 \times \frac{400}{5328} = 0.0653$$

弯矩作用平面内的柱上端有侧移，属于弱支撑。取相应的等效弯矩系数 $\beta_{mx} = 1.0$，则：

$$\frac{N}{\varphi_x A} + \frac{\beta_{mx} M_x}{W_{1x}\left(1 - \varphi_x \dfrac{N}{N'_{Ex}}\right)} = \frac{400 \times 10^3}{0.870 \times 63.68 \times 10^2} + \frac{1.0 \times 130 \times 10^6}{1035.95 \times 10^3 (1 - 0.8 \times 0.0653)}$$

$$= 72.2 + 134.3 = 206.5 \text{N/mm}^2 < f = 215 \text{N/mm}^2$$

满足要求。弯矩作用平面外整体稳定计算用分肢的稳定性计算代替。

（3）分肢的稳定性计算

轴心压力为：

$$N_1 = \frac{N}{2} + \frac{M_x}{b_0} = \frac{400}{2} + \frac{120 + 10^6}{40 - 2 \times 2.1} = 535.2 \text{N/mm}^2$$

与分肢 1-1 轴的计算长度为：

$$l_{01} = 35.8 \text{m}$$

对分肢 1-1 轴的长细比为：

$$\lambda_1 = \frac{l_{01}}{i_1} = \frac{35.8}{2.23} = 16.1$$

对 y 轴的长细比为：

$$\lambda_{y1} = \frac{l_{0y}}{i_y} = \frac{600}{8.67} = 69.2 > \lambda_1 = 16.1$$

由 $\lambda_{y1} = 69.2$，查表得分肢稳定系数 $\varphi_1 = 0.756$，则：

$$\frac{N_1}{\varphi_1 A_1} = \frac{535.2 \times 10^3}{0.756 \times 31.84 \times 10^2} = 222.3 \text{N/mm}^2 > f = 215 \text{N/mm}^2$$

但不超过 5%，故安全。不必验算分肢的局部稳定性。

刚度验算：

最大长细比 $\lambda_{\max} = \max(\lambda_{0x}, \lambda_1, \lambda_{y1}) = \lambda_{y1} = 69.2 \leqslant [\lambda] = 150$

满足要求，柱截面无削弱，且 $\beta_{mx} = 1.0$ 和 $W_{1x} = W_x$，强度不必验算。

（4）缀条验算

柱的计算剪力为 $V = \dfrac{Af}{85}\sqrt{\dfrac{fy}{235}} = \dfrac{2 \times 31.84 \times 10^2 \times 215}{85} \times \sqrt{\dfrac{235}{235}} \times 10^{-3} = 16.1\text{kN}$

小于柱的实际剪力 $V = 30\text{kN}$，计算缀条内力时取 $V = 30\text{kN}$。

每个缀条截面承担的剪力为 $V_1 = \dfrac{1}{2}V = \dfrac{1}{2} \times 30 = 15\text{kN}$

缀条内力按平时桁架的腹杆计算，可得 $N_1 = \dfrac{V_1}{\sin a_1} = \dfrac{15}{\sin 45°} = 21.2\text{kN}$

缀条截面验算：

$$l_d \approx \frac{b_0}{\sin a} = \frac{40 - 2 \times 2.1}{\sin 45°} = 50.6\text{cm}$$

缀条 $1\llcorner45 \times 4$，$A_d = 3.49\text{cm}^2$，$i_{\min} = i_{y0} = 0.89\text{cm}$，则：

$$\lambda_d = \frac{l_d}{i_{\min}} = \frac{50.6}{0.89} = 56.85, \quad \varphi_d = 0.822$$

单面连接等边角钢刚度折减系数

$$\eta = 0.6 + 0.0015\lambda = 0.6 + 0.0015 \times 56.85 = 0.685$$

$$\frac{N_d}{\varphi_d A_d} = \frac{21.1 \times 10^3}{0.822 \times 394} = 73.9\text{N/mm}^2 < \eta f = 0.685 \times 215 = 147.3\text{N/mm}^2$$

满足要求。

从上述计算结果可以看出，该柱的截面和缀条选择合适。

6. 梁与柱的连接

当轴心受压构件用作柱子时，其作用是将上部结构（梁）的荷载传递给基础，因此柱端应设计一个柱头与梁连接，下端设计一个柱脚，将荷载安全传递给基础。柱子由柱头、柱身、柱脚三部分组成。设计的原则是传力可靠、构造简单、便于安装、经济、合理等。

柱与梁的连接方式应为铰接，否则将产生弯矩，使柱成为压弯构件。按其与梁连接的位置不同，有两种连接方式：一种是将梁直接放在柱顶上，称为顶面连接；另一种是将梁连接于侧面，称为侧面连接。梁支于柱顶时，梁的支座反力借助柱顶板传给柱身，顶板与柱用焊缝连接，顶板厚度一般取 16～25mm。为便于安装定位，梁与顶板用普通螺栓连接。

（1）顶面连接

顶面连接通常是将梁安放在焊于柱顶面的柱顶板上（图 8-31a、b、c）。如图 8-31（a）所示的构造方案，将梁的反力通过支承加劲肋直接传给柱翼缘，为了在安装两相邻梁间留一些空隙，用加夹板和构造螺栓连接。该连接方式优点是构造简单，对梁长度尺寸的制作要求不高，缺点是当柱顶两侧梁的反力不相等时将使柱出现偏心受压状态。如图 8-31（b）

所示的构造方案，梁的反力通过端部加劲肋的突出部分传给柱的轴线附近，即使两相邻梁的反力不相等，柱仍接近于轴心受压状态。梁端加劲肋的底面应刨平顶紧于柱顶板。因为梁的反力大部分传递给柱的腹板，腹板不能太薄且必须用加劲肋加强。两相邻梁间可留出一些空隙，安装时嵌入合适尺寸的填板并用普通螺栓连接。如图 8-31（c）所示的构造方案，为了保证传力均匀并托住顶板，应在两柱肢间设置竖向隔板。

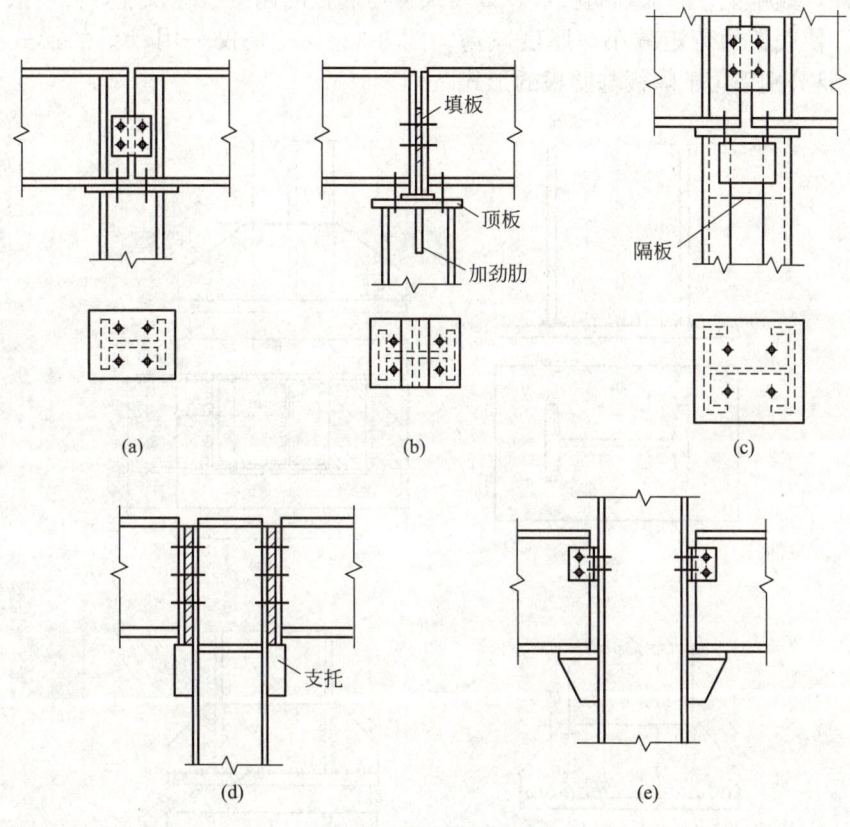

图 8-31　轴心受压柱柱头

（2）侧面连接

侧面连接通常是在柱的侧面焊一承托用以支承梁的支座反力（图 8-31d、e）。具体方法是将相邻梁端支座加劲肋的突缘部分刨平，安放在焊于柱侧面的承托上，并与之顶紧以便直接传递压力。梁的反力由梁端加劲肋传给承托，承托可采用 T 形，也可用厚钢板制成，承托与柱翼缘间用角焊缝相连。承托板厚度应比梁端支座加劲肋厚 5～10mm，一般为 25～40mm。用厚钢板做承托的方案适用于承受较大的压力，且制作与安装的精度要求较高的情况。承托通常采用三面围焊的角焊缝焊于柱翼缘，考虑到梁支座加劲肋和承托的端面由于加工精度差，平行度不好，压力分配可能不均匀，设计时宜将支座反力增大25％～30％。为便于安装，梁端与柱间应留空隙加填板并设置构造螺栓。

7. 柱脚

轴心受压柱的柱脚通常设计为铰接，其作用是将柱身所受的力传递并分布给基础，并与基础有牢固的连接。柱脚一般由底板、靴梁、肋板、隔板和锚栓等构成，几种常用的铰接柱脚形式如图（8-32）所示。因为基础混凝土强度远低于钢材，因此必须把柱的底部放大，以增加其与基础顶部的接触面积。

图 8-32（a）是一种最简单的柱脚构造形式，在柱下端仅焊一块底板，柱中压力由焊缝传递至底板，再传递给基础。该柱脚只能用于小型柱，若用于大型柱，底板会太厚，此时可考虑采用图 8-32（b）、（c）、（d）所示的柱脚形式，在柱端部与底部之间增设一些中间传力零件，如靴梁、隔板和肋板等，以增加柱与底板的连接焊缝长度，并将底板分隔成几个区格，使底板的弯矩减小，厚度减薄。图 8-32（c）是仅采用靴梁的形式。图 8-32（b）、（d）是分别采用了隔板与肋板的形式。

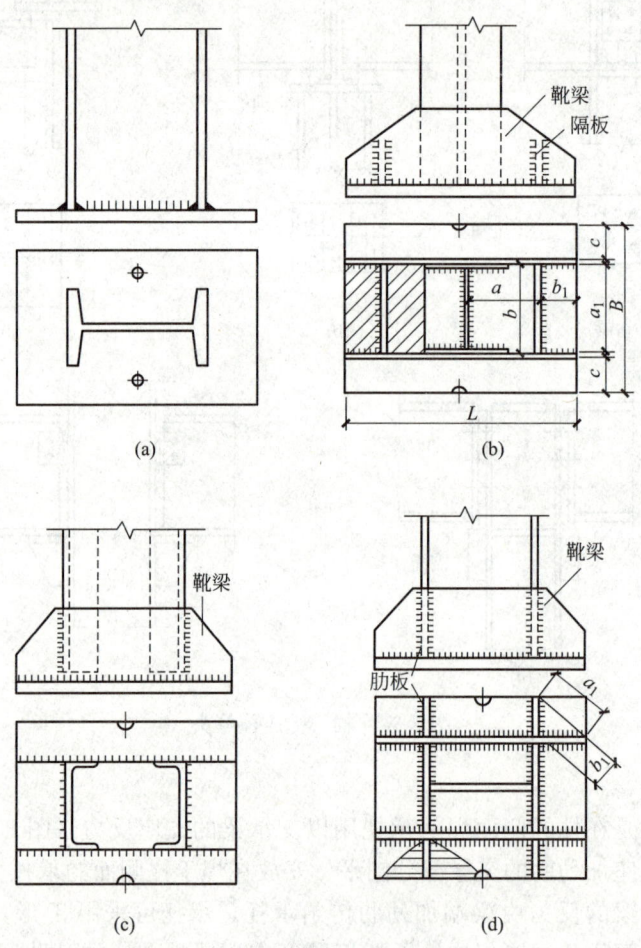

图 8-32　铰接柱脚

柱脚是利用预埋在基础中的锚栓来固定其位置的。柱脚只沿着一条轴线设置两个连接于底板上的锚栓，以使柱端能绕此轴线转动；当柱端绕另一轴线转动时，由于锚栓固定在底板上，底板抗弯刚度很小，锚栓受拉时，底板会产生弯曲变形，对柱端转动的阻力不大，因而此种柱脚仍可视为铰接。底板上的锚栓孔的直径应比锚栓直径大 1～1.5mm，待柱安装就位并调整到设计位置后，再用垫板套住锚栓并与底板焊接。垫板上的孔径应比锚栓直径大 1～2mm，在铰接柱脚中，锚栓不需计算，按构造设置。

8.2　钢梁

8.2.1　钢梁的强度与刚度

钢梁属于受弯构件，是钢结构中应用广泛的一种基本构件。其截面形式有实腹式和格构式两大类，在实际工程中，钢梁主要用作多层和高层房屋中的楼盖梁，厂房中的工作平台梁、吊车梁等。

1. 钢梁的类型及截面形式（图8-33）

钢梁根据支承条件，可分为简支钢梁、连续钢梁、悬臂钢梁和外伸钢梁；根据制作方法分为型钢梁和组合梁两类。型钢梁分为热轧型钢梁和冷弯薄壁型钢梁两种。热轧型钢梁常采用工字钢、H型钢和槽钢。H型钢的截面分布最合理，翼缘内外边缘平行，与其他构件连接方便，应优先采用。槽钢因其截面是单轴对称，荷载常常不通过截面的弯曲中心，受弯的同时会产生约束扭转，以致影响梁的承载能力，故常用于在构造上能保证截面不发生显著扭曲，且跨度很小的次梁或屋盖檩条，以及小的次梁或屋盖檩条。

当受荷较小、跨度不大时常采用冷弯薄壁型钢梁（图8-33j～m），可有效节省钢材。当荷载较大或跨度较大时，受规格限制，型钢梁常不能满足承载能力或刚度的要求，为最大限度地节省钢材，可考虑采用组合梁（图8-33e～i）。组合梁可制成对称工字形、不对称工字形或双腹式箱形截面等，其中焊接工字形截面最为常用。当荷载很大而高度受到限制或需要较高的截面抗扭刚度时，可采用箱形截面。

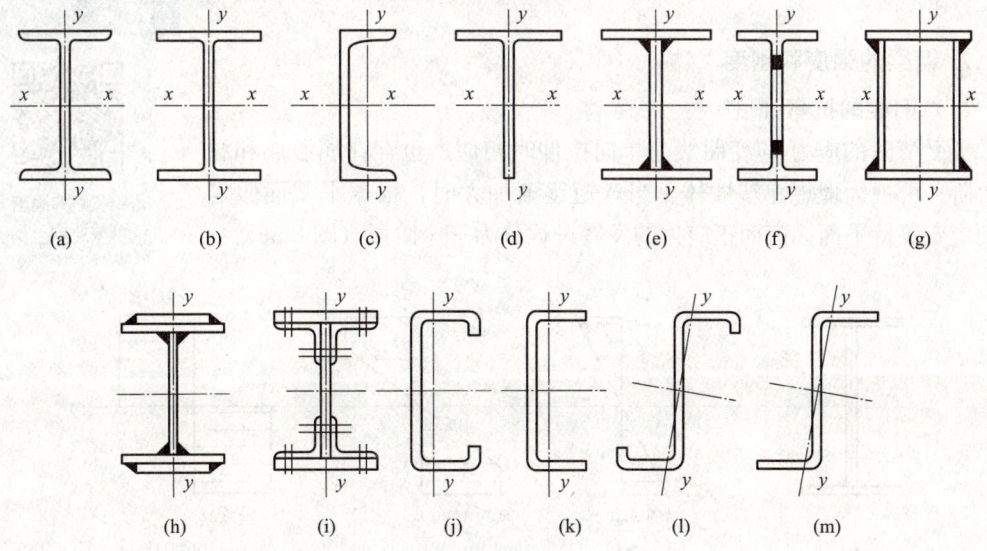

图8-33　钢梁的截面形式

工字形钢梁受弯时翼缘应力大、腹板应力小，为充分利用钢材的强度，焊接梁的翼缘可采用强度较高的低合金钢，而腹板则采用强度较低的钢材，即所谓异种钢梁。也可将工字形钢的腹板沿梯形齿状线切割成两半，然后错开半个节距（图 8-34），为蜂窝钢梁。蜂窝钢梁由于截面高度增大，提高了承载力，而且腹板的孔洞可作为设备通道，是一种较经济、合理的截面形式，在高层房屋楼盖中经常采用。

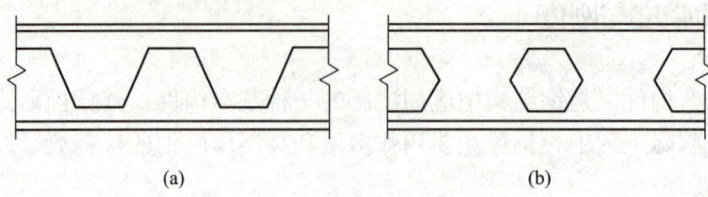

(a)　　　　　　　　　　　(b)

图 8-34　蜂窝钢梁

单向弯曲梁是在荷载作用下只在一个主轴平面内受弯的工字梁（图 8-35a），在荷载作用下绕主轴上 x-x 产生弯矩 M_x，使梁沿处 y-y 平面内弯曲。双向弯曲梁（图 8-35b）是在两个主平面内受弯的梁。

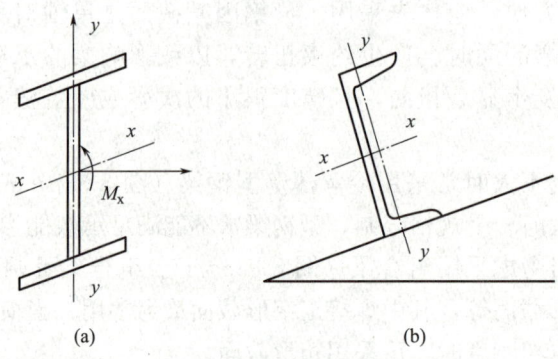

(a)　　　　　　　　　　　(b)

图 8-35　单向和双向弯曲梁

微课

钢梁抗弯强度
试验研究

2. 钢梁的强度和刚度

（1）钢梁的抗弯强度

梁受弯时的应力-应变曲线与单向拉伸时相似，也存在屈服点和屈服台阶，可视为理想弹塑性体。当弯矩逐渐加大时，根据平截面假定截面应变保持平面，截面正应力的发展过程分为三个阶段（图 8-36）：

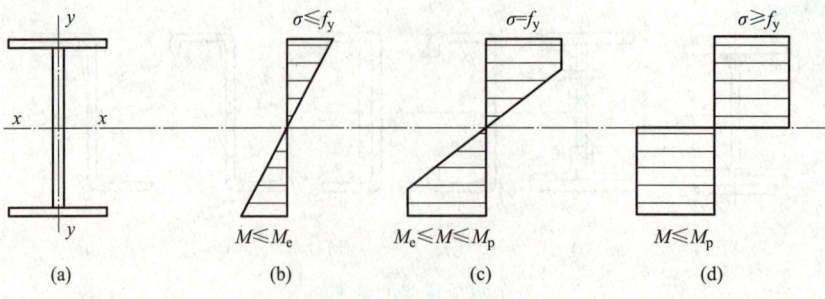

(a)　　　　(b)　　　　(c)　　　　(d)

图 8-36　钢梁的弯曲正应力分布

第一个阶段——弹性阶段：当作用于钢梁上的弯矩较小时，钢梁全截面处于弹性工作阶段，应力与应变成正比，截面上的应力分布为直线。随着弯矩的增大，正应力按比例增加。当钢梁截面边缘纤维的最大正应力达到屈服点 f_y 时，表示弹性阶段结束，相应的弯矩称为弹性极限弯矩。

$$M_{xe} = f_y W_{nx} \tag{8-71}$$

式中　W_{nx}——钢梁净截面（弹性）抵抗矩。

第二个阶段——弹塑性阶段：弯矩继续增大，钢梁截面边缘应力保持 f_y 不变，而截面的上、下边，凡是应变值达到和超过 ε_y 的部分，其应力都相应达到 f_y，形成两端塑性区、中间弹性区。

第三个阶段——塑性阶段：弯矩进一步增大，钢梁截面的塑性区不断向内发展，弹性核心不断变小。当弹性核心几乎完全消失时，整个截面进入塑性区，弯矩不再增加，而塑性变形急剧增大，钢梁在弯矩作用方向绕该截面中和轴自由转动，形成一个塑性铰，承载能力达到极限，此时的弯矩称为塑性弯矩。

$$M_{xp} = f_y(S_{1nx} + S_{2nx}) = f_y W_{pnx} \tag{8-72}$$

式中　S_{1nx}——中和轴以上净截面对中和轴的面积矩；

　　　S_{2nx}——中和轴以下净截面对中和轴的面积矩；

　　　W_{pnx}——梁净截面塑性抵抗距。

塑性抵抗矩与弹性抵抗矩之比为：

$$\gamma_f = \frac{W_{pnx}}{W_{nx}} = \frac{M_{xp}}{M_{xe}} \tag{8-73}$$

γ_f 称为截面形状系数，其值只取决于截面的几何形状，而与材料的性质无关。对于矩形截面为 $\gamma_f = 1.5$，圆截面为 $\gamma_f = 1.7$，圆管截面 $\gamma_f = 1.27$。工字形截面绕强轴为在 $1.10 \sim 1.17$ 之间，绕弱轴时 $\gamma_f = 1.5$。

钢材本身有较好的塑性，在钢梁的抗弯强度计算时，按弹性设计偏于保守，考虑截面塑性发展比不考虑要节省钢材。但钢梁的截面应力发展到塑性时，可能使其的挠度过大，受压翼缘过早失去局部稳定。因此，《钢结构标准》规定，除直接承受动力荷载或受压翼缘自由外伸宽度 b 与其厚度 t 之比超过 $13\sqrt{235/f_y}$ 的钢梁仍采用弹性设计外，一般的静定钢梁可考虑部分发展塑性变形来计算钢梁的弯曲刚度，截面上的塑性发展区在钢梁高的 $1/8 \sim 1/4$ 范围内，一般取 $h/8$。这样，钢梁的抗弯强度按下列规定计算：

单向弯曲

$$\sigma = \frac{M_x}{\gamma_x W_{nx}} \leqslant f \tag{8-74}$$

双向弯曲

$$\sigma = \frac{M_x}{\gamma_x W_{nx}} + \frac{M_y}{\gamma_y W_{ny}} \leqslant f \tag{8-75}$$

式中　M_x、M_y——计算截面处绕 x 轴和 y 轴的弯矩设计值（对工字形截面：x 轴为强轴，y 轴为弱轴）；

　　　W_{nx}、W_{ny}——对 x 轴和 y 轴的净截面抵抗矩；

γ_x、γ_y ——截面塑性发展系数：当梁受压翼缘的自由外伸宽度与其厚度之比满足 $b_t/t \leqslant 13\sqrt{235/f_y}$ 时，对工字形截面，$\gamma_x = 1.05$，$\gamma_y = 1.2$；对箱形截面，γ_x、$\gamma_y = 1.05$；对其他截面，可按表 8-7 计算。

对直接承受动力荷载、采用冷弯薄壁型钢、格构式截面绕虚轴弯曲、受压翼缘的自由外伸宽度与其厚度之比在 $13\sqrt{235/f_y} \sim 15\sqrt{235/f_y}$ 之间的组合梁，均应取 $\gamma_x = \gamma_y = 1.0$。当钢梁的抗弯强度不够时，增大钢梁截面的任一尺寸均可，但以增加钢梁的高度最为显著。

（2）钢梁的抗剪强度

一般情况下，钢梁承受弯矩和剪力的共同作用。钢梁剪应力的验算公式为：

$$\tau = \frac{VS}{It_w} \leqslant f_v \tag{8-76}$$

式中　V ——计算截面沿腹板平面作用的剪力；

　　　S ——计算剪应力处以上（或以下）毛截面对中和轴的面积矩；

　　　I ——毛截面惯性矩；

　　　t_w ——腹板厚度；

　　　f_v ——钢材的抗剪强度设计值。

当钢梁的抗剪强度不足时，最有效的办法是增大腹板的面积，但腹板高度一般由钢梁的刚度条件和构造要求确定，故设计时常采用加大腹板厚度的办法来增大钢梁的抗剪强度。

（3）钢梁的局部承压强度

当钢梁的翼缘受沿腹板平面作用的集中荷载，且该荷载处又未设置支撑加劲肋，那么邻近荷载作用处腹板计算高度边缘将会受到较大的局部承压应力（图 8-37）。

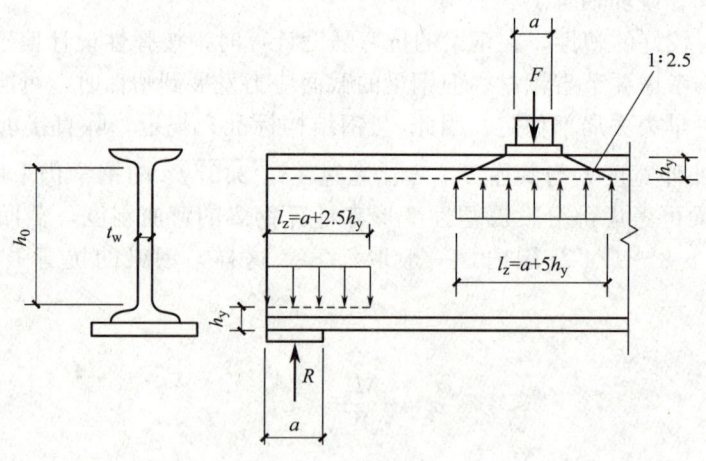

图 8-37　钢梁局部压应力

为避免腹板屈服，应验算腹板计算高度边缘的局部承压强度，即：

$$\sigma_c = \frac{\psi F}{t_w l_z} \leqslant f \tag{8-77}$$

式中　F ——集中荷载，对动力荷载应考虑动力系数；

ψ ——集中荷载增大系数，对重级工作制吊车梁，$\psi=1.35$；对其他钢梁 $\psi=1.0$；

l_z ——集中荷载在腹板计算高度边缘的假定分布长度，按下式计算；

跨中集中荷载：$l_z=a+5h_y+2h_R$；

梁端支反力：$l_z=a+2.5h_y$。

a ——集中荷载沿梁跨度方向的支承长度，对吊车梁可取 50mm；

h_y ——梁承载边缘到腹板计算高度边缘的距离；

h_R ——轨道的高度，钢梁顶无轨道时取值为 0。

腹板的计算高度 h_0：对轧制型钢梁，为腹板与上、下翼缘相接处两内弧起点间距离；对焊接组合梁，为腹板高度；对铆接（或高强度螺栓连接）组合钢梁，为上、下翼缘与腹板连接的铆钉（或高强度螺栓）线间最近距离。

当验算不满足时，对固定集中荷载处（包括支座处）应设置支承加劲肋，并对支承加劲肋进行计算；对移动集中荷载，则应加大腹板厚度。对于翼缘上作用有均布荷载的钢梁，因腹板上边缘局部压应力不大，不需要进行局部压应力的验算。

（4）受弯构件在复杂应力作用下的强度计算

在梁的腹板计算高度边缘处，当同时有较大的正应力、剪应力和局部压应力，或同时有较大的正应力和剪应力时，使该点处在复杂应力状态下，应按下式验算该处的折算应力。

$$\sqrt{\sigma^2+\sigma_c^2-\sigma\sigma_c+3\tau^2}\leqslant\beta_1 f \tag{8-78}$$

式中 β_1 ——验算折算应力的强度设计值增大系数。当 σ 与 σ_c 异号时，取 $\beta_1=1.2$；当 σ 与 σ_c 同号时，取 $\beta_1=1.1$，这是由于异号应力场有利于塑性发展，提高了材料的设计强度；

σ、τ、σ_c ——分别为腹板计算高度边缘同一点上的正应力、剪应力和局部压应力。σ、σ_c 以拉应力为正值，压应力为负值；τ、σ_c 应按式（8-76）和式（8-77）计算，σ 应按下式计算：

$$\sigma=\frac{M_x}{I_{nx}}y_1 \tag{8-79}$$

式中 I_{nx} ——钢梁的净截面惯性矩；

y_1 ——所计算点至钢梁中和轴的距离。

（5）钢梁的刚度

刚度就是抵抗变形的能力，钢梁的刚度用荷载作用下的挠度大小来衡量。梁的挠度分别不超过下列限值，即：

$$v_T\leqslant[v_T] \tag{8-80a}$$

$$v_Q\leqslant[v_Q] \tag{8-80b}$$

式中 v_T、v_Q ——分别为全部荷载（包括永久和可变荷载）、可变荷载的标准值（不考虑荷载分项系数和动力系数）产生的最大挠度；

$[v_T]$、$[v_Q]$ ——分别为全部荷载（包括永久和可变荷载）、可变荷载的标准值产生的挠度的容许挠度值，详见表 8-8。

钢梁的挠度容许值　　　　　　　　　　　表 8-8

项次	构件类别	挠度容许值	
		$[v_T]$	$[v_Q]$
1	吊车梁和吊车桁架（按自重和起重量最大的一台吊车计算挠度） (1)手动起重机和单梁起重机（包括悬挂起重机） (2)轻级工作制桥式起重机 (3)中级工作制桥式起重机 (4)重级工作制桥式起重机	$l/500$ $l/750$ $l/900$ $l/1000$	—
2	手动或电动葫芦的轨道梁	$l/400$	—
3	有重轨（重量大于或等于 38kg/m）轨道的工作平台梁 有轻轨（重量小于或等于 24kg/m）轨道的工作平台梁	$l/600$ $l/400$	
4	楼（屋）盖梁或桁架、工作平台梁（第 3 项除外）和平台板 (1)主梁或桁架（包括设有悬挂起重设备的梁和桁架） (2)仅支承压型金属板屋面和冷弯型钢檩条 (3)除支承压型金属板屋面和冷弯型钢檩条外，尚有吊顶 (4)抹灰顶棚的次梁 (5)除(1)~(4)款外的其他梁（包括楼梯梁） (6)屋盖檩条 支承压型金属板屋面者 支承其他屋面材料者 有吊顶 (7)平台板	$l/400$ $l/180$ $l/240$ $l/250$ $l/250$ $l/150$ $l/200$ $l/240$ $l/150$	$l/500$ $l/350$ $l/300$
5	墙架构件（风荷载不考虑阵风系数） (1)支柱（水平方向） (2)抗风桁架（作为连续支柱的支承时，水平位移） (3)砌体墙的横梁（水平方向） (4)支承压型金属板的横梁（水平方向） (5)支承其他墙面材料的横梁（水平方向） (6)带有玻璃窗的横梁（竖直和水平方向）	— — — — — $l/200$	$l/400$ $l/1000$ $l/300$ $l/100$ $l/200$ $l/200$

 小问题

与混凝土结构相比，对应的钢结构构件设计过程主要区别是什么？

8.2.2　钢梁的整体稳定与局部稳定

1. 钢梁的整体失稳

当钢梁上的荷载增大到某一数值后，会突然离开受弯平面出现显著的侧向弯曲和扭转，并立即丧失承载能力，这就是钢梁的整体失稳（图 8-38）。为了提高其抗弯强度和刚度，钢梁大多采用截面高而窄的工字形截面，两个主轴惯性矩相差极大，即 $I_x \gg I_y$，x 轴为强轴，y 轴为弱轴。因此，当钢梁在其最大刚度平面内受到不太大的横向荷载 F 作用时（图 8-38a），由于荷载作用线通过截面剪心，因此钢梁只在最大刚度平面内发生弯曲变形，而不会发生扭转。当横向荷载 F 逐渐增大到某一数值时，由于抗侧向弯曲刚度 EI 很小，钢梁会因突然出现侧向弯曲和扭转，而丧失承载能力。

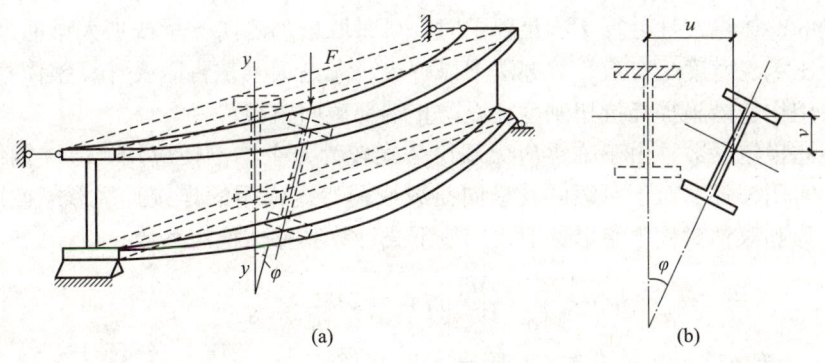

图 8-38 简支钢梁整体失稳

2. 钢梁整体稳定验算

当钢梁符合下列情况之一时不需要验算其整体稳定性：

（1）有铺板（各种钢筋混凝土板和钢板）密铺在钢梁的受压翼缘上并与其牢固相连，能阻止钢梁受压翼缘的侧向位移时。

（2）H 型钢或等截面工字形简支钢梁受压翼缘的自由长度与其宽度之比 l/b 不超过表 8-9 所规定的数值时。

H 型钢或等截面工字形简支钢梁不需计算整体稳定性的最大 l/b 值   表 8-9

钢号	跨中无侧向支撑点的梁		跨中有侧向支撑点的梁
	荷载作用于上翼缘	荷载作用于下翼缘	
Q235	13	20	16
Q355	10.6	16.3	13
Q390	10	15.5	12.5
Q420	9.5	15	12

（3）对箱形截面简支钢梁，其截面尺寸满足 $h/b_0 \leqslant 6$，且 $l/b_0 \leqslant 95 \ (235/f_y)$ 时（箱形截面的此条件很容易满足）。

当不满足上述条件时，需进行整体稳定性计算，其计算公式为：

$$\frac{M_x}{\varphi_b W_x} \leqslant f \tag{8-81}$$

式中 M_x——绕强轴作用的最大弯矩；

        W_x——按受压纤维确定的梁毛截面模量；

        φ_b——梁的整体稳定性系数，$\varphi_b = \sigma_{cr}/f_y$。

在双向受弯的 H 型钢截面或工字形截面构件，其稳定性应按下式计算：

$$\frac{M_x}{\varphi_b W_x} + \frac{M_y}{\gamma_y W_y} \leqslant f \tag{8-82}$$

式中 W_x、W_y——按受压纤维确定的对 x 轴和对 y 轴的钢梁毛截面模量；

        M_x、M_y——绕强轴 x 轴、绕弱轴 y 轴作用的弯矩；

        φ_b——绕强轴弯曲所确定的钢梁整体稳定系数；

        γ_y——绕弱轴的截面塑性发展系数。

当钢梁的整体稳定性计算不满足要求时，可采取增加侧向支承或加大梁的尺寸（以增加钢梁的受压翼缘宽度最有效）等办法予以解决。无论钢梁是否需要计算整体稳定性，在梁端必须采用构造措施提高抗扭刚度，以防止端部截面扭转。

关于整体稳定系数，由于临界应力理论公式较为繁杂，不便应用，故《钢结构标准》采用简化的实用公式。对于一般的受横向荷载或端弯矩作用的焊接工字形等截面简支梁，包括单轴对称和双轴对称工字形截面，应按下式计算其整体稳定系数。

$$\varphi_b = \beta_b \cdot \frac{4320}{\lambda_y^2} \cdot \frac{Ah}{W_x} \left[\sqrt{1 + \left(\frac{\lambda_y t_1}{4.4h} \right)^2} + \eta_b \right] \frac{235}{f_y} \tag{8-83}$$

式中　β_b ——等效临界弯矩系数，按附录 4 采用；

　　　λ_y ——钢梁在侧向支承点间对截面弱轴 y-y 的长细比，$\lambda_y = l_1/i_y$，其中，l_1 为钢梁的受压翼缘侧向支承点间的距离，i_y 为钢梁毛截面对 y 轴的回转半径；

　　　A ——钢梁的毛截面面积；

　h、t_1 ——钢梁截面的全高和受压翼缘厚度；

　　　η_b ——截面不对称影响系数，按附录 4 采用，对双轴对称形截面 $\eta_b = 0$。

各类截面受弯构件，其整体稳定系数都是按弹性理论求得的。研究表明，当求得 $\varphi_b > 0.6$ 时，相应的临界应力超过了比例极限，构件已发生了较大的塑性变形，临界应力有明显降低。因此，计算得 $\varphi_b > 0.6$ 时，应对 φ_b 进行修正，用 φ_b' 代替 φ_b 进行钢梁的整体稳定性计算，即：

$$\varphi_b' = 1.07 - \frac{0.282}{\varphi_b} \tag{8-84}$$

3. 影响钢梁整体稳定的主要因素

（1）受压翼缘的自由长度 l

由于钢梁的整体失稳变形包括侧向弯曲和扭转，因此，沿钢梁的长度方向设置一定数量的侧向支承就可以有效提高钢梁的整体稳定性。侧向支承点的位置对提高钢梁的整体稳定性也有很大影响。若只在钢梁的剪心处设置支承，只能阻止钢梁在剪心点发生侧向移动，而不能有效阻止截面扭转，效果不理想。因为钢梁整体失稳起因在于受压翼缘的侧向变形，故在钢梁的受压翼缘设置支承，减小受压翼缘的自由长度 l，阻止该翼缘侧移，扭转也就不会发生。

（2）截面尺寸

如果钢梁的截面惯性矩越大，侧向抗弯刚度 EI_y、抗扭刚度 GI_t 越大，则临界弯矩 M_{cr} 越大，受弯构件的整体稳定性能可大大提高。对于同一种截面形式，加强受压翼缘比加强受拉翼缘有利。加强受压翼缘时截面的剪心位于截面形心之上，减小了截面上荷载作用点至剪心距离即扭矩的力臂，从而减小了扭矩，提高了构件的整体稳定承载力。

（3）支承情况

钢梁端支座对截面有约束作用，两端支承条件不同，其抵抗弯扭屈曲的能力也不同，约束程度越强则抵抗屈曲能力越强。

（4）荷载类型

荷载作用位置对临界弯矩有影响，表 8-9 说明跨中作用一个集中荷载时临界弯矩最大，纯弯曲时临界弯矩最小，而荷载作用在下翼缘比作用在上翼缘的临界弯矩大。

钢结构与环境保护

　　现阶段，我国在积极推动社会的可持续发展，在土木工程建筑施工中，所面临的施工环境也发生了很多变化，必须要做到节能环保。而钢结构在节能环保方面有着明显的优势，可以实现回收利用，同时安装更为便捷，能够有效降低工程施工总量，同时减少施工过程中出现的粉尘与噪声污染。凭借自身成本投入少以及回收利用的优势，钢结构在目前的建筑市场中得到了广泛应用。通过在土木工程施工中积极地应用钢结构，可以更好地实现建筑企业利润空间的拓展，为可持续发展战略的有效落实提供保障。

4. 钢梁的局部稳定及加劲肋设计

　　组合钢梁一般由翼缘和腹板等板件连接组成，为提高钢梁的刚度、强度及整体稳定承载能力，应遵循宽肢薄壁的设计原则，常采用高而薄的腹板和宽而薄的翼缘。如果这些板件减薄加宽得不恰当，板中压应力或剪应力达到某一数值后，腹板或受压翼缘有可能偏离其平面位置，出现波形鼓曲（图 8-39），这种现象称为钢梁的局部失稳。

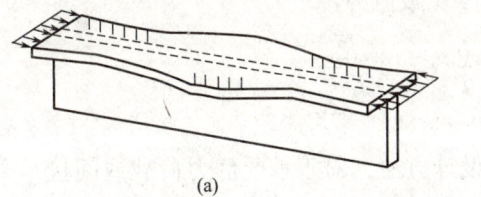

图 8-39　钢梁的局部稳定

　　热轧型钢梁由于其翼缘和腹板宽厚比较小，都能满足局部稳定要求，不需要验算。对冷弯薄壁型钢梁的受压或受弯构件，宽厚比不超过规定的限值时，认为板件全部有效；当超过限值时，则只考虑一部分宽度有效，按规定计算。

　　（1）受压翼缘的局部稳定

　　钢梁的受压翼缘板主要受均布压应力作用，为了充分发挥材料强度，翼缘的合理设计是采用一定厚度的钢板，让其临界应力 σ_{cr} 不低于钢材的屈服点 f_y，从而使翼缘不丧失稳定。一般采用限制宽厚比的方法来保证梁受压翼缘板的稳定性。矩形薄板弹塑性稳定临界应力为：

$$\sigma_{cr} = \beta\chi\, \frac{\pi^2 E}{12(1-\nu^2)}\left(\frac{t}{b}\right)^2 \tag{8-85}$$

式中　E ——钢材的弹性模量；

　　　ν ——泊松比；

　　　t ——板的厚度；

　　　b ——板的宽度；

　　　β ——屈曲系数；

　　　χ ——弹性嵌固系数。

　　组合钢梁是由翼缘和腹板组成的，钢梁局部失稳时还需考虑实际板件与板件之间的相互嵌固作用，弹性嵌固的程度取决于相互连接的板件的刚度。将 $E = 206\times10^3 \mathrm{N/mm^2}$ 和

$\nu = 0.3$ 代入式（8-85）得：

$$\sigma_{cr} = 18.6\beta\chi\left(\frac{100t}{b}\right)^2 \tag{8-86}$$

钢梁的受压翼缘板的悬伸部分为三边简支板，板长 a 趋于无穷大时，其屈曲系数 $\beta = 0.425 + b^2/a^2$，腹板对翼缘的约束作用很小（可忽略），取嵌固系数 $\chi = 1.0$，取 $\eta = 0.25$，由 $\sigma_{cr} \geqslant f_y$，代入式（8-86）得：

$$\sigma_{cr} = 18.6 \times 0.425 \times 1.0\sqrt{0.25}\left(\frac{100t}{b}\right)^2 \geqslant f_y \tag{8-87}$$

钢梁受压翼缘自由外伸宽度 b 与其厚度 t 之比应满足以下条件：

$$\frac{b}{t} \leqslant 13\sqrt{\frac{235}{f_y}} \tag{8-88}$$

当按弹性设计时，钢梁受压翼缘自由外伸宽度 b 与其厚度 t 之比满足的条件为：

$$\frac{b}{t} \leqslant 15\sqrt{\frac{235}{f_y}} \tag{8-89}$$

箱形截面在两腹板间的受压翼缘可按四边简支纵向均匀受压板计算，取 $\beta = 4.0$，$\eta = 0.25$，$\chi = 1.0$，由 $\sigma \geqslant f_y$，得其宽厚比限值为：

$$\frac{b}{t} \leqslant 40\sqrt{\frac{235}{f_y}} \tag{8-90}$$

（2）腹板的局部稳定

组合钢梁腹板的局部稳定有两种设计方法：对于承受静力荷载或间接承受动力荷载的组合钢梁，宜考虑腹板屈曲后强度，即允许腹板在钢梁整体失稳之前屈曲，布置加劲肋并计算其抗弯和抗剪承载力；对于直接承受动力荷载的吊车钢梁及类似构件，或设计中不考虑屈曲后强度的组合钢梁，其腹板的稳定性及加劲肋设置与计算如本节所述。

1）三种应力单独作用下的临界应力

① 腹板的纯剪屈曲

当腹板假定为四边简支受均匀剪应力的矩形板时（图 8-40），板的剪应力为：

$$\tau_{cr} = \beta\frac{\pi^2 E}{12(1-\nu^2)}\left(\frac{t}{b}\right)^2 \tag{8-91}$$

式中　β——屈曲系数。

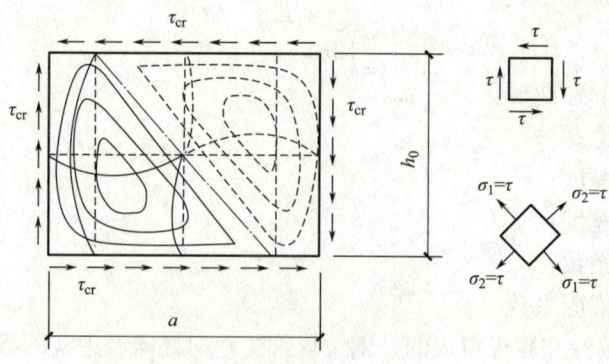

图 8-40　板的纯剪屈曲

将 $E = 206 \times 10^3 \text{N/mm}^2$ 和 $\nu = 0.3$ 代入上式,并考虑翼缘对腹板的弹性嵌固作用,取嵌固系数 $\chi = 1.23$,用 t_w 表示腹板的厚度,用板高 h_0 代替 b,则:

$$\tau_{cr} = \beta\chi \frac{\pi^2 E}{12(1-\nu^2)} \left(\frac{t_w}{h_0}\right)^2 = 1.23 \times 18.6\beta \left(100\frac{t_w}{h_0}\right)^2 \tag{8-92}$$

当 $a/h_0 \leqslant 1.0$ 时

$$\beta = 4 + \frac{5.34}{(a/h_0)^2}$$

当 $a/h_0 > 1.0$ 时

$$\beta = 5.34 + \frac{4}{(a/h_0)^2}$$

② 腹板的纯弯屈曲

腹板的纯弯屈曲下,其临界应力为:

$$\sigma_{cr} = \beta\chi \frac{\pi^2 E}{12(1-\nu^2)} \left(\frac{t_w}{h_0}\right)^2 = 18.6\beta\chi \left(100\frac{t_w}{h_0}\right)^2 \tag{8-93}$$

对于四边简支板,取屈曲系数 $\beta = 23.9$,翼缘对腹板嵌固系数 $\chi = 1.66$(受压翼缘扭转受到约束,如连有刚性铺板、制动板或焊接钢轨时)和 $\chi = 1.23$(受压翼缘扭转未受到约束)时,分别得到下列表达式:

$$\sigma_{cr} = 738 \left(100\frac{t_w}{h_0}\right)^2 \tag{8-94}$$

$$\sigma_{cr} = 546 \left(100\frac{t_w}{h_0}\right)^2 \tag{8-95}$$

③ 腹板在局部压应力下的屈曲

在受弯构件的横向集中荷载作用下,会使腹板的一个边缘受压,属于单侧受压板,通过推导,可得临界应力为:

$$\sigma_{c,cr} = \beta\chi \frac{\pi^2 E}{12(1-\nu^2)} \left(\frac{t_w}{h_0}\right)^2$$

即:

$$\sigma_{c,cr} = 18.6\beta\chi \left(\frac{100t_w}{h_0}\right)^2 \tag{8-96}$$

承受局部压力的腹板,翼缘对其的嵌固系数 $\chi = 1.81 - 0.225/(a/h_0)$。

当压应力不均匀时,可能产生横向屈曲,屈曲系数 β 可按下式计算:

当 $0.5 \leqslant a/h_0 \leqslant 1.5$ 时

$$\beta = \frac{7.4}{a/h_0} - \frac{4.5}{(a/h_0)^2}$$

当 $1.5 < a/h_0 \leqslant 2.0$ 时

$$\beta = \frac{11.0}{a/h_0} - \frac{0.9}{(a/h_0)^2}$$

承受局部压应力的临界应力也分为塑性状态、弹塑性状态、弹性状态屈曲三段。当压应力均匀分布时,屈曲系数 β 为:

$$\beta = 2 + \frac{4}{(a/h_0)^2}$$

2）腹板稳定计算

屈曲弯曲应力、剪应力和局部压应力共同作用下，计算腹板的局部稳定时，应首先根据要求布置加劲肋，然后对腹板各区格进行验算。如果验算结果不符合要求，应重新布置加劲肋，再次验算，直到满足稳定要求。

通过对腹板临界应力的分析可知，增加腹板厚度、设计腹板加劲肋是提高腹板稳定性的有效措施，从经济效果上，后者是最佳的处理方式。加劲肋有支撑加劲肋、横向加劲肋、纵向加劲肋和短加劲肋等四种形式。横向加劲肋主要用于防止由剪应力和局部压应力作用可能引起的腹板失稳，纵向加劲肋主要用于防止由弯曲应力可能引起的腹板失稳，短加劲肋主要用于防止由局部压应力可能引起的腹板失稳。当集中荷载作用处设有支撑加劲肋时，将不再考虑集中荷载对腹板产生的局部压应力作用。

不考虑腹板屈曲后强度时，组合梁腹板宜按下列规定设置加劲肋（图 8-41），并计算各区格的稳定性。

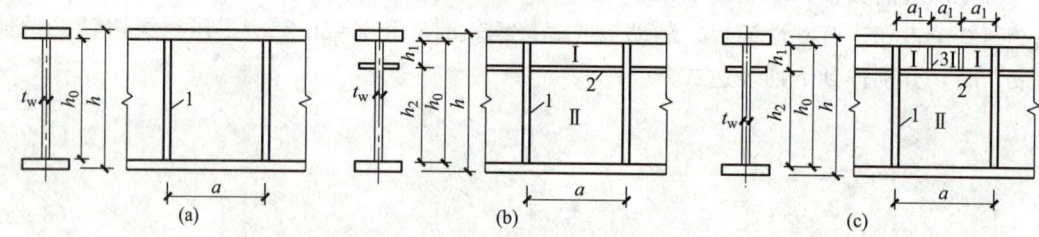

图 8-41　腹板加劲肋的布置

1—横向加劲肋；2—纵向加劲肋；3—短加劲肋

当 $h_0/t_w \leqslant 80\sqrt{235/f_y}$ 时，对有局部压应力（$\sigma_c \neq 0$）的梁，应按构造配置横向加劲肋；对无局部压应力（$\sigma_c \neq 0$）的梁，可不配置加劲肋。

当 $80\sqrt{235/f_y} < h_0/t_w$ 时，腹板可能由于剪应力作用而失稳，故须配置横向加劲肋。横向加劲肋的最小间距为 $0.5h_0$，最大间距为 $2h_0$；对 $\sigma_c \neq 0$ 的梁，可采用 $2.5h_0$。当 $h_0/t_w > 170\sqrt{235/f_y}$（受压翼缘扭转受到约束，如连有刚性铺板、制动板或焊有钢轨时），或 $h_0/t_w > 150\sqrt{235/f_y}$（受压翼缘扭转未受到约束时），或按计算需要时，应在弯曲应力较大区格的受压区增加配置纵向加劲肋。局部压应力很大的梁，必要时宜在受压区配置短加劲肋。

梁的支座处和上翼缘承受较大固定集中荷载处，应设置支承加劲肋。

在任何情况下都要满足 $h_0/t_w \leqslant 250\sqrt{235/f_y}$。

① 仅配置横向加劲肋的腹板（图 8-41a）对于仅配置横向加劲肋的腹板区格，同时有弯曲正应力 σ、均布剪应力 τ 及局部压应力 σ_c 的共同作用（图 8-42），区格板件的稳定按下式计算：

$$\left(\frac{\sigma}{\sigma_{cr}}\right)^2 + \left(\frac{\tau}{\tau_{cr}}\right)^2 + \frac{\sigma_c}{\sigma_{c,cr}} \leqslant 1.0 \tag{8-97}$$

建筑结构（上册）

配套答题册

班级：＿＿＿＿＿＿＿＿＿

学号：＿＿＿＿＿＿＿＿＿

姓名：＿＿＿＿＿＿＿＿＿

教学单元 3　钢筋混凝土受弯构件

教学单元4 钢筋混凝土拉、压构件

教学单元5　钢筋混凝土受扭构件

教学单元 6　预应力混凝土构件

教学单元 7　钢结构的连接

教学单元 8　钢结构基本构件

教学单元 9　砌体结构基本构件

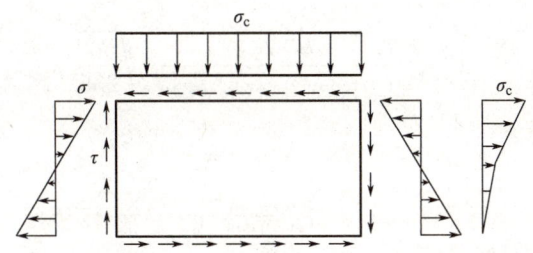

图 8-42　仅配置横向加劲肋的腹板受力状态

式中　　　σ——所计算腹板区格内，由平均弯矩产生的腹板计算高度边缘的弯曲压应力；

　　　　　τ——所计算腹板区格内，由平均剪力产生的腹板平均剪应力，按 $\tau = V/(h_0 t_w)$ 计算，h_0 为腹板高度；

　　　　　σ_c——腹板计算高度边缘的局部压应力，应按式（8-77）计算，取 $\varphi = 1.0$；

σ_{cr}、τ_{cr}、$\sigma_{c,cr}$——分别为各种应力单独作用下的临界应力。

由于腹板可能处于弹性工作状态，当板处于弹性工作状态时存在较大的屈曲后强度，因此，应该对这些临界应力做相应的弹塑性修正。

引入参数 λ，称其为腹板的通用高厚比，在腹板单独受弯、受剪、受局部压力时，分别用 λ_b、λ_s、λ_c 表示。

A. σ_{cr} 的计算

当梁受压翼缘扭转受到约束时

$$\lambda_b = \frac{2h_c/t_w}{177}\sqrt{\frac{f_y}{235}} \tag{8-98a}$$

当梁受压翼缘扭转未受到约束时

$$\lambda_b = \frac{2h_c/t_w}{153}\sqrt{\frac{f_y}{235}} \tag{8-98b}$$

式中　h_c——梁腹板弯曲受压区高度，对双轴对称截面 $2h_c = h_0$。

σ_{cr} 按下列公式计算：

当 $\lambda_b \leqslant 0.85$ 时

$$\sigma_{cr} = f \tag{8-99a}$$

当 $0.85 < \lambda_b \leqslant 1.25$ 时

$$\sigma_{cr} = [1 - 0.75(\lambda b - 0.85)]f \tag{8-99b}$$

当 $\lambda_b > 1.25$ 时

$$\sigma_{cr} = \frac{1.1f}{\lambda_b^2} \tag{8-99c}$$

B. τ_{cr} 的计算

当 $a/h_0 \leqslant 1.0$ 时

$$\lambda_s = \frac{h_0/t_w}{41\sqrt{4 + 5.34(h_0/a)^2}}\sqrt{\frac{f_y}{235}} \tag{8-100a}$$

当 $a/h_0 > 1.0$ 时

$$\lambda_s = \frac{h_0/t_w}{41\sqrt{5.34 + 4(h_0/a)^2}}\sqrt{\frac{f_y}{235}} \tag{8-100b}$$

τ_{cr} 按下列公式计算：

当 $\lambda_s \leqslant 0.8$ 时

$$\tau_{cr} = f_v \tag{8-101a}$$

当 $0.8 < \lambda_s \leqslant 1.2$ 时

$$\tau_{cr} = [1 - 0.59(\lambda_s - 0.8)]f_v \tag{8-101b}$$

当 $\lambda_s > 1.2$ 时

$$\tau_{cr} = 1.1f_v/\lambda_s^2 \tag{8-101c}$$

C. $\sigma_{c,cr}$ 的计算

当 $0.5 \leqslant a/h_0 \leqslant 1.5$ 时

$$\lambda_c = \frac{h_0/t_w}{28\sqrt{10.9 + 13.4(1.83 - a/h_0)^3}}\sqrt{\frac{f_y}{235}} \tag{8-102a}$$

当 $1.5 < a/h_0 \leqslant 2.0$ 时

$$\lambda_c = \frac{h_0/t_w}{28\sqrt{18.9 + 5a/h_0}}\sqrt{\frac{f_y}{235}} \tag{8-102b}$$

$\sigma_{c,cr}$ 按下列公式计算：

当 $\lambda_c \leqslant 0.9$ 时

$$\sigma_{c,cr} = f \tag{8-103a}$$

当 $0.9 < \lambda_c \leqslant 1.2$ 时

$$\sigma_{c,cr} = [1 - 0.79(\lambda_c - 0.9)]f \tag{8-103b}$$

当 $\lambda_c > 1.2$ 时

$$\sigma_{c,cr} = \frac{1.1f}{\lambda_c^2} \tag{8-103c}$$

② 同时配置横向加劲肋和纵向加劲肋加强的腹板

纵向加劲肋将腹板分为两个区格（图 8-43b），区格 I 和区格 II。

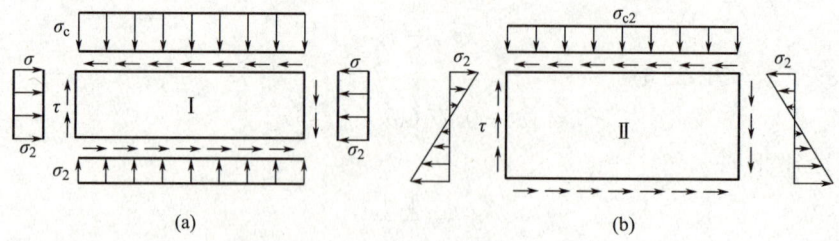

图 8-43 有纵向肋的腹板受力状态

A. 受压翼缘与纵向加劲肋之间的区格 I

区格 I 的受力状态见图（8-43a），区格高度 h_1，其局部稳定应满足下式：

$$\frac{\sigma_c}{\sigma_{c,cr}} + \left(\frac{\sigma}{\sigma_{crl}}\right)^2 + \left(\frac{\tau}{\tau_{crl}}\right)^2 \leqslant 1 \tag{8-104}$$

式中 σ_{crl}、τ_{crl}、$\sigma_{c,crl}$ 的具体计算如下：

σ_{crl} 按式（8-99）计算，式中 λ_b 用 λ_{bl} 代替，即：

当受压翼缘扭转受到约束时

$$\lambda_{bl} = \frac{h_1/t_w}{75}\sqrt{\frac{f_y}{235}} \tag{8-105}$$

当受压翼缘扭转未受到约束时

$$\lambda_{bl} = \frac{h_1/t_w}{64}\sqrt{\frac{f_y}{235}} \tag{8-106}$$

τ_{crl} 按式（8-101）计算，式中 h_0 用 h_1 代替。

$\sigma_{c,crl}$ 按式（8-103）计算，式中 λ_b 用 λ_{bl} 代替。

当受压翼缘扭转受到约束时

$$\lambda_{cl} = \frac{h_1/t_w}{56}\sqrt{\frac{f_y}{235}} \tag{8-107}$$

当受压翼缘扭转未受到约束时

$$\lambda_{cl} = \frac{h_1/t_w}{40}\sqrt{\frac{f_y}{235}} \tag{8-108}$$

则 $\sigma_{c,crl}$ 按下列公式计算：

当 $\lambda_{cl} \leqslant 0.85$ 时

$$\sigma_{c,crl} = f \tag{8-109}$$

当 $0.85 < \lambda_c \leqslant 1.25$ 时

$$\sigma_{c,crl} = [1 - 0.75(\lambda_{cl} - 0.85)]f \tag{8-110}$$

当 $\lambda_c > 1.25$ 时

$$\sigma_{c,crl} = \frac{f}{\lambda_c^2} \tag{8-111}$$

B. 受拉翼缘与纵向加劲肋之间的区格Ⅱ

区格Ⅱ的受力状态见图（8-43b），其局部稳定应满足下式：

$$\frac{\sigma_{c2}}{\sigma_{c,cr2}} + \left(\frac{\sigma_2}{\sigma_{cr2}}\right)^2 + \left(\frac{\tau}{\tau_{cr2}}\right)^2 \leqslant 1 \tag{8-112}$$

式中 σ_2 ——所计算区格内，由平均弯矩产生的腹板在纵向加劲肋处的弯曲压应力；

  σ_{c2} ——腹板在纵向加劲肋处的横向压应力，取 $0.3\sigma_c$。

其中 σ_{cr2} 按式（8-99）计算，但式中用 λ_{b2} 代替 λ_b，即：

$$\lambda_{b2} = \frac{h_2/t_w}{194}\sqrt{\frac{f_y}{235}} \tag{8-113}$$

τ_{cr2} 按式（8-107）计算，式中 h_0 用 h_2 代替（$h_2 = h_0 - h_1$）。

$\sigma_{c,cr2}$ 按式（8-108）计算，式中 h_0 改为 h_2。当 $a/h_2 > 2$ 时，取 $a/h_2 = 2$。

C. 同时配置横向加劲肋、纵向加劲肋和短加劲肋的腹板

其区格的局部稳定应按式（8-113）计算。σ_{crl}、τ_{crl}、$\sigma_{c,crl}$ 均按该式要求计算，但将式

中的 h_0 和 a 分别改为 h_1 和 a_1（a_1 为短加劲肋间距）。计算 $\sigma_{c,cr1}$ 时所用 λ_{c1} 改用下式：

当受压翼缘扭转受到约束时

$$\lambda_{c1} = \frac{h_1/t_w}{87}\sqrt{\frac{f_y}{235}} \tag{8-114}$$

当受压翼缘扭转未受到约束时

$$\lambda_{c1} = \frac{h_1/t_w}{73}\sqrt{\frac{f_y}{235}} \tag{8-115}$$

对 $a_1/h_1 \geqslant 1.2$ 的区格，上式右侧应乘以 $1/(0.4+0.5a_1/h_1)^{\frac{1}{2}}$。

（3）加劲肋的设计

焊接梁的加劲肋一般用钢板做成，并在腹板两侧成对布置（图 8-44）。对非吊车梁的中间加劲肋，为了节约钢材和减少制造工作量，也可单侧布置。

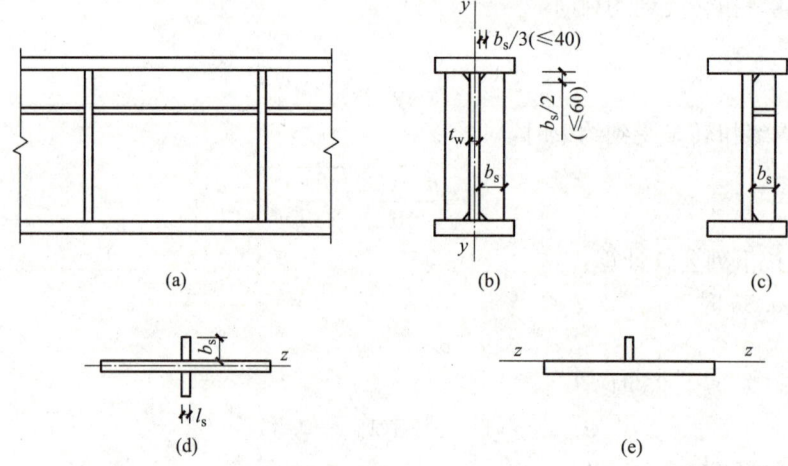

图 8-44 腹板加劲肋构造

1）加劲肋的构造和截面尺寸

横向加劲肋的间距 a 不得小于 $0.5h_0$，也不得大于 $2h_0$（对 $\sigma_c=0$ 的梁，当 $h_0/t_w \leqslant 100$ 时，可取 $2.5h_0$）。

加劲肋应有足够的刚度才能作为腹板的可靠支承，所以对加劲肋的截面尺寸和截面惯性矩应有一定的要求。双侧布置的钢板横向加劲肋的外伸宽度 b_s 应满足下式要求：

$$b_s \geqslant \frac{h_0}{30}+40 \tag{8-116}$$

单侧布置时，外伸宽度应比上式增大 20%。

加劲肋的厚度

$$t_s \geqslant \frac{b_s}{15} \tag{8-117}$$

当腹板同时用横向加劲肋和纵向加劲肋加强时，应在其相交处切断纵向加劲肋而使横向加劲肋保持连续。此时，横向加劲肋的截面尺寸除应符合上述规定外，尚应满足下式要求：

$$I_z \geqslant 3h_0 t_w^3 \tag{8-118}$$

纵向加劲肋的截面惯性矩，应满足下式的要求：

当 $a/h_0 \leqslant 0.85$ 时

$$I_y \geqslant 1.5 h_0 t_w^3 \tag{8-119}$$

当 $a/h_0 > 0.85$ 时

$$I_y \geqslant \left(2.5 - 0.45 \frac{a}{h_0}\right)\left(\frac{a}{h_0}\right)^2 3 h_0 t_w^3 \tag{8-120}$$

对大型梁，可采用以肢尖焊于腹板的角钢加劲肋，其截面惯性矩不得小于相应钢板加劲肋的惯性矩。计算加劲肋截面惯性矩的 y 轴和 z 轴：双侧加劲肋为腹板轴线；单侧加劲肋为与加劲肋相连的腹板边缘线。

为避免焊缝交叉，减小焊接应力，在加劲肋端部应切去宽约 $b_s/3$（但不大于 40mm）、高约 $b_s/2$（但不大于 60mm）的斜角（图 8-45b）。在纵、横加劲肋相交处，纵向加劲肋也要切角。对直接承受动力荷载的梁（如吊车梁），一般在中间横向加劲肋下端距受拉翼缘 50～100mm 处断开，以改善梁的抗疲劳性能。

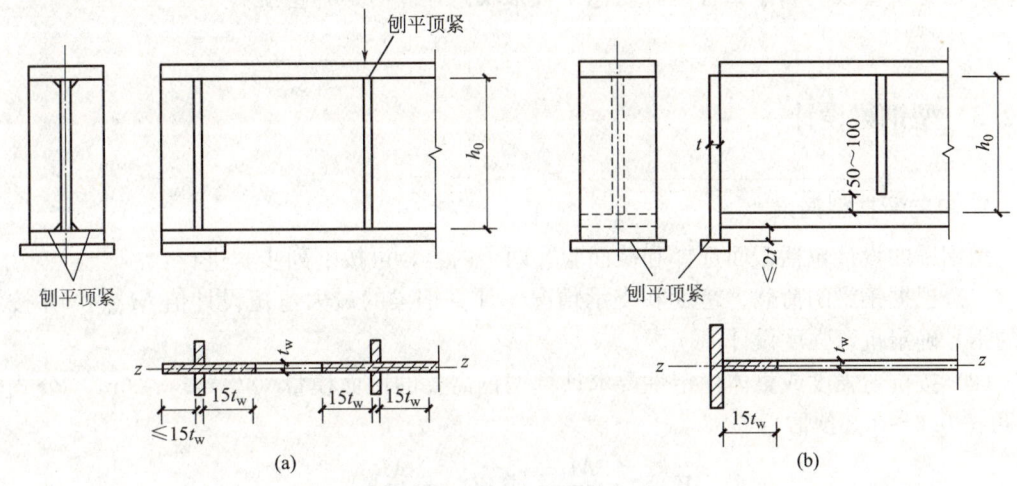

图 8-45　支承加劲肋的构造

（a）平板式支座；（b）突缘式支座

2）支承加劲肋的计算

支承加劲肋是指承受固定集中荷载或者支座反力的横向加劲肋，除要满足上述构造要求外，还要满足整体稳定和端面承压的要求，其截面往往比中间横向加劲肋大。

① 支承加劲肋的稳定性计算

支撑加劲肋按承受固定集中荷载或梁支座反力的轴心受压构件计算其在腹板平面外的稳定性，即：

$$\frac{N}{\varphi A} \leqslant f \tag{8-121}$$

式中　N ——支承加劲肋承受的集中荷载或支座反力；

　　　A ——支撑加劲肋受压构件的截面面积，它包括加劲肋截面面积和加劲肋每侧各 $15 t_w \sqrt{235/f_y}$ 范围内的腹板面积（图 8-45a 中阴影部分）；

　　　φ ——轴心压杆稳定系数。

② 端部承压的强度计算

支承加劲肋的端面承压应力强度为：

$$\sigma_{ce} = \frac{F}{A_{ce}} \leqslant f_{ce} \tag{8-122}$$

式中　A_{ce}——端部承压面积，即支承加劲肋与翼缘接触面的净面积；

　　　f_{ce}——钢材端面承压的强度设计值；

　　　F——集中荷载或支座反力。

③ 支承加劲肋与腹板连接的焊缝计算

支承加劲肋端部与腹板焊接时，应计算焊缝强度，计算时设焊缝承受全部集中荷载或支座反力，并假定应力沿焊缝全长均匀分布。

小问题

钢梁设计计算的过程中强度、刚度、整体稳定性和局部稳定性，属于承载能力极限状态计算的是哪些项？属于正常运行状态下极限状态计算的是哪些项？

8.2.3　型钢梁设计

1. 单向弯曲型钢梁

型钢梁的设计包括截面选择和截面验算两个内容，可按下列步骤进行：

（1）根据钢梁的荷载、跨度和支承情况，计算钢梁的最大弯矩设计值 M_{max}，并按所选的钢号确定抗弯强度设计值 f。

（2）按抗弯强度或整体稳定性要求计算型钢需要的截面模量（$l_1 = 5 \sim 6m$，公式中 φ_b 可按 $0.6 \sim 0.8$ 预估）：

$$W_{nxreq} = \frac{M_{max}}{\gamma_x f} \text{ 或 } W_{xreq} = \frac{M_{max}}{\varphi_b f}$$

然后由 W_{nxreq} 或 W_{xreq} 查型钢表，选择与其相近的型钢（尽量选用 a 类）。

（3）截面验算

1）强度

① 抗弯强度——按式（8-74）计算，式中 M_x，应加上自重产生的弯矩。

② 抗剪强度——按式（8-76）计算。

③ 局部承压强度——按式（8-77）计算。

由于型钢梁的腹板较厚，故一般均能满足抗剪强度和局部承压强度的要求，因此，若在最大剪力处截面无太大削弱，一般均可不作验算。折算应力亦可不作验算。

2）整体稳定

若没有能足够阻止钢梁受压翼缘侧向位移的密铺铺板和支承时，应按式（8-81）计算整体稳定性。

3）刚度验算

按式（8-80）计算。

【例 8-7】　试设计如图 8-46 所示工作平台梁格中的次梁。钢梁上铺 80mm 厚预制钢筋混凝土板和 30mm 厚素混凝土面层，预制板与次梁连牢，板上活荷载标准值 6kN/m² （静力荷载）。采用 H 型钢截面，钢材 Q235B。

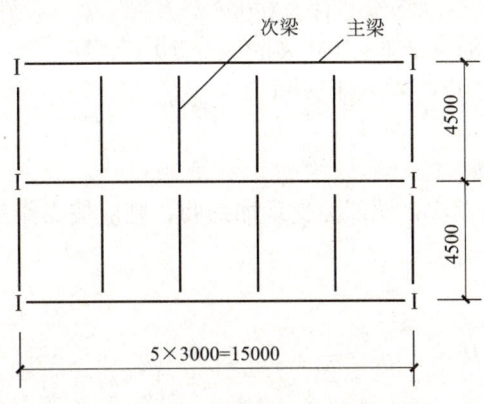

图 8-46　例题 8-7 附图

解：钢筋混凝土自重按 25kN/m³，素混凝土按 24kN/m³，则平台板和面层的重力标准值为

$$0.08 \times 25 + 0.03 \times 24 = 2.72 \text{kN/m}^2$$

次梁承受的线荷载标准值为 $q_k = 2.72 \times 3 + 6 \times 3 = 8.16 + 18 = 26.16 \text{kN/m}$

取 $\gamma_G = 1.3$，$\gamma_Q = 1.5$，则次梁承受的线荷载设计值为

$$q = 1.3 \times 8.16 + 1.5 \times 18 = 37.61 \text{kN/m}$$

最大弯矩设计值 $M_{max} = \dfrac{1}{8}ql^2 = \dfrac{1}{8} \times 37.61 \times 4.5^2 = 95.20 \text{kN} \cdot \text{m}$

（1）按强度条件选择截面（预制板与次梁连牢情况）

由抗弯强度计算公式确定需要的净截面模量，因系静力荷载，故可考虑截面塑性发展系数。

$$W_{nxreq} = \frac{M_{max}}{\gamma_x f} = \frac{95.20 \times 10^6}{1.05 \times 215} = 421705 \text{mm}^2 = 421.71 \text{cm}^2$$

查附表，选 HN 298×149×5.5×8，$W_x = 424 \text{cm}^3$，$I = 6320 \text{cm}^4$，自重 32.0kg/m = 0.31kN/m。

考虑自重后的荷载设计值 $q = 37.61 + 1.3 \times 0.31 = 38.01 \text{kN/m}$

考虑自重后的最大弯矩设计值 $M_x = \dfrac{1}{8} \times 38.01 \times 4.5^2 = 96.21 \text{kN} \cdot \text{m}$

（2）截面验算

1）抗弯强度验算

设最大弯矩截面无孔洞削弱，$W_{nx} = W_x$。$b/t = (149 - 5.5)/2 \times 8 = 9$，截面板件宽厚比等级属 S1 级，可取 $\gamma_x = 1.05$。

$$\frac{M_{max}}{\gamma_x W_{nx}} = \frac{96.21 \times 10^6}{1.05 \times 424 \times 10^3} = 216.1 \text{N/mm}^2 > f = 215 \text{N/mm}^2，但仅超过 0.5\%，可认为$$

满足要求。

2）刚度验算

查表 8-8 得工作平台次梁的挠度容许值 $[v_T]=l/250$，$[v_Q]=l/300$。

$$q_{kT}=26.16+0.31=26.47\text{kN/m}$$

$$\frac{v_T}{l}=\frac{5}{384}\cdot\frac{q_{kT}l^3}{EI_x}=\frac{5\times26.47\times4500^3}{384\times206\times10^3\times6320\times10^4}=\frac{1}{415}<\frac{[v_T]}{l}=\frac{1}{250}，满足。$$

$$\frac{v_Q}{l}=\frac{1}{415}\times\frac{18}{26.47}=\frac{1}{610}<\frac{[v_Q]}{l}=\frac{1}{300}，满足。$$

3）局部承压强度验算

若次梁放在主梁顶面上，且端部无支承加劲肋，则应按支座反力验算支座处局部承压强度。

支座反力

$$R=\frac{1}{2}ql=\frac{1}{2}\times33.56\times4.5=75.5\text{kN}$$

设支承长度 $a=80\text{mm}$，且支承板与梁端部齐平（$a_1=0$）。查附表得 H 型钢底面至腹板与翼缘相交圆角起点的距离为

$h_y=r+t=13+8=21\text{mm}$，腹板厚 $t_w=5.5\text{mm}$

$l_z=a+2.5h_y+a_1=80+2.5\times21+0=132.5\text{mm}$

$\sigma_c=\dfrac{\psi R}{t_w l_z}=\dfrac{1\times75.5\times10^3}{5.5\times132.5}=103.6\text{N/mm}^2<f=215\text{N/mm}^2$，满足。

计算出 σ_c 的数值较小。因此，若截面无太大削弱时，型钢梁的 σ_c 一般可不作计算。同样，剪应力和折算应力也可不作计算。

2. 双向弯曲型钢梁

双向弯曲型钢梁较广泛地用于屋面檩条和墙梁。一般将檩条采用的型钢腹板垂直于屋面放置，故其在两个主平面受弯。墙梁因兼受墙体材料的重力和墙面传来的水平风荷载，故也是双向受弯梁。现以檩条为例对双向弯曲型钢梁加以论述。

（1）檩条的形式和构造

檩条的截面常采用槽钢、H 型钢和 Z 形或槽形（亦称 C 形）冷弯薄壁型钢。槽钢檩条（图 8-47a）应用普遍，但其壁较厚，强度不能充分利用，用钢量较大。H 型钢（HN型）檩条（图 8-47b）适用于跨度较大的情况，能较好地满足强度和刚度要求。Z 形或槽形薄壁型钢檩条适用于轻型屋面（压型钢板、夹芯保温板等），尤其是 Z 形钢檩条（图 8-47c）受力合理，荷载方向靠近主轴的弱轴，故基本上为强轴（x 轴）受弯，其用钢量可比槽钢檩条少得多。

槽钢和 Z 形薄壁型钢檩条的侧向刚度较小，当跨度较大时，可在其跨中设置 1～2 道拉条，以减小侧向弯矩。

（2）檩条的计算

1）强度

檩条型钢的腹板由于与屋面垂直放置，故在屋面竖向荷载 q 的作用下，其截面的两个主轴方向分别承受 $q_x=q\sin\varphi$ 和 $q_y=q\cos\varphi$ 分力的作用（φ 为 q 与主轴 y 的夹角），从而产生双向弯曲。如荷载偏离截面的剪心，还要产生扭转。但一般偏心不大，且屋面材料和拉

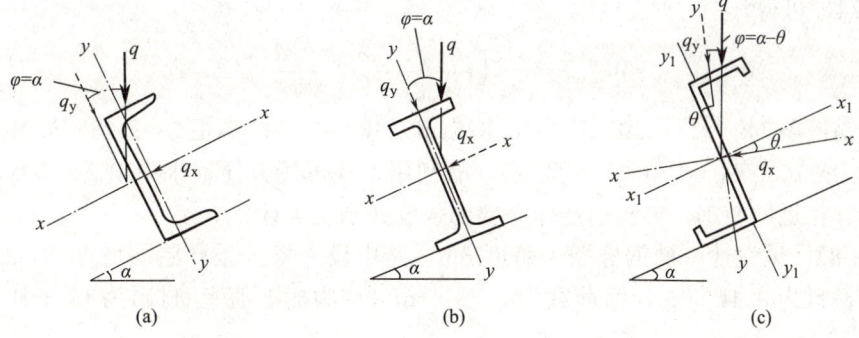

图 8-47 檩条截面形式

条对阻止檩条扭转能起一定作用，故扭矩的影响可不考虑，只需按双向受弯构件作强度计算。另外，型钢檩条的壁厚较大，其抗剪和局部承压强度可不计算，因此仅需按式（8-75）计算抗弯强度。式中 M_y，在无拉条时，按简支梁计算；在有拉条时，按多跨连续梁计算（图 8-48）。

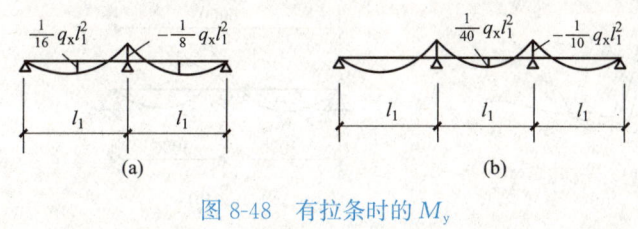

图 8-48 有拉条时的 M_y

（a）一根拉条；（b）二根拉条

2）整体稳定性

当檩条有拉条时，一般可不计算整体稳定性。当无拉条且屋面材料刚性较弱（如石棉瓦、瓦楞铁等），在构造上不能阻止受压翼缘侧向位移时，对 H 型钢或工字钢檩条，可按式（8-82）计算整体稳定性。

3）刚度

有拉条时，檩条一般只计算垂直于屋面方向的最大挠度不超过挠度容许值，以保证屋面的平整，即

$$v_T = \frac{5}{384} \cdot \frac{q_{ky} l^4}{EI_x} \leqslant [v] \tag{8-123}$$

式中　q_{ky}——檩条沿 y 方向的线荷载标准值；

$[v]$——檩条的挠度容许值，按表 8-8 中采用。无拉条时，应计算总挠度不超过容许值，即

$$\sqrt{v_x^2 + v_y^2} \leqslant [v] \tag{8-124}$$

式中　v_x、v_y——x 方向和 y 方向的分挠度。

（3）檩条的截面选择

檩条和屋面材料的连接在构造上应牢固，或在檩条跨度较大时设置拉条，以使檩条的

整体稳定性得以保证，这样可仅按抗弯强度计算型钢需要的净截面模量 W_{nxreq} 选择截面。由式（8-74）可得

$$W_{nxreq} = \frac{M_x}{\gamma_x}\left(1 + \frac{\gamma_x}{\gamma_y} \cdot \frac{W_{nx}}{W_{ny}} \cdot \frac{M_y}{M_x}\right) \tag{8-125}$$

对型钢檩条，$\gamma_x/\gamma_y = 1.05/1.2 = 0.875$，$W_x/W_y \approx 3 \sim 6$（对 $\llcorner 5 \sim \llcorner 16$）或 $W_x/W_y \approx 7$（对 HN 型钢 $100 \times 50 \sim 300 \times 150$ 型号），故利用上式可较方便地求得 W_{xreq}。然后查型钢表选择与其相近的型钢，再按前述作必要的强度和刚度等计算。

【例 8-8】 试设计一槽钢檩条。跨度 6m，跨中设一根拉条。屋面坡度 1：2.5。檩条承受屋面材料为 0.4kN/m，活荷载为 0.5kN/m（均为标准值）。材料为 Q235B 钢，挠度容许值 1/150。

解：（1）截面选择

如图 8-49 所示，屋面倾角 $\alpha = \arctan(1/2.5) = 21°48'$，$\sin\alpha = 0.3714$，$\cos\alpha = 0.9285$。

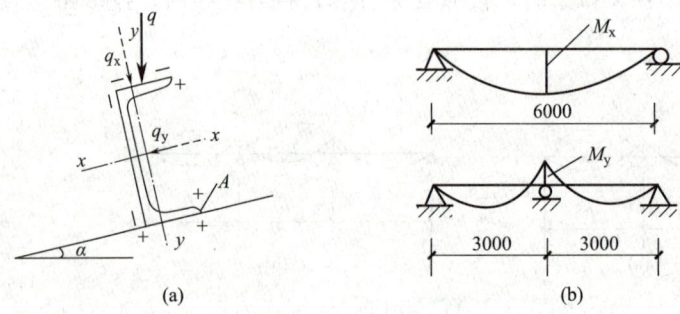

图 8-49　例题 8-8 附图

设檩条和拉条自重 0.1kN/m，檩条线荷载设计值

$$g + q = 1.2 \times (0.4 + 0.1) + 1.4 \times 0.5 = 1.3 \text{kN/m}$$

$$M_x = \frac{1}{8}(g + q)\cos\alpha \cdot l^2 = \frac{1}{8} \times 1.3 \times 0.9285 \times 6^2 = 5.43 \text{kN/m}$$

$$M_y = \frac{1}{8}(g + q)\sin\alpha \cdot l_1^2 = \frac{1}{8} \times 1.3 \times 0.3714 \times 3^2 = -0.54 \text{kN/m}$$

型钢需要的净截面模量取 $W_x/W_y = 5$

$$W_{nxreq} = \frac{M_x}{\gamma_x}\left(1 + \frac{\gamma_x}{\gamma_y} \cdot \frac{W_{nx}}{W_{ny}} \cdot \frac{M_y}{M_x}\right) = \frac{5.43 \times 10^6}{1.05 \times 215} \times \left(1 + 0.875 \times 5 \times \frac{0.54 \times 10^6}{5.43 \times 10^6}\right)$$

$$= 34500 \text{mm}^3 = 34.5 \text{cm}^3$$

查附表，选 $\llcorner 10$，自重 $g_0 \approx 0.1 \text{kN/m}$，$W_x = 39.7 \text{cm}^3$，$W_y = 7.8 \text{cm}^3$，$I_x = 198 \text{cm}^4$，$i_x = 3.95 \text{cm}$，$i_y = 1.41 \text{cm}$ 考虑到计算截面（跨中截面）处有连接拉条的孔洞削弱，故将截面模量乘以 0.9 的折减系数，即 $W_{nx} = 0.9 \times 39.7 = 35.7 \text{cm}^3$，$W_{ny} = 0.9 \times 7.8 = 7 \text{cm}^3$。

（2）截面验算

1）抗弯强度

最大应力（拉应力）位于跨中截面肢尖 A 点（图 8-49a）。

查表可得：$\gamma_x = 1.05$，$\gamma_y = 1.2$。

$$\frac{M_x}{\gamma_x W_{nx}} + \frac{M_y}{\gamma_y W_{ny}} = \frac{5.43 \times 10^6}{1.05 \times 35.7 \times 10^3} + \frac{0.54 \times 10^6}{1.2 \times 7 \times 10^3} = 144.9 + 64.3 = 209.2 \text{N/mm}^2 <$$

$f = 215 \text{N/mm}^2$，满足。

2）刚度

檩条均布荷载标准值

$$g_k + q_k = 0.4 + 0.1 + 0.5 = 1.0 \text{kN/m}$$
$$(g_k + q_k)_y = 0.1 \times 0.9285 = 0.93 \text{kN/m}$$

$$\frac{v}{l} = \frac{5}{384} \cdot \frac{(g_k + q_k)_y l^3}{EI_x} = \frac{5}{384} \times \frac{0.93 \times 6000^3}{206 \times 10^3 \times 198 \times 10^3} = \frac{1}{156} < \frac{[v]}{l} = \frac{1}{150}，\text{满足。}$$

3）长细比

对兼任屋架上弦平面支撑的横杆和系杆的檩条，需作长细比计算。

$$\lambda_x = \frac{l_{0x}}{i_x} = \frac{600}{3.95} = 152 < [\lambda]_{\text{压}} = 200$$

$$\lambda_y = \frac{l_{0y}}{i_y} = \frac{300}{1.41} = 213 > [\lambda]_{\text{压}} = 200$$

$$< [\lambda]_{\text{拉}} = 400$$

该檩条在屋面坡向的刚度稍小，故不宜兼作支撑横杆或刚性系杆，只可兼作柔性系杆。

8.2.4 组合梁截面设计

组合梁是在钢结构和混凝土结构基础上发展起来的一种新型结构形式。它主要通过在钢梁和混凝土翼缘板之间设置剪力连接件（栓钉、槽钢、弯筋等），抵抗两者在交界面处的相对滑移，使之成为一个整体而共同工作。

组合梁同钢筋混凝土梁相比，可以减轻结构自重，减小地震作用，减小截面尺寸，增加有效使用空间，节约支模工序和模板，缩短施工周期，增加梁的延性等。同钢梁相比，可以减小用钢量，增大刚度，增加稳定性和整体性，增加结构抗火性和耐久性等。

1. 初选截面

选择组合梁的截面时首先要试选梁的截面高度、腹板厚度和翼缘尺寸。下面介绍焊接组合梁（图8-50）试选截面的方法。

（1）梁的截面高度

确定梁的截面高度应考虑建筑高度、梁的刚度和经济条件。建筑高度是指梁的底面到铺板顶面之间的高度，它往往由生产工艺和使用要求决定。梁的建筑高度要求决定了梁的最大高度 h_{max}。

设计时可参照经济高度的经验公式初选截面高度：$h_{ec} \approx 3W_x^{2/5}$，其中 W_x 为梁所需要的截面抵抗矩。

（2）腹板厚度

腹板厚度应满足抗剪强度的要求。初选截面时，腹板厚度一般按下列经验公式进行估

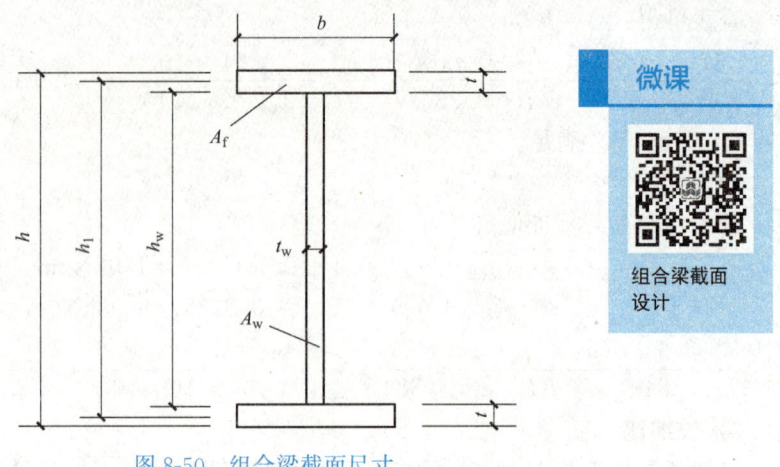

图 8-50　组合梁截面尺寸

算：$t_w \geqslant \sqrt{h_w}/11$，其中 t_w 和 h_w 的单位均为 mm。实际采用的腹板厚度应考虑钢板的现有规格，一般为 2mm 的倍数。对于非吊车梁，腹板厚度取值宜比计算值略小；对考虑腹板屈曲后强度的梁，腹板厚度可更小，但不得小于 6mm，也不宜使高厚比超过 250 $\sqrt{235/f_y}$。

（3）翼缘尺寸

根据所需要的截面抵抗矩 W_x 和选定的腹板尺寸，求得所需要的一个翼缘板的面积 A_f，此时含有两个参数，即翼缘板宽度 b 和厚度 t。翼缘板宽度 $b=(1/5 \sim 1/3)h$。考虑翼缘板的局部稳定，要求翼缘宽度与厚度之比 $b/t \leqslant 30\sqrt{235/f_y}$（按弹性设计，$\gamma_x = 1.0$）或 $b/t \leqslant 26\sqrt{235/f_y}$（按弹塑性设计，$\gamma_x = 1.05$）。对于吊车梁 $b \geqslant 300$mm，以便安装轨道。一般翼缘板宽度 b 取 10mm 的倍数，厚度 t 取 2mm 的倍数。

2. 截面验算

梁的截面验算包括强度、刚度、整体稳定和局部稳定等方面。其中，腹板的局部稳定通常是由配置加劲肋来保证，验算时应考虑梁自重所产生的内力。

3. 组合梁截面沿长度的改变

梁的弯矩沿梁的长度是变化的，因此，设计的梁截面如能随弯矩而变化，则可节约钢材。对跨度较小的梁，截面改变经济效果不大，或者改变截面节约的钢材不能抵消构造复杂带来的加工困难，则不宜改变截面。变截面梁可以改变梁高（图 8-51），也可改变梁宽（图 8-52）。

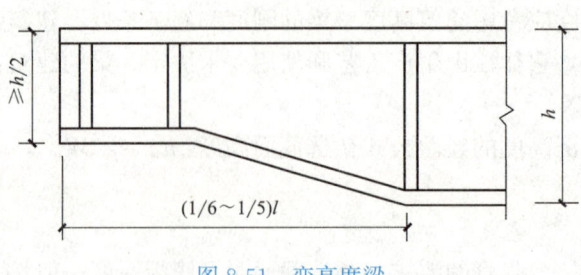

图 8-51　变高度梁

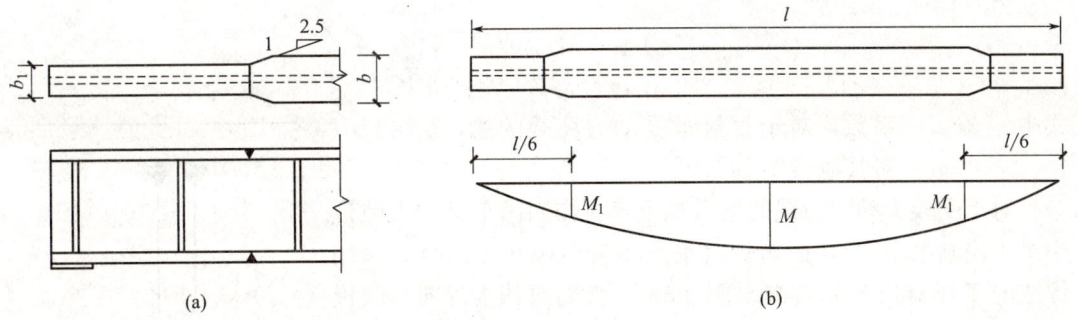

图 8-52　变宽度梁

改变梁高时，使上翼缘保持不变，将梁的下翼缘做成折线外形，翼缘板的截面保持不变，这样钢梁在支座处可减小其高度。但支座处的高度应满足抗剪强度要求，且不宜小于跨中高度的 1/2。在翼缘由水平转为倾斜的两处均需要设置腹板加劲肋，下翼缘的弯折点一般取在距梁端（1/6～1/5）l 处（图 8-51）。改变梁宽，主要是改变上、下翼缘宽度，或采用两端单层、跨中双层翼缘的方法，但改变厚度使梁的顶面不平整，也不便于布置铺板。对承受均布荷载的单层工字形简支梁，最优截面改变处是离支座 1/6 跨度处。应由截面开始改变处的弯矩 M_1 反算出较窄翼缘板宽度 b_1。为减少应力集中，应将宽板由截面改变位置以不大于 1∶2.5 的斜角向弯矩较小侧过渡，与宽度为 b_1 的窄板相对接。

4. 焊接组合梁翼缘焊缝的计算

梁弯曲时，由于相邻截面中作用在翼缘截面的弯曲正应力有差值，翼缘与腹板间将产生水平剪应力。沿梁单位长度的水平剪力为：

$$T = \tau_1 t_w = \frac{VS_f}{I_x t_w} \cdot t_w = \frac{VS_f}{I_x} \tag{8-126}$$

式中　$\tau_1 = \dfrac{VS_f}{I_x t_w}$——腹板与翼缘交界处的水平剪应力（与竖向剪应力相等）；

S_f——翼缘截面对梁中和轴的面积矩。

当腹板与翼缘板用角焊缝连接时，角焊缝有效截面上承受的剪应力 τ_f 应满足：

$$\tau_f = \frac{T}{2 \times 0.7 h_f} = \frac{VS_f}{1.4 h_f I_x} \leqslant f_f^w$$

由此可得焊脚尺寸为：

$$h_f \geqslant \frac{VS_f}{1.4 I_x f_f^w} \tag{8-127}$$

当梁的翼缘上有固定集中荷载而未设置支承加劲肋，或有移动集中荷载（如吊车轮压）时，上翼缘与腹板之间的连接焊缝，除承受沿焊缝长度方向的剪应力 τ_f 外，还承受垂直于焊缝长度方向的局部压应力。

$$\sigma_f = \frac{\psi F}{2 h_e I_z} = \frac{\psi F}{1.4 h_f I_z}$$

因此，承受局部压应力的上翼缘与腹板之间的连接焊缝应按下式计算强度：

$$\frac{1}{1.4 h_f} \sqrt{\left(\frac{\psi F}{\beta_f I_z}\right)^2 + \left(\frac{VS_f}{I_x}\right)^2} \leqslant f_f^w$$

从而，

$$h_f \geqslant \frac{1}{1.4f_f^w}\sqrt{\left(\frac{\psi F}{\beta_f I_z}\right)^2+\left(\frac{VS_f}{I_x}\right)^2} \tag{8-128}$$

式中 β_f——系数，对于直接承受动力荷载的梁，$\beta_f=1.0$；
对其他梁 $\beta_f=1.22$。

对承受较大动力荷载的梁（如重级工作制吊车梁和大吨位中级工作制吊车梁），因角焊缝易产生疲劳破坏，此时宜采用焊透的 T 形对接 K 形焊缝（图 8-53），此时可认为焊缝与腹板等强度而不必计算。

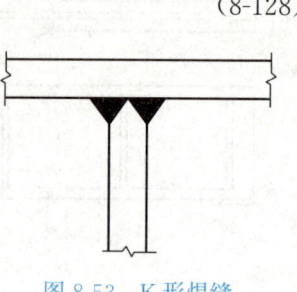

图 8-53 K 形焊缝

8.2.5 梁的拼接与连接

小问题 👆

在进行高层建筑钢结构 H 型梁柱节点施工时，在连接部位采用的连接方式较好的一种是螺栓连接还是焊接？

1. 梁的拼接

梁的拼接有工厂拼接和工地拼接两种。由于钢材尺寸的限制，必须将钢材接长或拼大，这种拼接常在工厂中进行，称为工厂拼接（图 8-54）。因运输或安装条件的限制，梁必须分段运输，然后在工地拼装连接，称为工地拼接。型钢梁的拼接，其翼缘可采用对接直焊缝或拼接板，腹板可采用拼接板，拼接板均可采用焊接或螺栓连接。拼接位置宜放在弯矩较小处。焊接组合梁的工厂拼接，翼缘和腹板的拼接位置最好错开并采用对接直焊缝，腹板的拼接焊缝与横向加劲肋之间至少应相距 $10t_w$。对接焊缝施焊时宜加引弧板，并采用Ⅰ级或Ⅱ级焊缝，这样焊缝可与钢材等强。但采用Ⅲ级焊缝时，焊缝抗拉强度低于钢材的强度，需进行焊缝强度验算。若焊缝强度不足时，可采用斜焊缝，但斜焊缝连接较费料，对于较宽的腹板不宜采用，此时可将拼接位置调整到弯矩较小处。

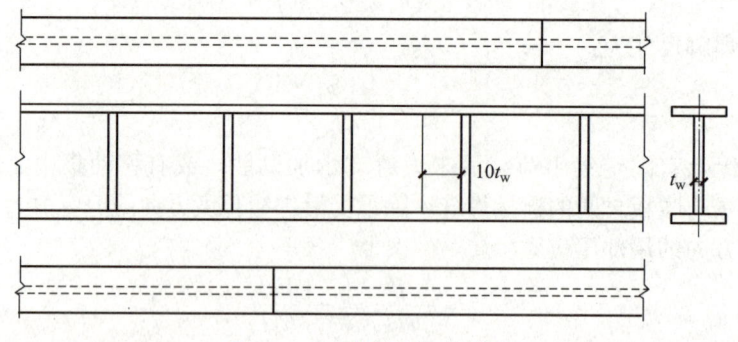

图 8-54 组合梁的工厂拼接

梁的工地拼接应使翼缘和腹板在同一截面或接近于同一截面处断开，以便分段运输。

为了便于焊接，将上、下翼缘板均切割成向上的 V 形坡口，以便俯焊，同时为了减小焊接残余应力，将翼缘板在靠近拼接截面处的焊缝预留出约 500mm 的长度不在工厂焊接，而在工地上按图 8-55 所示序号施焊。为了避免焊缝过分密集，可将上、下翼缘板和腹板的拼接位置略微错开，但运输单元突出部分应特别保护，以免碰损。

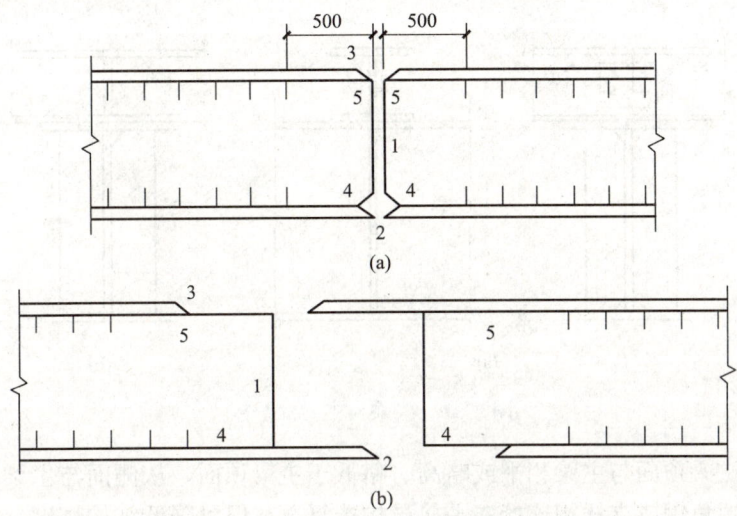

图 8-55　工地焊接拼接

对于重要的或受动力荷载作用的大型组合梁，由于现场焊接质量难以保证，工地拼接时，宜采用高强度螺栓连接（图 8-56）。

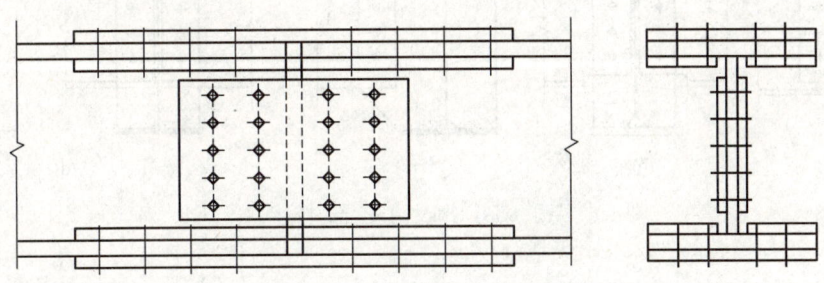

图 8-56　采用高强度螺栓的工地拼接

对用拼接板的接头，应按下列规定的内力进行计算，翼缘拼接板及其连接所承受的轴向力 N_1 为翼缘板的最大承载力。

$$N_1 = A_{fn} f \tag{8-129}$$

式中　A_{fn}——被拼接的翼缘板净截面面积。

腹板拼接板及其连接，主要承受梁截面上的全部剪力 V，以及按刚度分配到腹板上的弯矩，即：

$$M_x = M \frac{I_w}{I} \tag{8-130}$$

式中　I_w——腹板的毛截面惯性矩；
　　　I——整个梁的毛截面惯性矩。

2. 梁的连接

根据次梁与主梁相对位置不同，梁的连接分为叠接和平接两种。叠接（图 8-57）是将次梁直接搁在主梁上面，用螺栓或焊缝连接，构造简单，但占有较大的建筑空间，使用受到限制。在次梁的支承处，主梁应设置支承加劲肋。

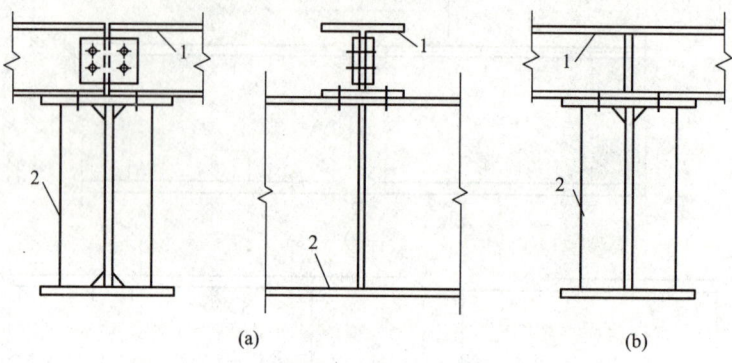

图 8-57　次梁与主梁的叠接

平接是使次梁顶面与主梁相平或略高、略低于主梁顶面，从侧面与主梁的加劲肋或在腹板上专设的短角钢或支托相连接。平接虽构造复杂，但可降低结构高度，故在实际工程中应用较广泛。次梁与主梁从传力效果上分为铰接和刚接两种。若次梁为简支梁，其连接为铰接（图 8-58）；若次梁为连续梁，其连接为刚接（图 8-59）。

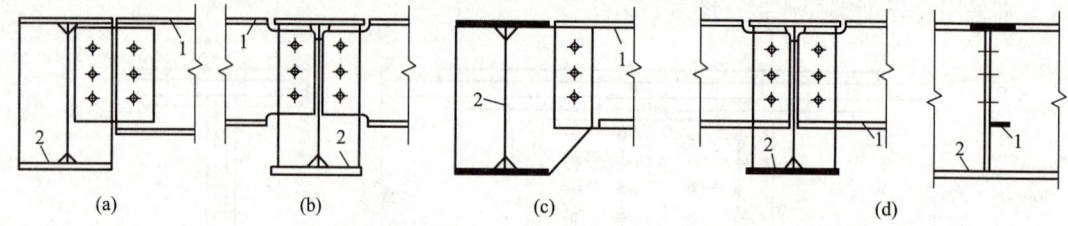

图 8-58　次梁与主梁的铰接

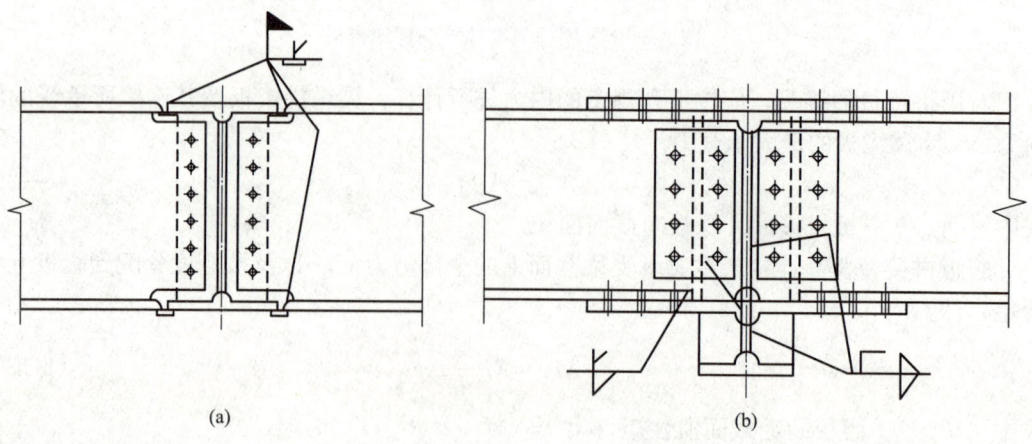

图 8-59　次梁与主梁的刚接

铰接需要的焊缝或螺栓数量应按次梁的反力计算，考虑到连接并非理想铰接，会有一定的弯矩作用，故计算时宜将次梁反力增加 20%～30%。

小知识

钢结构与装配式建筑

近几年各个国家和国际组织相继出台了多项产业措施和教育政策，以加速推进全球工业自动化和数字化发展。钢结构非常适合工业化建造和生产，具有天然的装配化属性，并且钢结构的原材料在生产、建造、使用和拆除回收的整个生命周期能循环使用，符合节能环保的要求。因此钢结构在大型的建筑结构和桥梁结构中应用广泛，如跨海大桥、体育场馆、机场、轻钢建筑、住宅建筑等。在装配式结构体系的发展浪潮之下，装配式钢结构领域的发展正逐步走向工业化和模块化，而新型高性能材料如记忆合金、高强钢、耐候钢等的应用，使钢结构更加轻型和优质的同时也对钢结构设计带来了新的挑战。

装配式钢结构施工是当前工程施工中的关键应用类型，以钢结构作为工程项目的主体材料，在施工过程中具备非常强的节能环保性能，满足了结构的安全性与稳定性要求。在高层建筑施工中钢结构具备较强的可加工性，而且自身具备的抗震性能较好，在施工过程中让整个施工结构变得更加快捷，降低了以往混凝土结构施工中存在的不足。在装配式建筑施工过程中，需要工作人员在施工现场进行钢结构的组装设计、质量、检验等，涉及的工序相对简单，而且在装配式钢结构施工中，整个安装过程非常科学，需要进一步提升对钢结构组装与加固的严格要求，所有的预制构件在现场进行设计与加工形成的误差概率较低，减少了返工现象。

8.2.6　钢-混凝土组合梁简介

一般的钢筋混凝土板和钢梁组成的工作平台（或楼盖），荷载是通过楼板传递给钢梁，然后传至柱或墙。在这种结构体系中，钢筋混凝土板和钢梁分别作为两个独立的构件，受荷时各自以自身重心轴为中和轴弯曲变形，同时板和梁之间会产生相对滑移（图 8-60a）。如果在钢筋混凝土板和钢梁之间设置若干个连接件（图 8-60b），以抵抗它们之间的相对滑移，使板和梁形成一个具有公共中和轴的组合截面，钢筋混凝土板除承受横向弯曲之外，在组合截面内还可以当作翼板，作为组合截面的受压区。组合截面的几何特性比非组合截面大有改善，承载力及刚度都会大大提高。这就是钢-混凝土组合梁的基本概念。

钢-混凝土组合梁可以分为外包混凝土的组合梁及钢梁外露的组合梁两种。外包混凝土组合梁是对钢梁围上足够的箍筋后，再用混凝土将钢梁包上。

钢梁外露的钢-混凝土组合梁的截面，通常由钢筋混凝土板、混凝土板托、抗剪连接件及钢梁四个部分组成（图 8-61）。

钢筋混凝土板可以是现浇的，也可以是预制装配式的。

板托的作用是增加截面高度，节约钢材，并改善板的横向受弯条件。也有不设板托的钢-混凝土组合梁。

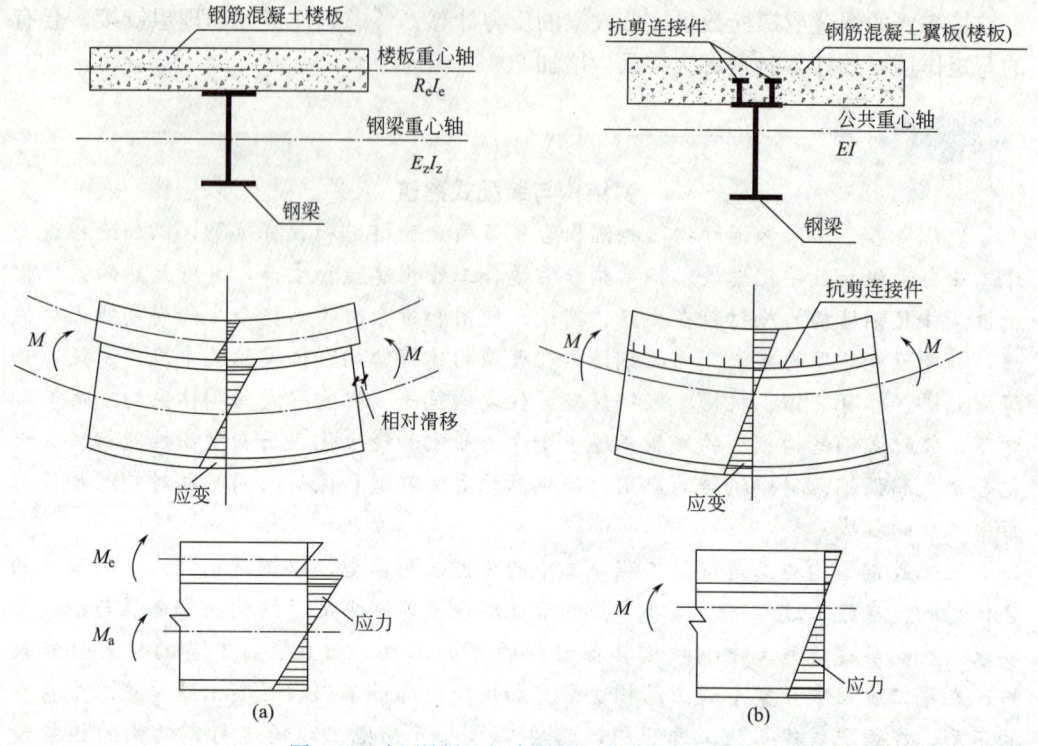

图 8-60　钢-混凝土组合梁的工作原理示意图

（a）非组合梁；（b）组合梁

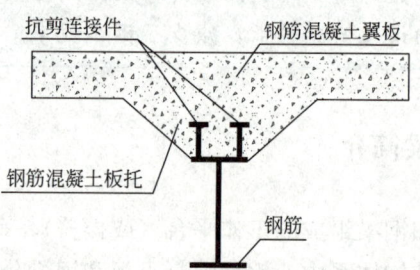

图 8-61　钢梁外露的钢-混凝土组合梁

抗剪连接件是保证钢筋混凝板和钢梁形成整体共同工作的基础。它的作用犹如钢板组合梁中的翼缘焊缝，它承受板、梁接触面之间的纵向剪力，抵抗二者之间的相对滑移。连接件的形式有 3 类：栓钉、型钢和钢筋（图 8-62）。

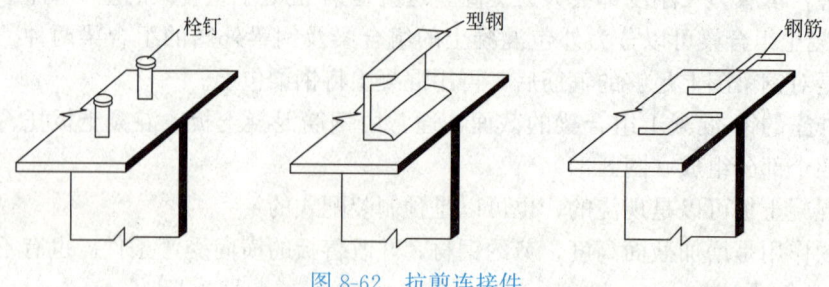

图 8-62　抗剪连接件

 小 知 识

钢结构防火性能

在钢结构的应用中，防火性能较差已经成为主要制约因素，建筑结构在200℃以下的时候，钢结构的稳定性较高。但是如果所处环境温度超过200℃，则会使钢材的综合性能受到影响，特别是在超过600℃以后，钢结构会出现明显的变形，自身的稳定性也无法保障。所以，如果出现不良火灾以后，钢结构的损害程度比较严重，远远超过混凝土结构，甚至会出现结构坍塌的情况。

■ 单元小结

1. 轴心受力构件包括轴心受拉构件和轴心受压构件，两者必须同时满足承载能力极限状态和正常使用极限状态的要求。

2. 承载能力极限状态包括强度和稳定两方面。对于轴心受拉构件只研究强度问题，而对于轴心受压构件除了要求强度外，还必须考虑稳定（整体稳定性和局部稳定性）问题；正常使用极限状态是通过限制构件的长细比来满足其刚度要求。

3. 轴心受力构件的强度要求是 $\sigma = \dfrac{N}{A_n} \leq f$。

4. 轴心受压构件的整体稳定性涉及构件截面的几何特征、杆端的约束条件、材料的弹性模量与性质、杆件的屈曲形式（弯曲屈曲、扭转屈曲或弯扭屈曲及屈曲方向）、构件的初始缺陷（残余应力、初弯曲、初偏心等）以及构件的加工条件等因素，故稳定问题比强度问题复杂。因为钢材具有较高的强度和韧性，且截面面积通常较小，所以轴心受压构件常由稳定控制其承载力。为了满足整体稳定性的要求，一般将钢材的截面设计得尽量宽展，以增加其回转半径。轴心受压构件的整体稳定性要求是

$$\sigma = \frac{N}{\varphi A} \leq f。$$

5. 满足构件局部稳定的要求是构件的应力小于其临界应力或屈服强度。由于构件的临界应力计算烦琐，故通过验算板件宽厚比或高厚比来满足实腹式轴心受压构件的局部稳定性。

6. 轴心受压构件的截面形式分为实腹式和格构式两类。格构式轴心受压构件对实轴的整体稳定计算与实腹式轴心受压构件完全相同；对虚轴的整体稳定则要考虑剪力引起的附加剪切变形的影响，其临界力较实腹式轴心受压构件低，采用换算长细比进行计算。此外格构式轴心受压构件还需保证其分肢不先于构件失稳，且需计算缀条或缀板与分肢的连焊缝问题。

7. 柱头和柱脚常用的构造形式以及柱脚的计算方法。

8. 拉弯、压弯构件的设计问题，压弯构件包括实腹式截面和格构式截面。压弯构件的设计包括强度、刚度、整体稳定性和局部稳定四个方面，还介绍了框架中梁和柱的连接方式和实腹式偏心受压柱柱脚的设计特点。

9. 拉弯构件、压弯构件的强度承载力，主要以截面部分发展塑性作为构件的极

限状态，需掌握其验算公式。

10. 压弯构件的整体失稳可能发生在弯矩平面内，也可能发生在弯矩作用平面外，需掌握实腹式构件、格构式构件的验算公式。

11. 压弯构件翼缘和腹板的局部稳定性是通过验算宽厚比来保证。对于受压翼缘，其构造要求和梁的受压翼缘完全相同。对于腹板，其高厚比和所受的应力状态有关。

12. 柱脚由于柱底板反力不均匀，相应的构件和连接都按构件和连接涉及范围内的最大反力计算。柱脚锚栓应根据使锚栓受最大拉力时的内力 N 和弯矩 M 进行计算。

13. 在钢梁的设计中需要考虑强度、刚度、整体稳定、局部稳定（包括腹板加劲板的设计）和构造要求五个方面。

（1）强度计算。要求各种应力的最大值均小于相应的强度设计值，即最大正应力 $\sigma = \dfrac{M_x}{\gamma_x W_{nx}} \leqslant f$，最大剪应力 $\tau = \dfrac{VS}{It_w} \leqslant f_v$，最大局部压应力 $\sigma_c = \dfrac{\psi F}{t_w l_z} \leqslant f$，最大折算应力 $\sqrt{\sigma^2 + \sigma_c^2 - \sigma\sigma_c + 3\tau^2} \leqslant \beta_1 f$。

（2）刚度计算。要求钢梁的挠度 $v_T \leqslant [v_T]$、$v_Q \leqslant [v_Q]$，计算挠度时，必须采用荷载的标准值。

（3）整体稳定性验算。整体稳定性是指钢梁的最大压应力不大于梁的临界应力除以抗力分项系数，是整体稳定临界应力和钢材屈服强度的比值。

（4）钢梁受压翼缘板的局部稳定性验算。由于钢梁受压翼缘所受应力情况不复杂，只受较均匀的压应力作用，所以可以用宽厚比限值来验算局部稳定性。

（5）通过设置加劲肋的办法来提高钢梁的稳定性，横向加劲肋、纵向加劲肋应满足构造要求。对于支承加劲肋，除应验算有关的连接强度外，还应按轴心受压构件的方法验算支承加劲肋垂直于腹板方向的稳定性。

（6）钢梁的构造问题，分析了梁截面沿长度方向的改变、梁与腹板连接焊缝、梁的拼接和连接的主要方法及构造要求。

思考题

微课

教学单元8小结

1. 实腹式与格构式构件有何区别？轴心受压构件采取何种截面形式是合理的？

2. 轴心受力构件强度的计算公式是按构件的承载能力极限状态确定的吗？为什么？

3. 轴心受压构件整体失稳时有哪几种屈曲形式？

4. 轴心受压构件的整体稳定承载力与哪些因素有关？

5. 格构式轴心受压构件计算整体稳定时，对虚轴采用的换算长细比表示什么意义？

6. 轴心受压构件局部失稳的原因是什么？如何防止构件的局部失稳？

7. 工字形截面、T形、箱形的腹板和翼缘板的高（宽）厚比分别如何确定？

8. 偏心受压实腹式柱与轴心受压实腹式柱有何不同？

9. 单轴对称的压弯构件和双轴对称的压弯构件在弯矩作用平面内稳定验算内容是否相同？

10. 拉弯构件和压弯构件强度计算公式与其强度极限状态是否一致？

11. 简述受弯构件截面的分类，型钢及组合截面应优先选用哪一种？为什么？

12. 受弯构件的强度计算有哪些内容？如何计算？

13. 什么是受弯构件的整体稳定、局部稳定？

14. 影响受弯构件整体稳定性的因素有哪些？

15. 为了提高受弯构件的整体稳定性，设计时可以采用哪些措施？

16. 如何保证工字形受弯构件腹板和翼缘的局部稳定？

习题

1. 如图 8-63 所示的由 2∟75×5（尺寸为 7.41cm×2cm）组成的水平放置的轴心拉杆，轴心拉杆的设计值为 270kN，只承受静力作用，计算长度为 3m，杆端有一排直径为 20mm 的螺栓孔，钢材为 Q235 钢，$f=215\text{N/mm}^2$，计算时忽略连接偏心和杆件自重的影响。$[\lambda]=250$，$i_x=2.32\text{cm}$，$i_y=3.29\text{cm}$，单肢最小回转半径 $i_1=1.50\text{cm}$。试验算此拉杆的强度与刚度。

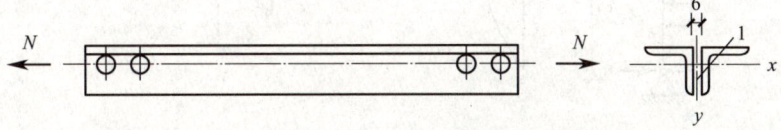

图 8-63　习题 1 附图

2. 某一重型厂房轴心受压柱，截面为双轴对称焊接工字钢，截面尺寸如图 8-64 所示，翼缘为轮制，钢材 Q390，$f=315\text{N/mm}^2$。该柱对两个主轴的计算长度分别为 $l_{0x}=1500\text{cm}$，$l_{0y}=500\text{cm}$，试计算最大稳定承载力。

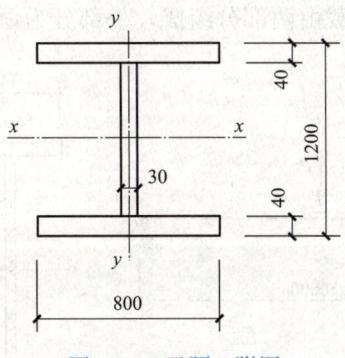

图 8-64　习题 2 附图

3. 试设计某支承工作平台的轴心受压柱。柱身为由两个槽钢组成的缀板柱，钢材为 Q235，焊条为 E43 型，柱高 7.2m，两端铰接，由平台传递给柱的轴心压力设计值为 1450kN。

4. 如图 8-65 所示，有一两端铰接长度为 4m 的偏心受压柱子，用 Q235 钢的 HN400
×200×8×13 制作，压力的设计值为 490kN，两端偏心距均为 20cm。试验算其承载力。

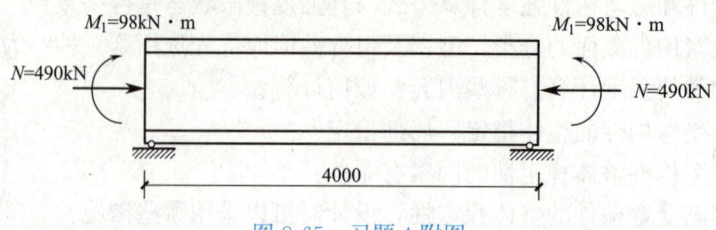

图 8-65　习题 4 附图

5. 验算如图 8-66 所示构件的稳定性。图中荷载为设计值，钢材为 Q235 钢，构件中间有
一侧向支承点，截面参数为：$A = 21.27\text{cm}^2$，$I_x = 267\text{cm}^3$，$i_x = 3.54\text{cm}$，$i_y = 2.88\text{cm}$。

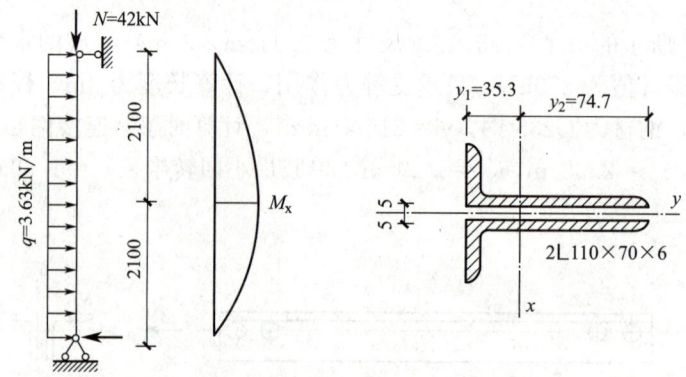

图 8-66　习题 5 附图

6. 某工作平台梁两端简支，跨度 6m，采用型号 I56b 的工字钢制作，钢材为 Q235。
该梁承受均布荷载，荷载为间接动力荷载，若平台梁的铺板没有与钢梁连牢，试求该梁所
能承担的最大荷载。

7. 如图 8-67 所示焊接工字形等截面简支梁，跨度 10m，采用 Q235B 钢制作，在跨中
作用有一静力集中荷载，该荷载由两部分组成，一部分为恒载，标准值为 200kN，另一部

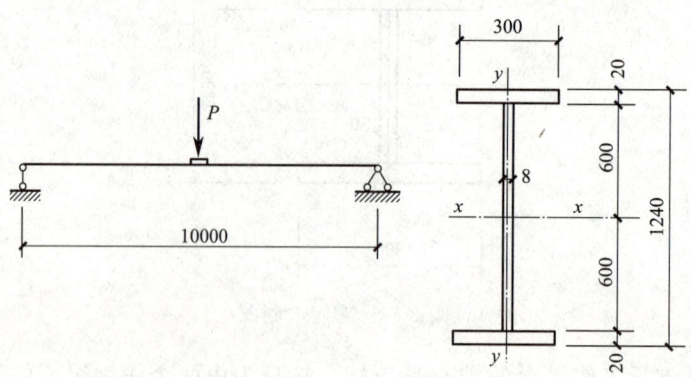

图 8-67　习题 7 附图

分为活荷载，标准值为 300kN，荷载沿梁跨度方向支承长度为 150mm。该梁支座处设有支撑加劲肋。试验算该梁的强度和刚度。

8. 某楼盖两端简支梁跨度 15m，承受静力均布荷载，永久荷载标准值为 35kN/m（不包括梁自重），活荷载标准值为 45kN/m，该梁拟采用 Q235B 钢制作，采用焊接组合工字形截面。若该梁整体稳定能够保证，试设计该梁。

参考答案

教学单元8
习题解答

拓展阅读

结构知识的施
工应用：模板
支撑体系验算

拓展阅读

经典书籍推介

教学单元9　砌体结构基本构件

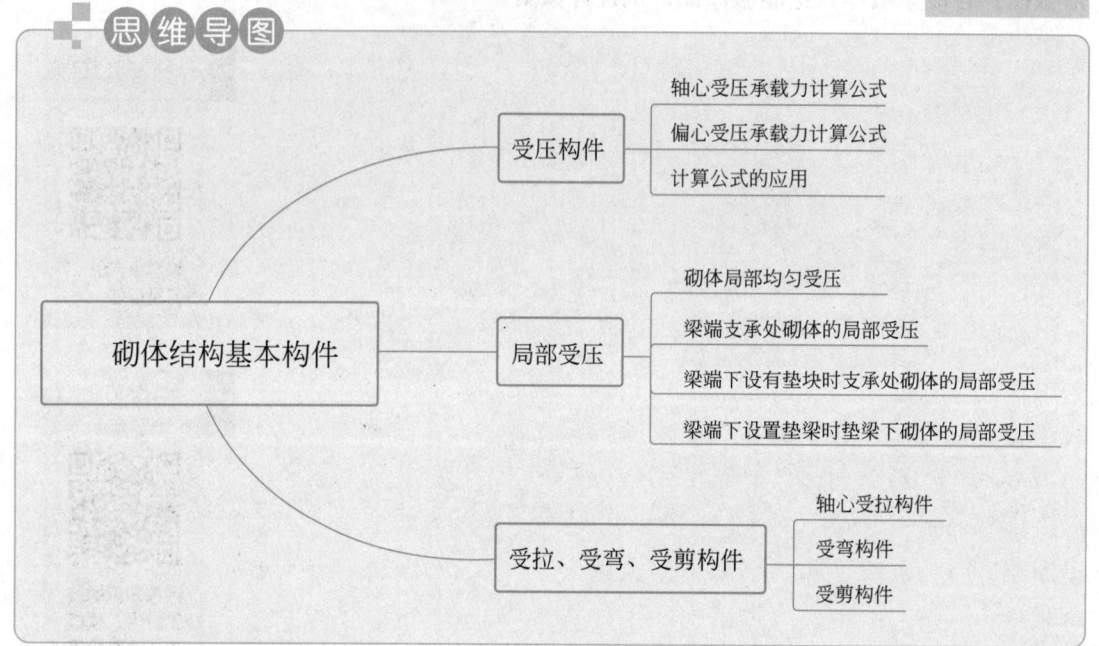

思维导图

砌体结构基本构件
- 受压构件
  - 轴心受压承载力计算公式
  - 偏心受压承载力计算公式
  - 计算公式的应用
- 局部受压
  - 砌体局部均匀受压
  - 梁端支承处砌体的局部受压
  - 梁端下设有垫块时支承处砌体的局部受压
  - 梁端下设置垫梁时垫梁下砌体的局部受压
- 受拉、受弯、受剪构件
  - 轴心受拉构件
  - 受弯构件
  - 受剪构件

引入案例

　　长城是典型的砌体结构，是中国古代的军事防御工事，是一道高大、坚固而且连绵不断的长垣，用以限隔敌骑的行动。在建筑材料和建筑结构上以"就地取材、因材施用"的原则，创造了许多种结构方法。有夯土、块石片石、砖石混合等结构；在沙漠中还利用了红柳枝条、芦苇与砂粒层层铺筑的结构，在今甘肃玉门关、阳关和新疆境内还保存了两千多年前西汉时期这种长城的遗迹。

　　随着社会生产力进步，制砖技术不断发展，明代砖制品产量大增，已不再是珍贵的建筑材料，所以明长城不少地方的城墙内外檐墙都以巨砖砌筑。在靠手工施工、靠人工搬运建筑材料的情况下，采用重量不大，尺寸大小一样的砖砌筑城墙，不仅施工方便，而且提高了施工效率，提高了建筑水平。其次，许多关隘的大门，多用青砖砌筑成大跨度的拱门，这些青砖有的虽然已严重风化，但整个城门仍威严峙立，表现出当时砌筑拱门的高超技能。

　　在现代建筑中，你见过砌体结构吗？砌体结构有哪些基本构件？这些基本构件的受力性能和计算方法又有何不同？

知识目标：

1. 掌握无筋砌体受压构件的破坏特征；
2. 掌握砌体结构受压构件承载力计算的公式。

能力目标：

能进行砌体结构受压构件的承载力验算。

育人目标：

1. 培养学生严谨、专注的态度；
2. 培养学生分析解决工程实际问题的能力。

9.1 受压构件

9.1.1 无筋砌体受压构件的破坏特征

无筋砖砌体轴心受压破坏大致经历三个阶段。

第一阶段：从砌体开始受压到单块砖出现裂缝（图 9-1a）。出现第一条（或第一批）裂缝时的荷载约为砌体极限荷载的 50%～70%，此时如果荷载不增加，裂缝也不会继续扩大。

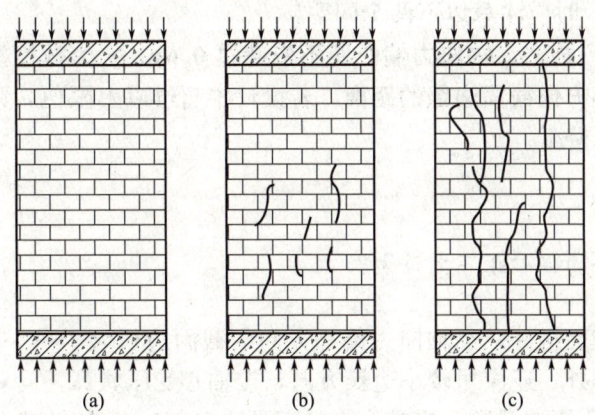

（a）　　　　　　（b）　　　　　　（c）

图 9-1　无筋砖砌体轴心受压破坏

（a）第一阶段；（b）第二阶段；（c）第三阶段

第二阶段：当继续加荷时，砌体进入第二阶段（图 9-1b）。此时原有裂缝不断扩展，同时产生新的裂缝，这些裂缝沿竖向形成通过几皮砖的连续裂缝（条缝）。第二阶段的荷载约为破坏荷载的 80%～90%。此时即使荷载不再增加，裂缝仍会继续发展，砌体接近破坏的征兆。

第三阶段：砌体完全破坏瞬间为第三阶段（图 9-1c）。此时裂缝迅速开展，竖向裂缝将砌体分割成互不相连的小柱，整个砌体明显向外鼓出，最终因被压碎或失稳而破坏。

砌体的受压工作性能与单一匀质材料有明显的差别。由于砂浆铺砌不均匀等因素，块体的抗压强度不能充分发挥，使砌体的抗压强度一般均低于单个块体的抗压强度。

9.1.2　受压构件承载力计算公式

对无筋砌体的轴心受压和偏心受压构件，其承载力均按下式计算：

$$N \leqslant \varphi \gamma_a f A^{①} \tag{9-1}$$

式中　N——轴向力设计值；

　　　φ——高厚比 β 和轴向力偏心距 e 对受压构件承载力的影响系数；

　　　A——砌体的毛截面面积；

　　　f——砌体的抗压强度设计值；

　　　γ_a——砌体强度调整系数。《砌体通规》规定，γ_a 按下列规定采用：（1）对无筋砌体构件，其截面面积小于 $0.3m^2$ 时，γ_a 为其截面面积加 **0.7**；对配筋砌体构件，当其中砌体截面面积小于 $0.2m^2$ 时，γ_a 为其截面面积加 **0.8**，构件截面面积以 m^2 计；（2）当砌体用强度等级小于 M5 的水泥砂浆砌筑时，对砌体抗压强度设计值，γ_a 取值为 **0.9**；对砌体抗拉强度设计值和抗剪强度设计值，γ_a 取值为 **0.8**；（3）当验算施工中房屋的构件时，γ_a 为 **1.1**。

应用公式（9-1）时应注意以下两个问题：

（1）《砌体通规》规定，**轴向力偏心距不应超过 0.6y，y 为截面重心到轴向力所在偏心方向截面边缘的距离**。若设计中超过以上限值，则应采取适当措施予以降低。

小问题 👆

为什么受压构件的偏心距不宜过大？

（2）对于矩形截面构件，当轴向力偏心方向的截面边长大于另一方向的截面边长时，除了按偏心受压计算外，还应对较小边长方向，按轴心受压验算。

《砌体规范》采用影响系数 φ 来综合考虑高厚比 $\beta = H_0/h$ 和轴向力偏心距 $e = M/N$ 对受压构件承载力的影响。

砌体的高厚比 β 是指砌体的计算高度 H_0 与对应计算高度方向的截面尺寸 h 之比，即 $\beta = H_0/h$。$\beta \leqslant 3$ 的柱称为短柱；$\beta > 3$ 的柱称为长柱。对于轴心受压短柱，纵向弯曲很小忽略，对承载力的影响可不考虑；对于轴心受压长柱，在纵向压力作用下将产生纵向弯

①《砌体规范》中无筋砌体受压构件承载力计算公式为 $N \leqslant \varphi f A$，其中 f 应考虑强度调整系数 γ_a。为理解和应用方便，本书表达为式（9-1）的形式。本节其他包含 f 的公式亦作了类似变化，以下不再说明。

规范链接

9-1

规范链接

9-2

微课

无筋砌体受压构件承载力计算

曲，从而使构件承载力降低，并且高厚比越大，构件承载力愈小。当其他条件相同时，随着轴向力偏心距 e 的增大，截面应力分布变得愈来愈不均匀，甚至出现受拉区，构件承载力愈来愈来小。

φ 按下式计算：

$$\varphi = \cfrac{1}{1+12\left[\cfrac{e}{h}+\sqrt{\cfrac{1}{12}\left(\cfrac{1}{\varphi_0}-1\right)}\right]^2} \tag{9-2}$$

$$\varphi_0 = \frac{1}{1+\alpha(\gamma_\beta\beta)^2} \text{①} \tag{9-3}$$

式中　e——轴向力偏心距，$e=M/N$；

　　　φ_0——轴心受压构件的稳定系数，当 $\beta \leqslant 3$ 为短柱时，$\varphi_0=1$；

　　　α——与砂浆强度等级有关的系数，按表 9-1 采用；

　　　γ_β——砌体高厚比修正系数，系考虑到不同砌体种类受压性能的差异性而对高厚比 β 采用的修正系数，按表 9-2 采用。

与砂浆强度等级有关的系数 α　　　　　　　　　　表 9-1

砂浆强度等级	α
≥M5	0.0015
M2.5	0.002
0	0.009

小问题

什么情况下砂浆的强度等级为 0？

砌体高厚比修正系数 γ_β　　　　　　　　　　表 9-2

砌体材料类别	烧结普通砖、烧结多孔砖	混凝土及轻骨料混凝土砌块	蒸养灰砂砖、蒸养粉煤灰砖、细骨料、半细骨料	粗料石、毛石
γ_β	1.0	1.1	1.2	1.5

由式（9-2）不难看出，对于轴心受压构件 $\varphi=\varphi_0$。

9.1.3　计算公式的应用

【例 9-1】　已知某轴心受压柱，截面尺寸 $b \times h = 370\text{mm} \times 370\text{mm}$，柱计算高度 $H_0 = 5\text{m}$（两方向相等），采用 MU10 烧结普通砖、M5 混合砂浆砌筑，承受轴向压力设计值

---

① 《砌体规范》中 $\varphi_0 = \dfrac{1}{1+\alpha\beta^2}$，但 β 需考虑高厚比修正系数 γ_β。为理解和应用方便，本书表达为式（9-3）的形式。

$N=110$kN。试复核该柱承载力是否安全。

【解】 查表得 $f=1.5$MPa，$\gamma_\beta=1.0$，$\alpha=0.0015$

柱截面面积 $A=0.37\times0.37=0.137\text{m}^2<0.3\text{m}^2$，$\gamma_a=A+0.7=0.137+0.7=0.837$

$$\beta=\frac{H_0}{h}=\frac{5000}{370}=13.51$$

$$\varphi=\varphi_0=\frac{1}{1+\alpha(\gamma_\beta\beta)^2}=\frac{1}{1+0.0015\times(1.0\times13.51)^2}=0.785$$

$$\varphi\gamma_a fA=0.785\times0.837\times1.5\times0.137\times10^6=135020\text{N}>N=110\text{kN}$$

该柱承载力安全。

【例 9-2】 某偏心受压柱，截面尺寸为 $490\text{mm}\times620\text{mm}$，柱计算高度 $H_0=H=5\text{m}$，采用强度等级为 MU10 蒸压灰砂砖及 M5 水泥砂浆砌筑，柱底承受轴向压力设计值为 $N=140.8\text{kN}$，弯矩设计值 $M=25\text{kN}\cdot\text{m}$（沿长边方向），结构的安全等级为二级，施工质量控制等极为 B 级。试验算该柱底截面是否安全。

【解】 查表得 $f=1.5$MPa，$\gamma_\beta=1.2$

（1）弯矩作用平面内承载力验算

$$e=\frac{M}{N}=\frac{22\times10^6}{140.8\times10^3}=156.25\text{mm}<0.6y=0.6\times620/2=186\text{mm}$$

轴向力偏心距满足要求。

$$\beta=\frac{H_0}{h}=\frac{5000}{620}=8.06$$

$$\varphi_0=\frac{1}{1+\alpha(\gamma_\beta\beta)^2}=\frac{1}{1+0.0015\times(1.2\times8.06)^2}=0.877$$

$$\varphi=\frac{1}{1+12\left[\frac{e}{h}+\sqrt{\frac{1}{12}\left(\frac{1}{\varphi_o}-1\right)}\right]^2}=\frac{1}{1+12\left[\frac{156.25}{620}+\sqrt{\frac{1}{12}\left(\frac{1}{0.877}-1\right)}\right]^2}=0.391$$

$A=0.49\times0.62=0.3038\text{m}^2>0.3\text{m}^2$，该项不需进行砌体抗压强度调整；采用水泥砂浆，砌体抗压强度调整系数为 0.9。所以 $\gamma_a=0.9$

柱底截面承载力为：

$$\varphi\gamma_a fA=0.391\times0.9\times1.5\times490\times620=160440\text{N}>140.8\text{kN}$$

弯矩作用平面内承载力满足。

（2）弯矩作用平面外承载力验算

对较小边长方向，按轴心受压构件验算。

$$\beta=\frac{H_0}{h}=\frac{5000}{490}=12.24$$

$$\varphi=\varphi_0=\frac{1}{1+\alpha(\gamma_\beta\beta)^2}=\frac{1}{1+0.0015\times(1.2\times12.24)^2}=0.816$$

柱底截面的承载力为：

$$\varphi\gamma_a fA=0.816\times0.9\times1.5\times490\times620=334666\text{N}>150\text{kN}$$

弯矩作用平面外承载力满足要求。

综上可知，柱底截面安全。

砌体结构在中国古代建筑中的应用

砌体结构在中国古代建筑中广泛应用，其中最著名的就是长城。长城的墙体主要是由石块和砖块砌成的，这种结构既坚固又耐用，能够抵御外敌入侵。

除了长城之外，中国古代的宫殿、庙宇、城墙等建筑也大量采用了砌体结构。这些建筑物的砌体结构工艺精湛，展现了古代工匠们高超的技术水平。例如，故宫的墙体就是由巨大的石块和青砖砌成的，不仅坚固耐用，而且美观大方。

在中国古代建筑中，砌体结构不仅用于建筑物的墙体，还应用于屋面、梁柱等构件。工匠们根据建筑物的功能和审美需求，巧妙地将石材、木材和砖石相结合，形成了丰富的建筑形式。这些建筑在保证结构稳定性的同时，也展示了浓厚的民族特色和文化内涵。

砌体结构在中国古代建筑中的广泛应用，得益于我国丰富的自然资源和深厚的历史文化底蕴。石材、木材等建筑材料在我国各地均有分布，为砌体结构的推广提供了便利。同时，中国古代建筑注重环境保护，砌体结构的使用寿命长，有利于资源的可持续利用。

总之，砌体结构在中国古代建筑中具有重要地位。这种结构既坚固耐用，又具有很高的艺术价值和文化内涵。中国古代建筑工匠们凭借智慧和技艺，将砌体结构发挥得淋漓尽致，为世界建筑史留下了丰富的瑰宝。

9.2 局部受压

砌体局部受压是指压力仅仅作用在砌体的局部面积上。根据砌体局部受压面积上压应力分布情况，局部受压可分为局部均匀受压和局部非均匀受压。局部均匀受压指砌体局部受压面积上压应力呈均匀分布的情况，如独立柱基的基础顶面；而局部非均匀受压则指砌体局部受压面积上压应力呈非均匀分布的情况，如梁（屋架）端部支承处的砌体（图9-2）。

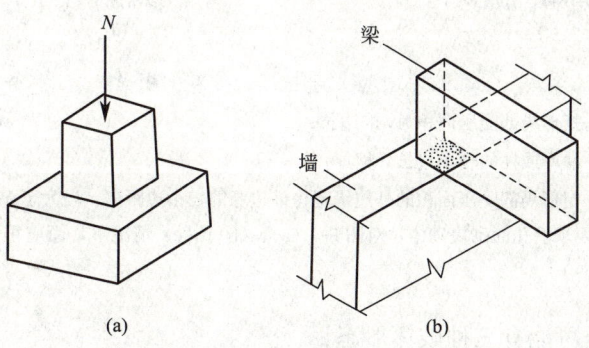

图9-2 砌体局部受压
（a）局部均匀受压；（b）局部非均匀受压

9.2.1 砌体局部均匀受压

在砌体局部面积 A_l 上施加均匀压力时，这种受力状态称为局部均匀受压。这时，按局部面积计算的抗压强度被大大地提高了。一般认为这是由"套箍强化"作用所引起的结果，即由于四面未直接承受荷载的砌体，对中间局部荷载下的砌体的横向变形起着箍束作用，使产生三向应力状态，因而大大提高了其抗压强度。试验表明，这种提高的局部抗压强度，有时可比砌体轴心抗压强度大数倍，甚至高于块体强度。因而砌体局部抗压强度高于砌体抗压强度。《砌体规范》采用局部抗压强度提高系数 γ 来反映砌体局部受压时抗压强度的提高程度。γ 按下式计算：

$$\gamma = 1 + 0.35 \sqrt{\frac{A_0}{A_l} - 1} \tag{9-4}$$

式中　A_0——影响砌体局部抗压强度的计算面积，按图 9-3 规定采用；

　　　A_l——局部受压面积。

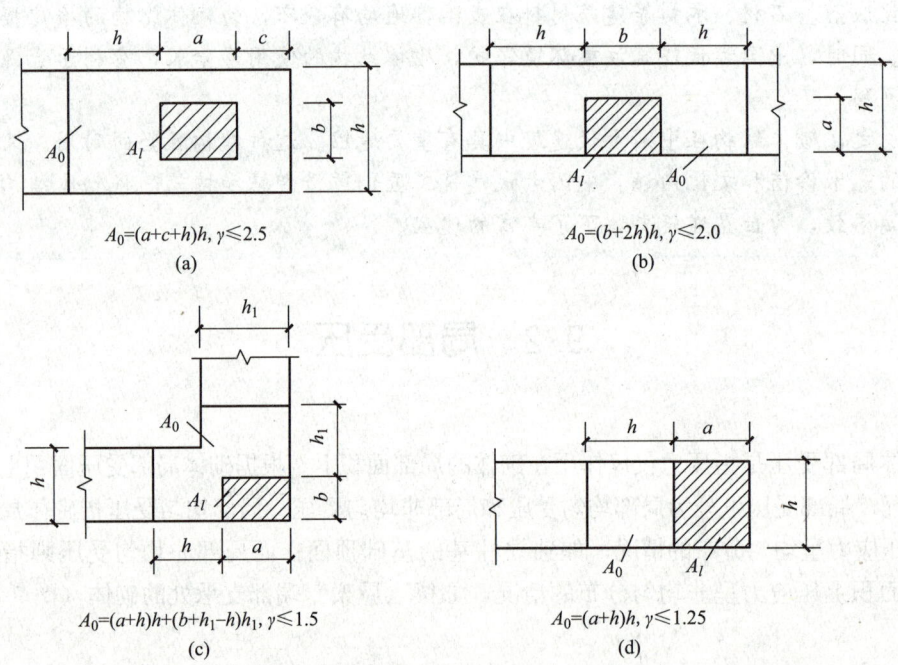

$A_0 = (a+c+h)h, \gamma \leqslant 2.5$

(a)

$A_0 = (b+2h)h, \gamma \leqslant 2.0$

(b)

$A_0 = (a+h)h + (b+h_1-h)h_1, \gamma \leqslant 1.5$

(c)

$A_0 = (a+h)h, \gamma \leqslant 1.25$

(d)

图 9-3　影响局部抗压强度的面积 A_0

注：1. 图中 a、b——矩形局部受压面积 A_l 的边长；

　　　　h、h_l——墙厚或柱的较小边长、墙厚；

　　　　c——矩形局部受压面积的外边缘至构件边缘的较小边距离，当大于 h 时，应取 h。

　　2. 对多孔砖砌体和按要求灌孔的砌块砌体，对图 9-3（a）、（b）、（c）情况下，尚应符合 $\gamma \leqslant 1.5$。对未灌孔的混凝土砌块砌体，$\gamma = 1.0$。

砖砌体局部受压可能有三种破坏形态：

（1）因纵向裂缝的发展而破坏（图 9-4a）。在局部压力作用下有纵向裂缝，斜向裂缝，其中部分裂缝逐渐向上或向下延伸并在破坏时连成一条主要裂缝。

（2）劈裂破坏（图9-4b）。在局部压力作用下产生的纵向裂缝少而集中，且初裂荷载与破坏荷载很接近，在砌体局部面积大而局部受压面积很小时，有可能产生这种破坏形态。

（3）与垫板接触的砌体局部破坏（图9-4c）。墙梁的墙高与跨度之比较大，砌体强度较低时，有可能产生梁支承附近砌体被压碎的现象。

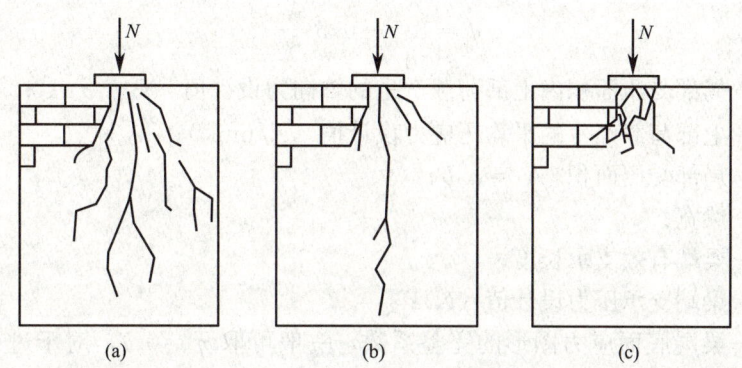

图 9-4　砌体局部受压破坏形态

（a）因纵向裂缝的发展而破坏；（b）劈裂破坏；（c）与垫板接触的砌体局部破坏

9.2.2　梁端支承处砌体的局部受压

如图9-5所示，砌体房屋楼（屋）盖梁端下的砌体受到的压力由两部分组成：一部分是上部砌体传来轴向压力 N_0（引起的均匀压应力为 σ_0）；另一部分为由本层梁传来的梁端压力 N_l（引起的非均匀压应力为 σ_1）。

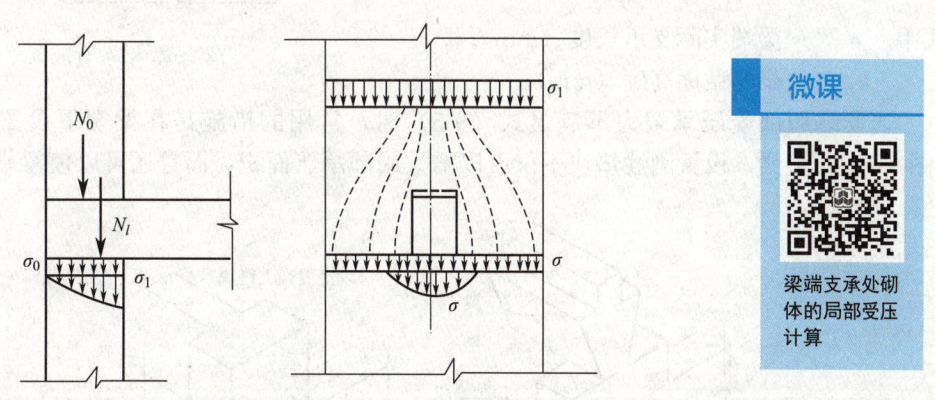

微课

梁端支承处砌体的局部受压计算

图 9-5　梁端上部砌体的内拱作用

N_l 全部作用于局部受压面积 A_l，N_0 则可能只有一部分作用于 A_l。试验研究表明，在砌体受到均匀压应力的情况下，若增加梁端荷载，梁端砌体局部压应力和局部应变都增大，但梁顶面附近的 σ_0 却有所下降。主要因为在梁上荷载作用下，与梁端底部接触的砌体将产生较大的压缩变形，此时如果上部荷载产生的平均压应力 σ_0 较小，梁端顶部与砌体的接触面将减小，甚至与砌体脱开，形成内拱，上部的部分荷载会通过梁两侧的砌体往下传递，从而减小了由梁顶面直接传递的压应力，这一工作机理称为砌体的内拱卸荷作用。内拱卸荷对砌体的局部受压有利。《砌体规范》采用上部荷载折减系数 $\psi(\psi \leqslant 1.0)$ 来反映上部砌体的内拱卸荷作用。

基于以上分析，梁端支承处砌体的局部受压承载力计算公式为：

$$\psi N_0 + N_l \leqslant \eta \gamma \gamma_a f A_l \tag{9-5}$$

$$\psi = 1.5 - 0.5 \frac{A_0}{A_l} \tag{9-6}$$

式中　N_0——局部受压面积内上部荷载产生的轴向力设计值，$N_0 = \sigma_0 A_l$；

　　　σ_0——上部荷载产生的平均压应力设计值（N/mm²）；

　　　A_l——局部受压面积，$A_l = a_0 b$；

　　　b——梁宽；

　　　a_0——梁端有效支承长度；

　　　N_l——梁端支承压力设计值（N）；

　　　η——梁端底面应力图形的完整系数，一般可取 $\eta = 0.7$，对于过梁和圈梁可取 $\eta = 1.0$。

其余符号意义同前。

下面讨论梁端有效支承长度的概念和计算方法。

如图 9-6 所示，当梁支承在砌体上时，由于梁的弯曲，梁的端部可能会翘起。梁端底面没有离开砌体的长度称为有效支承长度，用 a_0 表示。a_0 的精确计算很困难，《砌体规范》给出简化计算公式：

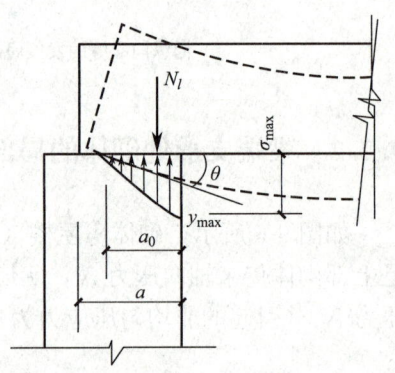

$$a_0 = 10 \sqrt{\frac{h_c}{\gamma_a f}} \leqslant a \tag{9-7}$$

式中　a——梁端实际支承长度（mm）；

　　　h_c——梁的截面高度（mm）。

图 9-6　梁端有效支承长度

当梁端局部受压承载力不满足式（9-5）时，常用的措施是在梁端下设置刚性垫块（图 9-7）或垫梁。设置刚性垫块不仅可以增大局部承压面积，而且还可以使梁端压应力比

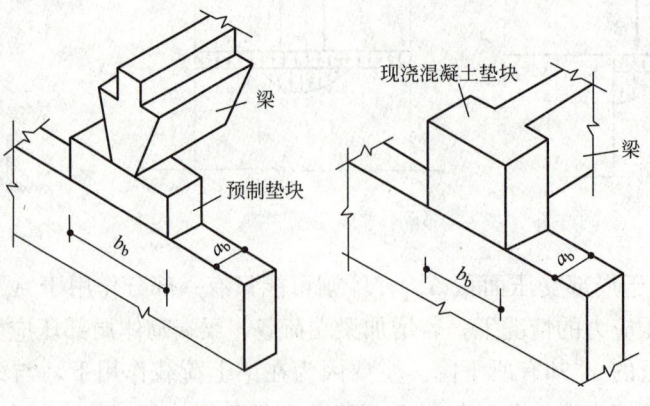

图 9-7　刚性垫块

较均匀地传递到垫块下的砌体截面上，从而改善砌体受力状态。刚性垫块分为预制刚性垫块（实际工程中常用）和现浇刚性垫块。

刚性垫块的构造应符合下列规定：

① 刚性垫块的高度不宜小于 180mm，自梁边算起的垫块挑出长度不宜大于垫块高度 t_b；

② 在带壁柱墙的壁柱内设置刚性垫块时，其计算面积应取壁柱范围内的面积，而不应计入翼缘部分，同时壁柱上垫块伸入翼墙内的长度不应小于 120mm（图 9-8）；

③ 当现浇垫块与梁端整体浇筑时，垫块可在梁高范围内设置。

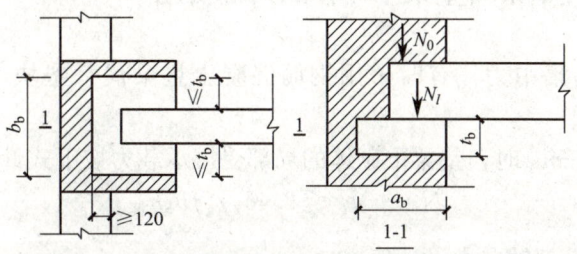

图 9-8　壁柱上设有预制垫块时梁端局部受压

9.2.3　梁端下设有垫块时支承处砌体的局部受压

《砌体规范》规定，为了计算简化起见，预制刚性垫块和现浇刚性垫块下的砌体局部受压承载力均按下式计算：

$$N_0 + N_l \leqslant \varphi \gamma_1 \gamma_a f A_b \tag{9-8}$$

式中　N_0——垫块面积 A_b 内上部轴向力设计值，$N_0 = \sigma_0 A_b$；

A_b——垫块面积，$A_b = a_b b_b$；

a_b——垫块伸入墙内的长度；

b_b——垫块的宽度；

φ——垫块上 N_0 及 N_l 的合力的影响系数，$\varphi = \dfrac{1}{1 + 12\left(\dfrac{e}{h}\right)^2}$；

e——垫块上 N_0 及 N_l 的合力作用点对垫块中心的偏心距，$e = \dfrac{N_l e_l}{N_0 + N_l}$；

γ_1——垫块外砌体面积的有利影响系数，$\gamma_1 = 0.8\gamma \geqslant 1.0$，$\gamma$ 按式（9-4）计算，但用 A_b 代替 A_l；

e_l——N_l 对垫块中心的偏心距，$e_l = \dfrac{a_b}{2} - 0.4a_0$，其中 $0.4a_0$ 为 N_l 的作用点的距垫块内边缘的距离；a_0 为梁端设有刚性垫块时梁端有效支承长度，按下式计算：

$$a_0 = \delta_1 \sqrt{\dfrac{h}{\gamma_a f}} \tag{9-9}$$

式中　δ_1——刚性垫块的影响系数，按表 9-3 采用。

系数 δ_1 取值表　　　　　　　　　　　　　　　　　　　表 9-3

$\dfrac{\sigma_0}{\gamma_a f}$	0	0.2	0.4	0.6	0.8
δ_1	5.4	5.7	6.0	6.9	7.8

注：表中其间的数值可采用插入法求得。

9.2.4　梁端下设置垫梁时垫梁下砌体的局部受压

为了扩散梁端的集中力，有时采用钢筋混凝土垫梁代替垫块，也可利用圈梁作为垫梁。

当垫梁长度大于 πh_0 时，垫梁下砌体的局部受压承载力按下式计算：

$$N_0 + N_l \leqslant 2.4\delta_2\gamma_a f b_b h_0 \qquad (9\text{-}10)$$

式中　N_0——垫梁上部轴向力设计值，$N_0 = \dfrac{1}{2}\pi b_b h_0 \sigma_0$；

　　　δ_2——当荷载在墙厚上均匀分布时，δ_2 取 1.0，不均匀分布时，取 0.8；

　　　b_b——垫梁在墙厚方向的宽度；

　　　σ_0——上部荷载设计值产生的平均压应力；

　　　h_0——垫梁折算高度，$h_0 = 2\sqrt[3]{\dfrac{E_b I_b}{Eh}}$；

　E_b、I_b——垫梁的弹性模量和截面惯性矩；

　　　h_b——垫梁高度；

　　　E——砌体弹性模量；

　　　h——墙厚。

【例 9-3】　如图 9-9 所示的窗间墙，截面尺寸为 370mm×1200mm，用 MU10 烧结页岩砖和 M5 水泥砂浆砌筑。大梁的截面尺寸为 200mm×550mm，在墙上的搁置长度为 240mm。大梁的支座反力为 100kN，窗间墙范围内梁底截面处的上部荷载设计值为 240kN，试对大梁端部下砌体的局部受压承载力进行验算。

【解】　查表得 $f = 1.5$MPa

窗间墙截面面积 $A = 1.2 \times 0.37 = 0.444\text{m}^2 > 0.3\text{m}^2$；采用水泥砂浆砌筑，则砌体抗压强度调整系数 $\gamma_a = 0.9$

梁端有效支承长度为：

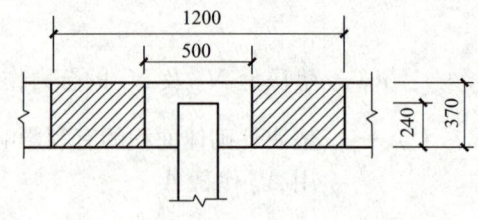

图 9-9　例 9-3 附图

$$a_0 = 10\sqrt{\dfrac{h_c}{\gamma_a f}} = 10 \times \sqrt{\dfrac{550}{0.9 \times 1.5}} = 201.8\text{mm}$$

局部受压面积 $A_l = a_0 b = 201.8 \times 200 = 40360\ (\text{mm}^2)$

影响局部抗压强度的面积 $A_0 = (b + 2h)h = (200 + 2 \times 370) \times 370 = 347800\text{mm}^2$

$$\frac{A_0}{A_l}=\frac{347800}{40360}=8.617>3，取 \psi=0$$

砌体局部抗压强度提高系数

$$\gamma=1+0.35\sqrt{\frac{A_0}{A_l}-1}=1+0.35\sqrt{8.617-1}=1.966<2$$

砌体局部受压承载力为

$$\eta\gamma\gamma_\mathrm{a}fA_l=0.7\times1.966\times0.9\times1.5\times40360=74983.6\mathrm{N}$$
$$<\psi N_0+N_l=0+100=100\mathrm{kN}$$

局部受压承载力不满足要求，需在梁下设预制刚性垫块。

取垫块高度为 $t_\mathrm{b}=180\mathrm{mm}$，平面尺寸 $a_\mathrm{b}b_\mathrm{b}=370\mathrm{mm}\times500\mathrm{mm}$，垫块自梁边两侧挑出

$$\frac{500-200}{2}=150\mathrm{mm}<t_\mathrm{b}=180\mathrm{mm}，满足构造要求。$$

垫块面积 $A_\mathrm{b}=a_\mathrm{b}b_\mathrm{b}=370\times500=185000\mathrm{mm}^2$

影响局部抗压强度的面积 $A_0=(b+2h)h$

因 $b+2h=500+2\times370=1240\mathrm{mm}>$ 窗间墙长度 $1200\mathrm{mm}$

取 $b+2h=1200\mathrm{mm}$，故 $A_0=(b+2h)h=1200\times370=444000\mathrm{mm}^2$

砌体局部抗压强度提高系数

$$\gamma=1+0.35\sqrt{\frac{A_0}{A_\mathrm{b}}-1}=1+0.35\sqrt{\frac{444000}{185000}-1}=1.414<2$$

垫块外砌体的有利影响系数

$$\gamma_1=0.8\gamma=0.8\times1.414=1.131$$

上部平均压应力设计值 $\sigma_0=\dfrac{240\times10^3}{370\times1200}=0.54\mathrm{MPa}$

垫块面积 A_b 内上部轴向力设计值

$$N_0=\sigma_0A_\mathrm{b}=0.54\times185000=99900\mathrm{N}=99.9\mathrm{kN}$$

$\dfrac{\sigma_0}{\gamma_\mathrm{a}f}=\dfrac{0.54}{0.9\times1.5}=0.4$，查表 9-3 得 $\delta_1=6.0$

梁端有效支承长度 $a_0=\delta_1\sqrt{\dfrac{h}{\gamma_\mathrm{a}f}}=6.0\times\sqrt{\dfrac{550}{0.9\times1.5}}=121.1\mathrm{mm}$

N_l 对垫块中心的偏心距 $e_l=\dfrac{a_\mathrm{b}}{2}-0.4a_0=\dfrac{370}{2}-0.4\times121.1=136.6\mathrm{mm}$

轴向力对垫块中心的偏心距 $e=\dfrac{N_le_l}{N_0+N_l}=\dfrac{100\times136.6}{99.9+100}=68.3\mathrm{mm}$

$$\varphi=\frac{1}{1+12\left(\dfrac{e}{h}\right)^2}=\frac{1}{1+12\times\left(\dfrac{68.3}{370}\right)^2}=0.710$$

$$\varphi\gamma_1\gamma_\mathrm{a}fA_\mathrm{b}=0.710\times1.131\times0.9\times1.5\times185000$$
$$=200552\mathrm{N}>N_0+N_l=99.9+100=199.9\mathrm{kN}$$

刚性垫块设计满足要求。

9.3　受拉、受弯、受剪构件

9.3.1　轴心受拉构件

与砌体抗压强度相比，砌体抗拉强度很低，在实际工程中圆形水池的池壁是砌体结构中常见的轴心受拉构件，在静水压力作用下池壁承受环向轴心拉力，如图9-10所示。

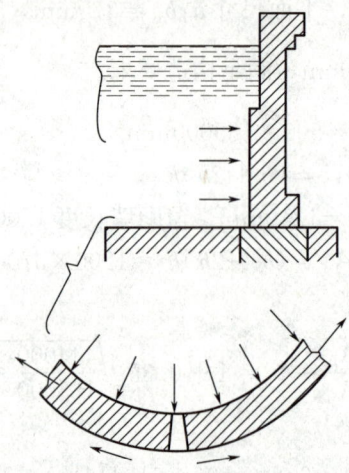

图9-10　静水压力作用下池壁承受环向轴心拉力

在轴心拉力作用下，砌体构件可能发生三种破坏形态。

（1）沿齿缝截面破坏。当块体强度较高而砂浆强度较低时发生该种破坏，如图9-11（a）所示。此时块体与砂浆的切向粘结强度低于块体的抗拉强度。

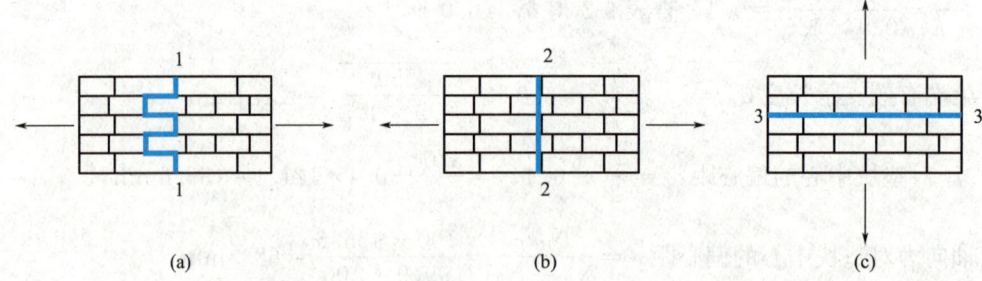

(a)　　　　　　　　　　　(b)　　　　　　　　　　　(c)

图9-11　砌体轴心受拉破坏形态

（a）沿齿缝截面破坏；（b）沿块体和竖向灰缝截面破坏；（c）沿水平通缝截面破坏

（2）沿块体和竖向灰缝截面破坏。当块体抗拉强度较低时，块体与砂浆的切向粘结强度高于块体的抗拉强度，就发生沿块体和竖向灰缝截面的受拉破坏，如图9-11（b）所示。

（3）沿水平通缝截面破坏。当轴向拉力与水平灰缝垂直时，发生此种破坏，如图9-11（c）所示。

　　砌体的抗拉强度应取上述三种破坏中强度的较小值。《砌体规范》限制了块体的最低强度等级，可以防止发生沿块体与竖向灰缝截面的破坏。当砌体沿水平灰缝受拉破坏时，对抗拉承载力起决定作用的是块体和砂浆的法向粘结力，由于法向粘结力极不可靠，所以工程中禁止使用垂直于通缝受拉的轴心受拉构件。

　　轴心受拉构件的承载力应满足下式的要求：

$$N_t \leqslant f_t A \tag{9-11}$$

式中　N_t——轴心拉力设计值；

　　　　f_t——砌体的轴心抗拉强度设计值；

　　　　A——砌体的截面面积。

9.3.2　受弯构件

　　砌体结构中的挡土墙、地下室墙体等属于平面外受弯构件。砌体受弯破坏总是从受拉一侧开始，砌体的抗弯能力由其弯曲抗拉强度决定。试验表明，砌体受弯破坏形态有三种。

　　（1）沿齿缝破坏（图9-12a）。与轴心受拉破坏类似，沿齿缝截面受弯破坏在块体本身的抗拉强度高于灰缝粘结强度时发生。

　　（2）沿块体与竖向灰缝截面破坏（图9-12b）。此种破坏发生在灰缝粘结强度高于块体本身的抗拉强度时，破坏主要取决于块体的抗拉强度。

　　（3）沿通缝截面破坏（图9-12c）。沿通缝截面受弯破坏主要取决于砂浆与块体之间的法向粘结强度，发生这种破坏时弯曲抗拉强度主要与砂浆强度等级有关。砌体将在弯矩最大的灰缝处发生弯曲受拉破坏。

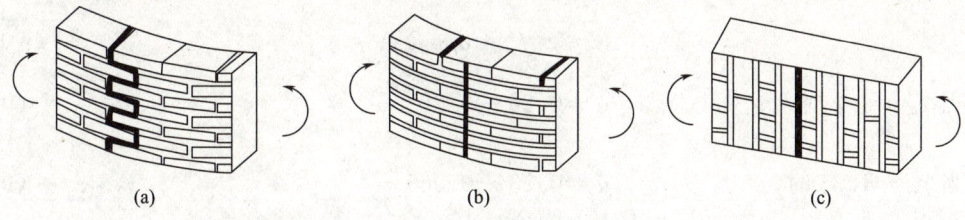

图9-12　砌体弯曲受拉破坏形态

（a）沿齿缝破坏；（b）沿块体与竖向灰缝截面破坏；（c）沿通缝截面破坏

　　受弯构件的受弯承载力应满足下式的要求：

$$M \leqslant f_{tm} W \tag{9-12}$$

式中　M——弯矩设计值；

　　　　f_{tm}——砌体弯曲抗拉强度设计值；

　　　　W——截面抵抗矩。

　　受弯构件除需验算受弯承载力外，还应按下式验算受剪承载力：

$$V \leqslant f_v bz \tag{9-13}$$

$$z = I/S \tag{9-14}$$

式中　V——剪力设计值；

f_v——砌体的抗剪强度设计值；

b——截面宽度；

z——内力臂，当截面为矩形时取 z 等于 $2h/3$（h 为截面高度）；

I——截面惯性矩；

S——截面面积矩。

9.3.3　受剪构件

砌体沿水平通缝受剪破坏的情况如图 9-13（a）中 a-a 截面所示，砌体沿阶梯形截面受剪破坏的情况如图 9-13（b）中 b-b 截面所示，这两种受破坏的承载力取决于砌体沿灰缝的受剪承载力和作用在截面上的压力所产生的摩擦力的总和。因为随着剪力的加大，由于砂浆产生很大的剪切变形，一皮砌体对另一皮砌体开始移动，当有压力时，内摩擦力将参加抵抗滑移，因此其受剪承载力应按下式进行计算：

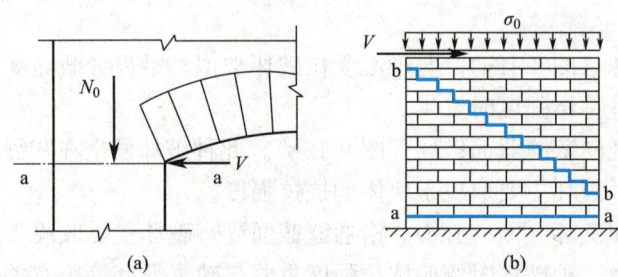

图 9-13　受剪构件

（a）沿水平通缝受剪破坏；（b）沿阶梯形截面受剪破坏

$$V \leqslant (f_v + \alpha\mu\sigma_0) A \tag{9-15}[①]$$

当 $\gamma_G = 1.2$ 时，
$$\mu = 0.26 - 0.082 \frac{\sigma_0}{f} \tag{9-16}$$

当 $\gamma_G = 1.35$ 时，
$$\mu = 0.23 - 0.065 \frac{\sigma_0}{f} \tag{9-17}$$

式中　V——剪力设计值；

A——水平截面面积；

f_v——砌体的抗剪强度设计值，对灌孔的混凝土砌块砌体取 f_{vg}；

α——修正系数；当 $\gamma_G = 1.2$ 时，砖（含多孔砖）砌体取 0.60，混凝土砌块砌体取 0.64；当 $\gamma_G = 1.35$ 时，砖砌体取 0.64，混凝土砌块砌体取 0.66；

μ——剪压复合受力影响系数；

f——砌体的抗压强度设计值；

σ_0——永久荷载设计值产生的水平截面平均压应力，其值不应大于 $0.8f$。

【例 9-4】　一圆形砖砌水池，壁厚 370mm，采用 MU10 烧结多孔砖、M10 砂浆砌筑，

---

① 根据《统一标准》，永久荷载分项系数为 1.3，此处公式待升级完善。

池壁承受环向拉力 $N=69\text{kN/m}$。试验算池壁的受拉承载力。

【解】　取 1m 的圆形砖砌水池为计算单元，则砌体的面积

$$A=1\times0.37=0.37\text{m}^2$$

查表得 $f_t=0.19\text{MPa}$，则

$$f_tA=0.19\times0.37\times10^3$$
$$=70.3\text{kN/m}>69\text{kN/m}（满足要求）$$

【例 9-5】　一矩形浅水池（图 9-14），壁高 $H=1.5\text{m}$，采用 MU10 烧结多孔砖、M10 砂浆砌筑，壁厚 490mm。当不考虑自重产生的垂直压力时，试验算池壁承载力。

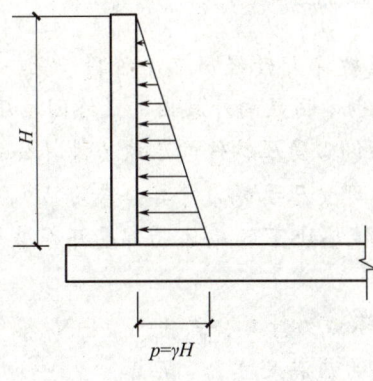

图 9-14　例 9-5 附图

【解】　（1）计算内力

取 1m 宽竖向板带按悬臂受弯构件计算，在固定端的弯矩和剪力为：

$$M=\frac{1}{6}pH^2=\frac{1}{6}\times1.2\times10\times1.5\times1.5^2=6.75\text{kN}\cdot\text{m}$$

$$V=\frac{pH}{2}=0.5(1.2\times10\times1.5\times1.5)=13.5\text{kN}$$

（2）受弯承载力验算

$$W=\frac{1}{6}bh^2=\frac{1}{6}\times1000\times490^2=40\times10^6\text{mm}^3$$

由查表得

$$f_{tm}=0.17\text{MPa}$$

$$f_{tm}W=0.17\times0.04\times10^3=6.8\text{kN}\cdot\text{m}>6.75\text{kN}\cdot\text{m}$$

【例 9-6】　试验算图 9-15 所示拱座 1-1 截面的受剪承载力。已知拱式过梁在拱座处的水平推力设计值为 15.5kN，墙体用 MU10 单排孔混凝土小型砌块和 Mb10 砂浆砌筑，受剪截面面积为 $A=190\text{mm}\times780\text{mm}$，作用在 1-1 截面上的上部垂直荷载设计值 $N_0=45\text{kN}$。

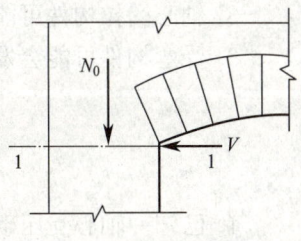

图 9-15　例 9-6 附图

【解】　$A=190\times780=148200\text{mm}^2=0.1482\text{m}^2<0.3\text{m}^2$

$$\gamma_a=(0.1482+0.7)=0.8482$$

$$f=2.79\times0.8482=2.366\text{MPa}$$

$$f_v = 0.848 \times 0.09 = 0.0763\text{MPa}$$

$$\sigma_0 = \frac{N_0}{A} = \frac{45000}{148200} = 0.304\text{MPa}$$

$$\frac{\sigma_0}{f} = \frac{0.304}{2.366} = 0.128$$

按 $\gamma_G = 1.35$，$\alpha\mu = 0.147$

$$V_a = (f_v + \alpha\mu\sigma_0)A = (0.0763 + 0.147 \times 0.304) \times 0.1482 \times 10^3 = 17.93\text{kN} > V = 15.5\text{kN}$$

满足要求。

■ 单元小结

1. 无筋砖砌体轴心受压破坏大致经历三个阶段。第三阶段，竖向裂缝将砌体分割成互不相连的小柱，整个砌体明显向外鼓出，最终因被压碎或失稳而破坏。

2. 无筋砌体轴心受压和偏心受压构件的承载力计算公式为 $N \leqslant \varphi\gamma_a fA$。

3. 梁端支承处砌体的局部受压承载力计算公式为 $\psi N_0 + N_l \leqslant \eta\gamma\gamma_a fA_l$。

预制刚性垫块和现浇刚性垫块下的砌体局部受压承载力计算公式为 $N_0 + N_l \leqslant \varphi\gamma_1\gamma_a fA_b$。

垫梁下砌体的局部受压承载力计算公式为 $N_0 + N_l \leqslant 2.4\delta_2\gamma_a fb_b h_0$。

4. 轴心受拉构件的承载力应满足 $N_t \leqslant f_t A$。

受弯构件的受弯承载力应满足 $M \leqslant f_{tm}W$、$V \leqslant f_v bz$。

受剪构件的受剪承载力应满足 $V \leqslant (f_v + \alpha\mu\sigma_0)A$。

思考题

1. 偏心受压砌体承载力计算时偏心距 e 的限值是多少？

2. 受压砌体的纵向承载力影响系数 φ 与哪些因素有关？

3. 砌体局部受压有哪些特点？

4. 试叙述砌体局部抗压强度提高的原因。

5. 如何采用影响局部抗压强度的计算面积 A_0？

6. 验算梁端支承处局部受压承载力不满足时，为什么要考虑上部荷载的折减？

7. 什么是梁端有效支承长度？如何计算？

8. 轴心受拉构件可能会发生哪几种破坏？

9. 受弯构件可能会发生哪几种破坏？

微课

教学单元9小结

习题

1. 已知一轴心受压砌体，计算长度 $H_0 = 3.9\text{m}$，截面尺寸 $b \times h = 370\text{mm} \times 490\text{mm}$，采用 MU15 的烧结普通砖、M5 混合砂浆砌筑，该砌体承受轴向压力设计值 $N = 190\text{kN}$（已包括柱自重），试验算该砌体的承载力。

2. 截面尺寸为 490mm×620mm 的偏心受压砖柱，柱计算高度 $H_0 = H = 4.8$m，采用 MU15 页岩砖及 M5 混合砂浆砌筑，柱底承受轴向压力设计值为 $N = 210$kN，弯矩设计值 $M = 26$kN·m（沿长边方向），结构的安全等级为二级，施工质量控制等级为 B 级。试验算该柱底截面是否安全。

3. 窗间墙截面尺寸为 240mm×1000mm，如图 9-16 所示，砖墙用 MU10 的烧结普通砖和 M5 的混合砂浆砌筑。大梁的截面尺寸为 200mm×550mm，梁下设 240mm×240mm×500mm 的预制混凝土垫块，梁在垫块上的搁置长度为 240mm。大梁的支座反力为 80kN，窗间墙范围内梁底截面处的上部荷载设计值为 200kN，试验算垫块下砌体的局部受压承载力。

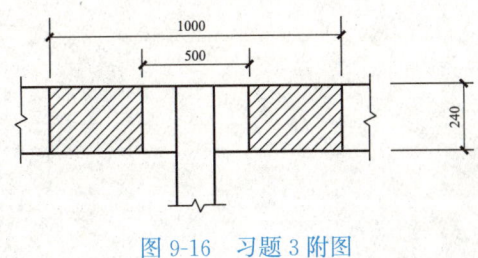

图 9-16　习题 3 附图

参考答案

教学单元9
习题

拓展阅读

经典书籍推介

附录

拓展资料

附录